智能制造领域高素质技术技能型人才培养方案精品教材
高职高专院校机械设计制造类专业“十四五”系列教材

机械识图与项目训练

JIXIE SHITU
YU XIANGMU XUNLIAN

主　编 ◎ 刘海兰　许志荣
副主编 ◎ 渠婉婉　周正元　宋巧莲

華中科技大學出版社
http://press.hust.edu.cn
中国 · 武汉

内容简介

本书上篇共由4个模块组成，内容主要包含平面图形绘制、三维造型制作、三视图及剖视图等AutoCAD软件绘图与机械制图的基础知识，以工程实际中常见的简单零件为载体，将知识点全部贯穿其中并采用任务驱动模式，通过完成每一任务来加强识图、绘图技能训练；下篇共由3个项目组成，内容主要包含螺纹及其连接、键连接、销连接、弹簧、齿轮、滚动轴承、表面结构、极限与配合、几何公差、零件图、装配图等知识，以3个工程实际中常用的小型机械装置为载体，将知识点全部贯穿其中并采用递进式的项目训练模式组织教学。全书充分体现了以职业活动为主线，在讲中学、学中练的鲜明职业教育特点。

本书可作为高等职业学院机械类各专业的教材，也可供其他专科院校使用或技术人员参考。

图书在版编目(CIP)数据

机械识图与项目训练/刘海兰，许志荣主编. —武汉：华中科技大学出版社，2023.6
ISBN 978-7-5680-8557-1

Ⅰ. ①机…　Ⅱ. ①刘…　②许…　Ⅲ. ①机械图-识别-高等职业教育-教材　Ⅳ. ①TH126.1

中国国家版本馆CIP数据核字(2023)第102168号

机械识图与项目训练　　刘海兰　许志荣　主编
Jixie Shitu yu Xiangmu Xunlian

策划编辑：聂亚文
责任编辑：刘　静
封面设计：孢　子
责任监印：朱　玢
出版发行：华中科技大学出版社(中国·武汉)　　电话：(027)81321913
　　　　　武汉市东湖新技术开发区华工科技园　　邮编：430223
录　　排：华中科技大学惠友文印中心
印　　刷：武汉市首壹印务有限公司
开　　本：787mm×1092mm　1/16
印　　张：17
字　　数：434千字
版　　次：2023年6月第1版第1次印刷
定　　价：48.00元

前言 QIANYAN

本书以2010年出版的《机械识图与制图》(上下册)(国家示范性高职院校建设项目成果教材)为基础，结合这些年使用过程中积累的经验进行了重新改编。

本书仍采用任务驱动和项目训练的模式，将主要知识点贯穿于简单的机械零件(上篇)和3个训练项目(下篇)当中。在编写过程中，以任务为主线，在对原有知识点进行解构与重构的过程中，既考虑了知识点与任务的相关性，又照顾了知识点本身的关联性，从而很好地解决了原书中部分项目对知识点解构过度的问题。

本书在编写过程中着重突出以下几个特点：

(1) 将主要知识点融于任务或项目实施过程中，精简传统知识点，强化识图与绘图技能训练。

(2) 全书从制作简单零件的三维造型入手，从认识三视图到绘制三视图，到最后实施项目训练，符合高职学生认知事物的规律。

(3) 上篇每一任务采用统一思路，即从任务分析→相关知识→任务实施→归纳总结→知识拓展→课堂练习，脉络清晰，特点鲜明。

(4) 在每一任务(或项目)之后均安排了"课堂练习"环节，目的是让学生在学中练、在练中学；部分任务还安排了"知识拓展"环节，目的是培养学生课后自主学习的习惯。

(5) 下篇中的三个训练项目在难度上是逐渐递进的，即从主导项目到引导项目，再到提高项目，符合高职教学规律，实施性强。

(6) 在编写过程中，"相关知识"力求精简，"任务实施"力求详细，"归纳总结"力求拎出任务实施过程的关键。

(7) 全书采用最新《技术制图》《机械制图》国家标准。

采用任务驱动与项目训练模式组织教学，要适时利用机房进行现场教学、理论-上机一体化教学，并应配合书中给出的各类资源，以取得良好的教学效果。

(8) 全书配备了充足的教学资源，利用现代AR技术、动画及微课，打造3D立体教材。书中的大部分案例均提供了AR立体模型。对于装配图，其装配过程及工作原理通过三维动画展现。对于大部分重要的知识点，都配有微课讲解，目的在于帮助学生建立空间概念，理解掌握知识，从而提高绘图、识图能力。

本书适合高等职业教育机械类各专业教学使用，参考学时为120学时左右。在使用过程中，教师可根据实际教学时数及教学条件进行适当取舍。

本书由常州信息职业技术学院刘海兰(绪论、模块3、模块4、项目1)、周正元(模块1、模块2)、宋巧莲(项目2、项目3)编写。资源部分由许志荣(模块4、项目1螺纹部分微课)、渠婉婉(项目1除螺纹部分以外部分和项目2、3微课)、周正元(模块1、2微课)、刘海兰(模块3微课、所有 AR 模型及动画)完成。

为使学生真正掌握识图与绘图技能,与本书配套的习题集同时出版。

全书由常州信息职业技术学院刘海兰统稿,赖华清教授审稿。

由于编者水平有限,欢迎读者不吝指正。

编　者

目录 MULU

下　　篇

绪论

一、本课程的研究对象和性质

在工业生产中，设备及产品的制造，一般都要先进行设计，画出其图样，然后根据图样进行加工和装配。如下篇项目1中的千斤顶(见图2-1-1)，它是机械安装或汽车修理时常用的一种起重或顶压工具。制造时需要一套完整的机械图样，包括装配图(见图2-1-2)和零件图(见图2-1-3～图2-1-5)。这种表达机器及其零部件的结构形状、大小、材料及加工、检验、装配等技术要求的图样称为机械图样。

机械图样也是工程界进行技术交流的重要技术文件，所以又被喻为“工程界的技术语言”。工程技术人员必须掌握这种语言。

本课程就是研究如何根据投影理论并按照国家标准规定绘制并识读机械图样的一门课程。它是高等工科院校机电类专业的一门必修的重要技术基础课。

二、本课程的学习任务及要求

本课程学完之后，应具备以下两个方面的能力：

(1) 能够阅读和绘制中等复杂程度、常见典型零件的零件图。

(2) 能够阅读和绘制中等复杂程度(20个左右零件组成)的装配图。

为达到以上要求，必须做到以下几个方面：

(1) 养成认真负责的工作态度和严谨细致的工作作风。

(2) 掌握正投影的基本理论。

(3) 掌握尺规绘图、徒手绘图及计算机绘图的基本方法。

(4) 有意识地培养空间想象能力和空间分析能力。

(5) 学会查阅有关资料和有关国家标准。

(6) 学会零件图和装配图的识读和绘制方法。

三、本课程的学习方法及注意问题

本课程既有理论，又有较强的实践性。因此，在学习中必须注意以下几点：

(1) 认真听课，弄懂基本原理和方法，独立完成作业。

(2) 尺规绘图要学会正确使用绘图工具，徒手绘图要掌握方法，计算机绘图要反复上机练习，从而掌握快速、准确绘图的技巧。

（3）在学习过程中，要多看、多画、多想，必须“由物到图，再从图到物”进行反复研究和思考。只有通过反复实践才能很好地消化理论，才能不断提高绘图和读图技能。

（4）要与工程实际相联系，平时要有意识地多观察周围环境中的机电产品，努力获取一些有关设计、制造等方面的工程知识。

（5）实际工作中，图样上的任何差错都会给生产造成损失。因此，必须养成严肃认真、耐心细致、一丝不苟的良好习惯和工作作风。

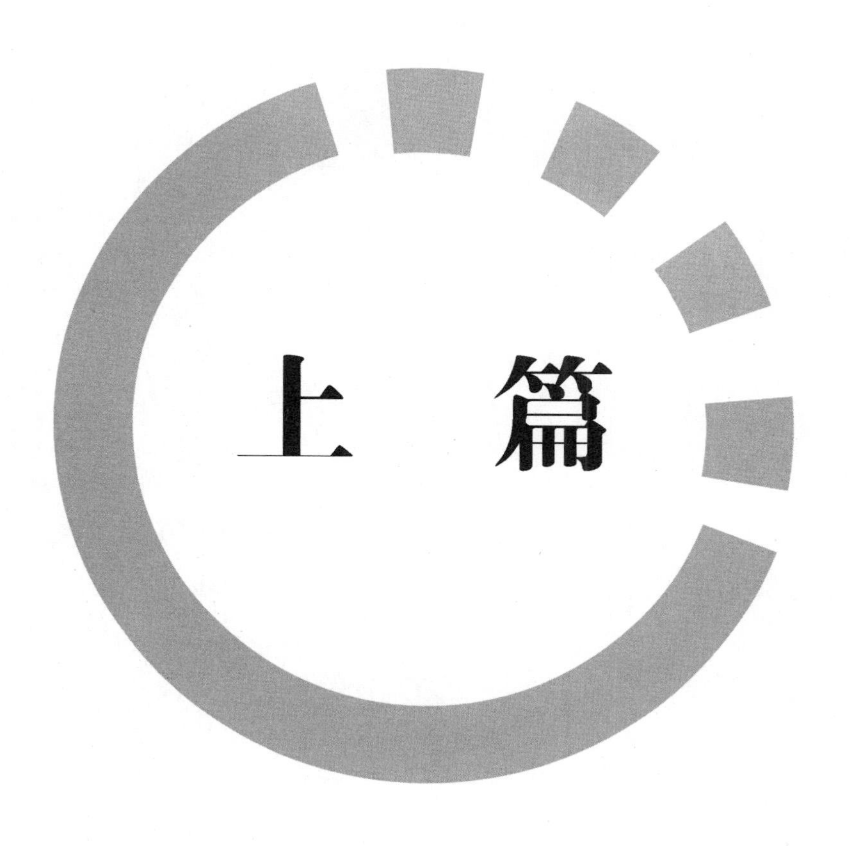

上篇

模块 1

认识机械图样并绘制平面图形

机器由多种机械零件装配而成，不同的零件有着不同的形状、尺寸、材料以及各类技术指标。片状或板状零件，用一幅平面图形就基本能够反映其形状和尺寸。本模块以机械零件密封垫片和交换齿轮架为例，介绍工程图样的组成，并用当前最为流行的图形辅助设计软件AutoCAD 作为平台来介绍平面图形的绘制方法。

任务 1　认识密封垫片机械图样并绘制其平面图形

零件密封垫片的立体图如图 1-1-1 所示。它为一薄片零件(厚度 0.5 mm)，材料为软钢纸板，作用是衬垫于两零件之间，装配后起密封防漏作用。

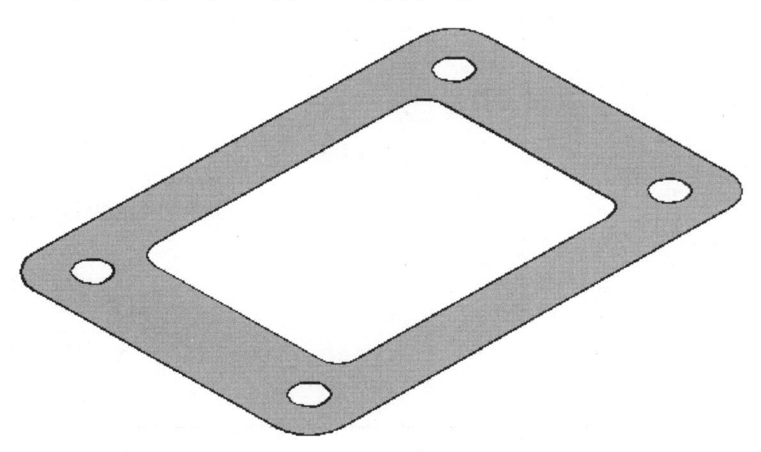

图 1-1-1　密封垫片的立体图

图 1-1-2 为密封垫片的零件图，即表达该零件制造、检验等相关信息的图样。

【任务分析】

图 1-1-2 所示为密封垫片机械图样。要正确理解和识读该图样，必须首先学习国家标准中有关图纸幅面、比例、字体、图线等内容的基本规定，学习平面图形画法中的有关术语。要绘制该图样，还必须学习 AutoCAD 相关命令。

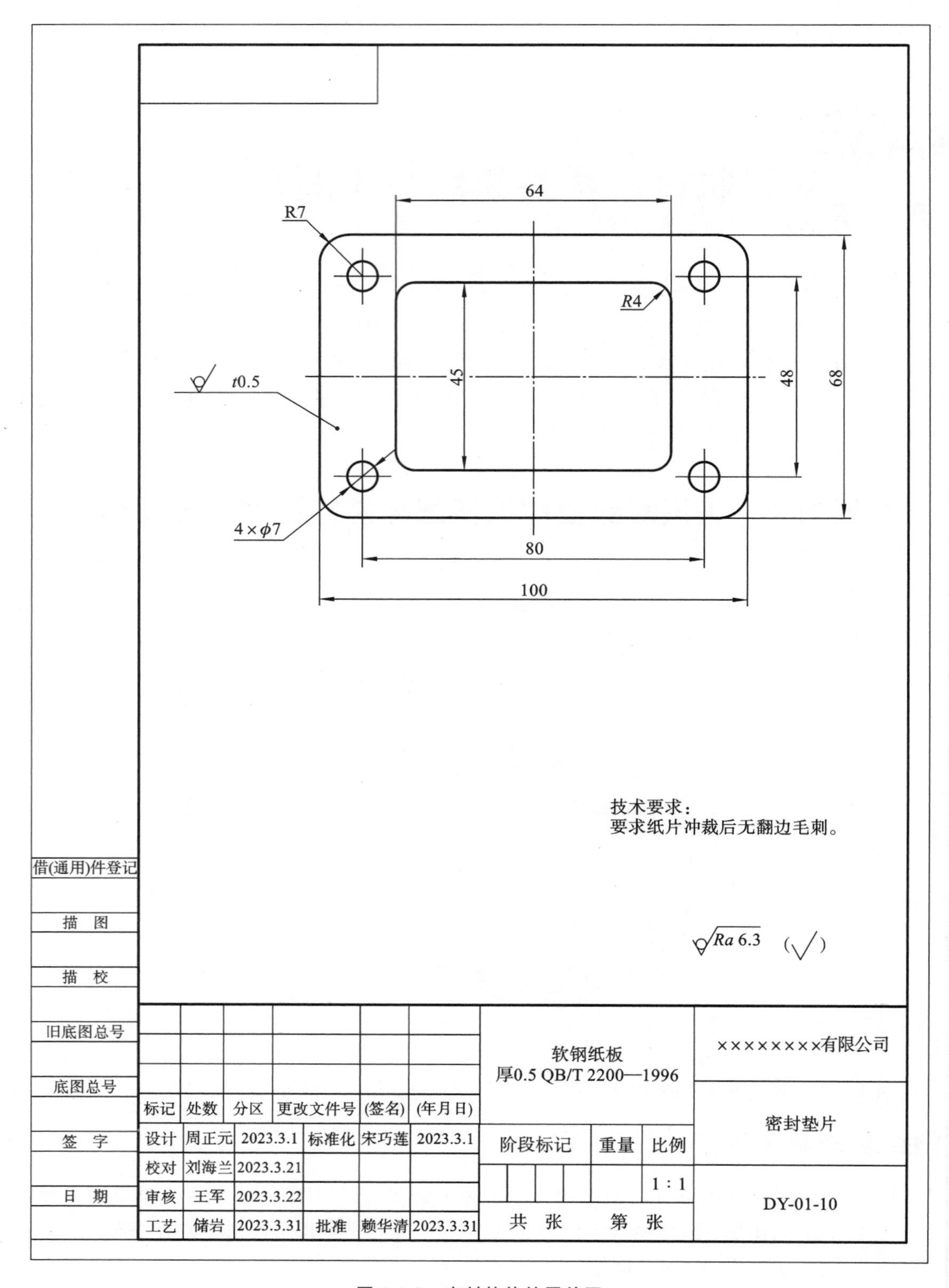

图 1-1-2 密封垫片的零件图

【相关知识】

一、国家标准关于制图的一般规定

1. 图纸幅面及图框格式(GB/T 14689—2008)

(1) 图纸幅面。绘制图样时,首先要选取图纸。图纸的基本幅面由大到小分为A0、A1、A2、A3、A4五种,尺寸见表1-1-1。图纸的宽用B表示,长用L表示。

表1-1-1 图纸基本幅面尺寸

单位:mm

幅面代号	A0	A1	A2	A3	A4
$B\times L$	841×1189	594×841	420×594	297×420	210×297
e	20		10		
c	10		5		
a	25				

(2) 图框格式。图纸上必须用粗实线画出图框,画法如图1-1-3所示,图框到图纸边缘的距离a、c和e可从表1-1-1中查得。一般A4幅面采用竖装法,A3以上幅面采用横装法。

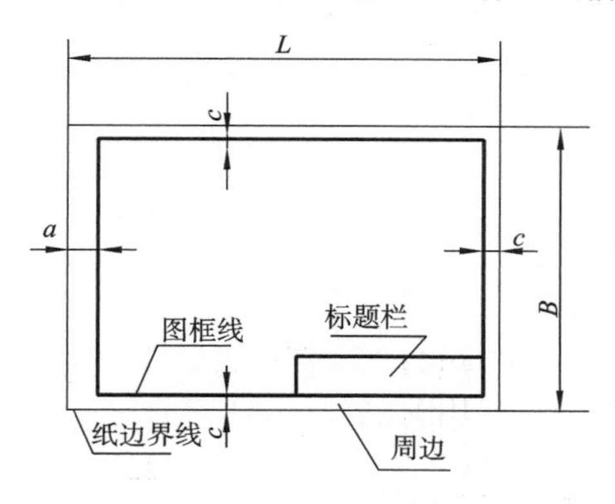

(a) 有装订边图纸(X型)的图框格式

(b) 有装订边图纸(Y型)的图框格式

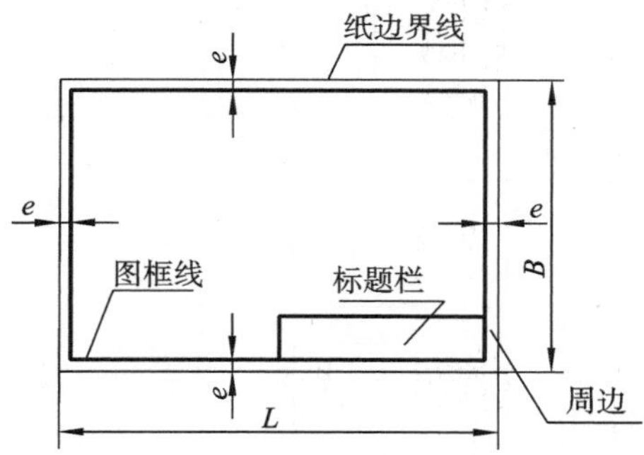

(c) 无装订边图纸(X型)的图框格式

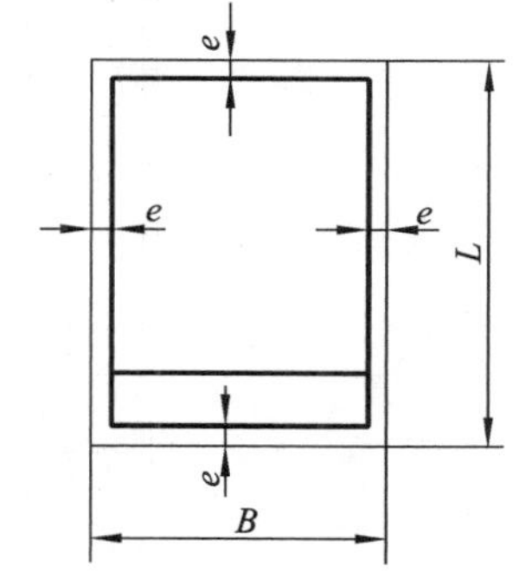

(d) 无装订边图纸(Y型)的图框格式

图1-1-3 图纸的图框格式

(3) 标题栏的方位及格式。标题栏的位置如图1-1-3所示,一般位于图纸的右下角。国家标准(GB/T 10609.1—2008)规定的标题栏格式与尺寸如图 1-1-4 所示。学生作业可采用图 1-1-5所示的简化标题栏格式。

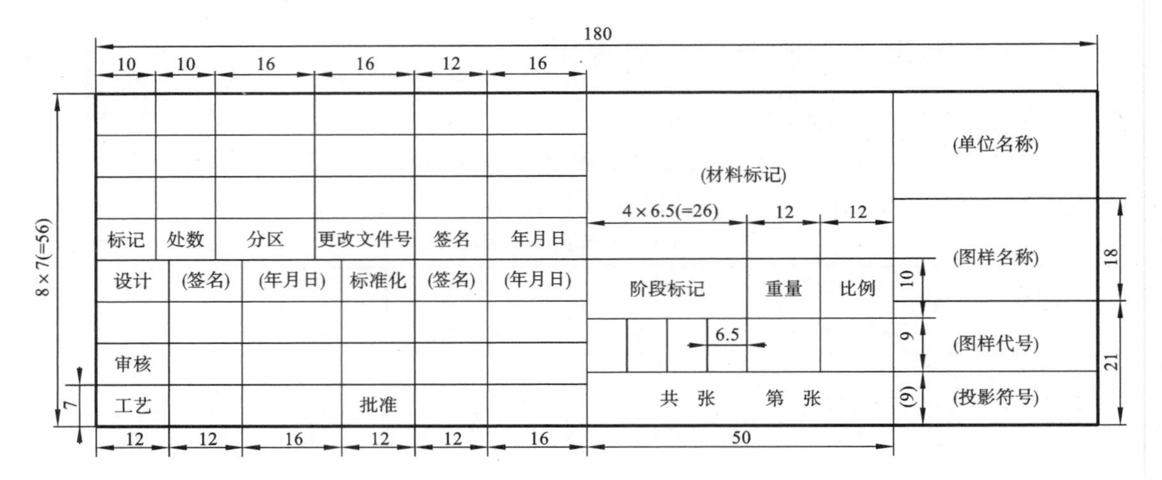

图 1-1-4 标题栏的格式与尺寸

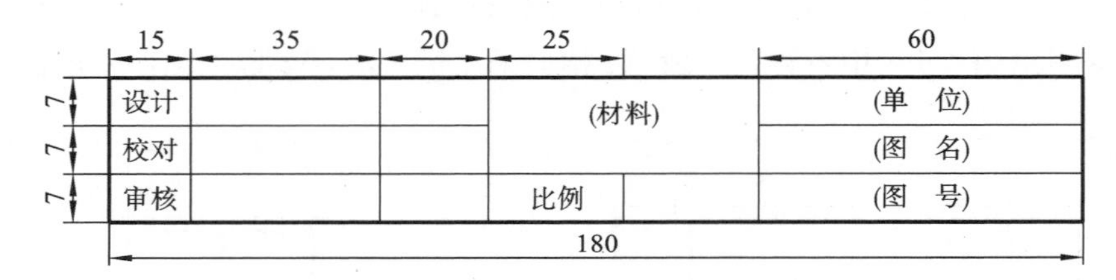

图 1-1-5 简化的标题栏格式

2. 比例(GB/T 14690—1993)

比例是指图样中图形与实物相应要素的线性尺寸之比。绘制时,应尽可能从表 1-1-2 第一系列中选取适当的比例,必要时也允许采用第二系列中的比例。

表 1-1-2 绘图的比例

种类		比例				
原值比例		1∶1				
放大比例	第一系列	5∶1	2∶1			
		5×10^n∶1	2×10^n∶1	1×10^n∶1		
	第二系列	4∶1	2.5∶1			
		4×10^n∶1	2.5×10^n∶1			
缩小比例	第一系列	1∶2	1∶5	1∶10		
		1∶2×10^n	1∶5×10^n	1∶1×10^n		
	第二系列	1∶1.5	1∶2.5	1∶3	1∶4	1∶6
		1∶1.5×10^n	1∶2.5×10^n	1∶3×10^n	1∶4×10^n	1∶6×10^n

注:n 为正整数。

绘图时应尽量采用原值比例(1∶1),以使绘出的图样能直接反映机件的真实大小。但由于机件的大小及其结构复杂程度不同，因此对大而简单的机件可采用缩小的比例，对小而复杂的机件可采用放大的比例。值得注意的是，图样不论采用了缩小的比例还是采用了放大的比例，标注尺寸时必须标注机件的实际尺寸，如图 1-1-6 所示。

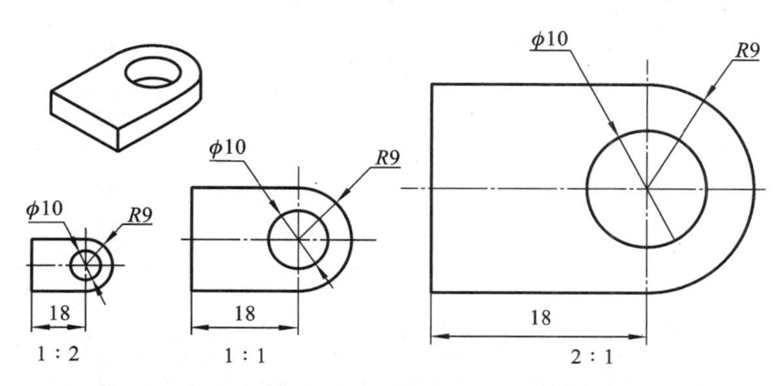

图 1-1-6　用不同比例绘制同一图形

3. 字体(GB/T 14691—1993)

图样中书写的文字必须做到字体工整、笔画清楚、间隔均匀、排列整齐。

图样中文字大小的选择要适当。字体的高度(即字体的号数)用 h 表示，单位为 mm。字体高度的公称尺寸系列为 20 mm、14 mm、10 mm、7 mm、5 mm、3.5 mm、2.5 mm、1.8 mm。

(1) 汉字。汉字应写成长仿宋体字，且高度 h 不应小于 3.5 mm，字体的宽度一般为 $h/\sqrt{2}$。

书写长仿宋体汉字的要领是横平竖直、起落分明、结构匀称、粗细一致，呈长方形，如图 1-1-7所示。

字体工整 笔画清晰 间隔均匀 排列整齐

图 1-1-7　汉字示例

(2) 字母和数字。字母和数字有直体和斜体之分，一般情况下采用斜体。斜体字字头向右倾斜，与水平线约成 75°。字母、数字书写示例如图 1-1-8 所示。

4. 图线(GB/T 4457.4—2002)

(1) 图线的型式及应用。机械图样中常用的图线名称、线型、线宽及其主要应用见表1-1-3。

表 1-1-3　机械图样中常用的图线名称、线型、线宽及其主要应用

图线名称	图线型式	图线宽度	主要应用
粗实线		d	可见轮廓线
细实线		$d/2$	尺寸线及尺寸界线、剖面线、重合断面的轮廓线、过渡线
细虚线		$d/2$	不可见轮廓线
细点画线		$d/2$	轴线、对称中心线、齿轮的分度圆及分度线

续表

图线名称	图线型式	图线宽度	主要应用
粗点画线	—————— - ————	d	限定范围表示线
细双点画线	————··————··————	$d/2$	相邻辅助零件的轮廓线、中断线、可动零件的极限位置的轮廓线
波浪线	～～～	$d/2$	断裂处的边界线、视图和剖视图的分界线
双折线	——╲╱————╲╱——	$d/2$	断裂处的边界线
粗虚线	- - - - - - - - - - - -	d	允许表面处理的表示线

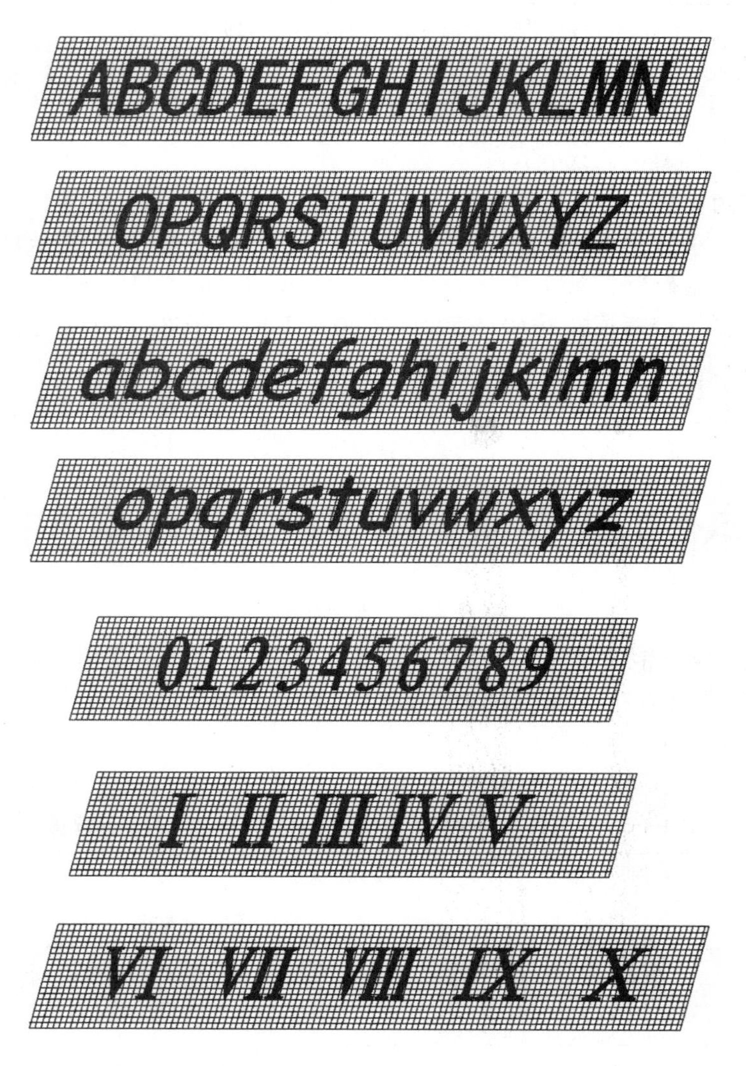

图 1-1-8　字母、数字书写示例

图线分为粗和细两种，宽度 d 应按图的大小和复杂程度，在数列 0.25、0.35、0.5、0.7、1.0、1.4、2（单位：mm）中选取。细线的宽度约为 $d/2$。

（2）图线的画法。

①在同一图样中，同类图线的宽度应基本一致。为了保证图样的清晰度，两条平行线之间的最小间隙不得小于 0.7 mm。

②虚线、点画线及双点画线的线段长度和间隔应各自大致相等。

③点画线和双点画线中的“点”应画成约 1 mm 的短画，点画线和双点画线的首末两端应是线段而不是短画，并应超出图形轮廓线 3～5 mm。

④绘制圆的对称中心线（细点画线）时，圆心应是线段的交点。在较小的图形上绘制点画线或双点画线有困难时，可用细实线代替。

⑤虚线与各种图线相交时，应以线段相交；虚线作为粗实线的延长线时，虚、实连接处要留有空隙。

图线画法如图 1-1-9 所示。

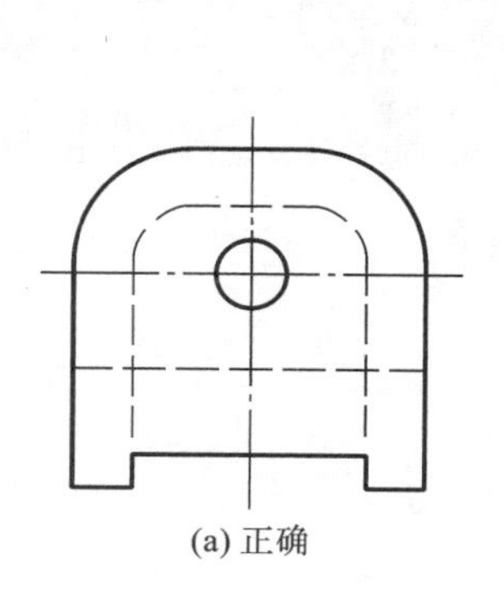

(a) 正确

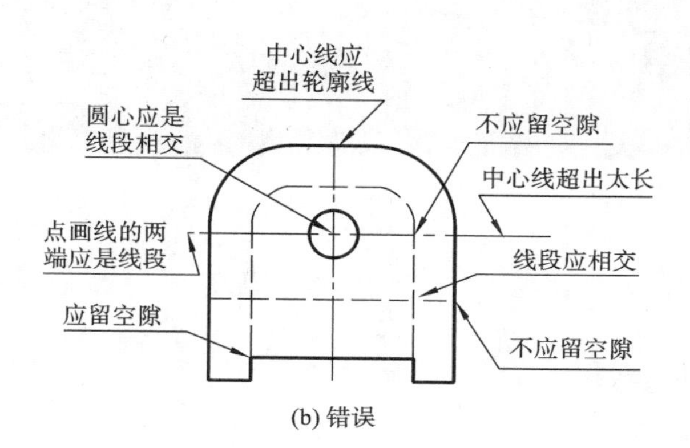

(b) 错误

图 1-1-9 图线画法

二、AutoCAD 相关知识

AutoCAD 是美国 Autodesk 公司于 1982 年首次推出的交互式绘图软件，经过十几次升级，自身的功能日趋完善，性能不断提高。本书中的计算机绘图部分是基于 AutoCAD 2020 版本的计算机辅助绘图。

1. AutoCAD 2020 工作界面

双击桌面上的 AutoCAD 2020 快捷图标，或单击桌面上的“开始”按钮，选择“所有程序”→“Auto CAD2020-简体中文”→“AutoCAD 2020”程序项，即可启动 AutoCAD 2020。

启动之后，即进入 AutoCAD 2020 的开始界面，如图 1-1-10 所示。在“快速入门”“最近使用的文档”“通知”中，单击“快速入门”的“开始绘制”图标，就进入了 AutoCAD 2020 默认的“草图与注释”工作界面，如图 1-1-11 所示。该界面主要由标题栏、工具栏、绘图窗口、命令行窗口、状态栏等组成。

1）标题栏

标题栏位于工作界面的顶部，主要包括应用程序图标、快速访问工具栏和图形文件名称。

（1）应用程序图标。标题栏左侧显示 AutoCAD 2020 应用程序图标。该图标同时也是“文件”下拉弹出按钮。单击该按钮会弹出“新建”按钮、“打开”按钮、“保存”按钮

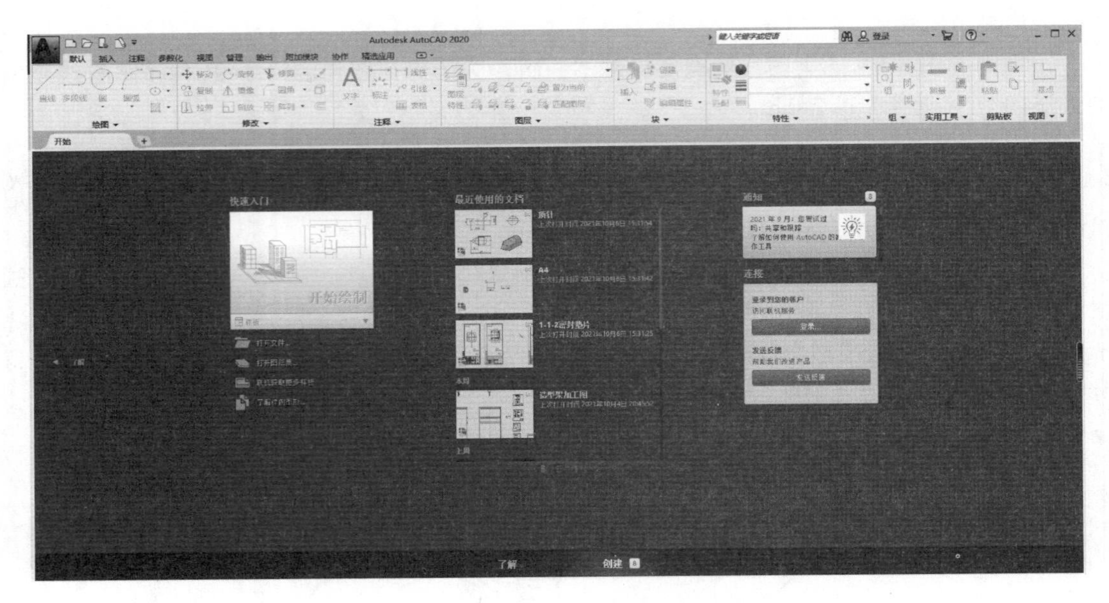

图 1-1-10　AutoCAD 2020 的开始界面

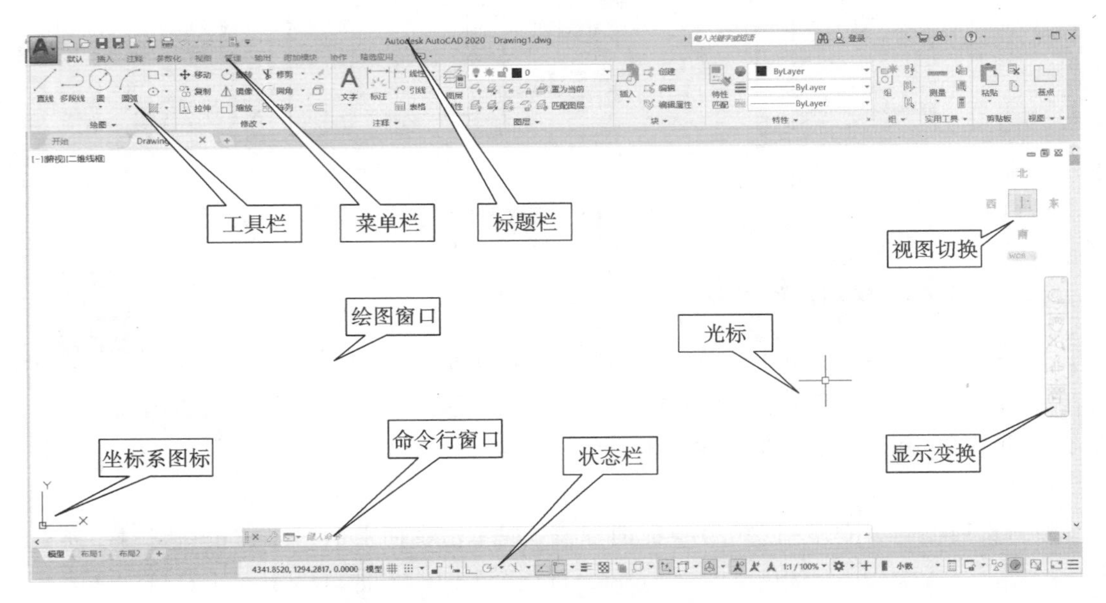

图 1-1-11　AutoCAD 2020 的工作界面

、“另存为”按钮等文件操作按钮。

(2) 快速访问工具栏。应用程序图标右侧是快速访问工具栏，自左向右对应按钮是“新建”按钮（）、“打开”按钮（）、“保存”按钮（）、“另存为”按钮（）、“从 Web 和 Mobile 中打开”按钮（）、“保存到 Web 和 Mobile”按钮（）、“打印”按钮（）、“放弃”按钮（）、“重做”按钮（）以及“自定义快速访问工具栏”的下拉按钮。如果要增添其他常用命令，例如要添加“特性匹配”（），只要单击下拉按钮，在弹出的菜单中勾选“特性匹配”就可以了。

(3) 图形文件名称。标题栏中部是当前所操作图形文件的名称(默认文件名为"Drawing1.dwg")。第二行为"默认""插入""注释""参数化""视图""管理""输出""附加模块""协作""精选应用"等10个菜单栏按钮。单击不同的菜单栏按钮,会呈现不同的工具栏组合。

2) 工具栏

工具栏是AutoCAD为用户提供的某一命令的图标按钮。"默认"的工具栏自左向右分为"绘图""修改""注释""图层""块""特性""组""实用工具""剪贴板""视图"等10个工具栏图标组合,以便于用户快速从某类型操作中找到相应图标按钮。

工具栏中的每个图标直观地显示其对应的命令。用户如果不解其意,则可将鼠标器光标置于图标上(不必按它),这时图标所代表的命令及命令功能就会出现在图标下方的方框里。

(1)"绘图"工具栏图标组合。"绘图"工具栏图标主要包括直线、多段线、圆(圆心、半径,圆心、直径,两点,三点,相切、相切、半径,相切、相切、相切)、圆弧(三点,起点、圆心、端点,起点、端点、方向,起点、端点、半径,圆心、起点、端点)、多边形(矩形、多边形)、椭圆(圆心,轴、端点)、剖面线、样条曲线拟合、构造线、面域、螺旋、圆环等。

(2)"修改"工具栏图标组合。"修改"工具栏图标主要包括移动、复制、拉伸、旋转、镜像、缩放、偏移、修剪(修剪,延伸)、倒角(圆角、倒角、光顺曲线)、删除、分解、阵列(矩形阵列,路径阵列,环形阵列)、打断、打断于点、对齐、合并等。

(3)"注释"工具栏图标组合。"注释"工具栏图标主要包括文字(多行文字,单行文字)、标注(角度A、基线B、连续C、坐标O、对齐G、分发D、图层L)、线性、对齐、角度、半径、直径、坐标、弧长、折弯、引线(引线、添加引线、删除引线、对齐、合并)、文字样式、标注样式、多重引线样式、表格样式等。

(4)"图层"工具栏图标组合。"图层"工具栏图标主要包括图层特性、图层 0,图层关、图层开、隔离、取消隔离、冻结、解冻、锁定、解锁、置为当前、图层匹配。

3) 绘图窗口

用户界面中部的区域为绘图区,用户可以在这个区域内绘制图形。在绘图区左下角的"坐标系图标"表示当前绘图所采用的坐标系形式。图1-1-11表示用户处于世界坐标系中,当前的绘图平面为 X-Y 平面。

4) 命令行窗口

命令行窗口是AutoCAD用来进行人机交互对话的窗口,如图1-1-11所示。它是用户输入AutoCAD命令和系统反馈信息的地方。对于初学者而言,系统的反馈信息是非常重要的,因为它可以在执行命令过程中不断地提示初学者下一步该如何操作。用户可以根据需要,改变命令行窗口的大小。命令操作时,AutoCAD命令行窗口能显示三行命令,停止操作后上面两行逐渐消失。按功能键 F2 可弹出文本窗口，显示执行过的命令。

5）状态栏

状态栏位于命令行窗口的下方，用来反映当前的绘图状态，如当前光标的坐标以及是否启用了正交模式、对象捕捉、栅格显示等功能。

6）光标

“十”字位于绘图区域时，其交点是绘图的起始点。光标移动时，其坐标值会实时在状态栏最左侧显示。

7）视图切换

绘制二维平面图时，视图默认是“上”视图，也叫俯视图或顶视图。绘制立体图时，如果要快速切换视图方向，只要单击相应按钮“东”“南”“西”“北”，就会立刻切换到右视图、前视图、左视图和后视图。另外，视图切换还有视图旋转（顺时针、逆时针）、等轴测（左上）、世界坐标系 WCS WCS 和用户坐标系 UCS 快速切换图标。

8）显示变换

显示变换在光标移近时才清晰显示，主要包括二维控制盘（全导航控制盘、查看对象控制盘等）、平移、缩放（范围缩放、窗口缩放、实时缩放、中心缩放等）、动态观察（自由动态观察、连续动态观察）和相机动画（ShowMotion）。

2. 命令的输入方法

AutoCAD 2020 提供了多种命令输入方法，主要有命令行输入、工具栏输入、下拉菜单输入和快捷菜单输入等。对于前两种命令输入方法，现举例如下：

绘制图 1-1-12 所示的线段，两端点坐标分别为(100,100)、(350,200)。

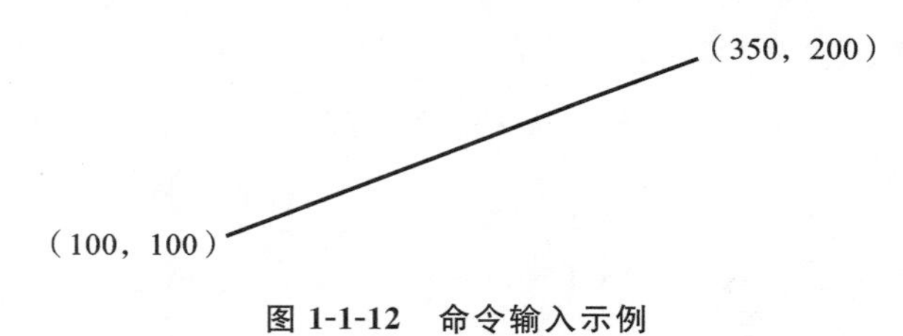

图 1-1-12　命令输入示例

1）命令行输入

在命令行窗口的命令提示行中，直接输入命令名后，按 Enter 键或空格键执行。这种方法适用于所有的命令，要求用户必须熟记英文形式的命令名。为了减少操作，AutoCAD 2020 在 acad. pgp 文件中定义了各种命令的别名，例如，输入“L”来启动 Line 命令；输入“Z”来启动 Zoom 命令；输入“C”来启动 Circle 命令等。因此，它们又被称为命令快捷键。AutoCAD 2020 允许用户在 acad. pgp 文件中定义自己的命令快捷键。命令行输入操作步骤如下：

命令：line↙（在命令行输入画线命令“Line”、“line”或“L”，按 Enter 键）

指定第一点：100,100↙（输入第一点坐标“100,100”，按 Enter 键）

指定下一点或[放弃(U)]：350,200↙（输入下一点坐标“350,200”，按 Enter 键）

指定下一点或[放弃(U)]：↙（直接按 Enter 或空格键表示结束画线命令）

命令：（系统回到待命状态）

2）工具栏输入

用户进入 AutoCAD 界面后，在屏幕上端显示的“默认”工具栏有“绘图”“修改”“注释”“图层”“块”“特性”“组”“实用工具”“剪贴板”“视图”等十个工具栏图标组合。工具栏中的每个图标能直观地显示其相应的功能，用户只要用鼠标直接单击代表该功能的图标即可。例如，绘制图1-1-12所示线段，在第一步输入画线命令时，不通过键盘输入“Line”命令名，而是用鼠标直接单击工具栏中的图标，计算机会出现“_line 指定第一点：”的提示，这时用户可输入第一个点的坐标并按 Enter 键，操作步骤同命令行输入。

3）重复执行命令

在执行完一个命令后，空响应（在命令的提示行不输入任何参数或符号，直接按空格键或 Enter 键），会重复执行前一个命令。

4）中断执行命令

出现误操作或需要中断命令的执行时，按键盘左上角的 Esc 键，任何命令都可中断执行。

5）撤销已执行的命令

单击“标准”工具栏中的“放弃”命令按钮，或按“Ctrl＋Z”快捷键，或者选择“编辑”下拉菜单中的第一个菜单项，均可撤销最近执行的一步操作。

如果希望一次撤销多步操作，可单击“放弃”命令按钮右侧的按钮，然后在弹出的操作列表中上下移动光标选择多步操作，最后单击鼠标确认。也可以在命令行中输入“放弃”命令 UNDO，然后输入想要撤销的操作步数并按 Enter 键确认。

3. 点的输入方法

AutoCAD 采用笛卡儿坐标确定图中点的位置。其中，X 轴为水平轴，向右为正；Y 轴为垂直轴，向上为正；Z 轴垂直于 XY 平面，指向用户为正。由于二维图形只在 XY 平面上绘制，因此，Z 坐标为 0。

1）输入点的坐标值

（1）绝对坐标。输入格式为“x，y”，表示输入点相对于原点的距离，注意输入坐标时，中间的逗号应在英文符号下输入。例如，在画图 1-1-12 所示线段时，点的输入格式就是绝对坐标格式。

（2）相对坐标。输入格式为“@x，y”，表示输入点以前一点为基准沿 X 方向偏移 x 单位（向右为正，向左为负），沿 Y 方向偏移 y 单位（向上为正，向下为负）。例如，在画图 1-1-12 所示线段时，在第一点采用绝对坐标（100，100）输入之后，第二点也可采用相对坐标输入，格式为“@250，100”。若第一点输入绝对坐标为（350，200），则第二点采用相对坐标输入时格式应为“@－250，－100”。请读者试之。

（3）极坐标。输入格式为“@r<angle”，表示输入点与前一点之间的距离为 r 单位，两点之间的连线与 X 轴正向的夹角为 angle，逆时针为正，顺时针为负。AutoCAD 提供的缺省状态下，角度以度为单位，输入时不必输入度的符号。例如，若要画一段长为 200，与 X 轴正向的夹角为 30°的线段，第一点采用绝对坐标（100，100）输入，第二点可采用极坐标输入，格式为“@200<30”。

2）屏幕拾取点

在提示输入点时，可用鼠标移动“十”字光标并单击，直接在屏幕上拾取点。

3）“对象捕捉”确定点

AutoCAD 运用“对象捕捉”功能可以快速、准确地捕捉到已绘图形上的特殊点。

4）“直接距离法”确定点

在确定第一点后，移动光标相对当前点拉出橡筋线，可以沿橡筋线方向，通过直接输入距离的方式确定下一点。该方法常用于在“正交”状态下绘制水平线、垂直线。

4. 对象的删除与选择

1）对象的删除

要删除某一对象，先单击“修改”工具栏上的按钮，或直接在命令行中输入“e”(ERASE 命令的缩写)，然后选择该对象，按 Enter 键，对象即被删除。先选择对象，后单击或输入“e”，或按键盘上的 Delete 键，也可把该对象删除。读者可先画几条线，然后尝试用以上所讲的几种方法进行删除。

2）对象的选择

AutoCAD 的图形编辑命令(如删除命令)都要求用户选择要进行编辑的对象。在执行编辑命令时，AutoCAD 会提示：

选择对象：

这时要求用户选择要编辑的对象，并且“十”字光标变成拾取靶。AutoCAD 有多种选择对象的方式，下面介绍最常用的两种方式。

(1) 单击选取对象。单击选取对象是最基本的选择方式。直接将拾取靶移动到被选择对象的任意部分并单击，该对象即被选中，反复单击可选择多个对象。这时，选中的实体会显示成虚线状态，形成一个选择集。要从选择集中取消某个对象，可在按住 Shift 键的同时单击选择该对象。要取消全部对象选择，可按 Esc 键。

(2) 利用“窗选”和“窗交”方式选取对象。如果希望选择一组临近对象，可使用“窗选”和“窗交”方式选取对象。

所谓“窗选”，是指单击确定选择窗口左侧角点，然后向右移动光标，确定其对角点，即自左向右拖出选择窗口，此时所有完全包含在选择窗口中的对象均被选中，如图 1-1-13(a)所示。

所谓“窗交”，是指单击确定选择窗口右侧角点，然后向左移动光标，确定其对角点，即自右向左拖出选择窗口，此时所有完全包含在选择窗口中的对象，以及所有与选择窗口相交的对象均被选中，如图 1-1-13(b)所示。

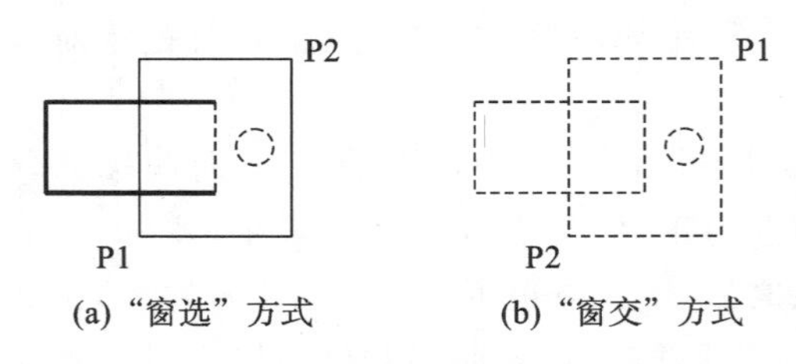

(a) “窗选” 方式　　(b) “窗交” 方式

图 1-1-13　利用“窗选”和“窗交”方式选取对象

读者可在屏幕上多画几条线，然后用删除命令，并用“窗选”和“窗交”不同的方式将它们一次性删除。

【任务实施】

本任务实施分认识密封垫片机械图样和绘制密封垫片平面图形两部分。

一、认识密封垫片机械图样

1. 图幅

图 1-1-2 所示密封垫片机械图样为 A4 幅面，长宽尺寸为 297 mm×210 mm(因受图书幅面限制，此处有所缩小，图样上图框、标题栏、字体也同比例缩小)；采用竖装图框，查表 1-1-1 可知，图框左侧装订边距为 25 mm，其他三边边距为 5 mm；标题栏采用国标推荐标题栏，位于图纸的右下角。

2. 字体

密封垫片机械图样中，“技术要求”及内容、单位名称“××××××××有限公司”、零件名称“密封垫片”、图样代号“DY-01-10”、材料名称“软钢纸板　厚 0.5 QB/T2200—1996”等字体采用 5 号长仿宋体，其余汉字均采用 3.5 号长仿宋体；尺寸标注的数字采用 3.5 号直体。

3. 图线

图框、标题栏中的部分图线及图形轮廓线采用线宽为 0.5 mm 的粗实线，对称线、圆中心线采用线宽为 0.25 mm 的细点画线，尺寸标注采用线宽为 0.25 mm 的细实线。

4. 标题栏

标题栏分主标题栏和附标题栏。主标题栏是设计制造的关键信息注写栏，配置在图框内的右下方。从密封垫片机械图样标题栏中可以得知，该零件的制造材料为厚度为 0.5 mm 的软钢纸板，绘图比例为 1∶1。其他还有设计等责任者姓名、制造厂家、图样代号，以及图纸更改记录等。图样代号是图样识别编号，是产品图样从总装图到部件图再到零件图，按一定规则和顺序编写而成的。附标题栏主要包括图样描、校责任者签字，图样归档等信息，配置在图框内的左下方。它所占的位置同时也用于装订，也叫装订边。

5. 技术要求

将图样不能或不便于表达的技术指标，用文字叙述，配置在图样的下方。密封垫片装配后起密封作用，要求平整，故文字说明为“要求纸片冲裁后无翻边毛刺”。

二、绘制密封垫片平面图形

1. 图形分析

密封垫片平面图形由多段线段和圆弧连接而成，这些线段和圆弧之间的相对位置和连接关系是靠给定的尺寸确定的。因此，绘制密封垫片平面图形前应对图形进行尺寸分析和线段分析，然后才能正确地绘制并标注尺寸。

1) 尺寸分析

平面图形中所标注尺寸按其作用可分为两类：定形尺寸和定位尺寸。

(1) 定形尺寸：确定几何图形的线段长度、圆的直径或半径、角度大小等尺寸。例如，图 1-1-2中的外形尺寸 100、68 及圆角尺寸 $R7$，内孔尺寸 64、45 及圆角尺寸 $R4$，四个圆孔直径尺寸 $\phi7$，以及密封垫片厚度尺寸 0.5，都是定形尺寸。

(2) 定位尺寸：确定几何图形的线段、圆心、对称中心等位置的尺寸。例如，图 1-1-2 中的确定 $4\times\phi7$ 圆心位置的尺寸 80、48，都是定位尺寸。

定位尺寸通常以图形的对称线、较大圆的中心线或某一轮廓作为标注尺寸的起点，这个起点叫作尺寸基准。一个平面图形具有两个坐标方向的尺寸，每个方向至少要有一个尺寸基准。密封垫片是一个轴对称图形，其 X 方向（左右）和 Y 方向（前后）的轴对称线（图中细点画线）就是其两个尺寸基准。

2）线段分析

平面图形中的线段（直线、圆、圆弧、曲线等）根据其定位尺寸的标注完整与否，可分为已知线段、中间线段和连接线段。

（1）已知线段。已知线段是 X、Y 方向的定位尺寸齐全的线段。例如，图 1-1-2 中的 $4\times\phi7$ 圆、100×68 外形四条线段、64×45 内孔四条线段，都是已知线段。

（2）中间线段。中间线段是一个方向的定位尺寸已标出，另一个方向的定位尺寸要分析与相邻线段间的连接关系（一般是相切）才能确定的线段。密封垫片平面图形中无中间线段。

（3）连接线段。连接线段是 X、Y 方向的定位尺寸都没有标注的线段。例如，图 1-1-2 中的外形圆角四个 $R7$ 圆弧和内孔圆角四个 $R4$ 圆弧，都是连接线段。

画图时，应先画已知线段，再画中间线段，最后画连接线段。

2. 图形绘制

1）建立图层

机械图样都是由不同的线型绘制的，如密封垫片的图形包含三种线型：粗实线、细点画线（简称点画线，又称中心线）、细实线。用 AutoCAD 绘制平面图形时，为了画图方便，不同的线型一般放在不同的图层上。因此，画图前首先要建立图层。其操作步骤如下：

（1）输入命令“layer”或“la”，然后按 Enter 键（或单击“图层”工具栏中的图标“图层特性管理器”），打开“图层特性管理器”对话框，如图 1-1-14 所示。

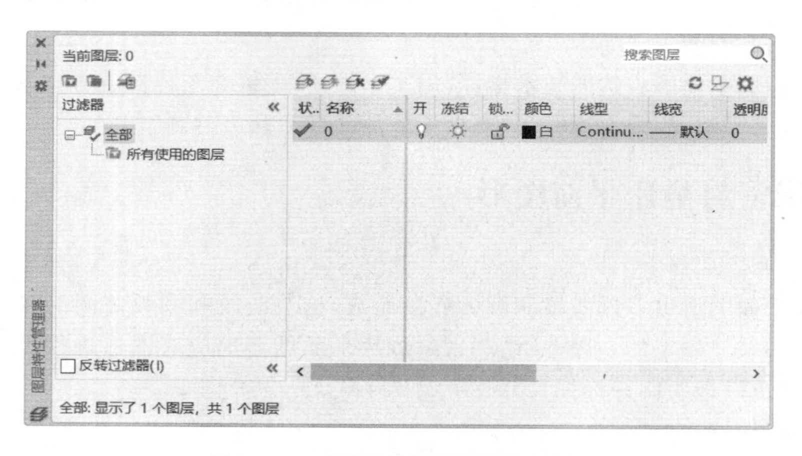

图 1-1-14 “图层特性管理器”对话框

（2）新建图层。在默认情况下，只有一个图层——0 层，它是白色、连续线型、默认线宽。单击“图层特性管理器”对话框中的“新建图层”按钮，将创建 1 个名为“图层 1”的新图层。在名称编辑框中输入新图层的名称“cen”（用于绘制中心线）。

（3）设置新图层的颜色。单击新图层“cen”层所在行的颜色块，弹出“选择颜色”对话框，如图 1-1-15 所示。在“索引颜色”选项卡中选择颜色“红色”，单击“确定”按钮。

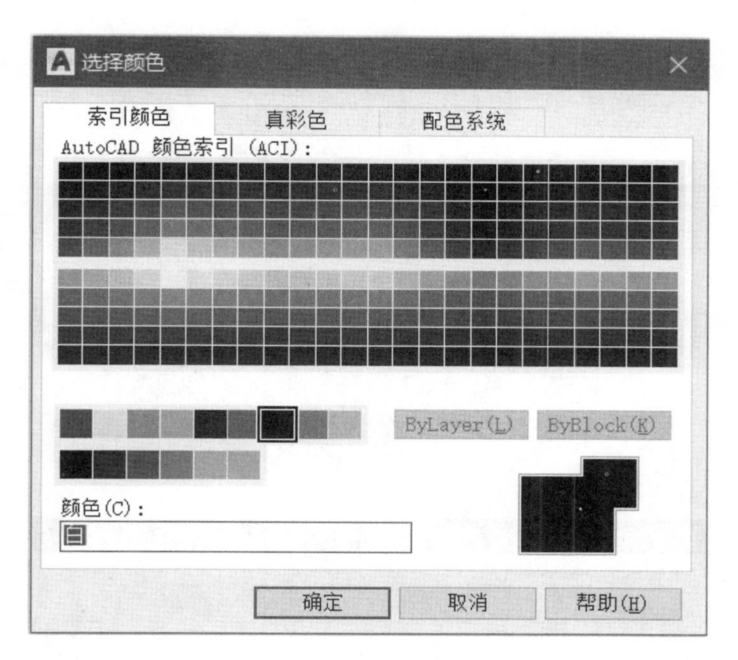

图 1-1-15 "选择颜色"对话框

为了便于画图,屏幕上显示图线,一般应按表 1-1-4 中提供的颜色显示,并要求相同形式的图线采用相同的颜色。

表 1-1-4 图线颜色的规定(GB/T 14665—2012)

图线类型		颜色
粗实线	————	白色
细实线	————	绿色
波浪线	～～～	
双折线	—∧/—∧/—	
细虚线	------	黄色
细点画线	—·—·—	红色
粗点画线	—·—·—	棕色
细双点画线	—··—··—	粉红色

(4) 设置新图层的线型。单击新图层"cen"层所在行的"Continuous",弹出"选择线型"对话框,如图 1-1-16 所示。已加载的线型只有"Continuous"。单击"加载"按钮,弹出"加载或重载线型"对话框,如图 1-1-17 所示。选择新加载的线型"CENTER2",单击"确定"按钮,线型"CENTER2"被加载到"选择线型"对话框的线型列表中。选择新加载的线型"CENTER2",单击"确定"按钮,完成线型设置操作。

(5) 设置新图层的线宽。在默认情况下,新图层的线宽为"默认"。单击新图层"cen"层所在行的线宽"默认"字样,弹出"线宽"对话框,如图 1-1-18 所示,选择"0.25 mm",单击"确定"按钮,完成新图层线宽设定。此处线宽为"打印"线宽。

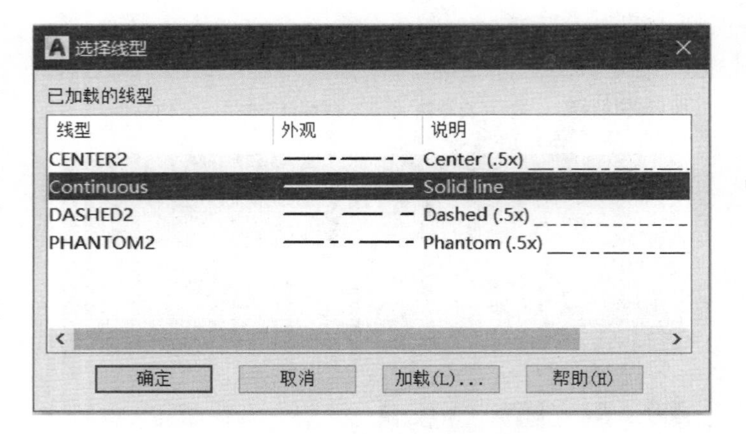

图 1-1-16 “选择线型”对话框

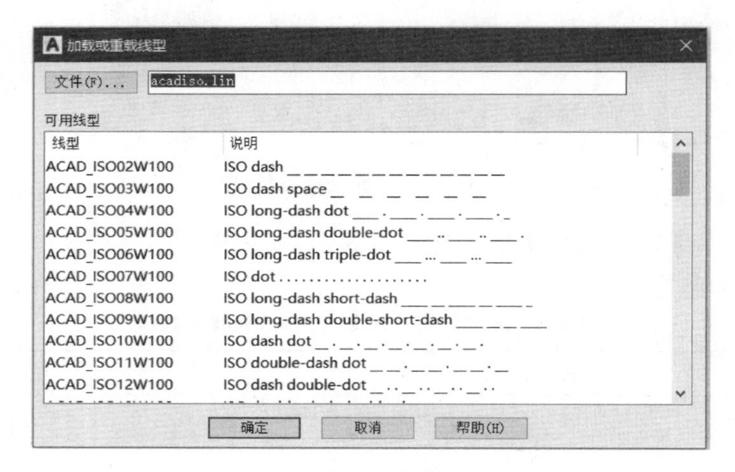

图 1-1-17 “加载或重载线型”对话框

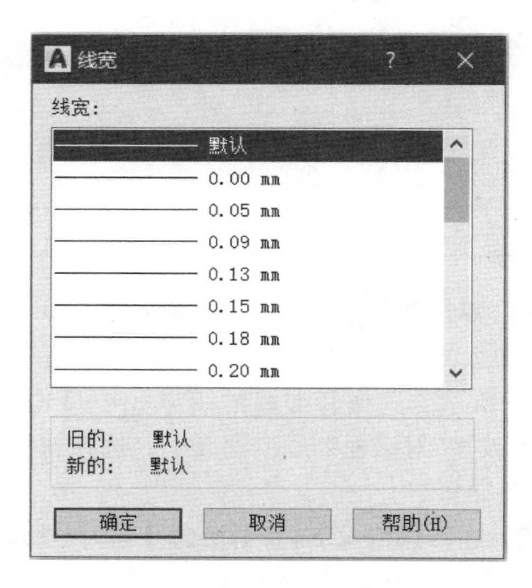

图 1-1-18 “线宽”对话框

其他图层新建方法同上。

常用图层名称、颜色、线型、线宽设置及用途参见表 1-1-5。

表 1-1-5 常用图层名称、颜色、线型、线宽设置及用途

序 号	名 称	颜 色	线 型	线 宽	用 途
1	0	白色	Continuous	0.5 mm	粗实线：可见轮廓线
2	cen	红色	CENTER2	0.25 mm	细点画线：轴线、对称中心线
3	dash	黄色	DASHED2	0.25 mm	细虚线：不可见轮廓线
4	thin	绿色	Continuous	0.25 mm	细实线：尺寸线及尺寸界线、剖面线

按以上同样方法设置的图层如图 1-1-19 所示。

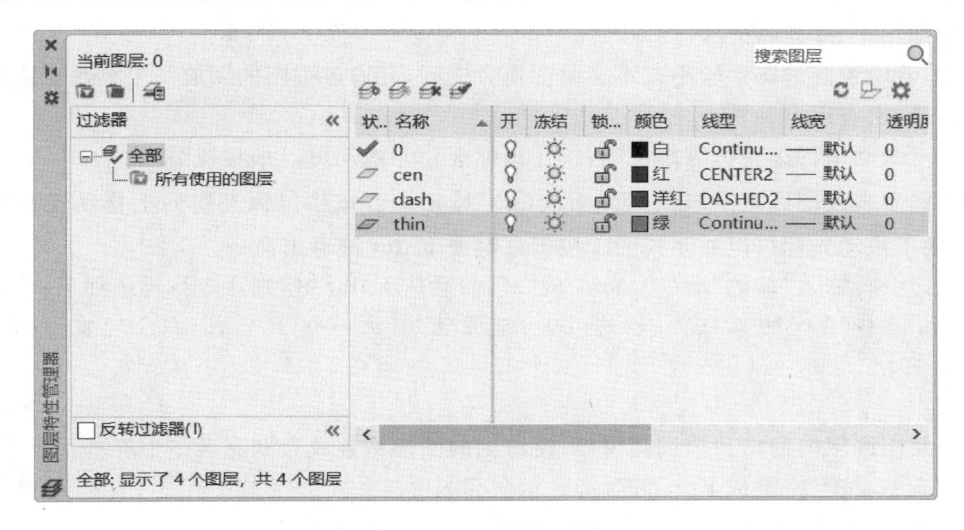

图 1-1-19 图层设置结果

图层建好之后关闭“图层特性管理器”对话框，回到用户界面之后要注意检查“特性”工具栏（见图 1-1-20）中的三个控制窗口中是否均为“ByLayer”，若不是，可单击各窗口右侧的控制按钮并选择“ByLayer”。接着单击“图层”工具栏（见图 1-1-21）窗口右侧的控制按钮并切换不同的图层，同时注意观察“特性”工具栏中三个控制窗口的变化，发现颜色、线型、线宽均会随不同的图层而变化，即“随层”，也就是“ByLayer”。

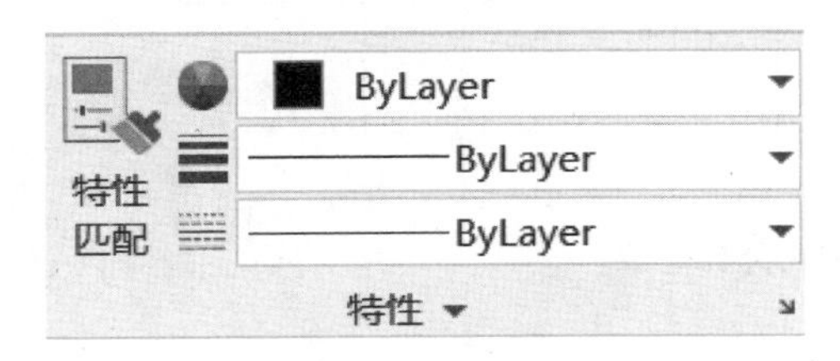

图 1-1-20 “特性”工具栏

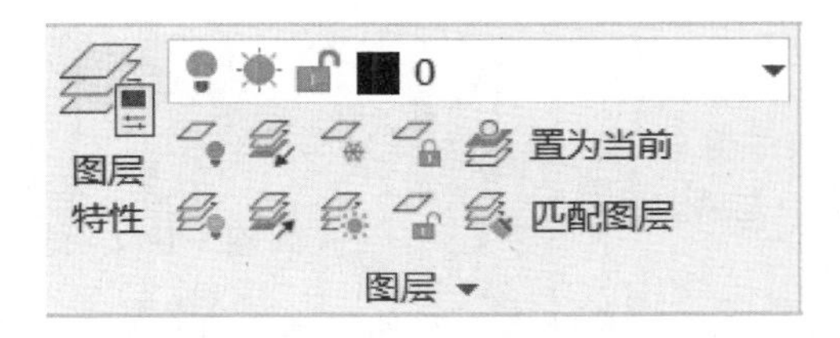

图 1-1-21 “图层”工具栏

2）绘制图形具体步骤

（1）画作图基准线。以中心线层为当前层，按功能键“F8”，命令行显示“正交 开”，或单击状态栏“正交模式”按钮，使其处于打开状态（亮显）。

操作步骤如下：

在命令行输入“直线”命令“line”或“L”，然后按 Enter 键（或单击“绘图”工具栏中的图标），命令行提示及相应操作如下：

命令:_line 指定第一点: //移动光标，在屏幕中间某点 A 处单击
指定下一点或[放弃(U)]:120↙ //向右移动光标，输入 120↙
指定下一点或[放弃(U)]:↙ //结束“直线”命令
命令:↙ //再按空格键或 Enter 键，重复“直线”命令
命令:_line 指定第一点: //移动光标，在屏幕中间某点 B 处单击
指定下一点或[放弃(U)]:120↙ //向下移动光标，输入 120↙
指定下一点或[放弃(U)]:↙ //结束“直线”命令

结果如图 1-1-22(a)所示。

注意，若所绘制的图形较小或不在绘图窗口中间，可通过视图的缩放与平移改变图形显示大小，常用方法有以下几种：

①上下滚动鼠标滚轮可缩放视图，按住鼠标滚轮并拖动可以平移视图。

②右键单击绘图区域空白处，选“缩放(Z)”按钮，按住鼠标左键向上拖动光标可以放大视图，向下拖动光标可以缩小视图。按 Esc 键或 Enter 键退出命令。

③在命令行输入“缩放”命令“zoom”或“z”，然后按 Enter 键，则命令行提示如下：

Zoom[全部(A) 中心(C) 动态(D) 范围(E) 上一个(P) 比例(S) 窗口(W) 对象(O)]<实时>:

此时：

①在绘图区域内拖出一个选择窗口，窗口内的图形将被放大到充满整个屏幕。

②输入 A，按空格键或 Enter 键，将显示全部图形。

③输入 P，按空格键或 Enter 键，视图将回到上一次显示状态。

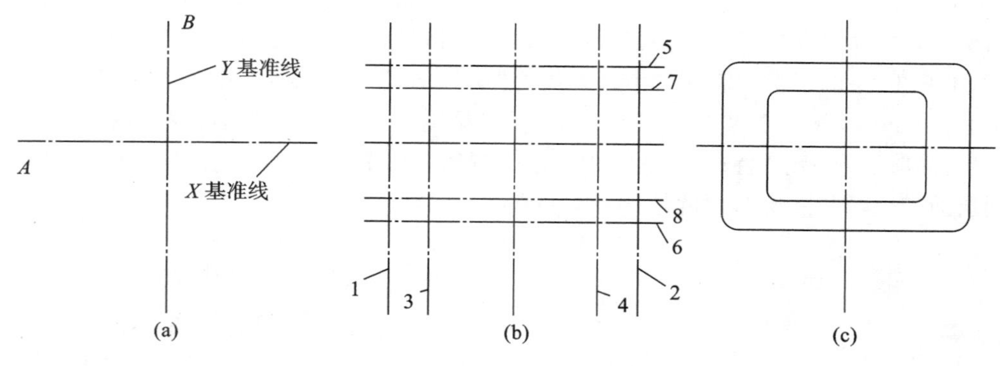

图 1-1-22 绘制基准线和内外轮廓线

(2) 画密封垫片的外形和内孔轮廓线。操作步骤如下：

输入“偏移”命令 offset↙或 of↙（或单击“修改”工具栏中的图标），命令行提示及相应操作如下：

指定偏移距离或[通过(T)/删除(E)/图层(L)]<通过>:50↙

//输入偏移距离

选择要偏移的对象或[退出(E)/放弃(U)]<退出>:

//单击Y基准线

指定要偏移的那一侧的点,或[退出(E)/多个(M)放弃(U)]<退出>:

//在Y基准线左侧空白处单击,得线1,如图1-1-22(b)所示

选择要偏移的对象或[退出(E)/放弃(U)]<退出>:

//单击Y基准线

指定要偏移的那一侧的点,或[退出(E)/多个(M)放弃(U)]<退出>:

//在Y基准线右侧空白处单击,得线2

选择要偏移的对象或[退出(E)/放弃(U)]<退出>:↙

//结束"偏移"命令

命令:↙ //再按空格键或Enter键,重复"偏移"命令

*指定偏移距离或[通过(T)/删除(E)/图层(L)]<通过>:*32

//输入偏移距离

选择要偏移的对象或[退出(E)/放弃(U)]<退出>:

//单击Y基准线

指定要偏移的那一侧的点,或[退出(E)/多个(M)放弃(U)]<退出>:

//在Y基准线左侧空白处单击,得线3

选择要偏移的对象或[退出(E)/放弃(U)]<退出>:

//单击Y基准线

指定要偏移的那一侧的点,或[退出(E)/多个(M)放弃(U)]<退出>:

//在Y基准线右侧空白处单击,得线4

命令:↙ //再按空格键或Enter键,重复"偏移"命令

重复以上"偏移"命令,输入偏移距离"34",单击X基准线,在X基准线上侧空白处单击,得线5。单击X基准线,在X基准线下侧空白处单击,得线6。

重复以上"偏移"命令,输入偏移距离"22.5",单击X基准线,在X基准线上侧空白处单击,得线7。单击X基准线,在X基准线下侧空白处单击,得线8。结果如图1-1-22(b)所示。

注意,由于密封垫片的外形和内孔轮廓线都是粗实线,因此,应将线1~线8切换成粗实线。方法是:选中线1~线8,单击图层窗口右侧的控制按钮,选择粗实线层(即0层),按Esc键退出。

输入"倒圆角"命令fillet↙(或单击"修改"工具栏中的图标),命令行提示及相应操作如下:

当前设置:模式=修剪,半径=0.0000

*选择第一个对象或[放弃(U)/多段线(P)/半径(R)/修剪(T)多个(M)]:*r↙

*指定圆角半径<0.0000>:*7↙ //指定圆角半径为7

选择第一个对象或[放弃(U)/多段线(P)/半径(R)/修剪(T)多个(M)]:

//单击线段1

选择第二个对象,或按住Shift键选择要应用角点的对象:

//单击线段5(倒出外轮廓左上圆角)

命令:↙ //再按空格键或Enter键,重复"圆角"命令

当前设置：模式＝修剪，半径＝7.0000

选择第一个对象或[放弃(U)/多段线(P)/半径(R)/修剪(T)多个(M)]：M↙

　　　　　　　　//连续倒多个圆角，单击线段1

选择第二个对象，或按住Shift键选择要应用角点的对象：

　　　　　　　　//单击线段6，倒出外轮廓左下圆角

选择第一个对象或[放弃(U)/多段线(P)/半径(R)/修剪(T)多个(M)]：

　　　　　　　　//单击线段6

选择第二个对象，或按住Shift键选择要应用角点的对象：

　　　　　　　　//单击线段2，倒出外轮廓右下圆角

选择第一个对象或[放弃(U)/多段线(P)/半径(R)/修剪(T)多个(M)]：

　　　　　　　　//单击线段2

选择第二个对象，或按住Shift键选择要应用角点的对象：

　　　　　　　　//单击线段5，倒出外轮廓右上圆角

重复以上倒“圆角”步骤，设定“R”为4，选“M”，连续倒出内孔四个$R4$圆角，如图1-1-22(c)所示。

(3) 画4×ϕ7圆的中心线及圆。

①使用“偏移”命令，将Y基准线分别向左、向右偏移40，得到线9、10；将X基准线分别向上、向下偏移24，得到线11、12。四条线交点即为4×ϕ7圆中心位置，如图1-1-23(a)所示。

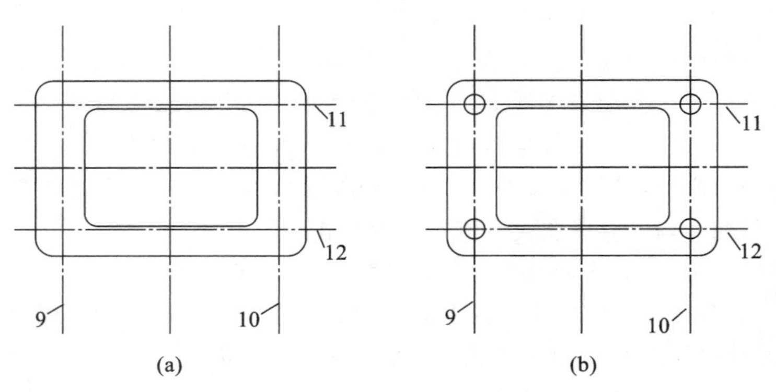

图1-1-23　绘制圆中心线及圆

②按功能键F3，命令行显示“对象捕捉　开”，或单击状态栏“对象捕捉”按钮，使其处于打开状态。

③画圆。操作步骤如下。

输入“画圆”命令circle↙或c↙（或单击“绘图”工具栏中的图标），命令行提示及相应操作如下。

命令：指定圆的圆心或[三点(3P)/两点(2P)/相切、相切、半径(T)]：

　　　　　　　　//移动光标至线9与线11交点，出现黄色“×”时，单击，则输入左上圆心点

指定圆的半径或[直径(D)]：3.5↙　　//或输入D↙，再输入直径7↙

命令：↙　　//再按空格键或Enter键，重复“画圆”命令

重复以上步骤，画出其他三个 $\phi 7$ 圆，如图 1-1-23(b)所示。

(4) 用“打断”命令使点画线只超出轮廓线 3～5 mm。

输入命令 break↙，或单击“修改”工具栏(单击“修改 ▼ ”)中图标“打断”，命令行提示及相关操作如下。

命令:_break 选择对象: //单击 P1 点(距轮廓线 3～5 mm)，如图 1-1-24(a)所示

指定第二个打断点或[第一点(F)]: //单击 P2 点(超过线段下端任意空白处)

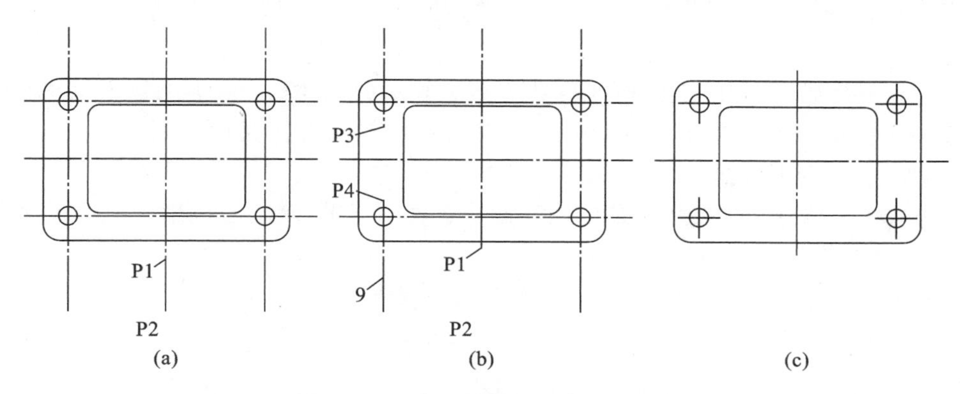

图 1-1-24 中心对称线及其打断调整

Y 基准线在 P1、P2 间打断后，结果如图 1-1-24(b)所示。显然，“打断”命令选择对象的单击点，其实就是打断的起点，而第二个打断点(光标移向 P2 附近即可)是线段断点终点。线段 9 在点 P3 与 P4 间打断的结果如图 1-1-24(b)所示。重复使用“打断”命令，得到如图 1-1-24(c)所示图形。

完成全图后，若发现点画线的疏密程度不合适，即线型比例不好，则可将粗实线层关闭(方法是:打开“图层”列表，在粗实线层左侧的黄色灯泡上单击)，然后选中所有点画线，右键单击，在右键菜单中选择“特性”(即 properties 命令)，在弹出的对话框中对线型比例进行修改。这步操作也可在图形输出之前进行，以求得到图的最佳效果。事实上，由 AutoCAD 创建的对象均可用此方法进行修改，对于不同的对象系统会弹出不同的对话框。

在上述修改线型比例的操作中，我们用到了图层的打开和关闭功能。一个图层被关闭后，该图层上的实体是不可见的。设置图层打开和关闭功能的目的在于方便作图。此外，还有冻结和解冻、锁定和解锁功能。单击灯泡右侧的图标，可实现图层的冻结和解冻。在图层冻结期间，既不可见图层上的实体，也不能更新或输出图层上的对象。因此，对于一些不需要输出的图层，应冻结，这样可加快图形输出速度。单击雪花图标右侧图标，可实现图层的锁定和解锁。图层被锁定以后，用户可以看到图层上的实体，但不能对它进行编辑。当所绘图形较为复杂时，可以锁定当前不使用的图层，以避免一些不必要的修改。

3. 尺寸标注

尺寸标注必须符合制图标准中的关于尺寸标注的规定(GB/T 4458.4—2003、GB/T 16675.2—2012)。下面按照图 1-1-2，在已绘图形上标注相关尺寸。

图 1-1-25 “标注”工具栏

1）认识“注释”工具栏

尺寸标注主要使用“注释”工具栏（见图 1-1-25）里面的一些命令。

（1）文字命令。文字命令包括单行文字和多行文字的书写。一般来说，只写一个或一行文字，使用“单行文字”命令；书写技术要求等多行文字，采用“多行文字”命令。

（2）标注。标注命令默认标注水平尺寸和竖直尺寸。输入选项 A、B、C、O、G 等，分别可以进行角度标注、基线标注、连续标注、坐标标注、对齐标注等。该命令可连续标注多个尺寸，直到按 Esc 键退出。

（3）标注下拉按钮。由于幅面有限，其他不能显示的标注命令均放在标注下拉按钮中。单击其右侧下拉按钮可以看出，除了“线性”标注外，还有“对齐”“角度”“弧长”“半径”“直径”“坐标”“折弯”等命令的快捷按钮。

（4）引线。引线标注主要用于装配图绘制中零件引线的标注，也可用于一些表面的表面粗糙度、表面涂（镀）层等的标注。

（5）表格。表格命令用于在 AutoCAD 图中绘制表格。

（6）注释下拉按钮注释 ▾。注释下拉按钮内包括标注样式、文字样式、多重引线样式和表格样式。创建标注样式不仅有利于尺寸标注符合国家标准，还可以实现尺寸快速标注。

2）创建尺寸标注样式

AutoCAD 自带一个 ISO-25 标注样式。该样式是根据国际标准设置的，不完全符合国家标准的规定，因此，必须创建符合我国国家标准规定的标注样式，并在此基础上，创建用于标注直径的“直径”样式和用于标注水平文字尺寸的“水平”样式。

（1）输入命令 ddim↙或 d↙，或单击“注释”工具栏中“标注样式”下拉按钮中的“管理标注样式”，弹出“标注样式管理器”对话框，如图 1-1-26 所示。

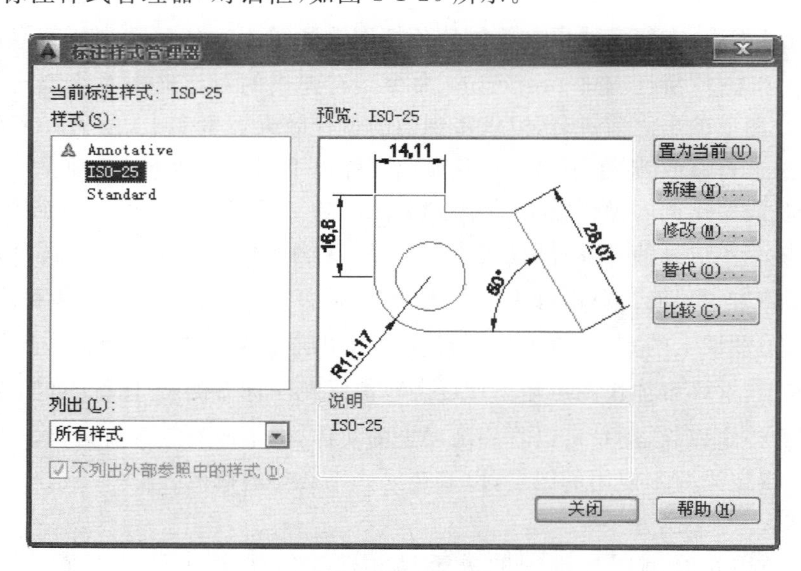

图 1-1-26 “标注样式管理器”对话框

（2）单击“新建”按钮，弹出“创建新标注样式”对话框，将“副本 ISO-25”改为“GB”（即国标样式),单击“继续”按钮,进入“新建标注样式:GB”对话框。单击“线”标签,将“基线间距”由“3.75”更改为“7”;将“超出尺寸线”由“1.25”更改为“2”;将“起点偏移量”由“0.625”更改为“0”,其余不变,如图 1-1-27 所示。

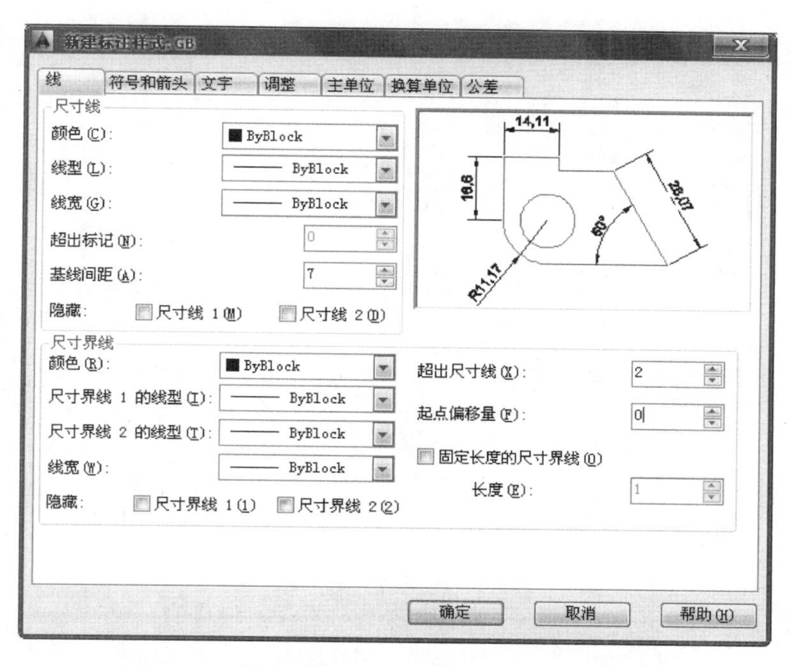

图 1-1-27 “新建标注样式:GB”对话框之“线”选项卡

(3) 单击“文字”标签,单击“文字样式”窗口最右侧 ... 按钮,弹出“文字样式”对话框,单击“新建”按钮,在弹出的“新建文字样式”对话框中输入“XT”(即斜体),单击“确定”按钮,回到“文字样式”对话框,将“字体名”列表中的“txt.shx”更改为“isocp.shx”;去掉“使用大字体”前复选框中的“√”;将“倾斜角度”由“0”改为“15”(斜体字字头向右倾斜 15°),结果如图 1-1-28 所示。用同样方法,将“倾斜角度”改为“0”,可建立“ZT”(即直体)文字样式。

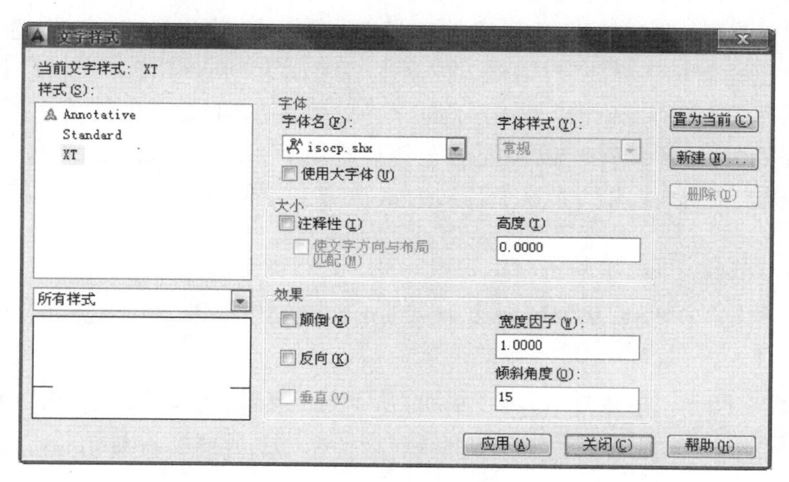

图 1-1-28 “文字样式”对话框

单击“应用”按钮，单击“关闭”按钮，回到“新建标注样式：GB”对话框的“文字”选项卡页面，单击“文字样式”窗口右侧蓝色控制按钮，将文字样式切换为“ZT”；将“文字高度”由“2.5”更改为“3.5”（标尺寸常用 3.5 号字），如图 1-1-29 所示。

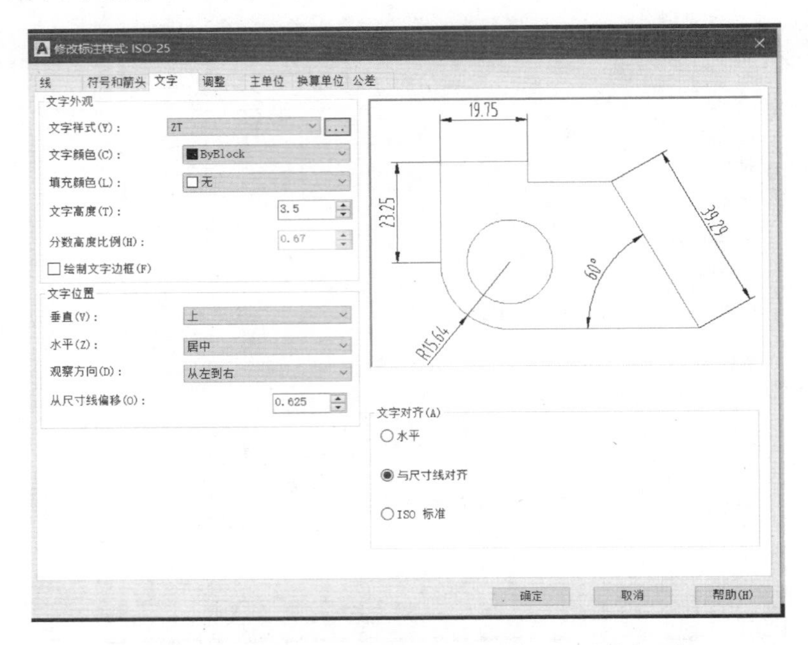

图 1-1-29　“新建标注样式：GB”对话框之“文字”选项卡

（4）单击“主单位”标签，将“小数点分隔符”由逗点“，”更改为句点“.”。单击“确定”按钮，回到“标注样式管理器”对话框。单击“关闭”按钮，结束尺寸样式的设置。

（5）创建“直径”样式。在“标注样式管理器”对话框中，单击“新建”按钮，弹出“创建新标注样式”对话框，将“副本 GB”改为“直径”，单击“继续”按钮，进入“新建标注样式：直径”对话框。单击“主单位”标签，在“前缀”栏内填入“%%c”，单击“确定”按钮，回到“标注样式管理器”对话框。该样式用于标注圆柱体的非圆视图上的直径，在尺寸数字前直接加“ϕ”。

（6）创建“水平”样式。在“标注样式管理器”对话框中，单击样式“GB”，选中。单击“新建”按钮，弹出“创建新标注样式”对话框，将“副本 GB”改为“水平”，单击“继续”按钮，进入“新建标注样式：水平”对话框。单击“文字”标签，在“文字对齐”下的三个选项中选“水平”，单击“确定”按钮，回到“标注样式管理器”对话框。该样式用于标注尺寸数字必须水平的尺寸，如角度标注。在该样式下，标注的尺寸数字自动为水平书写。单击“关闭”按钮，结束尺寸样式的设置。

3）标注尺寸具体步骤

单击“图层控制”工具栏，从下拉列表中选取细实线层“thin”。“对象捕捉”按钮处于打开状态。

（1）标注线性尺寸。单击“注释 ▼”按钮，从下拉列表中选取“标注样式”中的“GB”作为当前标注样式。单击“注释 ▼”工具栏中的“标注”按钮，或输入命令 dimlinear。

指定第一条尺寸界线原点或＜选择对象＞：　//将光标移至 1 点，出现黄色“□”时，单击

指定第二条尺寸界线原点：　//将光标移至 2 点，出现黄色“□”时，单击

指定尺寸线位置或[多行文字(M)/文字(T)/角度(A)/水平(H)/垂直(V)/旋转(R)]:
　　　　　　　　　　　　　　　　　　//在距轮廓线距离约 7 mm 处单击,标出尺寸 80

命令:↙　　　　　　　　　　　　　　*//再按空格键或 Enter 键,重复"创建线性标注"命令*

指定第一条尺寸界线原点或<选择对象>:　*//将光标移至 3 点,出现绿色"□"时,单击*

指定第二条尺寸界线原点:　　　　　　*//将光标移至 4 点,出现绿色"□"时,单击*

指定尺寸线位置或[多行文字(M)/文字(T)/角度(A)/水平(H)/垂直(V)/旋转(R)]:
　　　　　　　　　　　　　　　　　　//在距 80 尺寸线约 7 mm 处单击,标出尺寸 100,如图 1-1-30(a)所示

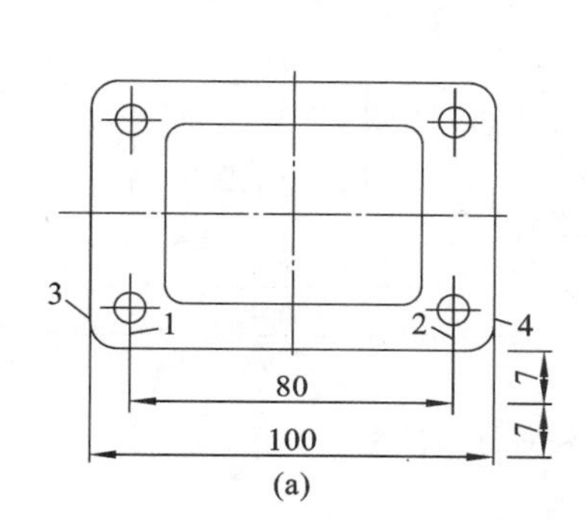

(a)

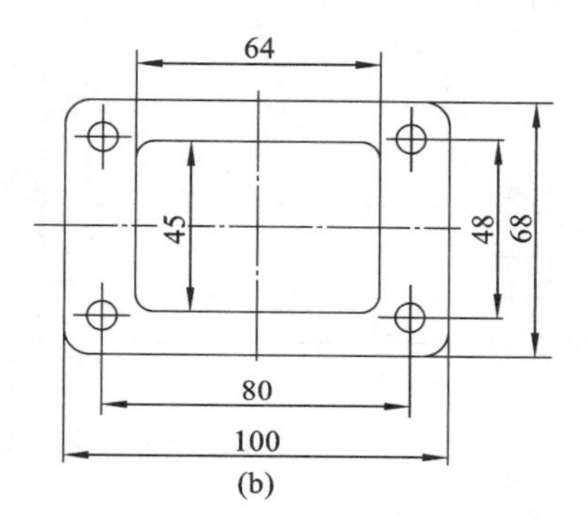

(b)

图 1-1-30　线性尺寸的标注

注意,在上面的操作中,当提示出现"指定第一条尺寸界线原点"或"指定第二条尺寸界线原点"时,可将光标移动到尺寸界限的端点捕捉。出现绿色的"口"字形符号,说明端点捕捉到了。有关"对象捕捉"的内容将在本项目任务 2 中介绍。

采用同样的方法标注出全部线性尺寸,并将尺寸 45 处中心线打断(文字不可被线穿过),如图 1-1-30(b)所示。

(2) 标注半径尺寸。单击"标注下拉按钮"的 ▼,在弹出的工具栏按钮列表中单击 ⌒,或输入命令 dimradius↙。

选择圆弧或圆:　　　　　　　　*//单击左上角外轮廓圆弧*

标注文字=7

指定尺寸线位置或[多行文字(M)/文字(T)/角度(A)]:
　　　　　　　　　　　　　　//移动光标至适当位置单击,标出外圆角半径 R7

采用同样的方法标注出内圆角半径 $R4$。

(3) 标注直径尺寸。单击"标注下拉按钮"的 ▼,在弹出的工具栏按钮列表中单击 ⃠,或输入命令 dimdiameter↙。

选择圆弧或圆:　　　　　　　　*//单击左下角圆*

标注文字=7

指定尺寸线位置或[多行文字(M)/文字(T)/角度(A)]:T↙

输入标注文字<7>:4×%%C7↙　*//%%C 表示 $\phi 7$,此处只能按 Enter 键*

指定尺寸线位置或[多行文字(M)/文字(T)/角度(A)]:

//移动光标至适当位置单击,标出 4×ϕ7,如图 1-1-31(a)所示

如果希望文字“*R*7”“*R*4”“4×ϕ7”处于水平位置,可进行如下操作:

选择已标注好的“*R*7”“*R*4”“4×ϕ7”,单击“注释▼”按钮,从下拉列表中选取“标注样式”,在多种样式中选“水平”即可实现,如图 1-1-31(b)所示。完成后“标注样式”又回到默认的“GB”样式。

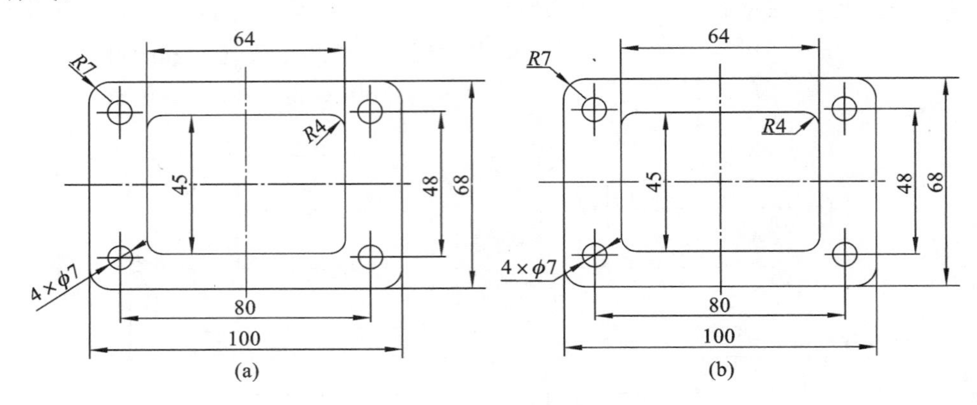

图 1-1-31 半径、直径尺寸的标注

4. 图形文件的存盘与线宽显示

1) 图形文件的存盘

为了保存绘制的图形,需要掌握保存图形文件的方法。保存图形文件,可以通过以下方法实现:

(1) 单击“标准”工具栏中的“保存”按钮;

(2) 单击左上角软件图标下拉按钮,在弹出的按钮列表中单击“保存”;

(3) 按“Ctrl+S”快捷键;

(4) 在命令行输入命令“save”或“saveas”。

如果图形已存过盘,则执行上述操作时系统将直接覆盖保存图形文件。如果是第一次存盘,系统将打开如图 1-1-32 所示的“图形另存为”对话框。在此对话框中选择希望保存文件的文件夹,输入“密封垫片”文件名,然后单击“保存”按钮就可以保存文件了。

2) 图形线宽显示

如果要观看线宽,退出后单击开启“状态栏”上的“显示/隐藏线宽”按钮,则可看到如图 1-1-33 所示的带线宽的图形。

5. AutoCAD 2020 程序的退出

退出 AutoCAD 2020 程序的途径有:

(1) 单击界面右上角关闭窗口按钮;

(2) 按“Ctrl+Q”快捷键;

(3) 在命令行输入命令“QUIT”或“EXIT”;

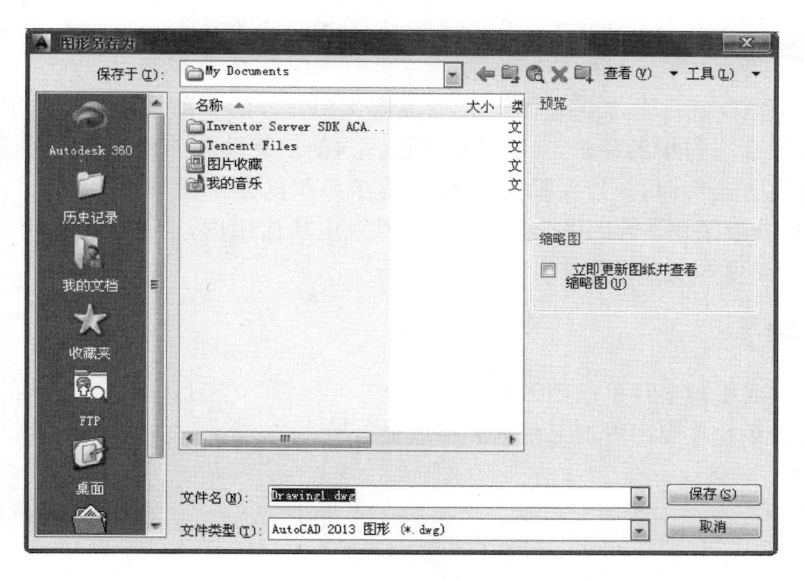

图 1-1-32 “图形另存为”对话框

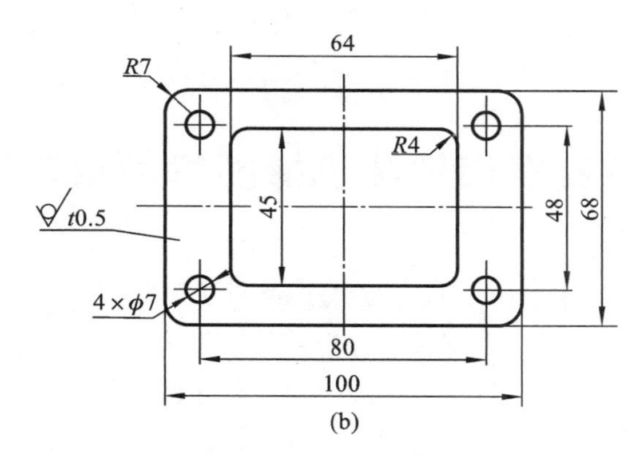

图 1-1-33 “密封垫片”带线宽显示图

(4) 单击软件图标下拉按钮列表中的“关闭”按钮。

在退出时，如果修改后没有存盘，则弹出存盘提示对话框，如图 1-1-34 所示，提醒用户是否保存当前图形所做的修改后再退出。如果当前的图形文件还没有命名，在选择了保存后，AutoCAD 将弹出保存文件对话框，让用户输入图形文件名。

图 1-1-34 存盘提示对话框

【归纳总结】

学习 AutoCAD 就是学习绘图命令，尽量掌握常用命令的全称与缩写。对于初学者来说，要特别注意观察命令行中的提示，并跟着提示做。与使用菜单和工具栏相比，使用快捷键和命令缩写效率更高。绘图时，一般左手操作键盘，右手操作鼠标。

AutoCAD 一般采用 1∶1 比例绘图。若需要采用其他比例，则可在标注尺寸前将图形进行比例缩放。（详见本项目任务 2）。

【课堂练习】

（1）独立完成密封垫片平面图形的绘制。

（2）给密封垫片平面图形加上图框和标题栏。

操作提示：

①用画线命令在细实线层上绘制一大小为 210 mm×297 mm 的矩形（表示图纸为 A4 幅面）。

②用画线命令在粗实线层上绘制图框。

③用偏移和打断命令绘制标题栏，标题栏的格式见图 1-1-4，注意四周为粗实线，内部为细实线。在用打断命令时，可通过提示中的“F”选项重新定义第一个打断点。

任务 2　认识交换齿轮架机械图样并绘制其平面图形

零件交换齿轮架的立体图如图 1-1-35 所示。它的结构可分为上下两部分：上面是一个手柄；下方为一具有复杂弧线外形的板状零件，并带有圆孔、腰圆孔等。直腰圆孔用于安装带齿轮的轴，位置可上下调节。工作时，扳动手柄，可实现机床变速箱不同齿轮之间的啮合，从而改变机床主轴的转速。

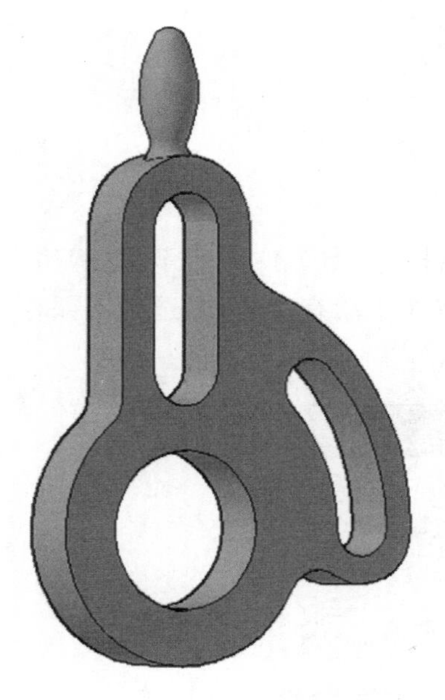

图 1-1-35　交换齿轮架的立体图

【任务分析】

图 1-1-36 所示为交换齿轮架的零件图。它共有两个视图：从交换齿轮架的前面看，得到反映其形状的主视图；从交换齿轮架的左侧看，得到反映其厚度的局部视图。有关视图的内容，我们将在后面的模块中学习。

从图 1-1-36 交换齿轮架机械图样中可以看出，它与密封垫片相比，图形更加复杂，尺寸标注形式更多。要完成本任务，还必须首先学习国家标准有关尺寸标注的基本规定。另外，要准确快速绘制交换齿轮架的平面图形，还必须学习 AutoCAD 有关对象捕捉、对象捕捉追踪以及对象“磁吸”点等的知识。

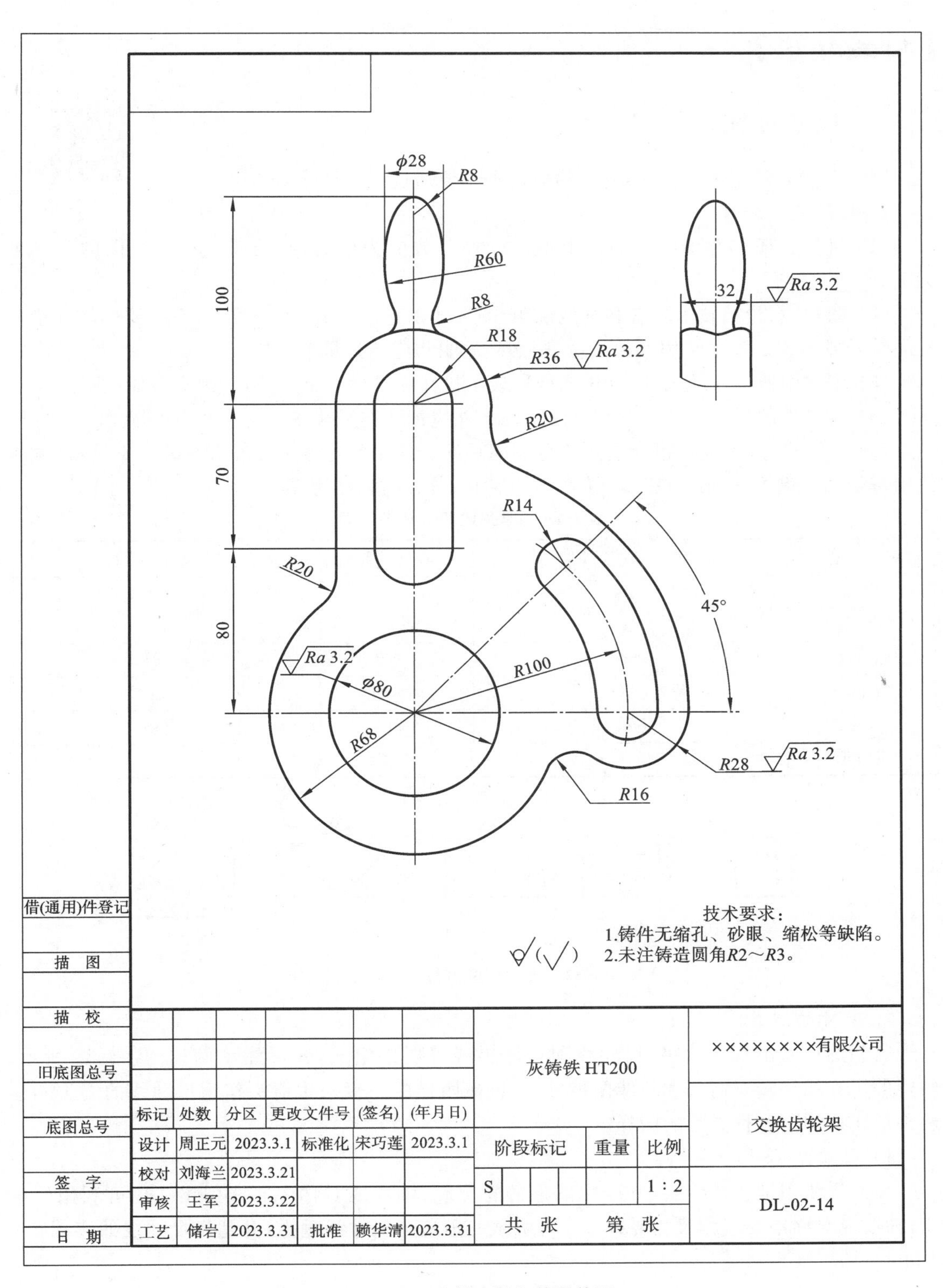

图 1-1-36 交换齿轮架的零件图

【相关知识】

一、尺寸标注

图形只能表示物体的形状结构，物体的大小要通过标注尺寸来确定。

1. 标注尺寸总则

(1) 机件的真实大小应以图样上所注的尺寸数值为依据，与绘图大小及绘图的准确度无关。

(2) 图样中(包括技术要求和其他说明)的尺寸以毫米(mm)为单位时，不需要标注计量单位的符号或名称。如果采用其他单位，则必须注明相应的计量单位符号。

(3) 图样中所标注的尺寸，是该图样所表示机件的最后完工尺寸，否则应另加说明。

(4) 对机件的每一尺寸，一般只标注一次，并应标注在反映该结构最清晰的图上。

(5) 标注尺寸时，应尽可能使用符号和缩写词。常用的符号和缩写词见表 1-1-6。尺寸标注用符号的比例画法如图 1-1-37 所示(h 为字高，符号的线宽为 $h/10$)。

表 1-1-6　常用的符号和缩写词

名　　称	符号和缩写词	名　　称	符号和缩写词
直径	ϕ	45°倒角	C
半径	R	深度	↧
球直径	$S\phi$	沉孔或锪平	⌴
球半径	SR	埋头孔	⌵
厚度	t	均布	EQS
正方形	□	弧长	⌒

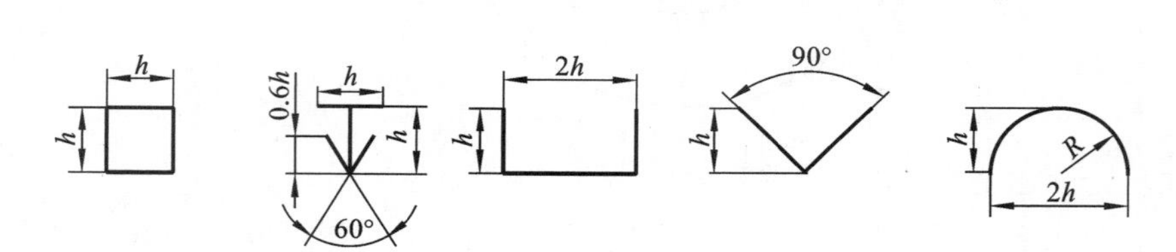

图 1-1-37　尺寸标注用符号的比例画法

2. 尺寸的组成

完整的尺寸由尺寸数字、尺寸线和尺寸界线等要素组成，其标注示例如图 1-1-38 所示。图中的尺寸线终端有箭头和斜线两种形式(机械图样中一般采用箭头作为尺寸线的终端)，这两种形式适用于各种类型的图样。

1) 尺寸界线

尺寸界线用细实线绘制，并应由图形的轮廓线、轴线或对称中心线引出。也可利用轮廓线、轴线或对称中心线作尺寸界线。尺寸界线一般应与尺寸线垂直，并超出尺寸线的终端 2～3 mm。

2) 尺寸线

尺寸线用细实线绘制，终端一般采用箭头，有时也可用斜线，二者的形式如图 1-1-39 所示。标注线性尺寸时，尺寸线应与所标注的线段平行。尺寸线不能用其他图线代替，不得与其他图线重合或画在其延长线上，一般也不得与其他图线相交。当有几条互相平行的尺寸线时，大尺寸要注在小尺寸外面，以免尺寸线与尺寸界线相交。在圆或圆弧上标注直径或半径时，尺寸线一般应通过圆心或延长线通过圆心。

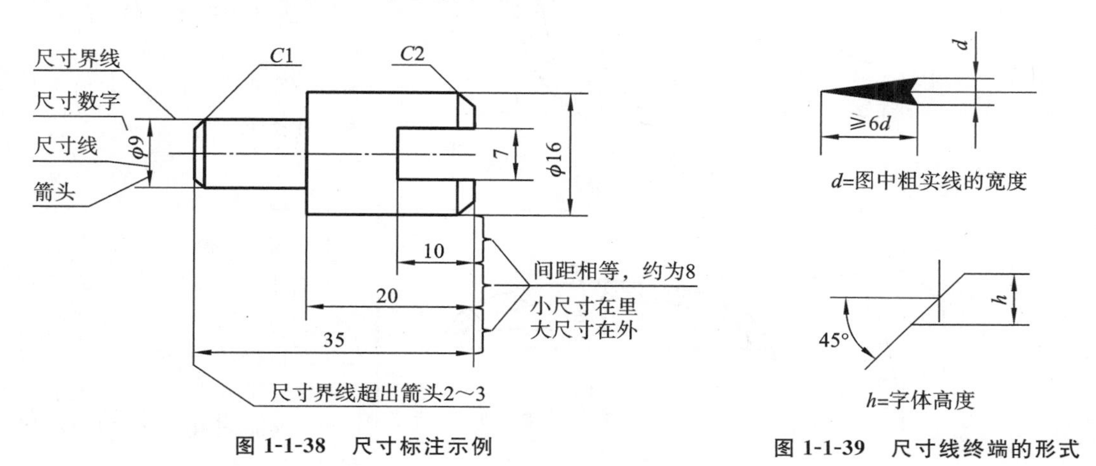

图 1-1-38 尺寸标注示例

图 1-1-39 尺寸线终端的形式

3）尺寸数字

线性尺寸数字一般应注写在尺寸线的上方，也允许注写在尺寸线的中断处。倾斜尺寸数字应有头向上的趋势，并尽可能避免在 30°范围内标注尺寸。标注直径时，应在尺寸数字前加注符号“ϕ”；标注半径时，应在尺寸数字前加注符号“R”。通常对大于半圆的圆弧标注直径，对小于或等于半圆的圆弧标注半径。标注球面的直径或半径时，应在符号“ϕ”或“R”前再加注符号“S”。

3. 常见的尺寸标注

常见尺寸的标注方法见表 1-1-7。

表 1-1-7 常见尺寸的标注方法

标注内容	示例	说明
线性尺寸	30° 10 10 10 10 10 10 10 (a) 16 16 (b)	尺寸线必须与所标注的线段平行，大尺寸要标注在小尺寸的外面。尺寸数字应按图(a)中所示的方向标注。如果尺寸线在图示 30°范围内，应按图(b)的形式标注
直径尺寸	φ20 (a) φ26 φ18 (b)	标注圆或大于半圆的圆弧时，尺寸线通过圆心，以圆周为尺寸界线，尺寸数字前加注直径符号“ϕ”

续表

标注内容	示例	说明
半径尺寸	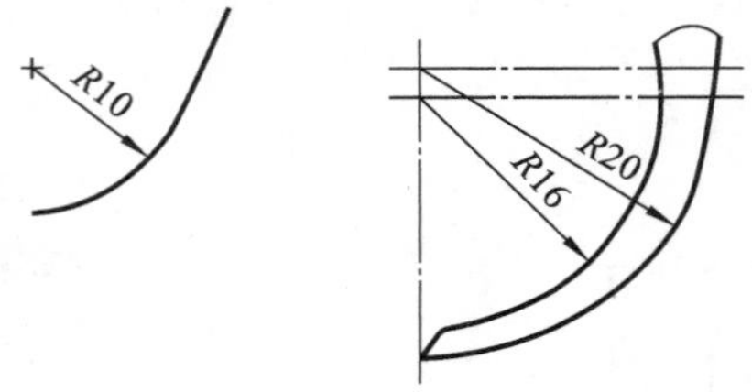 R10 R20 R16 (a) (b)	标注小于或等于半圆的圆弧时，尺寸线自圆心引向圆弧，只画一个箭头，尺寸数字前加注半径符号“*R*”
大圆弧	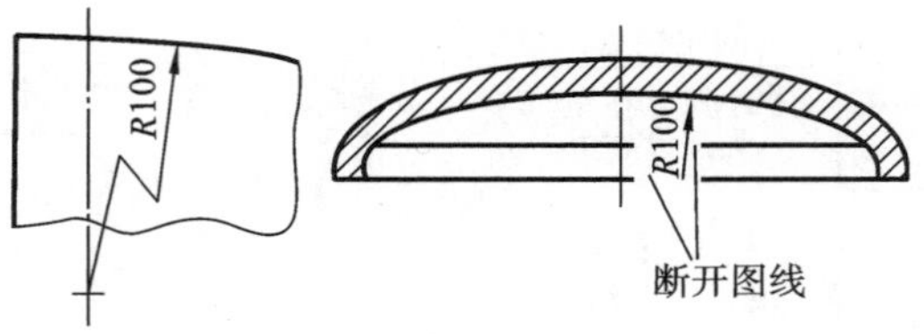 R100 R100 断开图线 (a) (b)	当圆弧的半径过大或在图纸范围内无法标注其圆心位置时，可采用折线形式。若圆心位置不需要注明，则尺寸线可只画靠近箭头的一段。当数字不可避免地要被图线穿过时，在写数字处断开图线
小尺寸	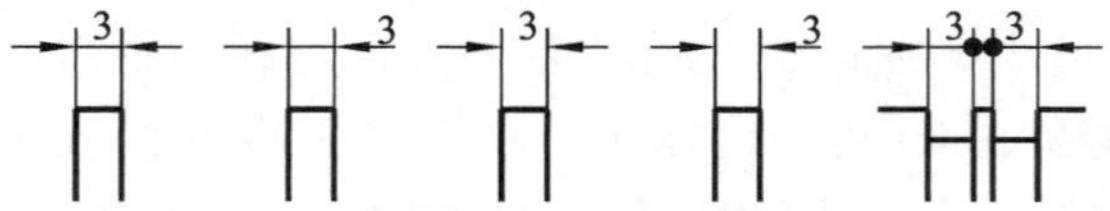 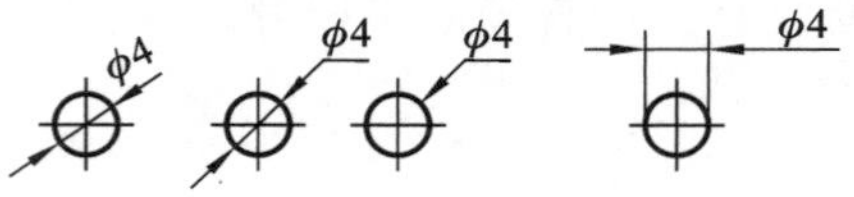 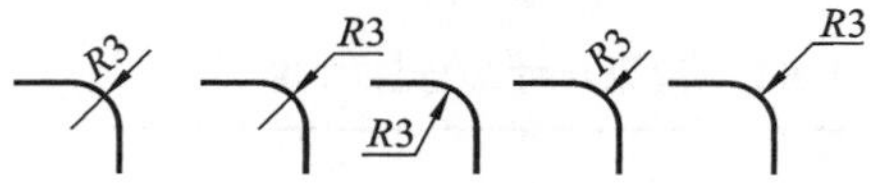 3 3 3 3 3 3 (a) φ4 φ4 φ4 φ4 (b) R3 R3 R3 R3 R3 (c)	对于小尺寸，在没有足够的位置画箭头或标注数字时，箭头可画在外面，或用小圆点代替两个箭头；尺寸数字也可采用旁注的方式或引出标注
球面	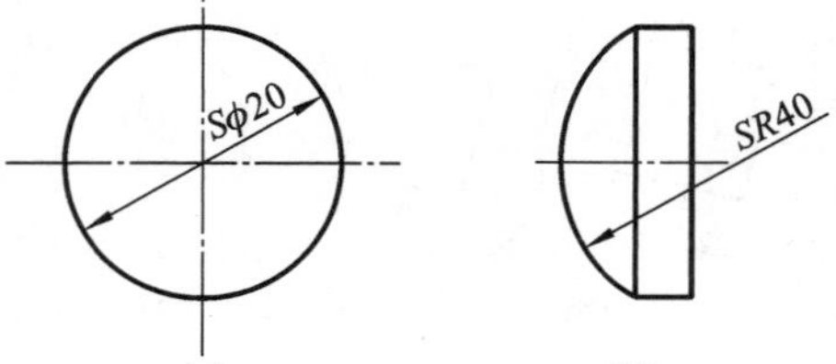 Sφ20 SR40 (a) (b)	标注球面的直径或半径时，应在尺寸数字前加注符号“*Sφ*”或“*SR*”
角度	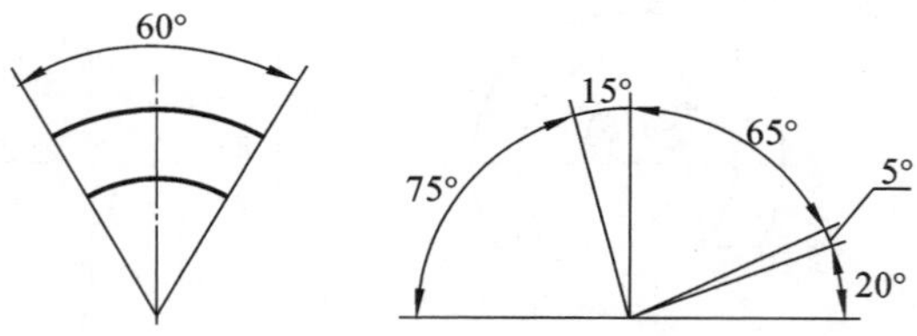 60° 15° 65° 75° 5° 20° (a) (b)	尺寸界线应沿径向引出，尺寸线画成圆弧，圆心是角的顶点。尺寸数字一律水平书写，一般注写在尺寸线的中断处，必要时也可按图(b)所示的形式标注

续表

标注内容	示例	说明
弦长与弧长	30 (a) 32 (b)	标注弦长和弧长时，尺寸界线应平行于弦的垂直平分线；弧长的尺寸线为同心弧，并应在尺寸数字上方加注符号“⌒”
只画一半或大于一半时的对称机件	t2 30 R3 20 φ10 12 4×φ4	尺寸线应略超过对称中心线或断裂处的边界线，仅在尺寸线的一端画出箭头。 标注板状零件的尺寸时，在厚度的尺寸数字前加注符号“t”
光滑过渡处的尺寸	10 20	在光滑过渡处，必须用细实线将轮廓线延长，并从它们的交点引出尺寸界线。尺寸界线一般应与尺寸线垂直，必要时允许倾斜
正方形结构	□12 (a) 12×12 (b)	标注机件的剖面为正方形结构的尺寸时，如图(a)、(b)所示，可在边长尺寸数字前加注符号“□”，或用“12×12”。图中相交的两条细实线是平面符号

二、对象捕捉和对象捕捉追踪

1. 对象捕捉

在绘图和编辑图形时，可借助于对象捕捉方法来迅速、精确地找到对象上的一些特殊的点。例如，在任务1中绘图时，在CIRCLE命令后，将光标移到直线交点处出现绿色“×”时单击，捕捉到直线交点作圆心；标注尺寸时，在DIMLINEAR命令后，将光标移到直线端点，出现绿色“□”时单击，捕捉到线段的端点等。对象捕捉有两种方式，一是上述的自动对象捕捉，二是单点优先对象捕捉。

（1）自动对象捕捉。在命令行输入命令“DS”，或右键单击状态栏中的对象捕捉按钮▢，在弹出的快捷菜单中选“对象捕捉设置”，即会弹出“草图设置”对话框。在“草图设置”对话框的“对象捕捉”选项卡（见图 1-1-40），有 14 种对象捕捉模式，在复选框中打“√”为启用该对象捕捉模式，可单击“全部选择”按钮，启用全部对象捕捉模式。单击“确定”按钮，当复选按钮处于点亮状态时，即可执行相应的对象捕捉。

（2）单点优先对象捕捉。在绘图和编辑图形时，系统提示输入一个点时，用户按下 Shift 键或 Ctrl 键并在图形空白处单击鼠标右键，弹出一个“对象捕捉”快捷菜单，如图 1-1-41 所示，单击其中一种模式，再移动光标到对象的相应特殊点附近，此时只会出现当前模式对应的点的捕捉框，可以实现单点优先对象捕捉。操作一次后自动退出或保持自动捕捉状态。

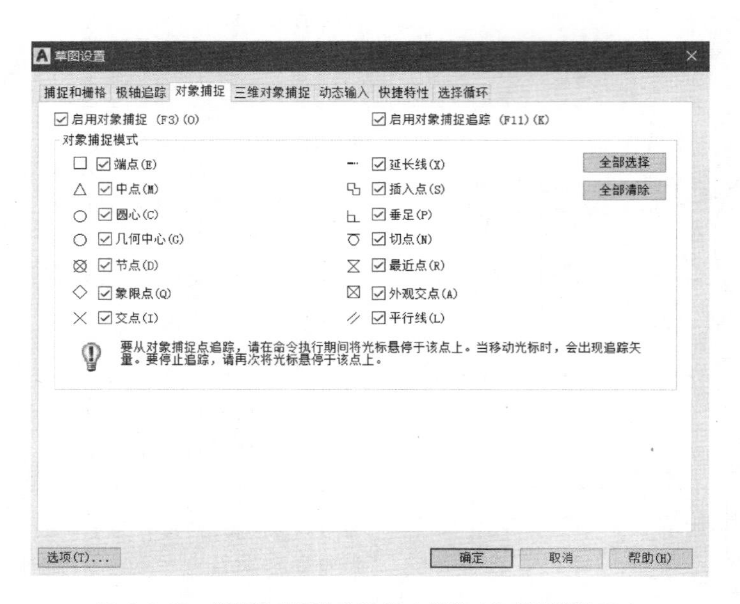

图 1-1-40　“草图设置”对话框中的“对象捕捉”选项卡

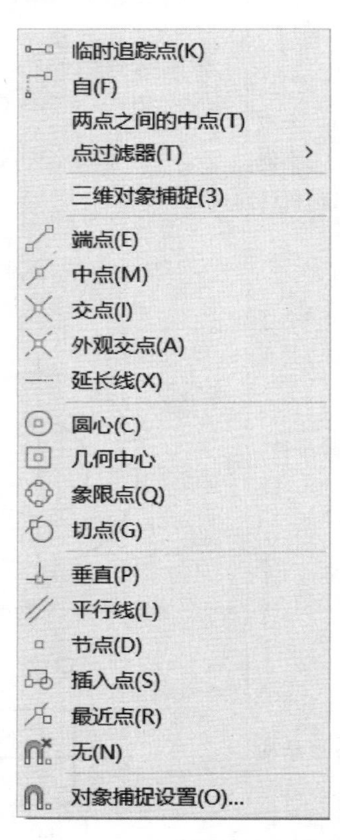

图 1-1-41　“对象捕捉”快捷菜单

2. 对象捕捉追踪

利用对象捕捉追踪方法，可将捕捉到的点作为参考点，利用显示的对齐路径来定位点。例如：如图 1-1-42(a)所示，在状态栏“对象捕捉”和“对象捕捉追踪”按钮⦣处于开启状态下，单击“绘图”工具栏中的“直线”按钮╱，然后将光标移至矩形框右上角 A 点，待捕捉到端点或交点后向右移动光标，输入距离或直接单击，可得到与 A 点“高平齐”的点或高平齐且相距确定距离的点；如图 1-1-42(b)所示，在绘图命令后，分别将光标移至 A、B 点，可获得与 A、B 都对齐的 C 点作为绘图起点。

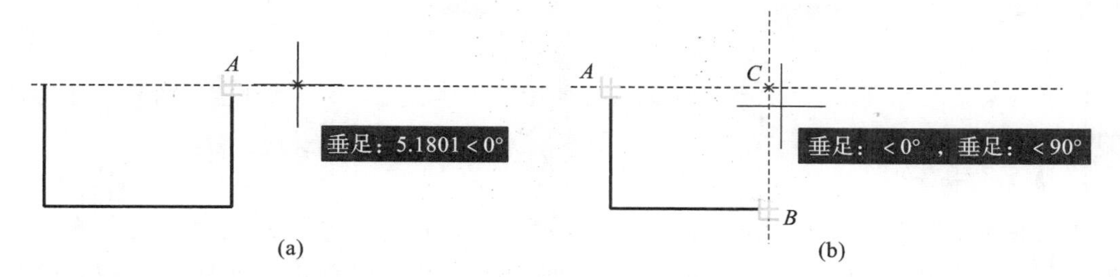

图 1-1-42 “对象捕捉追踪”的应用

三、对象“磁吸”点应用

使用 AutoCAD 绘图时，图形元素的形状是由“磁吸”点（也称“夹点”）控制的。例如，单击直线、圆及矩形对象就可看到，直线上有两个端点和一个中点的“磁吸”点，圆上有圆心和四个象限的“磁吸”点，矩形包括了四个角的“磁吸”点，如图 1-1-43 所示。当将光标移至这些点附近时，光标会像被磁铁吸引了一样被吸过去，对应“磁吸”点，会变为绿色。

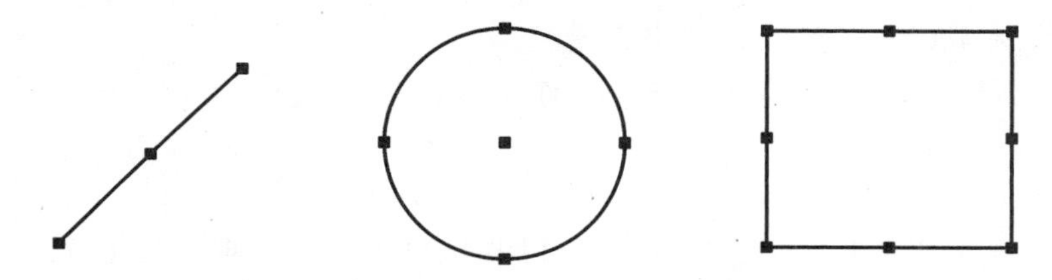

图 1-1-43 对象的“磁吸”点

“磁吸”点既可以控制图形的形状，又可以编辑图形。例如，单击直线的端点“磁吸”点，移动光标可改变直线的长度；单击移动后输入数据可精确改变其长度，这比编辑命令“延伸”或“打断”还要方便。单击直线的中点“磁吸”点，移动光标，可移动直线位置。同样，单击圆象限点“磁吸”点，移动光标可改变圆半径；单击圆中心点“磁吸”点移动光标，可移动圆的位置。

此外，利用“磁吸”点还可复制、移动、镜像复制图形。

【任务实施】

本任务实施分认识交换齿轮架机械图样和绘制交换齿轮架平面图形两部分。

一、认识交换齿轮架机械图样

1. 图幅

交换齿轮架零件较大，考虑到图形不是特别复杂，采用 1∶2 比例绘图，比例缩小后用 A4 幅面图纸绘制（因受图书幅面限制，此处有所缩小，图样上图框、标题栏、字体也同比例缩小）。

2. 标题栏

从标题栏中可以看出，该零件名称为交换齿轮架；材料用灰铸铁，牌号为 HT200；生产厂家为“××××××××有限公司”；图号“DL-02-14”表示“产品代号为 DL 的第 2 个部件中的第 14 个零件”。正式生产的产品零件图责任者签名必须齐全，“S”表示“试制阶段”，一般也要

3人以上签字。

3. 技术要求

这里有两条技术要求，第1条为保证铸件使用的力学性能，第2条规定了铸件未注铸造圆角的大小。

4. 表面结构要求

在交换齿轮架零件图中，代号“$\sqrt{Ra\ 3.2}$”表示零件表面的结构要求，也就是零件表面粗糙的程度。根据图中代号标注的位置可知，圆孔、两个腰形孔及板前后表面需要进行切削加工，且加工后表面结构数值上限为 Ra 3.2 μm。代号“$\sqrt{}$ ($\sqrt{}$)”表示其余表面结构代号都是$\sqrt{}$，它表示用不去除材料的方法获得表面，也就是说其余表面是不需要进行切削加工的。有关表面结构的详细内容将在下篇项目1中学习，这里只做简单介绍。

二、绘制交换齿轮架平面图形

1. 图形分析

(1) 尺寸分析。定位尺寸有100、70、80、R100、45°，其余都是定形尺寸；X、Y 方向主尺寸基准分别是最大圆 ϕ80 X、Y 两方向的中心线。

(2) 线段分析。中间线段有 R60 的弧；连接线段有左右两个 R8、左右两个 R20、下边 R16；其余都是已知线段。

2. 图形绘制具体步骤

因为交换齿轮架用A4幅面绘制，所以，画图时，可先打开本项目任务1中“课堂练习”所完成的带有图框和标题栏的“密封垫片.dwg”图样作为样板，“另存为”后绘制新图形。具体步骤如下。

(1) 启动AutoCAD 2020程序，进入开始界面，如图1-1-10所示，选择中间“最近使用的文档”中的“密封垫片”。如果已经进入程序，输入“open”命令，或单击“标准”工具栏中的“打开”按钮，弹出“选择文件”对话框，如图1-1-44所示。在该对话框中找到文件所在的目录，选择“密封垫片.dwg”并打开。

(2) 输入“saveas”命令并按Enter键，或单击下拉菜单“文件”→“另存为”，打开“图形另存为”对话框，将“密封垫片.dwg”改为“交换齿轮架.dwg”，存入指定目录。

(3) 用“删除”命令删掉密封垫片图形。此时，与密封垫片机械图样一样的图幅(包括图框和标题栏)、图层、尺寸标注样式等原样继承，不必重建。

(4) 布图，画出基准线。将图层切换至“cen”层，单击点亮状态栏“正交”按钮、“对象捕捉”按钮、“对象捕捉追踪”按钮。

①用“直线”命令画 Y 向基准线，长约340 mm，如图1-1-45所示。

②用对象捕捉追踪方法在距最上点P1向下13 mm处画弧 R8 的 X 向基准线L1。单击 X 向基准线显示其三个“磁吸”点，将其拉长到合适的长度。

③用“偏移”命令将点画线L1向下偏移92 mm得到点画线L2。使用同样的方法，将点画线L2向下偏移70 mm得到点画线L3，将点画线L3向下偏移80 mm，可得点画线L4。

④用“直线”命令，起点捕捉直线L4与 Y 基准线交点P2，在“指定下一点：”提示下输入“@133<45”，画出45°基准线，长度超出轮廓线5 mm。

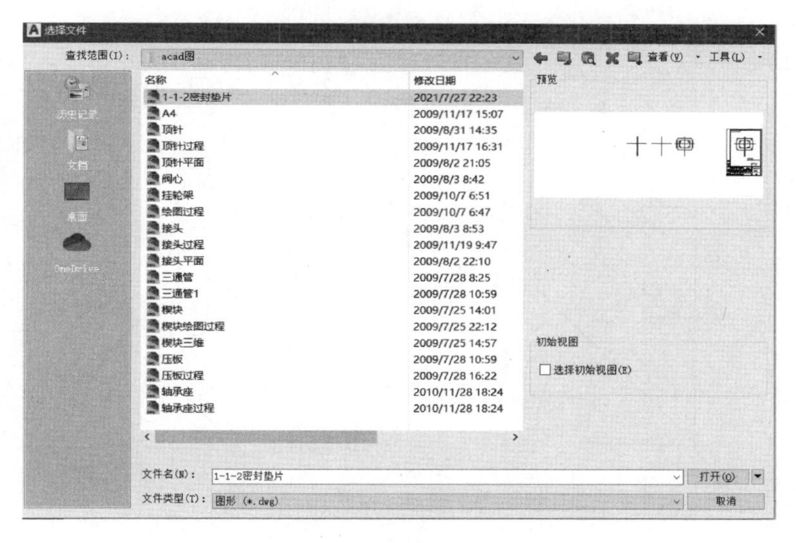

图 1-1-44 “选择文件”对话框

⑤用“画圆”命令，画出半径为 100 的基准线圆。用打断命令自点 P3 逆时针至点 P4 打断基准线圆，如图 1-1-45 所示。

(5) 画已知线段。将图层切换至“0”层，将“正交”模式打开。

①用“画圆”命令，以直线 L1 与 Y 向基准线交点为圆心，半径为 8 mm，画圆 C1。

②用“画圆”命令，以直线 L2 与 Y 向基准线交点为圆心，半径为 18 mm，画圆 C2；以直线 L3 与 Y 向基准线交点为圆心，半径为 18 mm，画圆 C3。用“直线”命令，起点捕捉圆 C2 左象限点，终点捕捉圆 C3 左象限点画切线 L6。使用同样的方法画切线 L7。

③用“修剪”命令以直线 L6、L7 为边界，修剪圆 C2、C3。信息提示及操作如下。

输入“修剪”命令“trim↙”或“tr↙”或单击工具栏“修剪”按钮 ，则命令行提示及相应操作如下。

前设置：投影＝UCS，边＝无

选择剪切边...

选择对象或<全部选择>：找到 1 个 //单击直线 L6，选择第一条修剪边界

选择对象：找到 1 个，总计 2 个 //单击直线 L7，选择第二条修剪边界

选择对象：↙

选择要修剪的对象，或按住 Shift 键选择要延伸的对象，或

[栏选(F)/窗交(C)/投影(P)/边(E)/删除(R)/放弃(U)]：

//单击 C2、C3 上不要的部分，选择要修剪的对象

选择要修剪的对象，或按住 Shift 键选择要延伸的对象，或

[栏选(F)/窗交(C)/投影(P)/边(E)/删除(R)/放弃(U)]：↙

注意：在使用“修剪”命令时，应先选择修剪边界（一个或多个），按 Enter 键后再单击对象上不要的部分，再次按 Enter 键结束。

④用“偏移”命令，将 L6 向左、C2 向上、L7 向右偏移 18 mm，得到直线 L8、圆弧 A1、直线 L9，如图 1-1-46 所示。

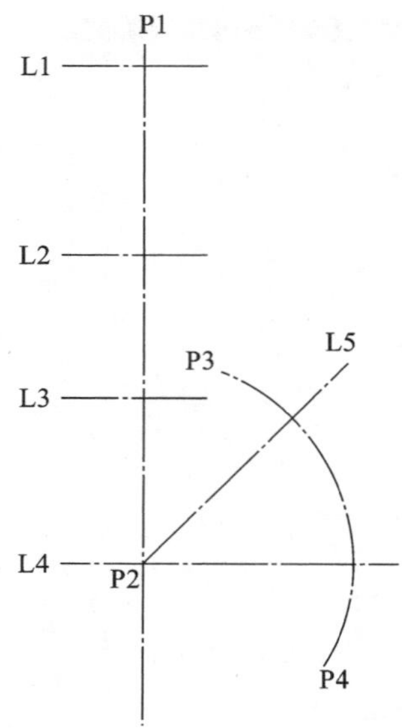

图 1-1-45　基准线的绘制

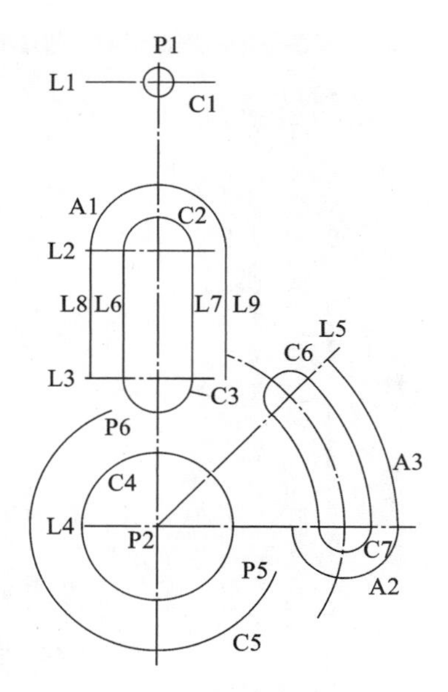

图 1-1-46　已知线段的绘制

⑤用“画圆”命令，以直线 L4 与 Y 向基准线交点为圆心，半径为 40 mm，画圆 C4；用“画圆”命令画同心圆 C5，半径为 68 mm。用“打断”命令，自点 P5 至点 P6 打断圆 C5。注意，打断时要先选 P5 点，再选 P6 点，因为系统会去掉由第一点到第二点逆时针转过的部分。

⑥用“画圆”命令，以斜线 L5 与弧腰圆基准线交点为圆心，半径为 14 mm，画圆 C6；以直线 L4 与弧腰圆基准线交点为圆心，半径为 14 mm，画圆 C7。将弧腰圆基准线向左右各偏移 14 mm，得到两切圆弧。以偏移出的两切圆弧为边界，修剪圆 C6、C7。以圆弧 C6、C7 为边界，修剪圆弧超出部分。单击选中两切圆弧，将其图层换为“0”层。分别将圆弧 C7 向下、弧腰圆右弧线向右偏移 14 mm，得到圆弧 A2、A3，如图 1-1-46 所示。

(6) 画中间线段。仍然在“0”层上进行。

①将 Y 基准线向左偏移 14 mm 得点画线 L10。

②输入“画圆”命令“c↙”，选 T 选项（相切、相切、半径），第一个切点捕捉单击圆 C1 左上 1/4 处，第二个切点捕捉单击直线 L10，输入半径为 60 mm 得圆 C8，以 Y 向基准线及圆 C1 为边界，修剪 C8，如图 1-1-47(a)所示。

中间线段如果是弧，则又称为中间弧。中间弧有两种画法，一种就是如图 1-1-47(a)所示

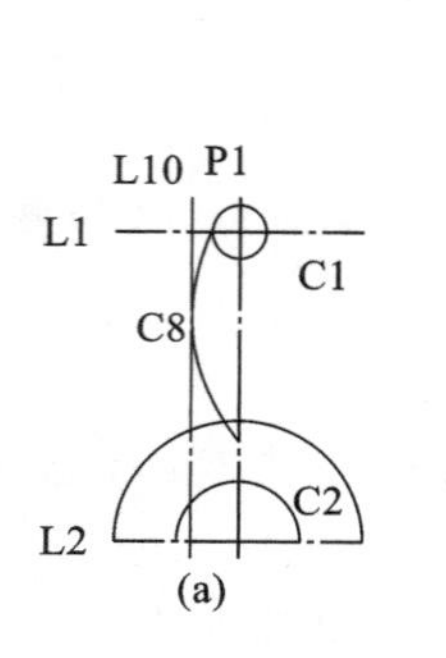

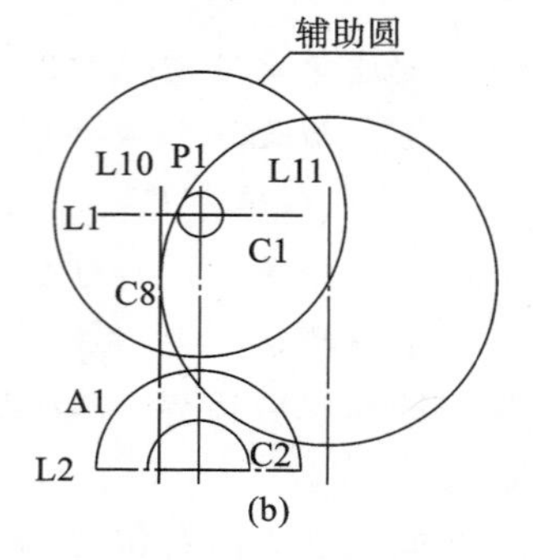

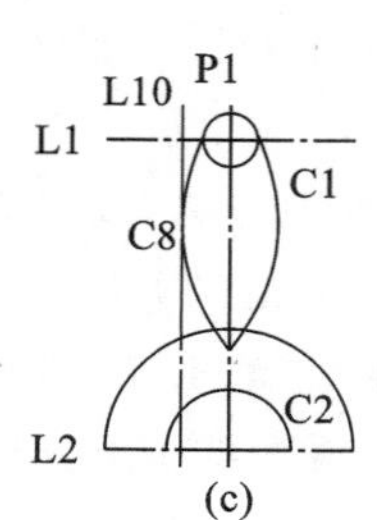

图 1-1-47　中间弧的绘制方法

的用“画圆”命令中的T选项(相切、相切、半径)绘制,但这种画法必须先画出和中间弧相切的两个对象(如图1-1-47(a)中的与C8相切的两个对象:C1圆与L10直线)。在有些平面图形中,只能先画出一个对象,这时中间弧只能通过作辅助圆的方法绘制。下面仍以交换齿轮架的手柄轮廓为例来说明这种方法的操作步骤,如图1-1-47(b)所示。

a. 将*Y*基准线向左偏移14 mm得点画线L10。

b. 将L10向右偏移60 mm得点画线L11(因C8弧和L10直线相切,故其圆心一定在L11上)。

c. 以C1圆的圆心为圆心,以52为半径,先画一辅助圆(因C8弧与C1圆内切,故两圆的连心线的长度为它们的半径之差,即60 mm−8 mm=52 mm,辅助圆与L11的交点即为C8弧的圆心)。

d. 以辅助圆和L11的交点为圆心,以60 mm为半径,画圆,即得C8弧(见图1-1-47(a))。删除L11,修剪C8,结果也得图1-1-47(a)。

e. 输入“镜像”命令“mirror↙”或“mi↙”,或单击“修改”工具栏中的“镜像”按钮,系统提示及相应操作如下。

选择对象:找到1个 //单击被修剪后剩下的圆弧C8
选择对象:↙ //结束选择
指定镜像线的第一点: //捕捉单击*Y*基准线上的上端点
指定镜像线的第二点: //捕捉单击*Y*基准线上的其他交点,或在“正交”状况下,将光标下移至任意空白处单击
要删除源对象吗?[是(Y)否(N)]<N>:↙ //选默认状态,不删除源对象

以圆弧C8及其镜像圆弧为边界,修剪圆C1,如图1-1-47(c)所示。删除辅助线L10。

(7) 画连接线段。仍然在“0”层上进行。

①输入“倒圆角”命令“fillet↙”,或单击工具栏中的“倒圆角”按钮,命令行提示及相应操作如下。

当前设置:模式=修剪,半径=0.0000
*选择第一个对象或[放弃(U)/多段线(P)/半径(R)/修剪(T)多个(M)]:*r↙
*指定圆角半径<0.0000>:*8↙ //指定圆角半径为8
*选择第一个对象或[放弃(U)/多段线(P)/半径(R)/修剪(T)多个(M)]:*T↙
*输入修剪模式选项[修剪(T)/不修剪(N)]<修剪>:*N↙ //设置修剪模式为“不修剪”
选择第一个对象或[放弃(U)/多段线(P)/半径(R)/修剪(T)多个(M)]:
//单击圆弧C8
选择第二个对象,或按住Shift键选择要应用角点的对象: //单击圆弧A1,画出左侧连接弧*R*8,见图1-1-48

使用同样的方法画出右侧连接弧*R*8。以已画的两个*R*8为边界,修剪*R*60圆弧多余部分。

②用“倒圆角”命令,修改*R*为20,修改修剪模式选项为T(修剪)。选择第一个修剪对象为L8,第二个修剪对象为C5(*R*68圆弧),画出左边*R*20连接弧。重复“倒圆角”命令,选L9与

A3，默认以 20 为半径，画出右边 $R20$ 连接弧。

重复“倒圆角”命令，修改 R 为 16，选择 $R68$ 圆弧 C5 与 $R28$ 圆弧 A2，画出下边 $R16$ 连接弧，结果如图 1-1-48 所示。

3. 图形整理

(1) 用“删除”命令删除多余线 L1。

(2) 调整中心线，使超出轮廓线 3～5 mm。用“磁吸”点操作，拉长 L2 两端。用同样的方法调整 L3、L4 两端。用“打断”命令，去除过长的 Y 向基准线下端和弧腰圆基准线两端，如图 1-1-49 所示。

(3) 调整图形比例为 1∶2。输入命令“scale↙”或“sc↙”，或单击“修改”工具栏中的“缩放”按钮，命令行提示及相应操作如下。

选择对象： //“窗选”所有图形

选择对象：↙ //结束选择

指定基点： //单击图形的中间点，此点缩放后位置不变

指定比例因子或[复制(C)参照(R)]<1.0000>0.5↙

此时图形尺寸缩小为原来的二分之一。

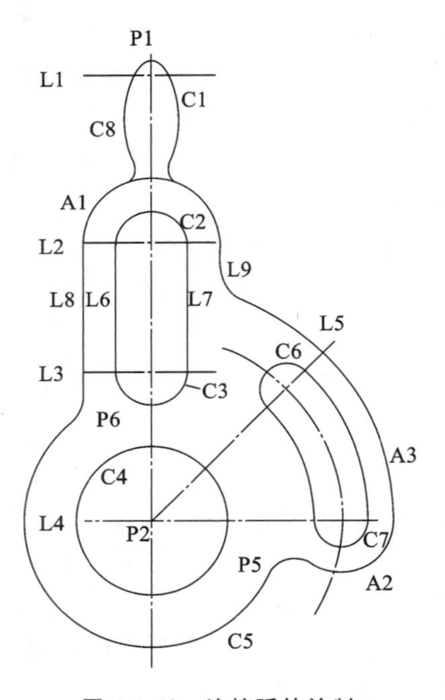

图 1-1-48 连接弧的绘制

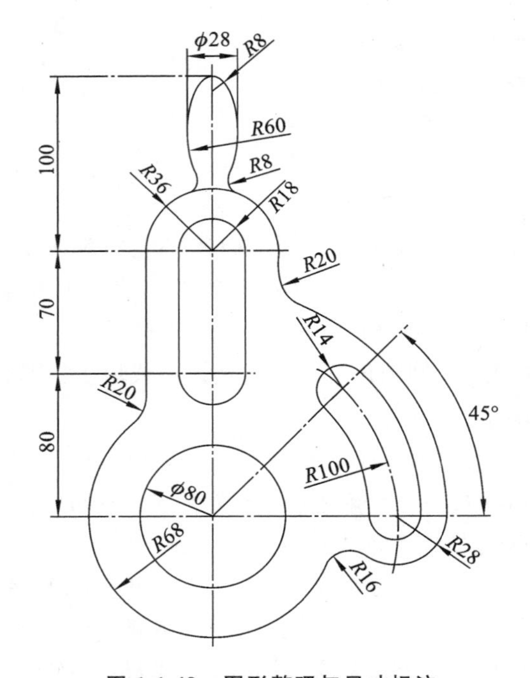

图 1-1-49 图形整理与尺寸标注

4. 尺寸标注

图形缩小后，尺寸必须以原来数值标出。输入命令“ddim↙”或单击工具栏按钮中的“注释”，单击弹出的标注样式，再单击弹出的“标注样式管理器”，弹出对应对话框，选“GB”为当前样式，单击“替代”按钮，进入“替代当前样式”对话框，单击“主单位”选项卡，设置“比例因子”数值为“2”，单击“确定”按钮、“关闭”按钮后，退出对话框。这样，标注时测得的数值会乘以 2 后标出。

将图层切换至细实线“thin”层，确认状态栏“正交”按钮、“对象捕捉”按钮处于点亮状态。

（1）标注“半径”。单击“标注下拉按钮”的 ▼，在弹出的工具栏按钮列表中单击，或输入命令“dimradius”，从上至下依次标注 $R8$、$R60$、$R8$、$R36$、$R18$、$R20$、$R14$、$R20$、$R100$、$R68$、$R28$、$R16$，如图 1-1-49 所示。

（2）用“线性标注”按钮标注 28。单击“标注”工具栏的按钮，命令行提示及相应操作如下：

指定第一条尺寸界线原点或<选择对象>：

//将光标移至左 $R60$ 弧左“象限点”，出现“◇”时，单击

指定第二条尺寸界线原点： //将光标移至右 $R60$ 弧右“象限点”，出现“◇”时，单击

指定尺寸线位置或[多行文字(M)/文字(T)/角度(A)/水平(H)/垂直(V)/旋转(R)]： T↙

输入标注文字<28>：%%C28↙ //此处只能按 Enter 键

指定尺寸线位置或[多行文字(M)/文字(T)/角度(A)/水平(H)/垂直(V)/旋转(R)]：

//在距轮廓线距离约 7 mm 处单击，标出尺寸 $\phi28$

（3）用“线性标注”命令、“连续标注”命令标注 80、70、100。先单击“标注”工具栏中的按钮，捕捉单击 L4、L3 左端点，标出尺寸 80。在线性标注提示符后键入“c”，进入“连续标注”模式，捕捉单击 L2 左端点，标出尺寸 70，捕捉单击圆弧 $R8$ 上象限点，标出尺寸 100。

（4）用“直径标注”按钮标注 $\phi80$。单击“标注下拉按钮”的 ▼，在弹出的工具栏按钮列表中单击，单击圆 $\phi80$ 左上部分，标出直径 $\phi80$。

（5）用“角度标注”按钮标注角度 45°。单击“标注下拉按钮”的 ▼，在弹出的工具栏按钮列表中单击，再分别单击 L4 右端、L5 上端，标出角度 45°，如图 1-1-49 所示。

（6）调整“尺寸样式”，使标注与样图一致或符合国家标准。

①调整半径尺寸 $R8$、$R36$、$R18$、$R14$、$R28$、$R16$ 及角度 45°（国家标准规定，角度文字必须水平），使文字水平。只要选中这些尺寸，单击“注释 ▼”工具栏按钮，单击弹出的标注样式，再单击，在下拉弹出的多种样式中选“水平”即可实现。

②调整 $\phi80$、$R68$、$R100$ 尺寸线过圆或圆弧中心。输入“ddim 或 d”命令并按 Enter 键，或单击“注释 ▼”工具栏按钮，单击弹出的标注样式，再单击“标注样式管理器”弹出“标注样式管理器”对话框，单击“替代”按钮，进入“替代当前样式”对话框，单击“文字”选项卡，设置“文字对齐”为“与尺寸线对齐”。单击“调整”选项卡，设置“调整选项”为“文字”，单击“确定”按钮、“关闭”按钮后，退出对话框。

将工具栏由“默认”状态切换到“注释”状态。单击“标注”工具栏中的“标注更新”按钮，用拾取框依次单击上述两个半径和一个直径标注，更新为尺寸线过圆或圆弧中心。

5. 填写技术要求及标题栏

由于机械图样中的汉字均采用长仿宋体，因此在填写技术要求及标题栏之前，先要建立相

应的文字样式，然后用多行文字命令写技术要求及标题栏。步骤如下。

(1) 建立文字样式。

①在命令行中输入命令“style↙”或“st↙”，打开“文字样式”对话框，如图 1-1-50 所示。

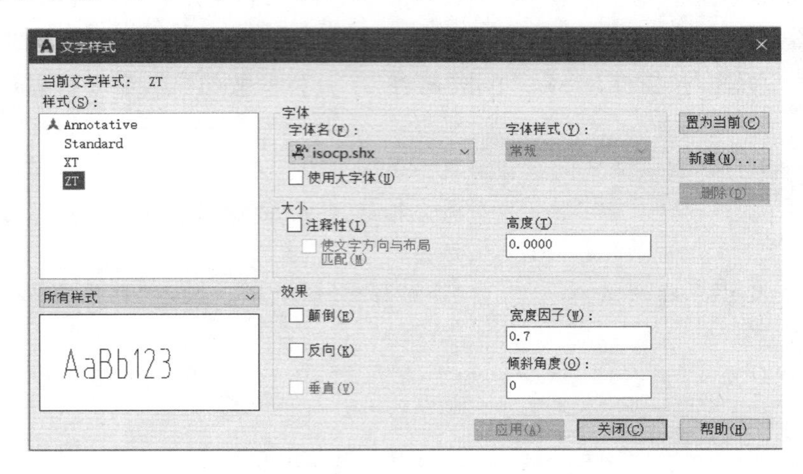

图 1-1-50 “文字样式”对话框

②单击“新建”按钮，弹出“新建文字样式”对话框。更改“样式名”为“长仿宋”，单击“确定”按钮，回到“文字样式”对话框。

③打开“字体名”下拉列表，选“仿宋 GB_2312”；更改“宽度因子”为 0.7。单击“应用”按钮、“置为当前”按钮。单击“关闭”按钮，完成“长仿宋”文字样式设置。具体设置如图 1-1-51 所示。

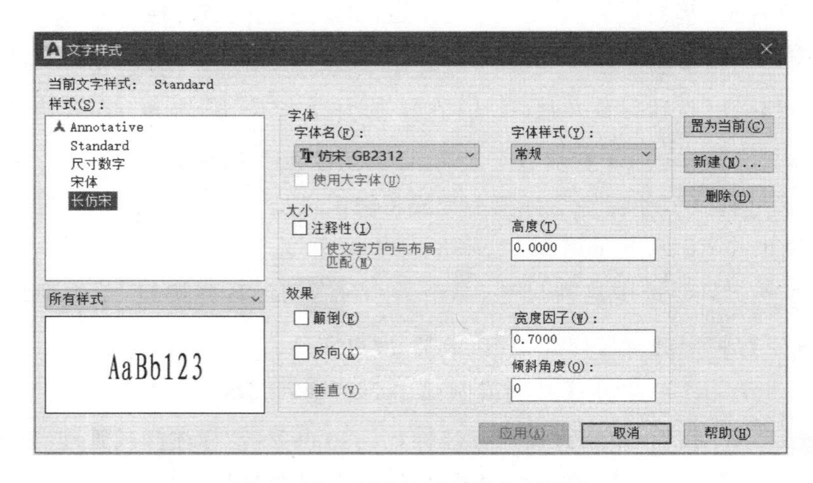

图 1-1-51 新建“长仿宋”文字样式

(2) 用“多行文字”命令书写技术要求及标题栏。

①单击“文字”工具栏中的按钮文字，在弹出的下拉按钮中，单击多行文字。系统提示及相应操作如下：

MTEXT *指定第一角点：* //*在要书写技术要求的区域拾取一角点*

指定对角点或[高度(H)/对正(J)/行距(L)/旋转(R)/样式(S)/宽度(W)]:

//在要书写技术要求的区域拾取另一角点;弹出输入框,如图 1-1-52 所示

②在文字输入框左边的下拉列表中选择已建立好的长仿宋体,输入图样中的技术要求内容。注意,在“技术要求”四个字前应输入几个空格,并使它为 7 号字(做法是:选中它,在高度输入框中输入“7”)。其余一般是 5 号字,方法相同。

单击“确定”按钮,所输入的文字即出现在图样中所拾取两点的区域内,结果如图 1-1-52 所示。

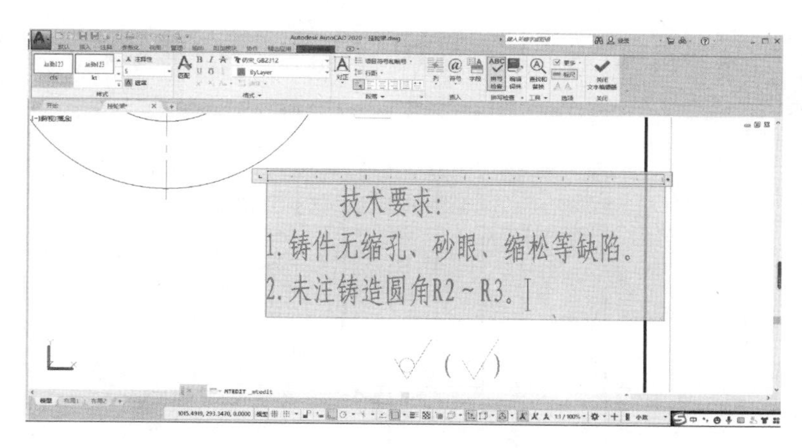

图 1-1-52 输入多行文字

标题栏中行距相同、字号一致的一列多行汉字如“设计、校核、审核”也可用同样的方法一次输入,字号为 3.5 号。如果对文字的对齐格式不满意,可单击“多行文字对正”按钮,并选择其中的“正中”选项;如果对文字的行距不满意,可单击“行距”按钮,并选择其中的“其他”选项,在“段落”对话框中的“段落”处打钩,在“行距”列表中选择“精确”,在“设置值”中输入“4.2”(经验值),连按两次 Enter 键即可。

对于行距或字号不同的一些汉字,只能分次输入。

6. 图形文件存盘与线宽显示

方法同本模块中任务 1。

本次任务完成之后所得结果如图 1-1-53 所示。

【归纳总结】

通过本模块任务 1 和任务 2 的学习可以发现,在绘制平面图形时,无论图形复杂与否,画图时,总是先画作图基准线,然后按照先画已知线段、再画中间线段、最后画连接线段的顺序进行,最后将图形进行修整再标注尺寸。

要特别提醒的是,在绘图过程中要经常按“保存”按钮,以免计算机出现故障而丢失所绘图形。

同一个图形可能有多种绘图方法,只有多画、多想,熟练掌握各种命令的用法,才能熟能生巧,快速绘图。

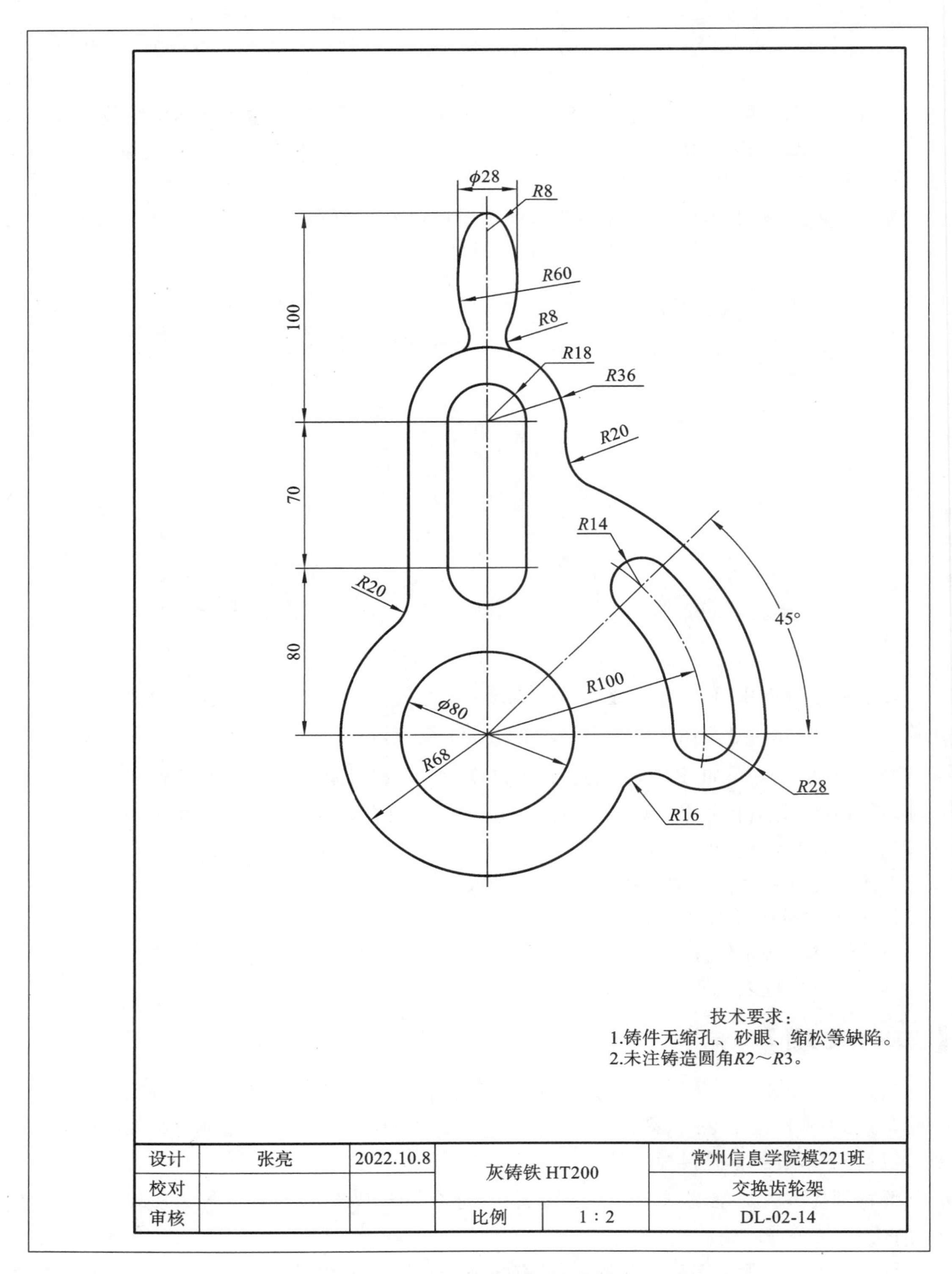

图 1-1-53　交换齿轮架平面图形

【知识拓展】

一、斜度

斜度指一直线对另一直线或一平面对另一平面的倾斜程度，其大小用两直线或两平面间夹角的正切来表示，即斜度 $= H/L = \tan\alpha$，如图 1-1-54(a)所示。斜度符号如图 1-1-54(b)所示，h 为字高，符号的线宽为 $h/10$。

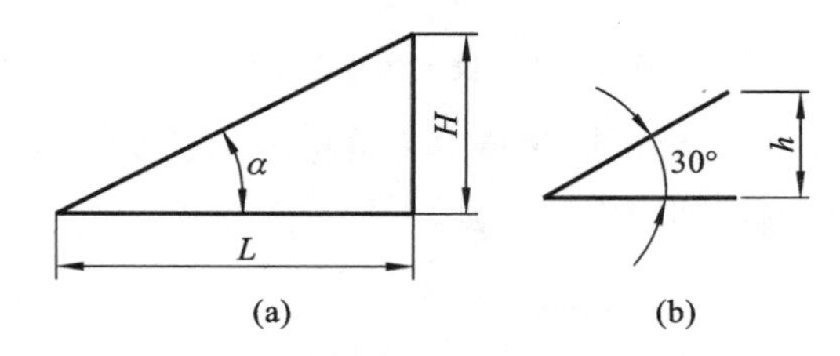

图 1-1-54　斜度的定义与符号

在图样中斜度以 1∶n 的形式标注。标注时，斜度符号的方向应与所标斜度的方向一致，如图 1-1-55 所示。

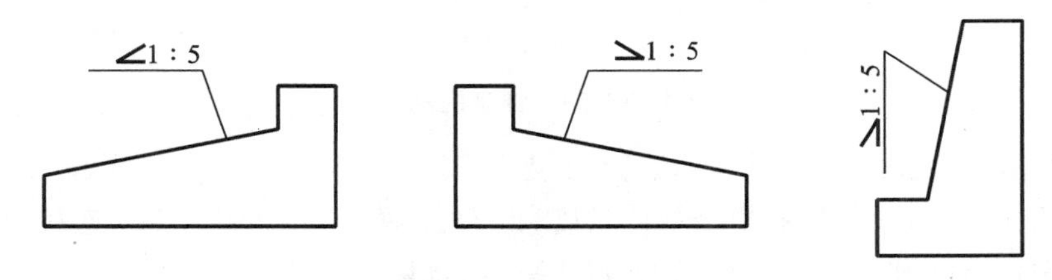

图 1-1-55　斜度的标注

斜度的作图方法如图 1-1-56 所示。过 A 点作水平线，自 A 点在水平线上任取 1 个单位长度 AB，截取 $AC=5AB$。过 C 点作垂线，使 $CD=AB$，连接 AD，即得斜度为 1∶5 的直线。

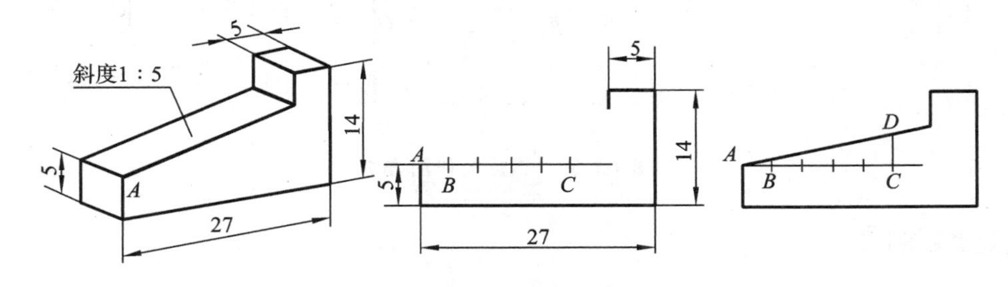

图 1-1-56　斜度的作图方法

二、锥度

锥度是指正圆锥体底圆直径与圆锥高度之比，即锥度 $=D/L=(D-d)/L_1=2\tan\frac{\alpha}{2}$，如图 1-1-57(a)所示。

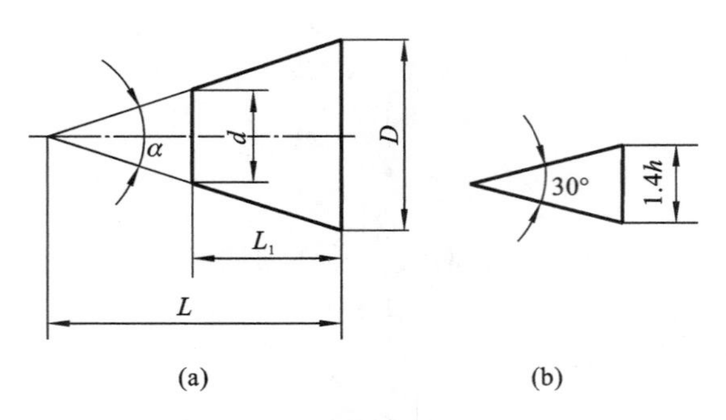

图 1-1-57　锥度的定义和符号

在图样中锥度以 1∶n 的形式标注，锥度符号可按图 1-1-57(b)绘制。标注时，锥度符号的方向应与所标锥度的方向一致，如图 1-1-58 所示。

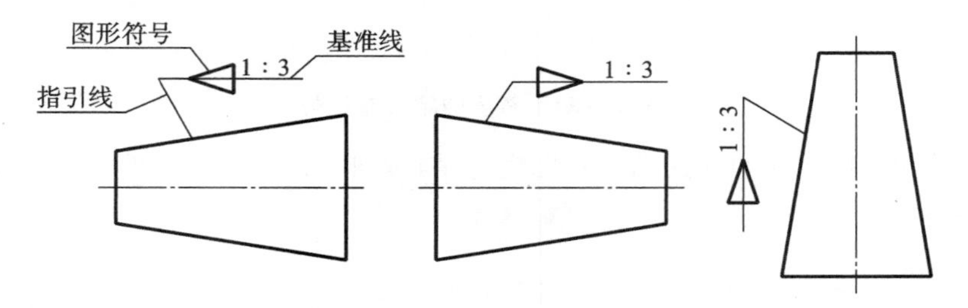

图 1-1-58　锥度的标注

锥度的作图方法如图 1-1-59 所示。过 A 点任取一个单位长度 AB，截取 $AC=3AB$；过 C 点作垂线，分别向上和向下量取半个单位长度，得 D、E 两点，即 $DE=AB$，连接 AD 和 AE，过 F、G 两点分别作 AD 和 AE 的平行线，即得 1∶3 的锥度。

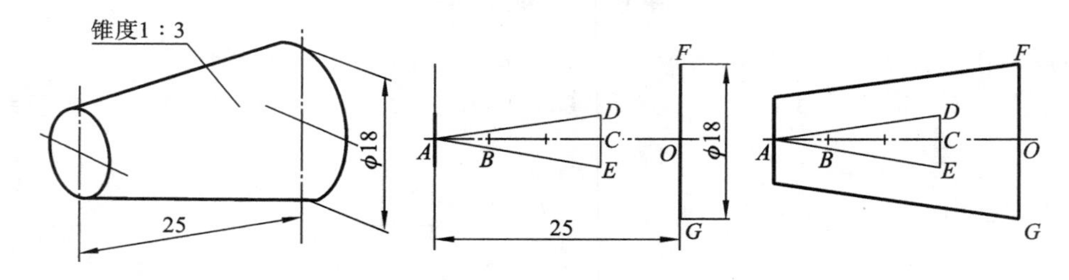

图 1-1-59　锥度的作图方法

【课堂练习】

以比例 1∶1 用 A4 图幅绘制图 1-1-60 所示的起重钩，并填写标题栏相关内容。(材料：45 钢。技术要求：调质处理 28～32 HRC)。

操作提示：

倒角 $C2$ 采用“倒角”命令“chamfer↙”或“cha↙”，或单击“修改”工具栏中的“倒直角”按钮 ，选“D”选项，分别输入第一倒角距离 2、第二倒角距离 2，再分别选需倒角的两条线，操作过程与“倒圆角”命令相似，可参考本模块任务 1 或任务 2 中的“倒圆角”操作过程。

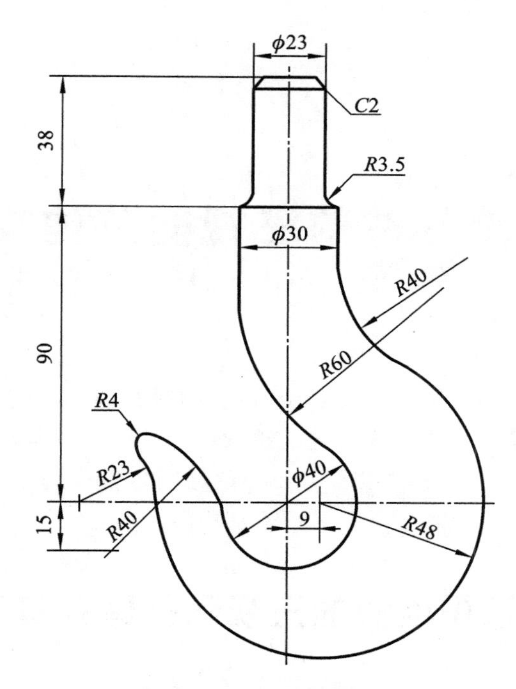

图 1-1-60 起重钩平面图

模块 2 认识简单零件的三视图并建立其三维模型

对于模块 1 中的片状或板状零件，用一个方向的视图就可以表达清楚。但对于其他类型的机械零件，一般要用两个及以上的视图才能正确反映其形状。本模块以简单机械零件楔块、顶针、轴承座等为例，初识三视图，并以 AutoCAD 绘图软件作为平台，介绍三维模型的建立方法。

任务 1 认识楔块的三视图并建立其三维模型

零件楔块的三视图与立体图如图 1-2-1 所示。它的结构为一燕尾形，左侧面与水平面成一楔角；作用是在其他零件装配后通过斜面移动使其楔紧。燕尾保证零件左右移动时不会歪斜，起导向作用。

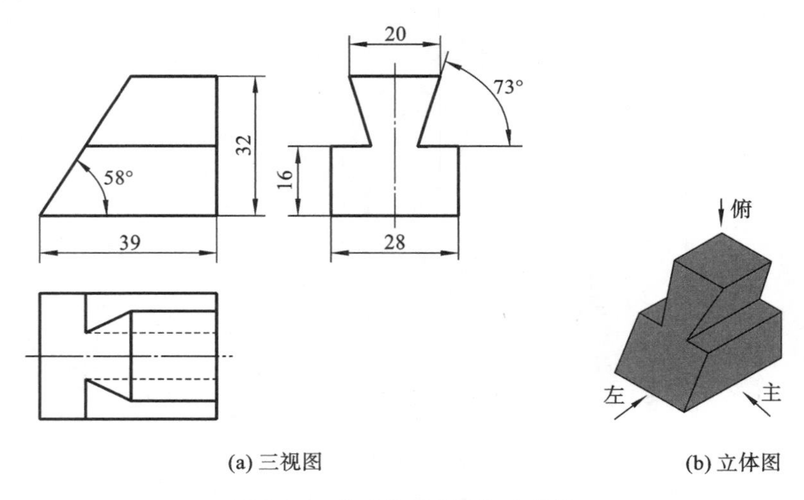

(a) 三视图　　(b) 立体图

图 1-2-1 楔块的三视图与立体图

【任务分析】

要弄清楔块的形状和尺寸，就必须学习正投影的基本知识，熟悉三视图的形成过程，掌握三视图的投影特性，重新构建楔块的三维形体。要能够用 AutoCAD 绘图软件建立楔块的三维模型，就必须学会使用建立三维模型的命令，学习建立用户坐标系知识。

【相关知识】

一、正投影的基本知识

1. 投影的形成

在日常生活中，一个物体在灯光的照射下，在地面上投下一道影子，这就是投影的原始形象。工程图学就是从这一自然现象中引申而来的。图学上把灯引申成投影中心，把光线引申成投影线，把地面引申成投影面，物体就是我们要表达的机件，影子就是投影图。

2. 投影法的分类

投影法可分为两类，即中心投影法和平行投影法。

1）中心投影法

当投影中心距投影面有限远时，投影线成汇交于投影中心的线束，这种投影方法称为中心投影法，如图 1-2-2(a)所示。

2）平行投影法

当把投影中心移至无穷远时，相应的投影线趋于平行，这种投影方法称为平行投影法，如图 1-2-2(b)、(c)所示。

平行投影法又分为斜投影法和正投影法两种。

(1) 斜投影法：投影线倾斜于投影面，如图 1-2-2(b)所示。

(2) 正投影法：投影线垂直于投影面，如图 1-2-2(c)所示。

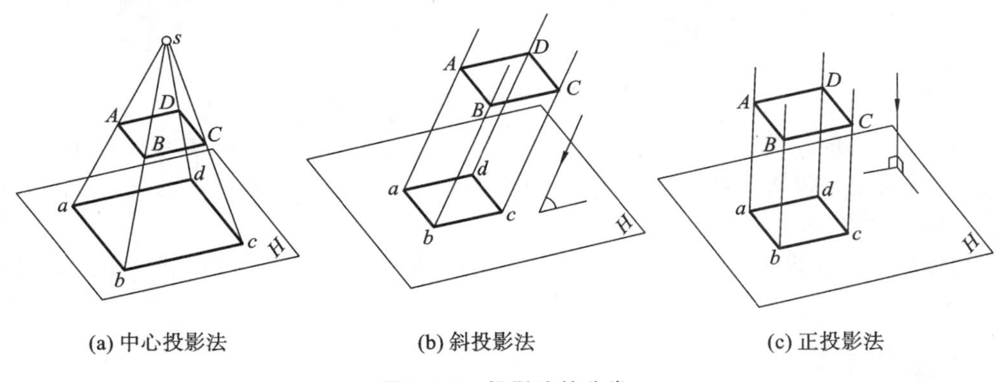

图 1-2-2 投影法的分类

正投影法由于能准确地表达物体的形状，且度量性好、作图方便，因此在工程上得到广泛应用。机械图样主要是用正投影法绘制的。

3. 正投影法的特性

(1) 真实性。当平面图形或直线平行于投影面时，平面的投影反映实形，直线的投影反映实长，如图 1-2-3(a)所示。

(2) 积聚性。当平面图形或直线垂直于投影面时，平面的投影积聚为一直线，直线的投影积聚为一点，如图 1-2-3(b)所示。

(3) 类似性。当平面图形或直线倾斜于投影面时，其投影为类似形。例如：平面多边形的投影仍为多边形，且其边数、凹凸特性及有关边之间的平行特性等保持不变；直线的投影仍为直线，但小于实长，如图 1-2-3(c)所示。

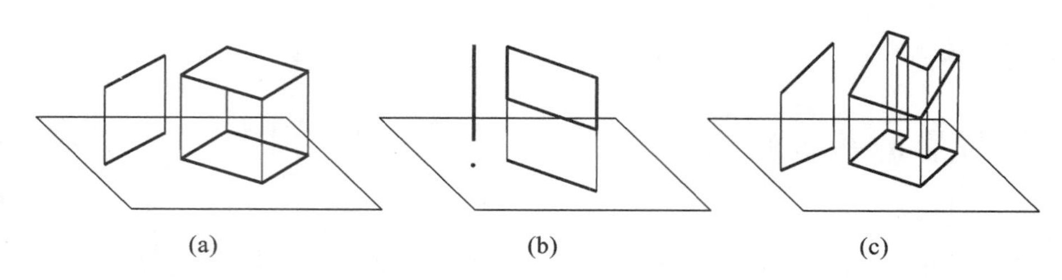

图 1-2-3　正投影的特性

二、三视图的形成

在工程制图中，有时将投影线抽象为一束平行的视线，并把物体置于人与投影面之间，这样在投影面上得到的投影图称为视图。

图 1-2-4 所示为物体的单面视图，虽然三个物体形状各异，但它们在投影面上的视图却全然相同。因此，利用单面视图无法确定物体的空间形状。

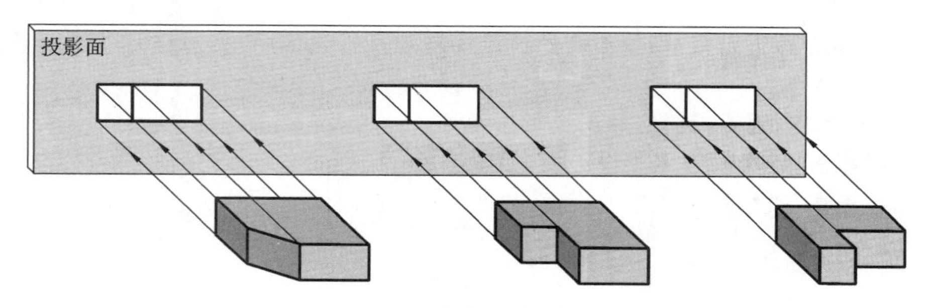

图 1-2-4　物体的单面视图

如图 1-2-5 所示，通常取三个相互垂直的平面以构成三投影面体系，其中 V 面称为正立投影面，H 面称为水平投影面，W 面称为侧立投影面。三个投影面中两两面的交线 OX、OY、OZ 称为投影轴，分别代表物体的长、宽、高三个方向。

将物体放在三面投影体系中，并依次向 V 面、H 面及 W 面投射，可得到三个投影图，如图 1-2-6 所示。

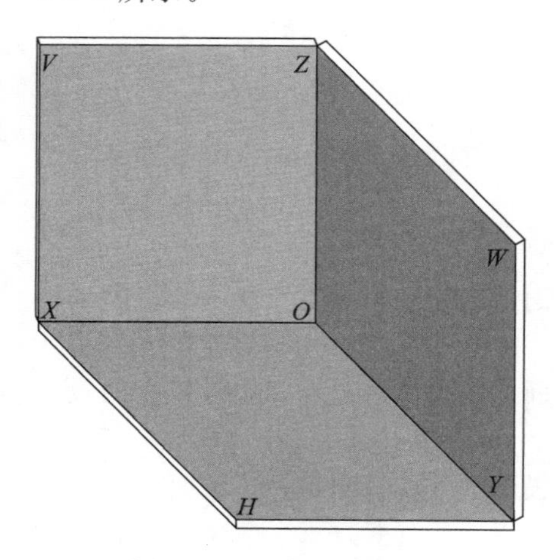

图 1-2-5　三投影面体系

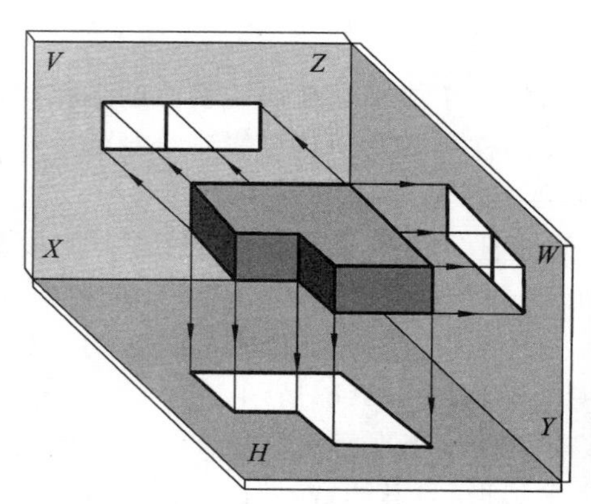

图 1-2-6　三视图的形成

(1) 由前向后投影获得的图形即物体的正面投影,称为主视图。

(2) 由上向下投影获得的图形即物体的水平投影,称为俯视图。

(3) 由左向右投影获得的图形即物体的侧面投影,称为左视图。

为了能在同一纸面上绘制物体的三视图,需要展开三面投影体系。展开规则为:V 面不动,H 面绕其与 V 面的交线下转 90°,W 面绕其与 V 面的交线右转 90°。展开结果如图 1-2-7(a)所示。去除表示投影面的边框后即得图 1-2-7(b)。

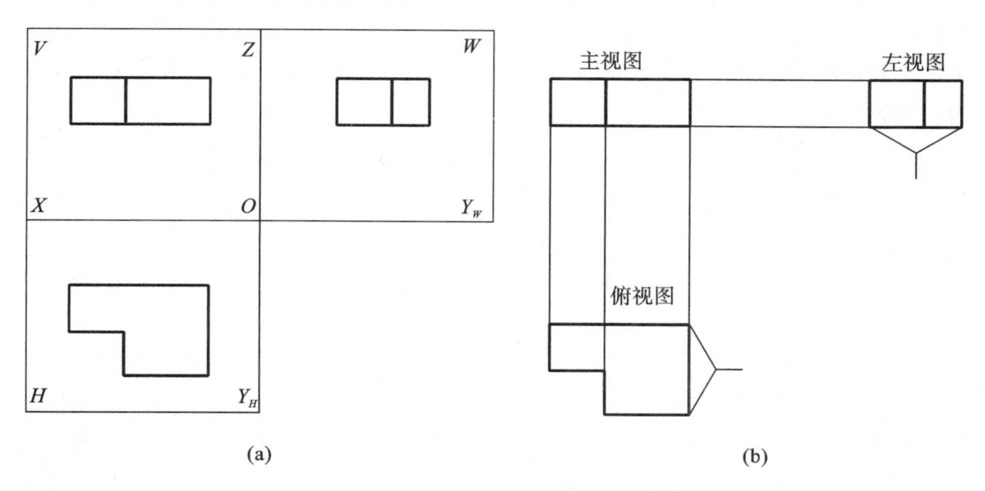

图 1-2-7 三投影面体系的展开和三视图

三、三视图的投影特性

研究三视图的形成过程可以发现,三视图具有以下投影特性。

(1) 位置关系。主视图居中,俯视图在下,左视图在右。

(2) 投影规律。如图 1-2-8(a)所示,一般定义物体的左右方向为长度方向,前后方向为宽度方向,上下方向为高度方向,这样,便有以下投影规律。

①高平齐。主视图与左视图高平齐。

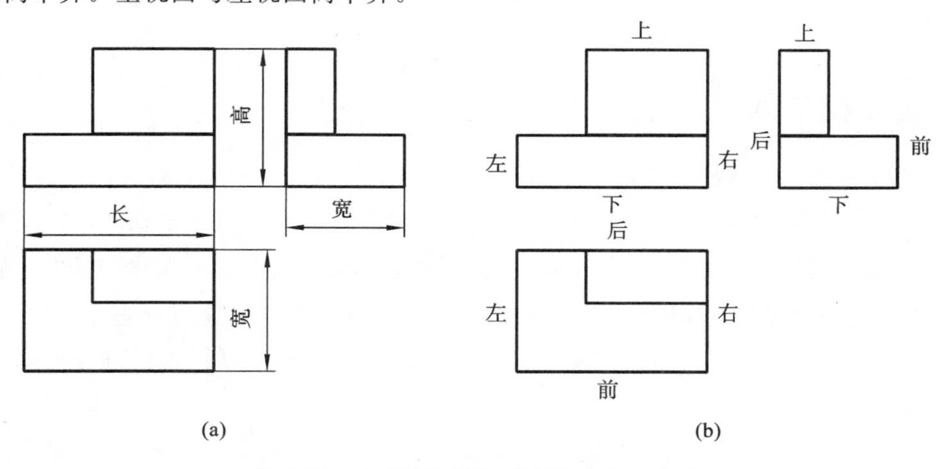

图 1-2-8 三视图投影规律与物体方位关系

②长对正。主视图与俯视图长对正。

③宽相等。俯视图与左视图宽相等。

上述规律不仅适用于整个物体的视图，而且对于物体每一个细部的投影也是适用的。

(3) 视图与物体的方位关系。如图 1-2-8(b)所示：

①主视图反映物体的上下和左右；

②俯视图反映物体的左右和前后；

③左视图反映物体的前后和上下。

至于三个视图之间的距离，可视情况而定。距离的大小仅仅表示物体离坐标原点的远近，对物体的形状没有影响。

每个视图只能反映物体的二维方向。对于俯视图和左视图而言，靠近主视图的一侧对应物体的后方，而远离主视图的一侧则对应物体的前方。在俯视图和左视图之间作图时，不但应满足宽相等，还应特别注意线段的量取方向。

国家标准规定，可见轮廓线以粗实线绘制，不可见轮廓线以虚线绘制；当两者重叠时，须按粗实线画出。

【任务实施】

本任务实施分为认识楔块的三视图和建立楔块的三维模型两部分。

一、认识楔块的三视图

图 1-2-1(b)所示为楔块零件的立体图。图 1-2-1(a)左上角为由前向后投影获得的图形——主视图；左下角为由上向下投影获得的图形——俯视图；右上角为由左向右投影获得的图形——左视图。

最能反映楔块燕尾形状的是其左视图，前后方向对称，总宽为 28，燕尾宽 20，燕尾斜面与水平面夹角为 73°，底板高为 16。

主视图反映楔块的总长为 39，总高为 32，左侧面(工作面)与水平面之间的夹角为 58°。

俯视图反映楔块的长度与宽度，前后方向对称，因为燕尾与底板连接部交线看不见，所以用虚线表示。

二、建立楔块的三维模型

1. 熟悉建立三维模型的工具栏

建立三维模型需要将工作空间由“草图与注释”切换至“三维建模”。方法是单击 AutoCAD 界面“状态栏”中“切换工作空间”图标，在弹出的菜单中，单击勾选“三维建模”即可。工作空间变换后，“常用”工具栏变为如图 1-2-9 所示。“常用”工具栏自左向右分为“建模”“网络”“实体编辑”“绘图”“修改”“截面”“坐标”“视图”“选择”“图层”“组”“视图”12 个工具栏图标组合。

(1) “建模”工具栏图标组合。“建模”功能区工具栏图标主要包括基本体(长方体、圆柱体、圆锥体、球体、棱锥体、楔体、圆环体)、建模方式(拉伸、旋转、

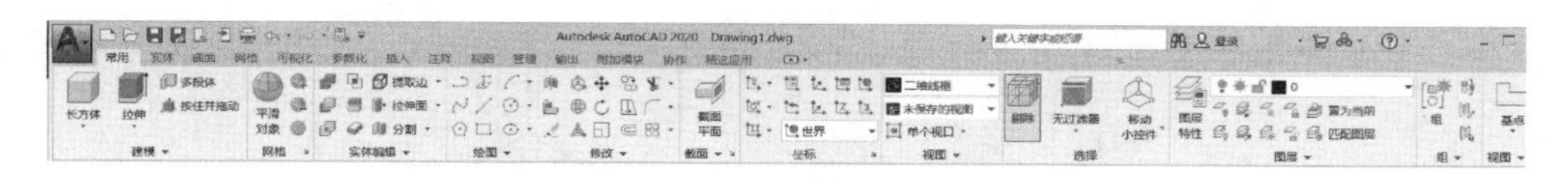

图 1-2-9 三维模型建立工具栏

放样、扫掠)。对于柱状零件,采用"拉伸"方式;对于回转体;采用"旋转"方式。

(2)"实体编辑"工具栏图标组合。"实体编辑"功能区工具栏图标主要包括布尔运算(并集、差集、交集)、干涉检查、剖切、加厚、边操作(提取边、压印、着色边、复制边)、面操作(拉伸面、倾斜面、移动面、复制面、偏移面、删除面、旋转面、着色面)、体操作(分割、清除、抽壳、检查)。

(3)"坐标"工具栏图标组合。"坐标"功能区工具栏图标主要包括坐标系图标显示(在原点处显示 UCS 图标、隐藏 UCS 图标)、绕坐标轴旋转获得用户坐标系(绕 X 轴、绕 Y 轴、绕 Z 轴)、建立用户坐标系 UCS、恢复上一个坐标系、移动原点建立新坐标系、3 点定义新坐标系、命名 UCS(世界、俯视、仰视、左视、右视、前视、后视)。

(4)"视图"工具栏图标组合。"视图"功能区工具栏图标主要包括视觉样式(二维线框、概念、隐藏、真实、着色等)、恢复视图(俯视、仰视、左视、右视、前视、后视、西南等轴测、东南等轴测、东北等轴测、西北等轴测)。

2. 楔块三维模型的建立

(1) 将绘图平面(XY 面)切换至"侧面"(W 面)。AutoCAD 默认绘图平面为"水平面"(H 面),单击"视图"工具栏"西南等轴测"图标,如图 1-2-10(a)所示。输入"用户坐标系"命令"UCS↙",系统提示及相应操作如下。

命令:UCS↙

当前 UCS 名称: 世界 **

*指定 UCS 的原点或[面(F)/命名(NA)/对象(OB)/上一个(P)/视图(V)/世界(W)/X/Y/Z/Z 轴(ZA)]<世界>:*Y↙　　//选 Y 选项,即让坐标轴绕 Y 轴旋转。默认选项是指定世界坐标系的某点,作为用户坐标系新的原点

指定绕 Y 轴的旋转角度<90>:−90

//"−"让 X 轴转向 Z 轴,右手法则,结果如图1-2-10(b)所示

再次用"UCS"命令,选 Z 选项,旋转−90°,结果如图 1-2-10(c)所示,这样就可在 W 面上绘图。

如果仅在 H、V、W 三个投影面间切换,更简便的方法是单击"视图"功能区工具栏图标"左视"图标,再单击"西南等轴测"图标,就可将绘图平面由 H 面切换至 W 面。同理,单击"前视"图标,可将绘图平面切换至 V 面;单击"俯视"图标,可将绘图平面切换至 H 面。

(2) 左视图燕尾形状的绘制。图层选为"0"层,确认状态栏"正交模式""对象捕捉""对象

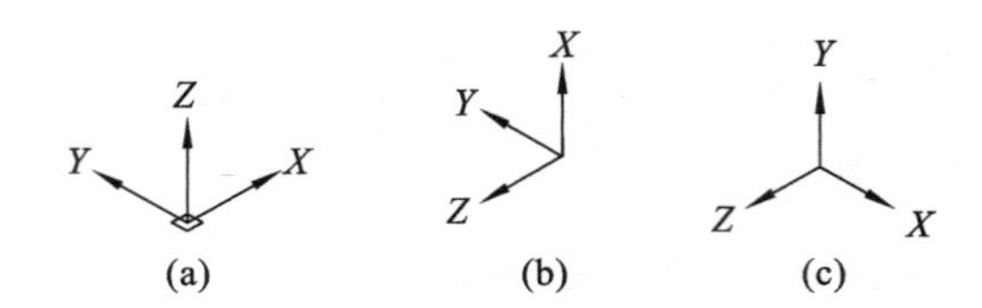

(a) (b) (c)

图 1-2-10 将绘图平面由 *H* 面切换至 *W* 面

捕捉追踪”图标处于点亮状态。单击“视图”功能区工具栏图标“左视”图标。

①单击“直线”图标，用“直接距离法”画长为 32 的竖线。

②以竖线上端点为起点，向右画长为 10 的水平线至 P1 点。

③以竖线下端点为起点，向右画长为 14 的水平线，向上画长为 16 的竖线，向左自动捕捉长为 32 的竖线的中点“△”并单击，结果如图 1-2-11(a)所示。

④用“构造线”命令画 73°斜线。在命令行输入“xline↙”，或单击“绘图”工具栏中的“构造线”图标，系统提示及相应操作如下：

命令：XLINE↙

命令：_xline 指定点或[水平(H)/垂直(V)/角度(A)/二等分(B)/偏移(O)]：A↙ //选 A

输入构造线的角度(0)或[参照(R)]：73↙ //输入角度 73°

指定通过点： //单击点 P1

指定通过点：↙ //结束命令，如图 1-2-11(b)所示，构造线无限长

⑤用“修剪”命令，剪去多余的线，如图 1-2-11(c)所示。

⑥用“镜像”命令，镜像出左半部，删除中间长 32 的竖线，如图 1-2-11(d)所示。

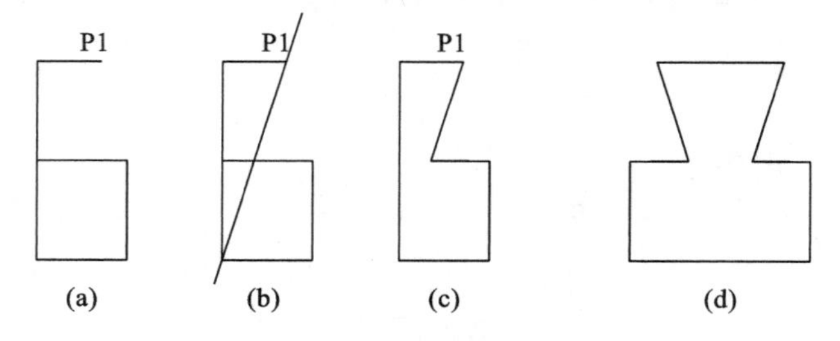

(a) (b) (c) (d)

图 1-2-11 三视图投影规律与物体方位关系

(3) 将燕尾图形做成面域。输入命令“region↙”，或单击“绘图”工具栏中的“面域”图标，系统提示及相应操作如下：

命令：REGION↙

选择对象：指定对角点：找到 10 个 //“窗选”W 面中封闭的燕尾图形

选择对象：↙ //结束选择

已提取 1 个环。

已创建 1 个面域。 //此时图像已成“块”，即单击图像任意地方，所有图像均会被选中

(4)“拉伸”出柱体。单击“视图”工具栏中的“西南等轴测”图标，输入命令“extrude↙”或“ext↙”，或单击“建模”工具栏中的“拉伸”图标，系统提示及相应操作如下：

命令:EXTRUDE↙

当前线框密度:ISOLINES=4

选择要拉伸的对象:找到 1 个 //单击刚做好的面域

选择要拉伸的对象:↙ //结束选择

指定拉伸的高度或[方向(D)/路径(P)/倾斜角(T)]:39 //向 Z 轴正向拉伸 39

结果如图 1-2-12(a)所示。单击“视觉样式”工具栏中的“三维隐藏视觉样式”图标，显示结果如图 1-2-12(b)所示；单击“视觉样式”工具栏中的“概念视觉样式”图标，显示结果如图 1-2-12(c)所示。

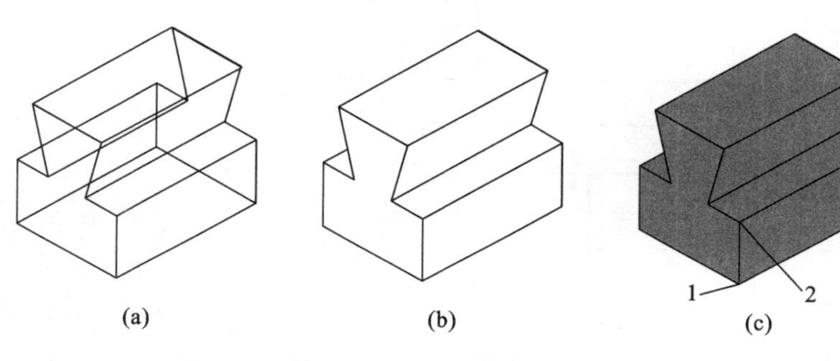

图 1-2-12 柱体燕尾的显示

(5)用“倾斜面”命令，完成楔块建立。单击“实体编辑”工具栏中的“倾斜面”图标，系统提示及相应操作如下：

命令:SOLIDEDIT↙

实体编辑自动检查:SOLIDCHECK=1

输入实体编辑选项[面(F)/边(E)/体(B)/放弃(U)/退出(X)]<退出>:_face

输入面编辑选项

[拉伸(E)/移动(M)/旋转(R)/偏移(O)/倾斜(T)/删除(D)/复制(C)/颜色(L)/材质(A)/放弃(U)/退出(X)]<退出>:_taper

选择面或[放弃(U)/删除(R)]:(单击左侧面)找到一个面。

选择面或[放弃(U)/删除(R)/全部(ALL)]:↙(结束选择)

指定基点: //单击点 1

指定沿倾斜轴的另一个点: //单击点 2

指定倾斜角度:32 //(90−58=32)

已开始实体校验。

已完成实体校验。

结果如图 1-2-1(b)所示。

完成楔块三维模型后对文件进行存盘。

【归纳总结】

无论是认识零件的三视图，还是建立零件的三维模型，都是从最能反映零件特征的视图入手，再按照三视图形成原理，想象出其立体构形，确定其相应尺寸。

用“拉伸”命令建立三维模型的关键：一是将绘图平面切换至反映其特征的投影面；二是做“面域”，图形一定是封闭的；三是用“拉伸”命令，向 Z 向拉伸一定的高度。

【课堂练习】

认识图 1-2-13 所示“压板”的三视图，并建立其三维模型。

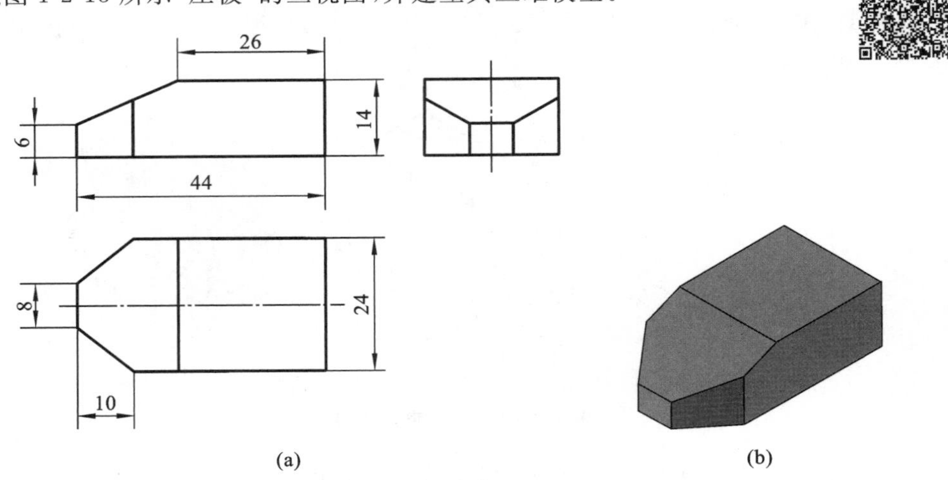

图 1-2-13　压板的三视图与立体图

操作提示：

(1) 用“直接距离法”画长 44、宽 24 的长方形，做“面域”后“拉伸”到高 14。

(2) 用“用户坐标系”命令“UCS”，系统提示“指定 UCS 的原点”时，捕捉 O 点并单击，O 点成为用户坐标系坐标原点，如图 1-2-14(a)所示，坐标原点无“□”形标记。

(3) 用“剖切”命令切去三角。输入命令“slice↙”或缩写“sl↙”，或单击“剖切”图标，系统提示及相应操作如下。

命令：SLICE↙

选择要剖切的对象：找到 1 个　　　　　　//单击长方体

选择要剖切的对象：↙　　　　　　　　　//结束选择

指定　切面　的起点或[平面对象(O)/曲面(S)/Z 轴(Z)/视图(V)/XY(XY)/YZ(YZ)/ZX(ZX)/三点(3)]<三点>：3　　　　　　//选 3 点选项

指定平面上的第一个点：0,0,6　　　　　　//A 点坐标

指定平面上的第二个点：0,24,6　　　　　//B 点坐标

指定平面上的第三个点：18,0,14　　　　 //C 点坐标

在所需的侧面上指定点或[保留两个侧面(B)]<保留两个侧面>：

//在长方体上某处单击，如图 1-2-14(b)所示

同样用“剖切”命令，捕捉 $D(0,8,0)$、$E(10,0,0)$、$F(0,8,6)$三点，切去左前角，如图 1-2-14(c)所示。用同样的方法切去左后角，完成压板的立体图。

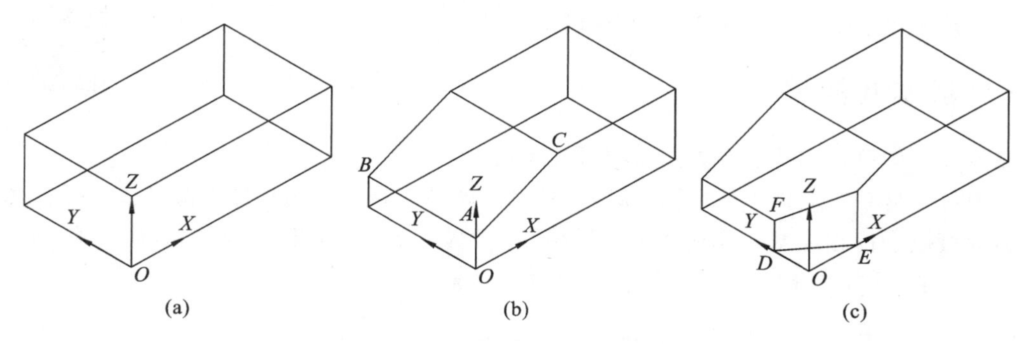

图 1-2-14　压板三维模型的建立提示

任务2　认识顶针的三视图并建立其三维模型

零件顶针的三视图与立体图如图 1-2-15 所示，其结构为一圆锥形旋转体，上部被切除 5 mm 深；作用是在车削、磨削加工轴类零件时，采用“双顶尖”或“一端夹持、另外一端顶住中心孔”的方法定位夹紧工件。上部切除 5 mm 是为了避免砂轮或车刀与顶尖夹持部分相碰。

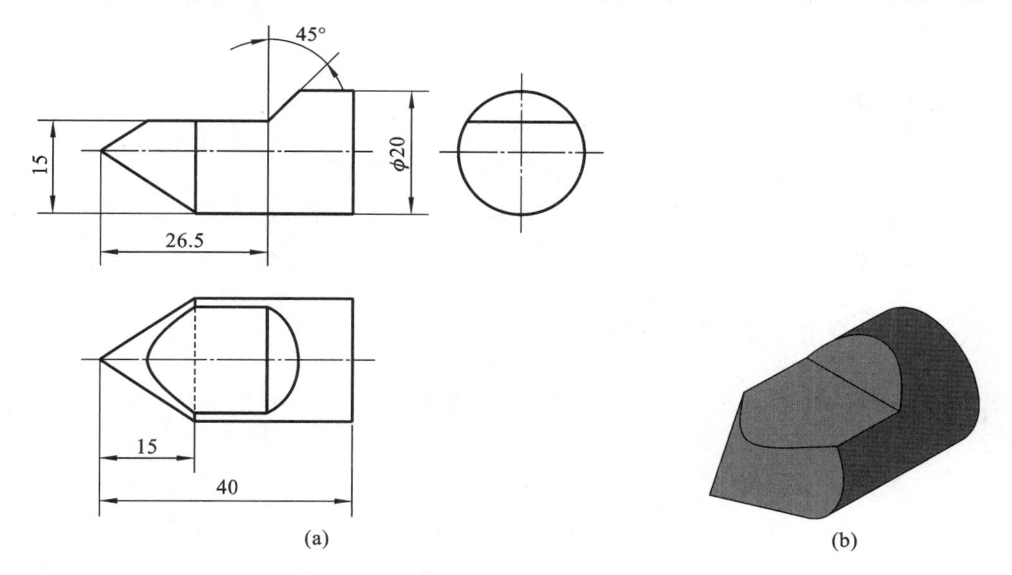

图 1-2-15　顶针的三视图与立体图

【任务分析】

任务 1 中的零件楔块属于平面体，其三维模型的建立只要“拉伸”后“倾斜面”就可完成。任务 2 中的零件顶针属于回转体，其三维模型的建立较为复杂，需学习更多的几何体三维模型的建立方法和命令才能完成。

【相关知识】

简单几何体三维模型的建立，通常有以下几种方法。

一、基本几何体

基本几何体可用相关命令直接获得其三维模型。

可通过“建模”工具栏中的“长方体”“楔体”“圆锥体”“球体”“圆柱体”“圆环体”“棱锥体”等工具图标直接获得相应基本几何体的三维模型。例如，要建立直径为 $\phi60$、长为 60 的圆柱体。在 W 面上，单击“圆柱体”图标，系统提示及相应操作如下：

命令：_cylinder

指定底面的中心点或[三点(3P)/两点(2P)/切点、切点、半径(T)/椭圆(E)]：

//单击屏幕某处

指定底面半径或[直径(D)]：30 //输入半径

指定高度或[两点(2P)/轴端点(A)]：60 //输入长度

二、棱柱体

棱柱体可先将其截面做成面域再通过“拉伸”获得。

任务 1 中的燕尾柱体，就是将左视图燕尾封闭截面先画出，做成“面域”后，用“拉伸”命令做成一定长度(还可带锥度)的柱体。

三、回转体

回转体可先将其母线和轴心线做成面域再通过“旋转”获得。

任务 2 中的顶针本体，就是先将其圆锥、圆柱母线及其心轴围成一个封闭面域(俯视图轮廓的一半)后，再用“建模”工具栏中的“旋转”图标，绕其轴心线旋转 360°而成的。

四、并集、差集、交集及其组合

图 1-2-16 所示为一接头的三视图与立体图。它是由一个 $\phi60\times60$ 的圆柱与一个 $20\times20\times60$ 的竖长方体(位于左侧)、两个 $20\times20\times60$ 的横长方体(位于右侧)做“差集”而形成的。建立步骤如下：

(1) 单击“视图”工具栏中的“左视”图标，再单击“视图”工具栏中的“西南等轴测”图标，在 W 面上绘图。单击“圆柱体”图标，在屏幕适当位置单击作为底面中心，半径为 30，高度为 60。单击“视觉样式”工具栏中的“概念视觉样式”图标，显示结果如图 1-2-17(a)所示。

(2) 相继单击“视图”工具栏中的“俯视”图标、“西南等轴测”图标，在 H 面上绘图，单击“长方体”图标，长、宽、高分别输入 20、20、60 制成长方体Ⅰ；相继单击“视图”工具栏中的“前视”图标、“西南等轴测”图标，在 V 面上绘图，单击“长方体”图标，长、宽、高分

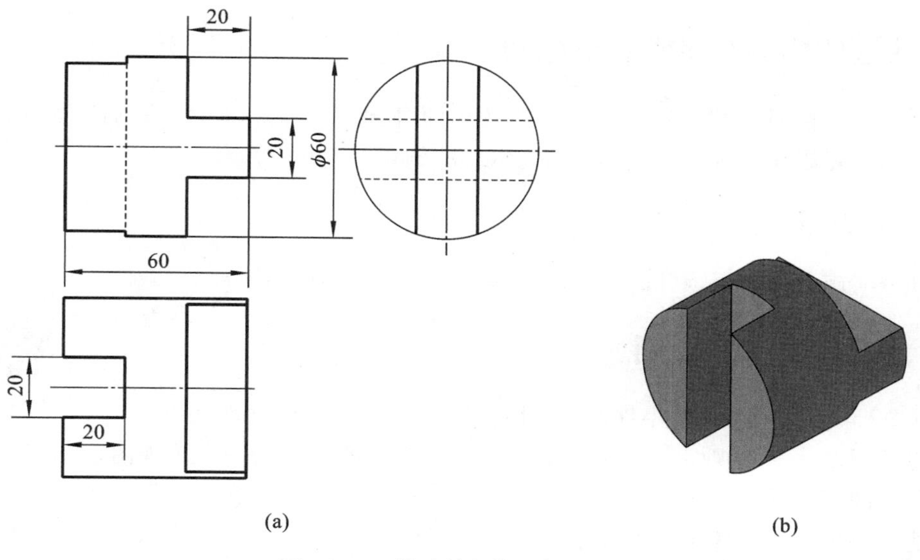

图 1-2-16 接头的三视图与立体图

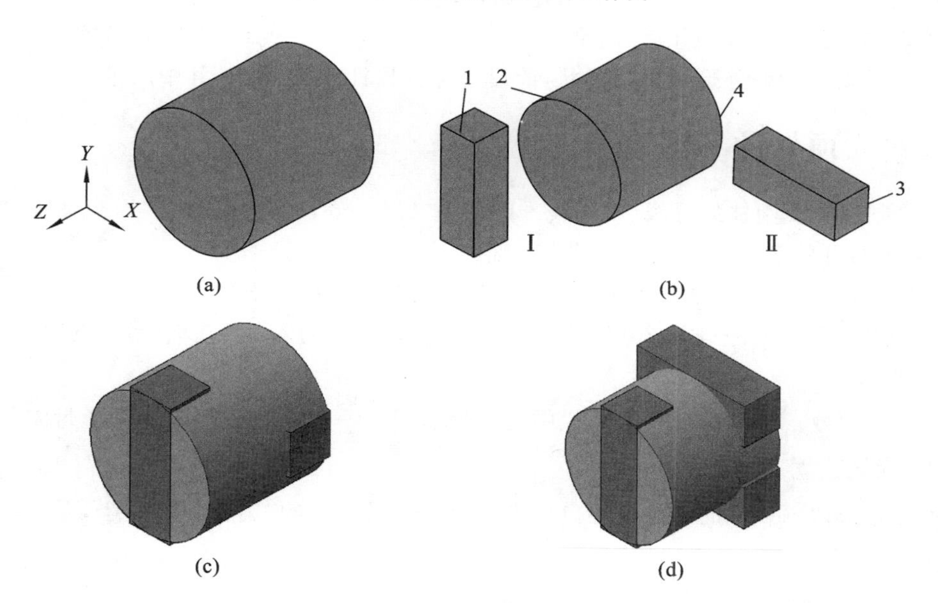

图 1-2-17 接头的建立

别输入 20、20、60 制成长方体Ⅱ，如图 1-2-17(b)所示。

(3) 用“移动”命令将长方体Ⅰ从左上捕捉“中点”1 移动到圆柱左上捕捉“象限点”2；用“移动”命令将长方体Ⅱ从前右捕捉“中点”3 移动到圆柱右前捕捉“象限点”，结果如图 1-2-17(c)所示。

(4) 将“正交模式”按钮点亮，用“移动”命令将长方体Ⅱ向上移动 20。用“复制”命令将长方体Ⅱ向下“复制”40，结果如图 1-2-17(d)所示。

(5) 用“实体编辑”工具栏中的“差集”图标，将三个长方体从圆柱中“减去”，即可得到图 1-2-16(b)所示接头的立体图。

五、通过“实体编辑”命令编辑实体

编辑命令即指图 1-2-9“实体编辑”工具栏中的“拉伸面”“移动面”“偏移面”“删除面”“旋转面”“倾斜面”“复制面”“压印”“剖切”“抽壳”以及“倒角”“圆角”等。

【任务实施】

本任务实施分为认识顶针的三视图和建立顶针的三维模型两部分。

一、认识顶针的三视图

图 1-2-15(b)所示为顶针零件的立体图。图 1-2-15(a)左上角为由前向后投影获得的图形——主视图，左下角为由上向下投影获得的图形——俯视图，右上角为由左向右投影获得的图形——左视图。

较能反映顶针形状的是其左视图，总体为一旋转体。

主视图反映顶针的直径为 $\phi 20$，即使省略左视图，从直径标注及俯视图外形，也可知该机件是一旋转体。顶针上部切除后，剩余尺寸为 15，距左端长为 26.5，并有 45°倾斜面。

俯视图反映顶针的外形与切口形状，前后对称。顶针总长为 40，其中圆锥部分长为 15。

二、建立顶针的三维模型

(1) 绘制圆锥及圆柱的母线、中心线。图层为“0”层，确认“正交模式”“对象捕捉”“对象捕捉追踪”处于打开状态。在默认“俯视”投影面绘图。

输入“L”命令，在屏幕适当位置单击作为起点，用“直接距离法”向右画长为 40 的直线，向下画长为 10 的直线，向左画长 25(即 40－15＝25)的直线；输入“C”选项，形成封闭直线，如图 1-2-18(a)所示。

(2) 建立面域。单击“绘图”工具栏中的“面域”图标，以“窗选”方式选择封闭图形所有对象，完成面域建立。

(3) 建立未切割顶针的三维模型。单击“建模”工具栏中的“旋转”图标，系统提示及相应操作如下：

命令:_revolve ↙

当前线框密度:ISOLINES＝4

选择要旋转的对象:找到 1 个　　　　//单击所做面域

选择要旋转的对象:↙　　　　//结束选择

指定轴起点或根据以下选项之一定义轴[对象(O)/X/Y/Z]<对象>:<对象捕捉　开>

//单击点 1

指定轴端点:　　　　//单击点 2

指定旋转角度或[起点角度(ST)]<360>:↙　　　　//确认默认旋转角度，完成模型

单击“视图”工具栏中的“西南等轴测”图标，单击“视觉样式”工具栏中的“概念视觉样式”图标，显示如图 1-2-18(b)所示。

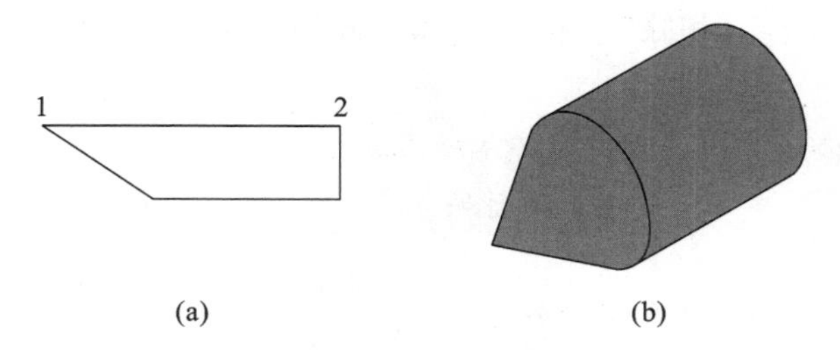

图 1-2-18 未切除的顶针三维模型建立过程

(4) 建立 26.5×20×6(长×宽×高)长方体。可以在“俯视图”上作 26.5×20 长方形,做成面域后,再拉伸至高为 6 而得,也可直接建模。单击“建模”工具栏中的“长方体”图标,系统提示及相应操作如下。

命令:_box

指定第一个角点或[中心(C)]: //单击屏幕一点

*指定其他角点或[立方体(C)/长度(L)]:*L //选 L 选项,准备输入长度

*指定长度<0.0000>:*26.5 //输入长度

*指定宽度<0.0000>:*20 //输入宽度

*指定高度或[两点(2P)]<0.0000>:*6 //输入高度,完成长方体建模

单击“视觉样式”工具栏中的“二维线框”图标,显示如图 1-2-19(a)所示。

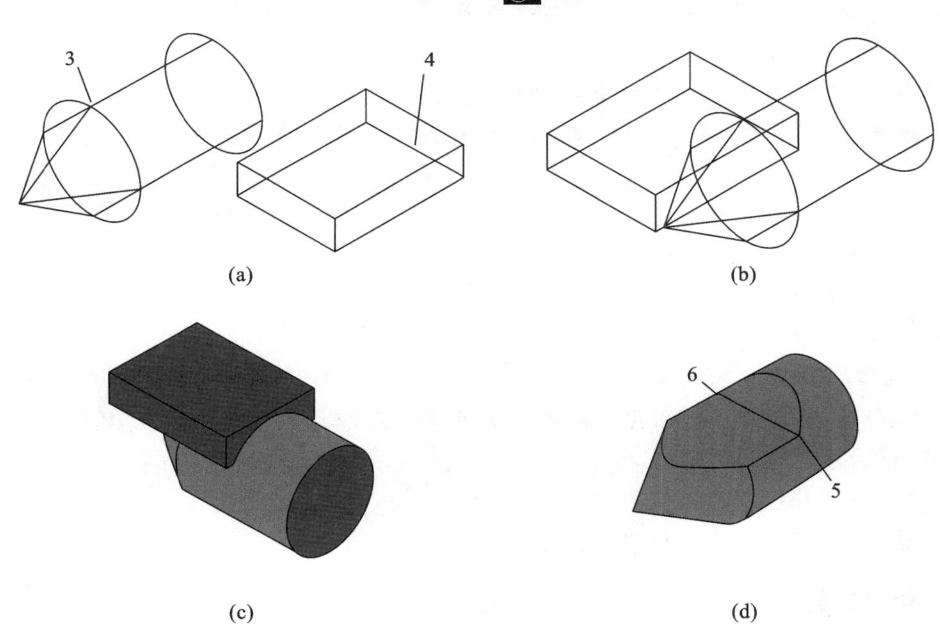

图 1-2-19 长方体的建立与移动

(5) 用“移动”命令将长方体移至图 1-2-19(b)所示位置。注意,“基点”应是长方体上的“中点”4(见图 1-2-19(a)),“第二点”应是“象限点”3,结果如图 1-2-19(b)所示。

继续用“移动”命令,用“直接距离法”将长方体向右移动 11.5(即 26.5−15=11.5),再向下移动 5(即 20−15=5),单击“视图”工具栏中的“西南等轴测”图标,结果如图 1-2-19(c)所示。

(6) 将长方体从顶针上“切除”。单击“实体编辑”工具栏中的“差集”图标，系统提示及相应操作如下。

命令:_subtract 选择要从中减去的实体或面域...
选择对象:　　　　　　　//单击顶针实体
找到 1 个
选择对象:选择要减去的实体或面域..
选择对象:找到 1 个　　　//单击长方体
选择对象:↙　　　　　　//确认后将长方体与顶针重叠部分从顶针实体上切除

单击“视图”工具栏中的“西南等轴测”图标，结果如图 1-2-19(d)所示。

(7) 用“旋转面”命令，完成 45°斜面。单击“实体编辑”工具栏中的“旋转面”图标，系统提示及相应操作如下。

命令:_solidedit
实体编辑自动检查:SOLIDCHECK=1
输入实体编辑选项[面(F)/边(E)/体(B)/放弃(U)/退出(X)]<退出>:_face
输入面编辑选项
[拉伸(E)/移动(M)/旋转(R)/偏移(O)/倾斜(T)/删除(D)/复制(C)/颜色(L)/材质(A)/放弃(U)/退出(X)]<退出>:_rotate
选择面或[放弃(U)/删除(R)]:找到一个面。　　//单击待旋转的月牙面，虚显表示选中
选择面或[放弃(U)/删除(R)/全部(ALL)]:↙　　//结束选择
指定轴点或[经过对象的轴(A)/视图(V)/X 轴(X)/Y 轴(Y)/Z 轴(Z)]<两点>:
*　　//单击点 5*
在旋转轴上指定第二个点:　　//单击点 6
指定旋转角度或[参照(R)]:45↙
已开始实体校验。
已完成实体校验。
输入面编辑选项
[拉伸(E)/移动(M)/旋转(R)/偏移(O)/倾斜(T)/删除(D)/复制(C)/颜色(L)/材质(A)/放弃(U)/退出(X)]<退出>:　　//按 Esc 键退出

结果如图 1-2-15(b)所示。

完成顶尖三维模型后对文件进行存盘。

【归纳总结】

回转体三维模型建立的关键是:将绘图平面切换至回转轴线所在的投影面;绘制回转体母线，并与回转轴线一起做“面域”;用“旋转”命令，完成回转体建模。

【课堂练习】

认识图 1-2-20 所示阀芯的三视图，并建立其三维模型。

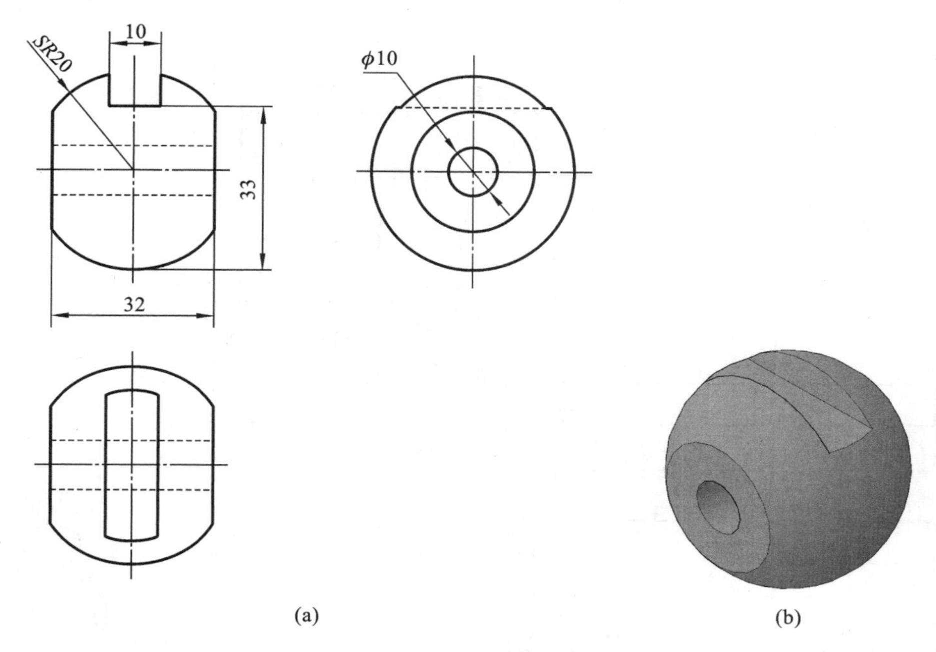

图 1-2-20 阀芯的三视图与立体图

任务 3 认识轴承座的三视图并建立其三维模型

零件轴承座的三视图与立体图如图 1-2-21 所示，其结构较为复杂，为一组合体。它由底板、立板、肋板、轴套和注油套筒等五部分组合而成。轴承座的作用是利用 φ80 孔支承轴，一般成对使用，靠底板 2×φ30 孔用螺栓固定。

【任务分析】

轴承座属组合体零件，即由多个基本几何体经叠加、切割组合而成。要认识理解其三视图，需要学会应用形体分析法，会用形体分析法来“拆分”零件。建立轴承座的三维模型，应先分别建立底板、立板、肋板、轴套和注油套筒等五个基本几何体，再对它们做“并集”“差集”等布尔运算，并辅以“倒角”“移动”等三维编辑命令。

【相关知识】

一、组合体与形体分析法

任何空间形体，不论形状是简单还是复杂，都可以看成由若干基本几何体按一定方式组合而成。这种认识空间形体的方法称为形体分析法。

采用形体分析法，一方面，可将一个复杂的问题转化为若干简单的问题，使解题变得容易；另一方面，通过了解组合体的各个部分进而掌握整体，使认识具有条理性，同时有利于形体的空间想象以及空间形状的描述。因此，形体分析法是认识组合体的基本方法，在组合体的构

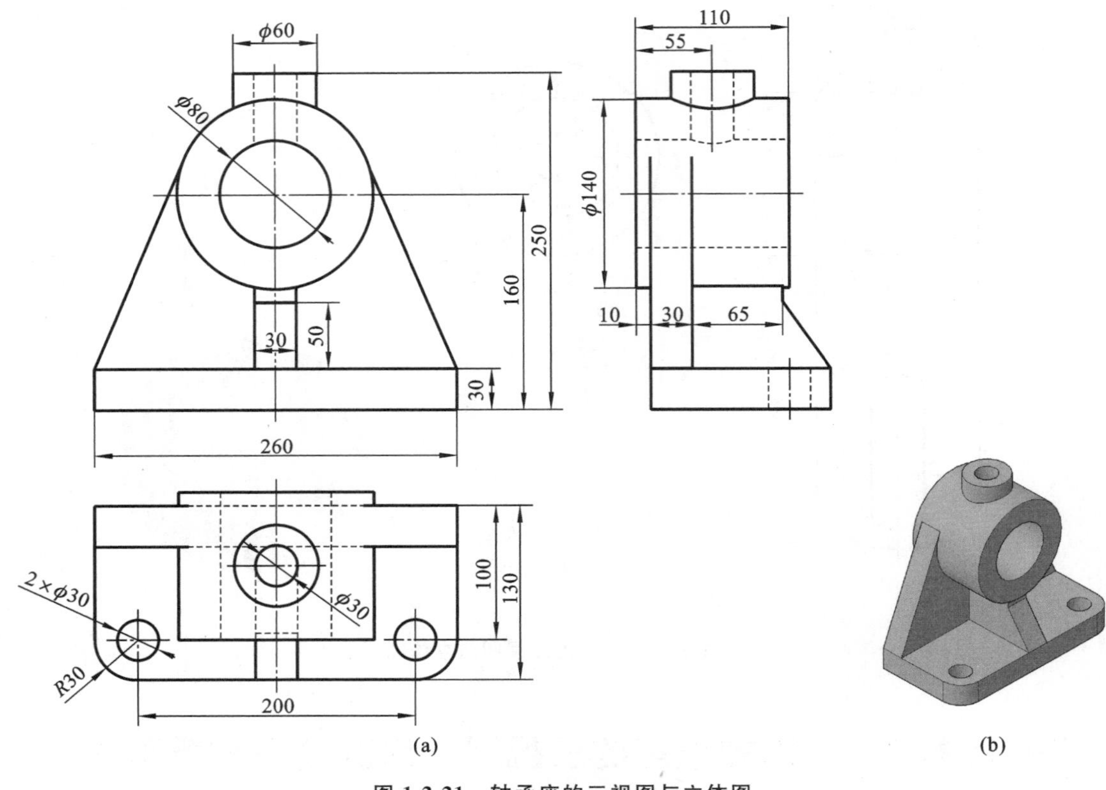

图 1-2-21　轴承座的三视图与立体图

形、画图、看图、尺寸标注等过程中都要运用。

二、组合体构形的基本方法

在 AutoCAD 中，组合体构形主要采用三种基本的布尔运算：并集运算、交集运算和差集运算。对于某类特殊形状的形体和表面结构，也可采用拉伸和旋转构形以及倒圆、倒角等修饰方法。

组合体的构形包括分解和集合两个过程。把一个组合体分解为若干基本几何体（即形体分析），只是一种认识问题的方法。同一个组合体可能有不同的分解方法，这取决于个人的习惯和看问题的角度。当采用计算机构形时，还要考虑到便于集合操作。

组合体构形的一般步骤为：

（1）运用形体分析法，充分了解组合体的形状、结构特点，将其分解为便于构造、便于布尔运算的基本几何体或简单形体。

（2）构造所分解的形体。由于组合体上各形体之间有一定的位置关系，因此必须搞清形体的空间位置和方向。可以先通过某些特殊视点方向（如前视、仰视、左视等）构造形体，再平移或旋转到所需的位置。也可以先建立合适的用户坐标系（UCS），然后，直接在所需的位置上构造形体。

（3）按一定的顺序进行布尔运算。运用形体分析法分解组合体的同时，就已经确定了各形体间的运算关系。所以，应按已经确定的运算关系，将各形体逐步运算形成组合体。

【任务实施】

本任务实施分为认识轴承座的三视图和建立轴承座的三维模型两部分。

一、认识轴承座的三视图

图 1-2-21(a)左上角为主视图，左下角为俯视图，右上角为左视图。图 1-2-21(b)所示为轴承座零件的立体图。

主视图最能反映轴承座的形状。该视图反映了轴承座总长为 260 mm，总高为 250 mm，轴支承孔高为 160 mm，孔径为 ϕ80 mm。该视图还反映了底板厚 30 mm，肋板厚 30 mm，注油套筒外径为 ϕ60 mm。

俯视图反映轴承座的总宽为 130 mm。该视图还反映了底板上 2×ϕ30 mm 孔的孔距为 200 mm，距后侧 100 mm，底板有 R30 倒圆角，注油套筒孔径为 ϕ30 mm。

左视图反映轴承座的轴套直径为 ϕ140 mm，长为 110 mm，后端面位置距立板后侧 10 mm。立板厚 30 mm，注油套筒距轴套后端面 55 mm。

综上所述，五个基本几何体的尺寸及位置如下。

(1) 底板。底板为 260×130×30 的长方体，前端倒 R30 圆角。在距离后侧 100 mm 处，对称分布两个 ϕ30 mm 的安装圆孔，孔距为 200 mm。

(2) 轴套。轴套为 ϕ140×110 的水平圆柱内挖去 ϕ80 同轴圆孔，位置距水平面高 160 mm，后端面在立板后 10 mm。

(3) 立板。立板板厚 30 mm，下端宽 260 mm，上端与轴套相切，位置与底板后侧平齐。

(4) 肋板。肋板与立板共同起支承轴套的作用，板厚 30 mm。底部宽 100 mm(即 130 mm－30 mm＝100 mm)，上部宽 65 mm，上表面与轴套底面吻合。

(5) 注油套筒。外径为 ϕ60 mm，孔为 ϕ30 mm，轴承座安装后总高为 250 mm。

二、建立轴承座的三维模型

1. 建立底板三维模型

(1) 用“直接距离法”画长为 260、宽为 130 的长方形；用“倒圆角”命令倒前面两个 R30 圆角。

(2) 画 2×ϕ30 圆。将长方形后线向前“偏移”100，将中心线(补画的辅助线)分别向两边“偏移”100，三线交点得到 2×ϕ30 中心。输入“画圆”命令“c↙”，捕捉交点为圆心，半径为 15，画出 2×ϕ30 圆。删除辅助线，得到图 1-2-22(a)所示的图形。

(3) 单击“绘图”工具栏中的“面域”图标，以“窗选”方式选择图中所有图形，系统会提示“已创建 3 个面域”。

(4) 单击“实体编辑”工具栏中的“差集”图标，在“选择要从中减去的实体或面域”的提示下单击长方体边框，在“选择要减去的实体或面域”的提示下选两个 ϕ30 圆。单击“视图”工具栏中的“西南等轴测”图标，单击“概念视觉样式”图标，结果如图 1-2-22(b)所示。

(5) 输入命令“ext↙”，“拉伸”上述面域至高 30，结果如图 1-2-22(c)所示。

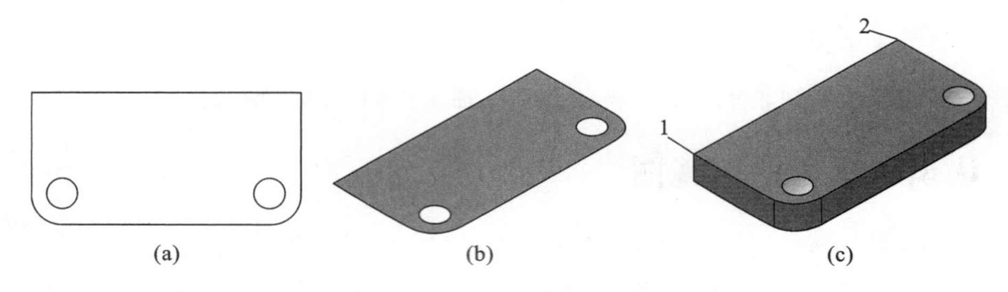

图 1-2-22　底板三维模型的建立

2. 建立立板和轴套三维模型

单击“二维线框”图标，再单击“前视”图标，然后单击“西南等轴测”图标，在“前视”投影面上绘图。将“正交模式”打开。

(1) 如图 1-2-22(c)所示，自点 1 到点 2 画直线 L1。捕捉直线 L1 中点，向上画长 130(即 160－30＝130，30 为底板厚度)的直线 L2。

(2) 以直线 L2 上端点为圆心，以半径 40、70 画同心圆。

(3) 画切线。自端点 1 画直线，下一点捕捉 ϕ140 圆左“切点”。同样，自端点 2 画直线，下一点捕捉 ϕ140 圆右“切点”。以两切线为边界，“修剪”ϕ140 圆下部，结果如图 1-2-23(a)所示。

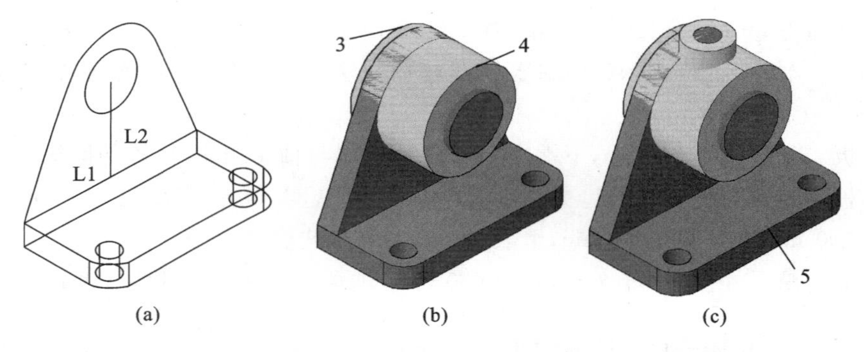

图 1-2-23　立板、轴套内外圆柱及注油套筒的三维模型建立

(4) 建立立板模型。将直线 L1、两切线、ϕ140 圆上部圆弧做成面域，向前拉伸至厚为 30。

(5) 建立轴套内、外圆柱模型。画以 L2 上端点为圆心的 ϕ140 圆，并向前拉伸，长为 110。向前拉伸 ϕ80 的圆，长为 120(稍长，容易选择)。用“移动”命令，将 ϕ140、ϕ80 两圆柱后移 10 mm。删除辅助线 L2。单击“概念视觉样式”图标，结果如图 1-2-23(b)所示。

3. 建立注油套筒三维模型

仍在“二维线框”视觉样式下绘图。

(1) 如图 1-2-23(b)所示，自圆柱上后“象限点”3 到前“象限点”4 画直线 L3。

(2) 在 H 面建立 ϕ60、ϕ30 同心圆柱，高 90(即 250－160＝90)。用“移动”命令将其上圆心移动到直线 L3 中点处，再向上移动 20(即 90－70＝20)。单击“概念视觉样式”图标，结果如图1-2-23(c)所示。

4. 建立肋板三维模型

回到“二维线框”视觉样式，切换到 W 面绘图。

(1) 用“直接距离法”绘制如图 1-2-24(a)所示的图形，并做成面域。这里 70 比底板到轴套外圆柱下部距离 60 大 10，否则不能正确接合。

(2) 用“拉伸”命令将上述面域拉至厚 30 形成肋板，如图 1-2-24(b)所示。

(3) 用“移动”命令，将肋板自点 6 移到图 1-2-23(c)所示的点 5，结果如图 1-2-25 所示。

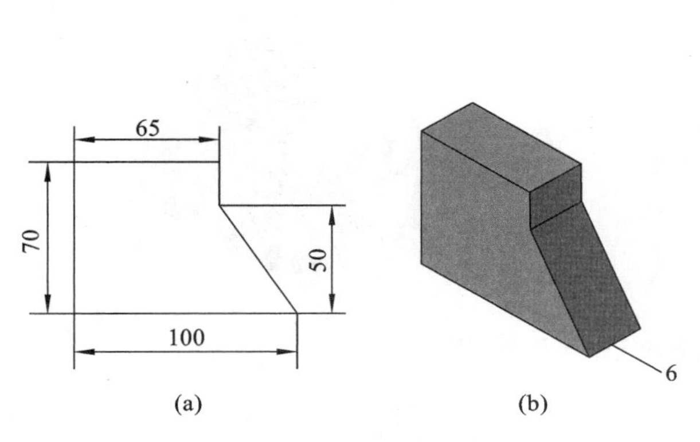

图 1-2-24 肋板的三维模型建立

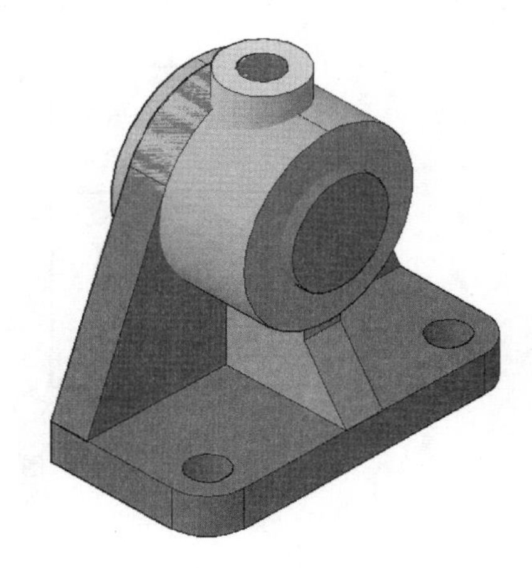

图 1-2-25 肋板的移动效果

5. 布尔运算

(1) 单击“实体编辑”工具栏中的“并集”图标，将底板、立板、轴套外圆柱、注油套筒外圆柱、肋板做“并集”运算。

(2) 单击“实体编辑”工具栏中的“差集”图标，在“选择要从中减去的实体或面域”的提示下选外轮廓，在“选择要减去的实体或面域”的提示下选择轴套内圆柱、注油套筒内圆柱，做“差集”运算，结果得到如图 1-2-21(b)所示的立体图。

【归纳总结】

组合体三维模型建立的关键是选择合适的投影面建立各基本几何体，不要急于做布尔运算。做布尔运算时，一定要先将外形部分做“并集”运算，构成外轮廓，再将外轮廓与内孔实体做“差集”运算。

【课堂练习】

认识图 1-2-26 所示三通管的三视图，并建立其三维模型。

操作提示：

(1) 在 W 面创建 $\phi16$、$\phi24$ 同心圆，并“拉伸”为两水平圆柱。

(2) 作一辅助线，连接圆柱两端圆心。然后，在 H 面捕捉辅助直线中点，画 $\phi14$、$\phi20$ 同心圆，并“拉伸”为两立圆柱。

(3) “并集”两大圆柱，再“差集”减去两小圆柱。

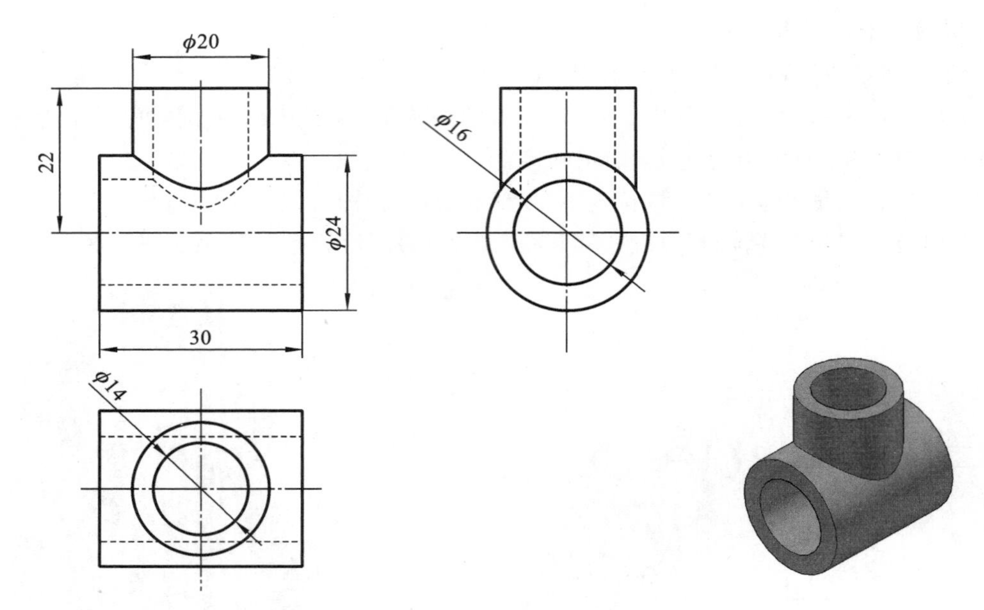

图 1-2-26　三通管的三视图及立体图

模块 3

简单零件三视图的绘制与识读

通过模块 2 的学习，我们对一些简单机械零件的三视图有了一定的感性认识；通过对几个简单零件三维造型的制作，我们建立了一些空间概念。这些都为学习简单零件三视图的绘制做了一定的铺垫，而要正确无误地画出这些三视图，还需要掌握物体上的点、直线及平面的投影特性以及截交线和相贯线的知识。

让我们先从常见的一些基本几何体三视图的绘制入手。

任务 1　基本几何体三视图的绘制

常见的基本几何体包括平面体和曲面体两类，如图 1-3-1 所示。平面体的每个表面都是平面，如棱柱、棱锥等，如图 1-3-1(a)所示；曲面体至少有一个表面是曲面，如圆柱、圆锥、圆球等，如图 1-3-1(b)所示。

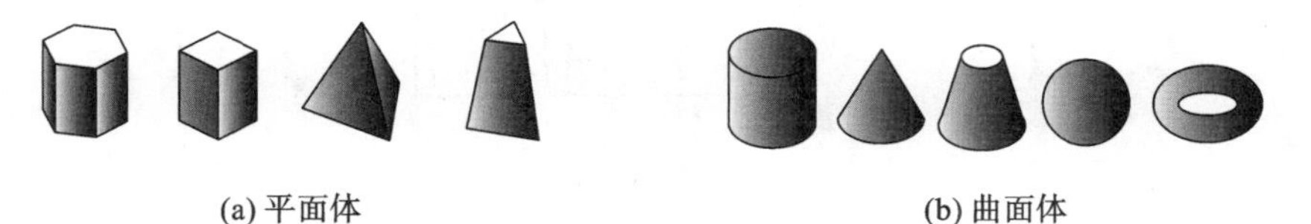

(a) 平面体　　(b) 曲面体

图 1-3-1　常见的基本几何体

【任务分析】

手工绘制基本几何体的三视图，不仅要搞清楚三视图的形成过程，而且要掌握物体上的点、直线及平面的投影特性，还要学会正确使用绘图工具及绘图仪器。

【相关知识】

一、物体表面上点的投影

位于物体表面上的点 A 在三面投影体系中的投影及展开后的情况如图 1-3-2(a)、(b)所示。若将物体的三视图省略，只留下点 A 的三个投影，则得点 A 的投影图，如图 1-3-2(c)所示。点 A 在三个投影面上的投影分别用 a(水平投影)、a'(正面投影)和 a''(侧面投影)表示。

从图 1-3-2(c)中可以看出，物体表面上点的投影具有以下特性：

(1) 点 A 的水平投影和正面投影的连线垂直于 OX 轴，即 $aa' \perp OX$(长对正)；

(2) 点 A 的正面投影和侧面投影的连线垂直于 OZ 轴，即 $a'a'' \perp OZ$(高平齐)；

(3) 点 A 的水平投影到 OX 轴的距离等于点的侧面投影到 OZ 轴的距离，即 $aa_X = a''a_Z$(宽相等)。

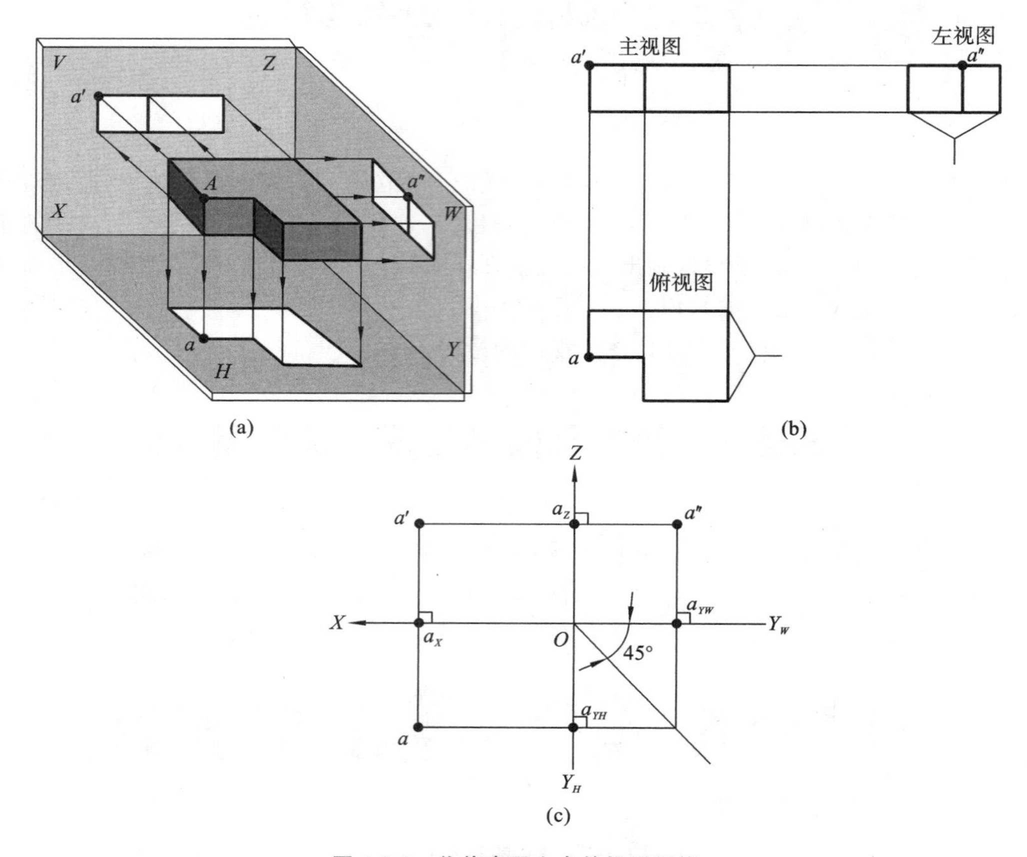

图 1-3-2　物体表面上点的投影规律

二、物体表面上直线的投影

物体表面上的直线根据其相对于投影面位置的不同可分为三种：投影面平行线、投影面垂直线、一般位置直线。

1. 投影面平行线

只平行于一个投影面，倾斜于另外两个投影面的直线称为投影面平行线。

根据所平行的投影面的不同，投影面平行线又分为：

(1) 水平线，即平行于 H 面并与 V、W 面倾斜的直线；

(2) 正平线，即平行于 V 面并与 H、W 面倾斜的直线；

(3) 侧平线，即平行于 W 面并与 H、V 面倾斜的直线。

投影面平行线的投影特性见表 1-3-1。

表 1-3-1 投影面平行线的投影

名称	水平线	正平线	侧平线
实例	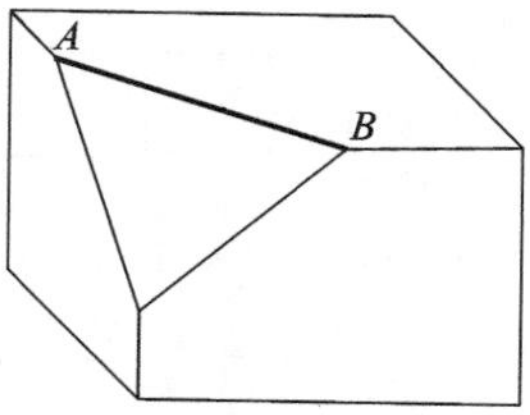 A、B	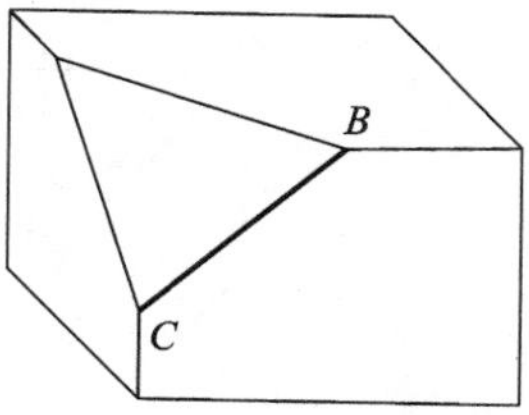 B、C	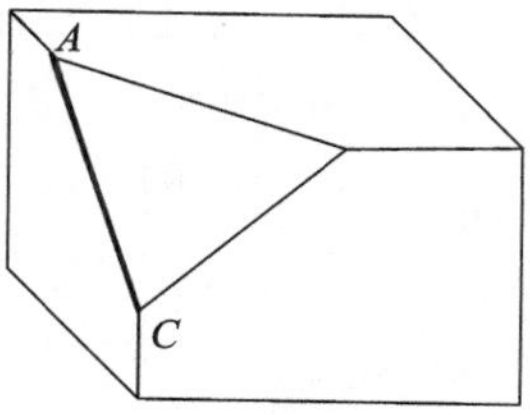 A、C
轴测图	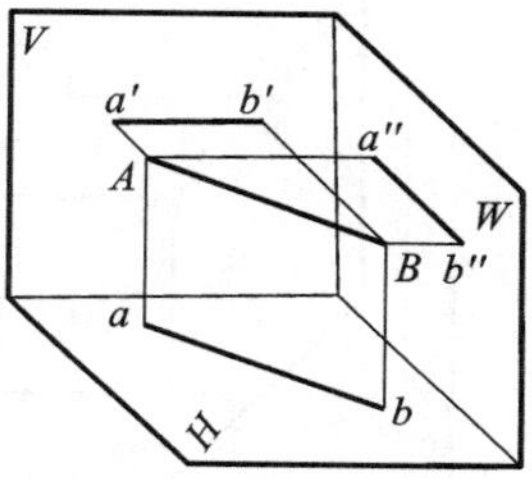 V、a′、b′、a″、A、W、B、b″、a、H、b	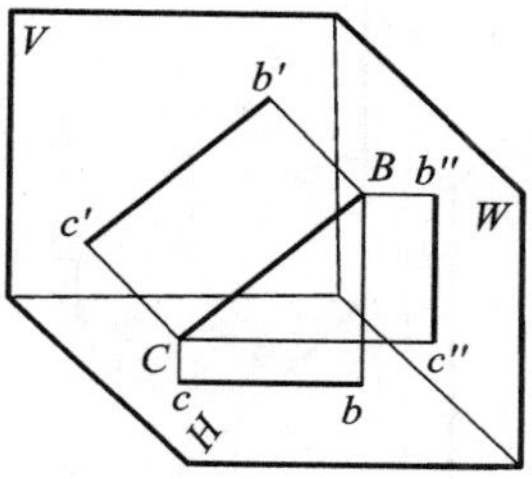 V、b′、B、b″、c′、W、C、c″、c、H、b	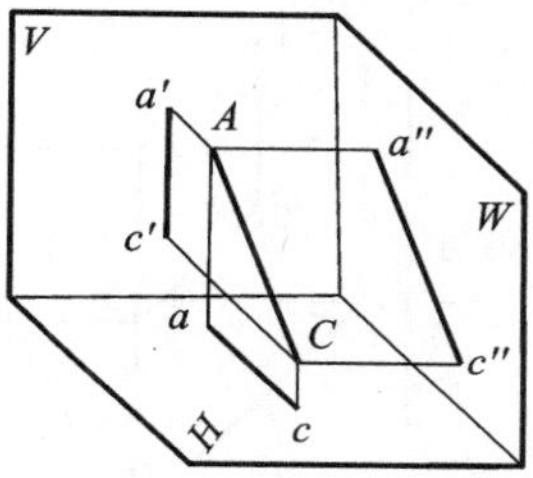 V、a′、A、a″、c′、W、a、C、c″、H、c
投影图	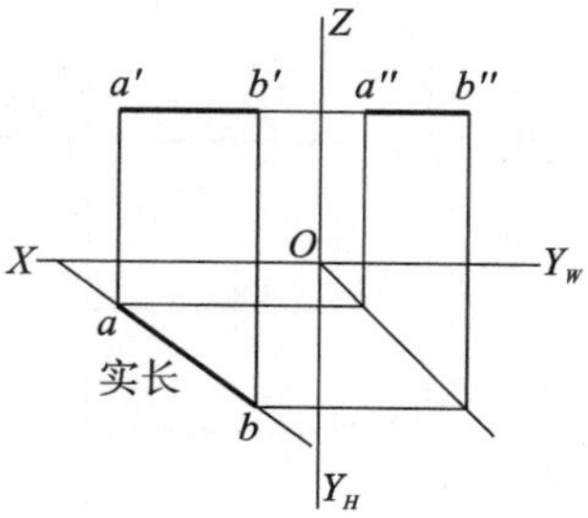 Z、a′、b′、a″、b″、X、O、Y_W、a、实长、b、Y_H	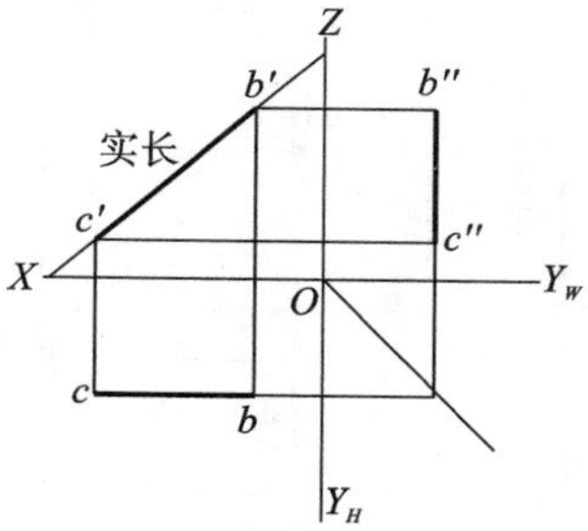 Z、b′、b″、实长、c′、c″、X、Y_W、O、c、b、Y_H	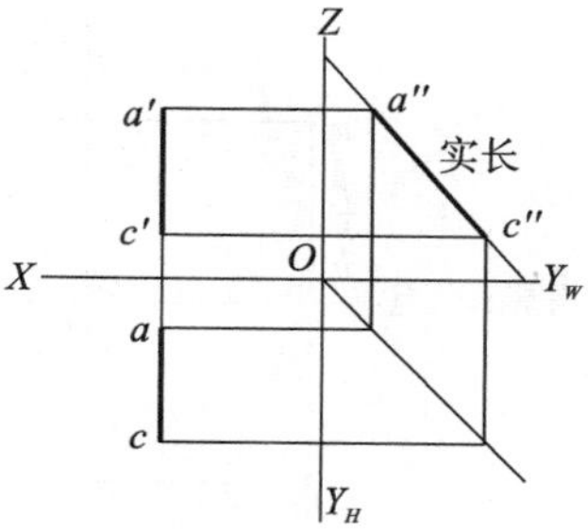 Z、a′、a″、实长、c′、c″、X、O、Y_W、a、c、Y_H
投影特性	投影面平行线在所平行的投影面上的投影反映线段实长，且与投影轴倾斜；在另外两个面上的投影不反映线段实长，且平行于相应的投影轴		

2. 投影面垂直线

垂直于某一投影面的直线称为投影面垂直线。

根据所垂直的投影面的不同，投影面垂直线又分为：

(1) 铅垂线，即垂直于 H 面并与 V、W 面平行的直线；

(2) 正垂线，即垂直于 V 面并与 H、W 面平行的直线；

(3) 侧垂线，即垂直于 W 面并与 H、V 面平行的直线。

投影面垂直线的投影特性见表 1-3-2。

表 1-3-2　投影面垂直线的投影

名称	铅垂线	正垂线	侧垂线
实例	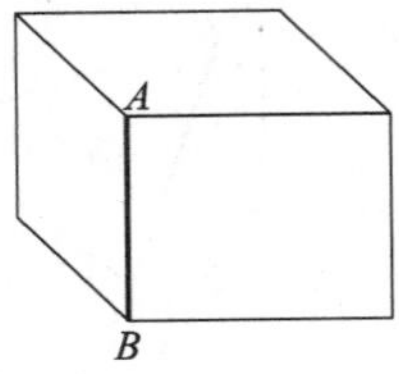	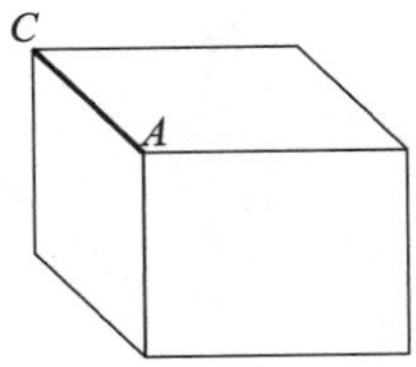	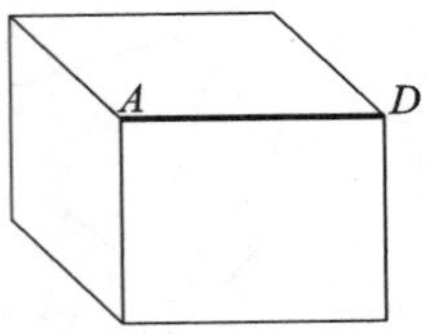
轴测图	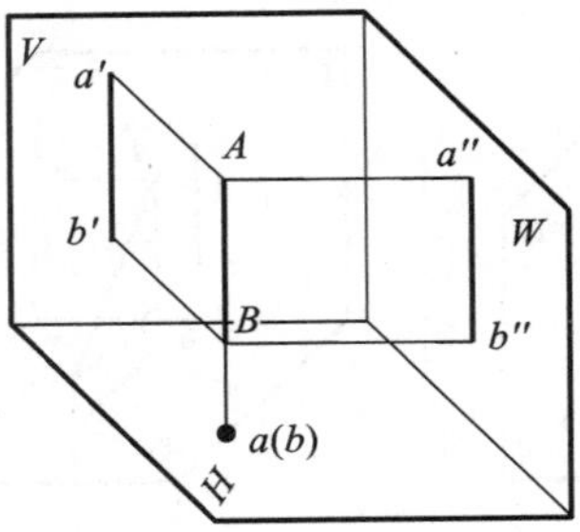	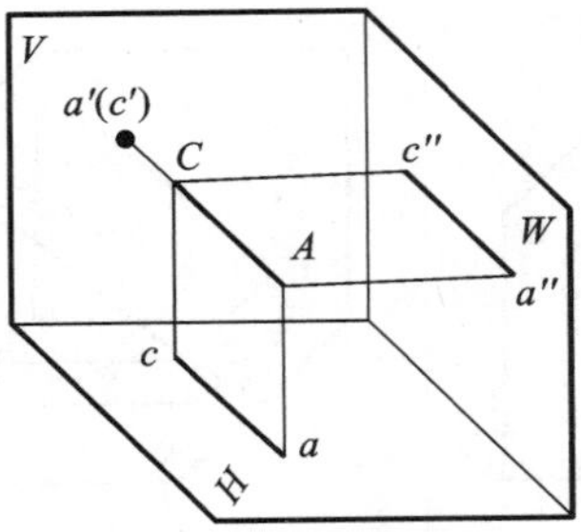	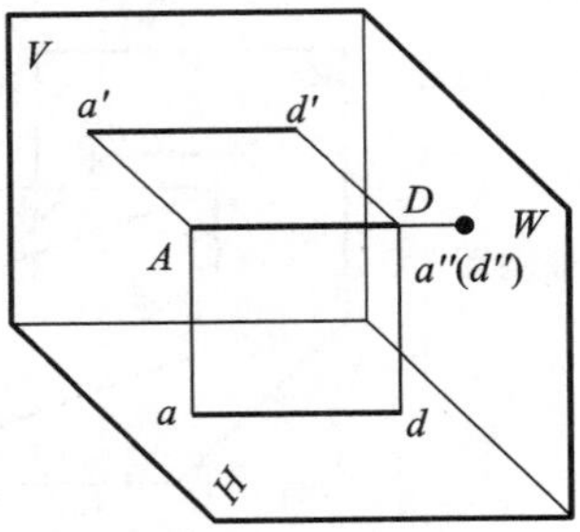
投影图	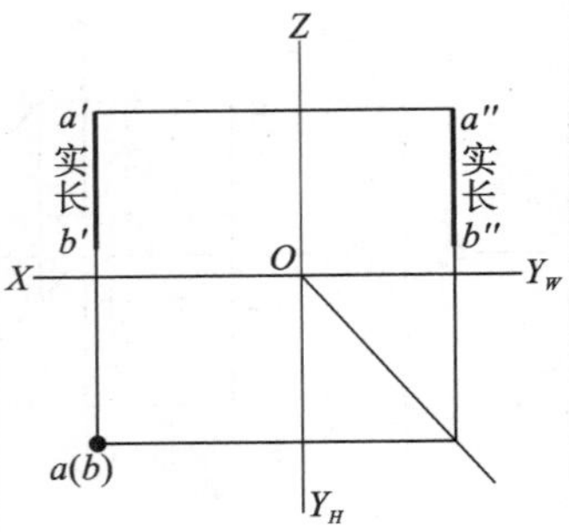	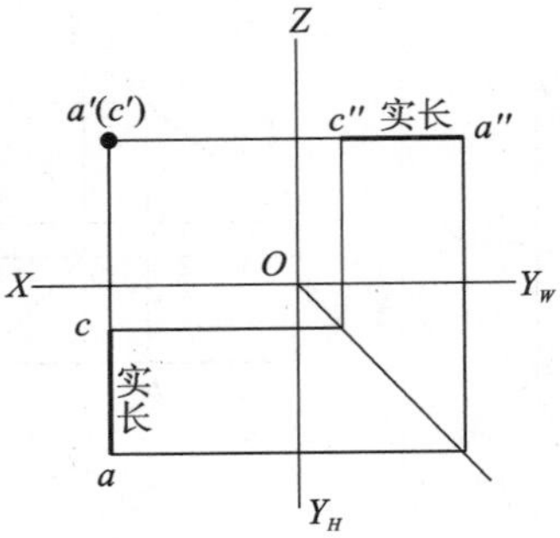	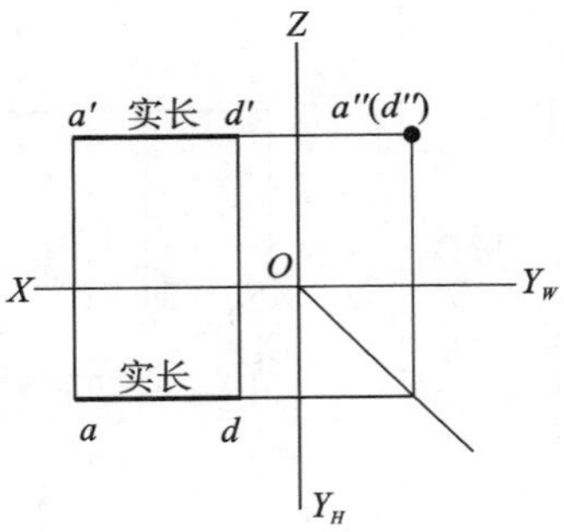
投影特性	投影面垂直线在所垂直的投影面上的投影积聚为一点；在另外两个面上的投影反映线段实长，且垂直于相应的投影轴		

3. 一般位置直线

与三个投影面都倾斜的直线称为一般位置直线。它的投影特性为：三个投影均为缩短的直线，且与投影轴都倾斜，如图 1-3-3 所示。

三、物体表面上平面的投影

物体表面上的平面根据其相对于投影面位置的不同可分为三种：投影面

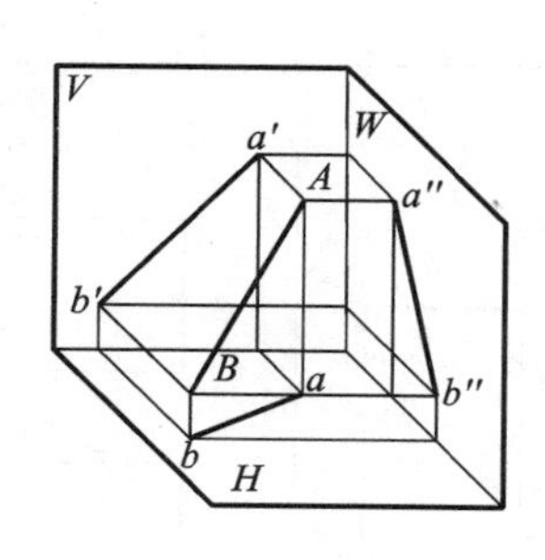

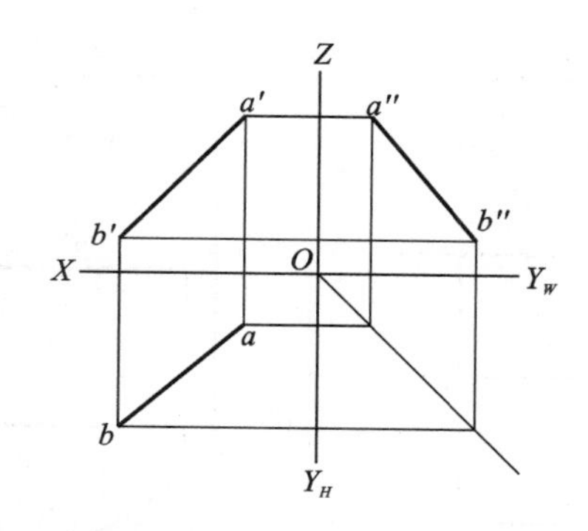

图 1-3-3 一般位置直线

平行面、投影面垂直面、一般位置平面。

1. 投影面平行面

平行于一个投影面且垂直于另外两个投影面的平面称为投影面平行面。

根据所平行的投影面的不同，投影面平行面又分为：

(1) 正平面，即平行于 V 面并与 H、W 面垂直的平面；

(2) 水平面，即平行于 H 面并与 V、W 面垂直的平面；

(3) 侧平面，即平行于 W 面并与 H、V 面垂直的平面。

投影面平行面的投影特性见表 1-3-3。

表 1-3-3 投影面平行面的投影

名称	正平面	水平面	侧平面
实例	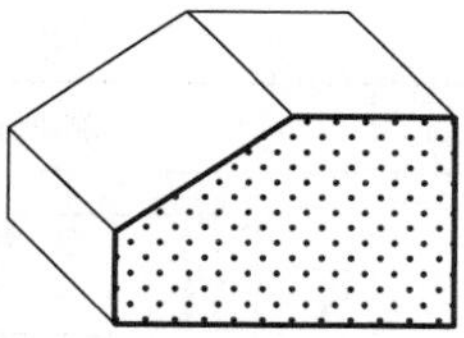	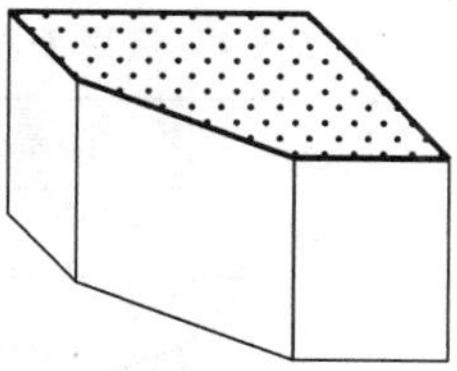	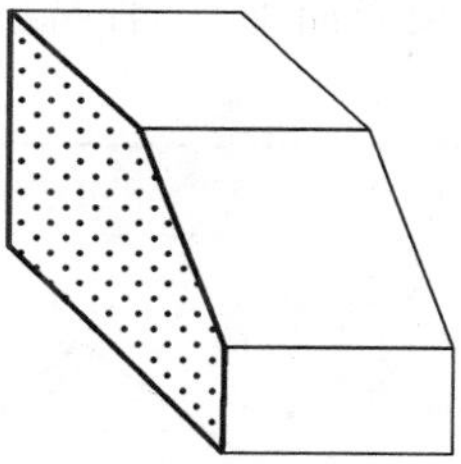
轴测图	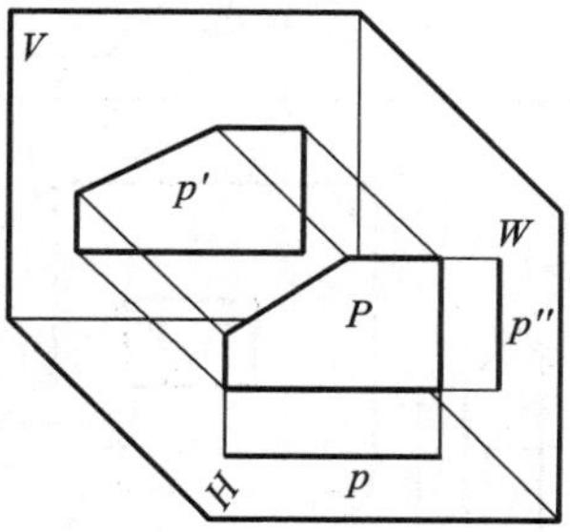	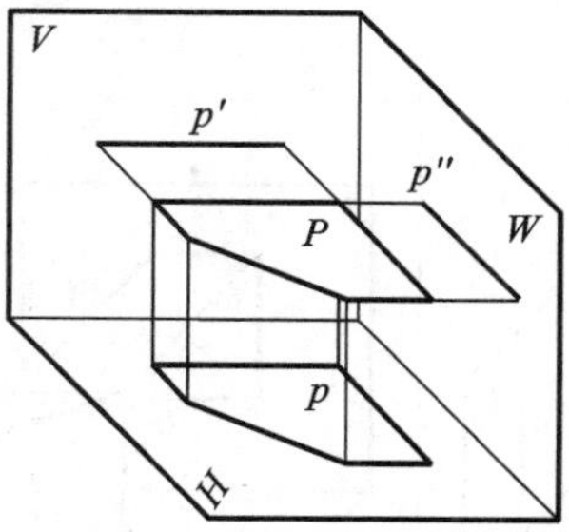	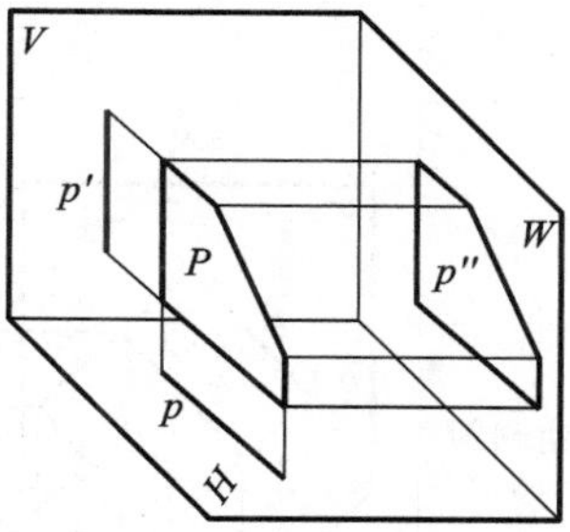

续表

名称	正平面	水平面	侧平面
投影图	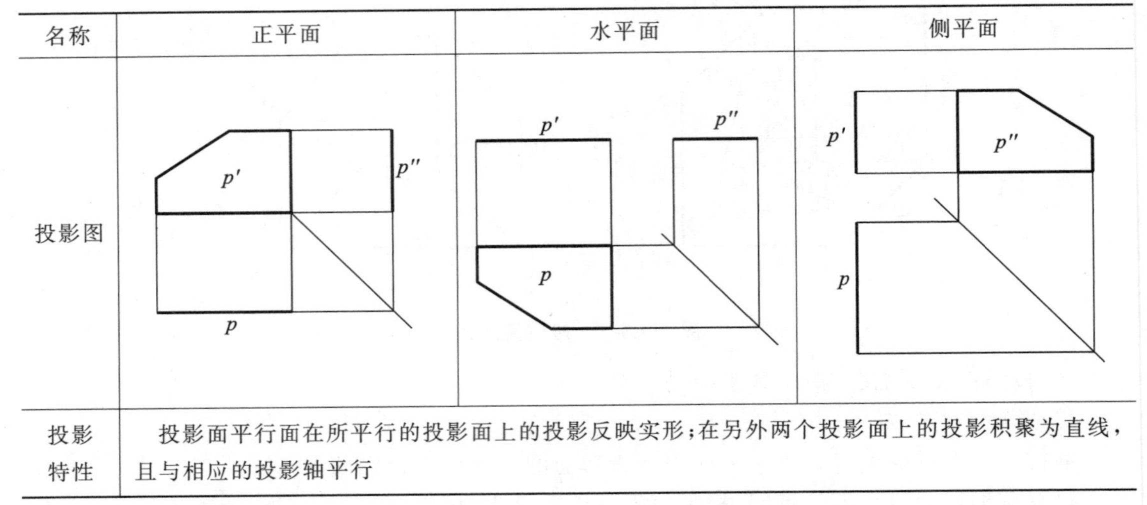		
投影特性	投影面平行面在所平行的投影面上的投影反映实形；在另外两个投影面上的投影积聚为直线，且与相应的投影轴平行		

说明：在投影图中省略了投影轴，称为无轴投影。

2. 投影面垂直面

只垂直于一个投影面的平面称为投影面垂直面。

根据所垂直的投影面的不同，投影面垂直面又分为：

(1) 正垂面，即垂直于 V 面并与 H、W 面倾斜的平面；

(2) 铅垂面，即垂直于 H 面并与 V、W 面倾斜的平面；

(3) 侧垂面，即垂直于 W 面并与 H、V 面倾斜的平面。

投影面垂直面的投影特性见表 1-3-4。

表 1-3-4　投影面垂直面

名称	正垂面	铅垂面	侧垂面
实例			
轴测图	V p' P p'' W p H	V p' W P p'' H p	V p' W P p'' p H

续表

名称	正垂面	铅垂面	侧垂面
投影图			
投影特性	投影面垂直面在所垂直的投影面上的投影积聚为一条斜线，且反映其与另外两个投影面之间的夹角；在另外两个投影面上的投影都是缩小的类似形		

3. 一般位置平面

与三个投影面都倾斜的平面称为一般位置平面，如图 1-3-4 所示。

一般位置平面在三个投影面上的投影都是类似形。

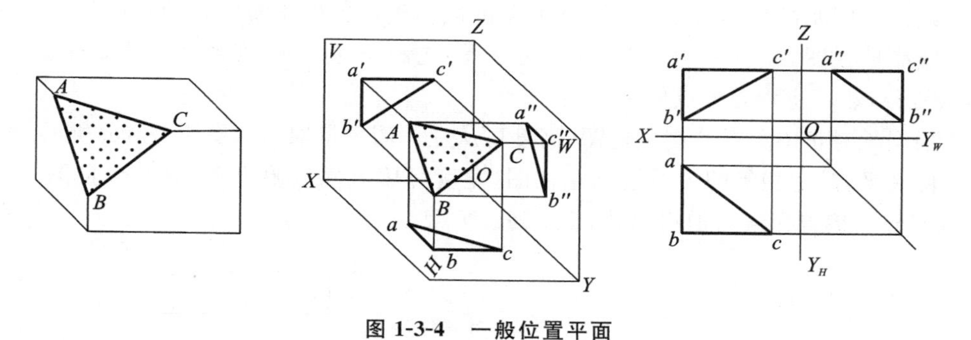

图 1-3-4　一般位置平面

【任务实施】

下面我们将以正六棱柱、正三棱锥和圆锥为例来学习基本几何体三视图的绘制。

一、正六棱柱三视图的绘制

图 1-3-5(a)所示为正六棱柱。如图 1-3-5(b)所示，将正六棱柱放置在三投影面体系中，使得其顶面、底面与 H 面平行，前、后两个侧面与 V 面平行。这时，左、右四个侧面与 H 面垂直，六条侧棱均垂直于 H 面。其三视图如图 1-3-5(c)所示。

视图分析：

俯视图是一个正六边形，顶面和底面为水平面，故在 H 面的投影反映实形（正六边形）。六个侧面均与 H 面垂直，故在 H 面的投影积聚为六边形的六条边。

主视图是三个相连的矩形，中间矩形是前后两个侧面（为正平面）的真实性投影，左右两个矩形是其余四个侧面（为铅垂面）的类似性投影，上下两条线是顶面和底面（为水平面）的积聚

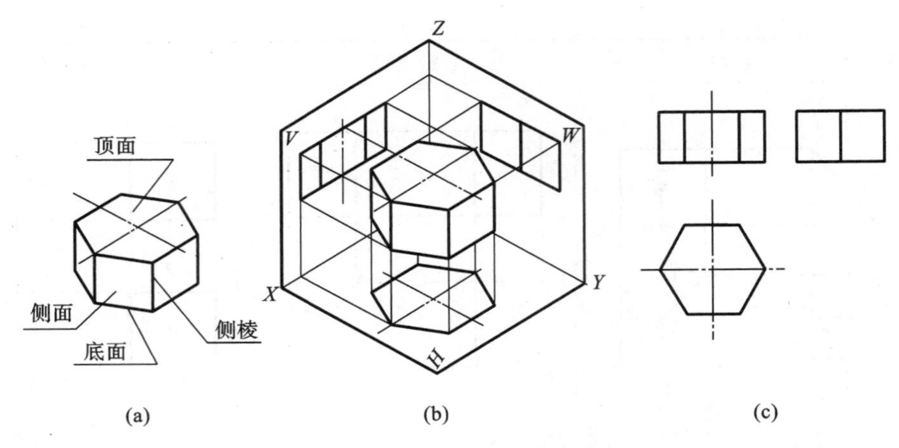

图 1-3-5　正六棱柱及其三视图

性投影。

左视图是两个相连的矩形，是左右四个侧面的类似性投影，前后两个侧面的投影积聚为前后两条直线，顶面和底面的投影积聚为上下两条直线。

绘图步骤：

(1) 绘制作图基准线(对称中心线、底面基准线)，确定各视图的位置，如图 1-3-6(a)所示。

(2) 绘制俯视图，如图 1-3-6(b)所示。方法是：先画一辅助圆(其半径可从立体图中量取)并将其六等分，然后将六等分点依次连接。

(3) 根据长对正的关系绘制主视图(高度可从立体图中量取)，如图 1-3-6(c)所示。

(4) 由高平齐、宽相等的关系绘制左视图(宽度可用分规从俯视图中量取，见图 1-3-6(d)中的分规符号)，检查无误后加粗，如图 1-3-5(c)所示。

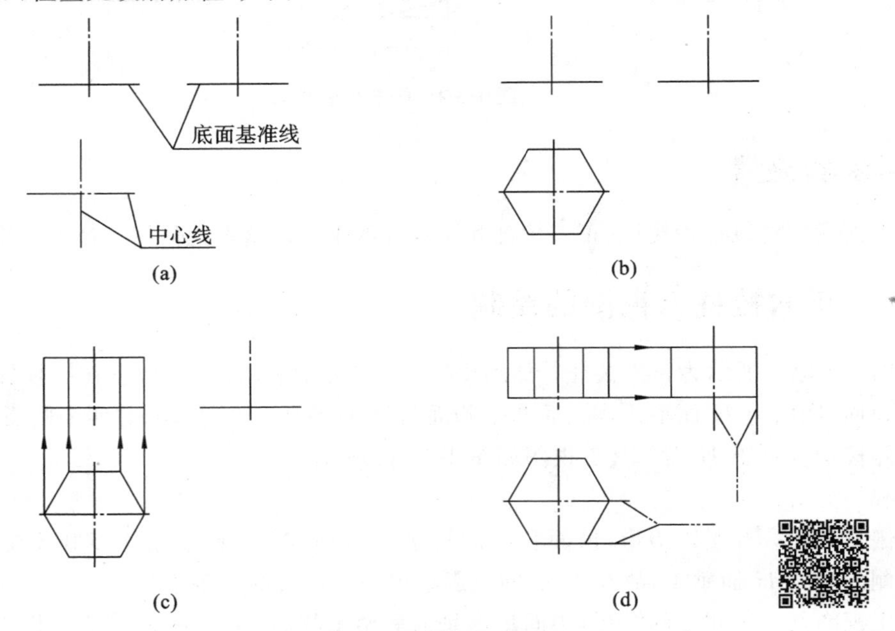

图 1-3-6　正六棱柱三视图的作图步骤

二、正三棱锥三视图的绘制

图 1-3-7(a)所示为正三棱锥。它的底面为正三角形，三个侧面为等腰三角形，三条侧棱相交于锥顶 S。将正三棱锥放置在三投影面体系中，使得其底面 ABC 平行于 H 面，侧面 SAC 与 W 面垂直，如图 1-3-7(b)所示。这时，其他两个侧面 SAB 和 SAC 均与三个投影面倾斜。图 1-3-7(c)所示为正三棱锥的三视图。

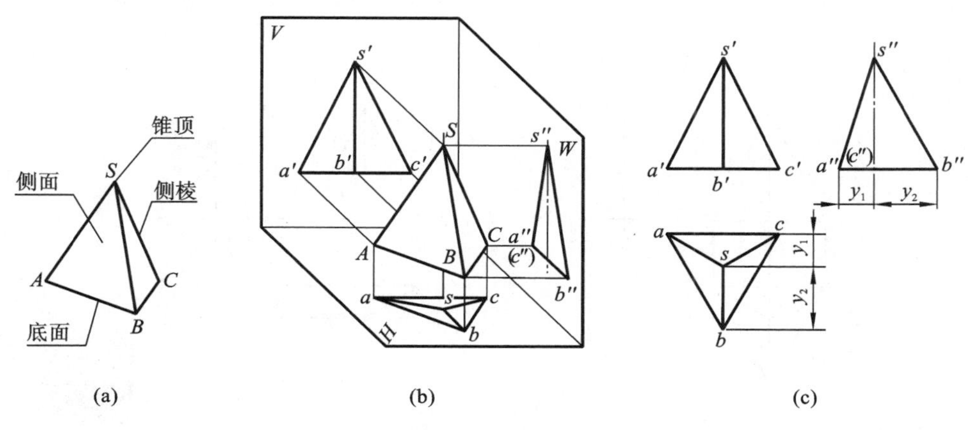

图 1-3-7 正三棱锥的三视图

视图分析：

俯视图为三个三角形。其中，$\triangle abc$ 为底面 ABC 的投影，反映实形。锥顶的投影 s 落在 $\triangle abc$ 的中心上。sa、sb、sc 为三条侧棱的投影，它们把 $\triangle abc$ 分成三个等腰三角形，分别为正三棱锥三个侧面的投影，都不反映实形。

主视图为两个三角形。底面的投影积聚为直线 $a'b'c'$。由于棱锥的三个侧面均倾斜于 V 面，因此它们的投影 $\triangle s'a'b'$、$\triangle s'b'c'$、$\triangle s'a'c'$ 都不反映实形。

左视图为一个三角形。底面的投影也积聚为直线 $a''(c'')b''$。侧面 SAC 为侧垂面，故其投影积聚成一条直线 $s''a''(c'')$。左右两个侧面 SAB 和 SBC 倾斜于 W 面，故投影不反映实形。侧棱 SB 为侧平线，其投影 $s''b''$ 反映实长。

绘图步骤：

(1) 布置图面，画作图基准线，如图 1-3-8(a)所示。

(2) 根据正三棱锥底面正三角形的边长画俯视图，如图 1-3-8(b)所示。

(3) 根据正三棱锥的高，按长对正的投影关系画出主视图，如图 1-3-8(c)所示。

(4) 根据俯视图和主视图，按高平齐和宽相等的投影关系画出左视图，如图 1-3-8(d)所示，检查无误后加粗，如图 1-3-7(c)所示。特别注意宽相等要用分规从俯视图中的对应投影量取，如图 1-3-8(d)中的分规符号。

另外，在绘制正三棱锥的三视图时，我们只对正三棱锥的四个面进行了投影特性分析，对它的四个顶点和六条棱线的投影特性未做分析，请读者自行分析。

三、圆锥三视图的绘制

圆锥由圆锥面和底面围成。圆锥面可看作由一条母线绕与它相交的轴线回转一周而形成。

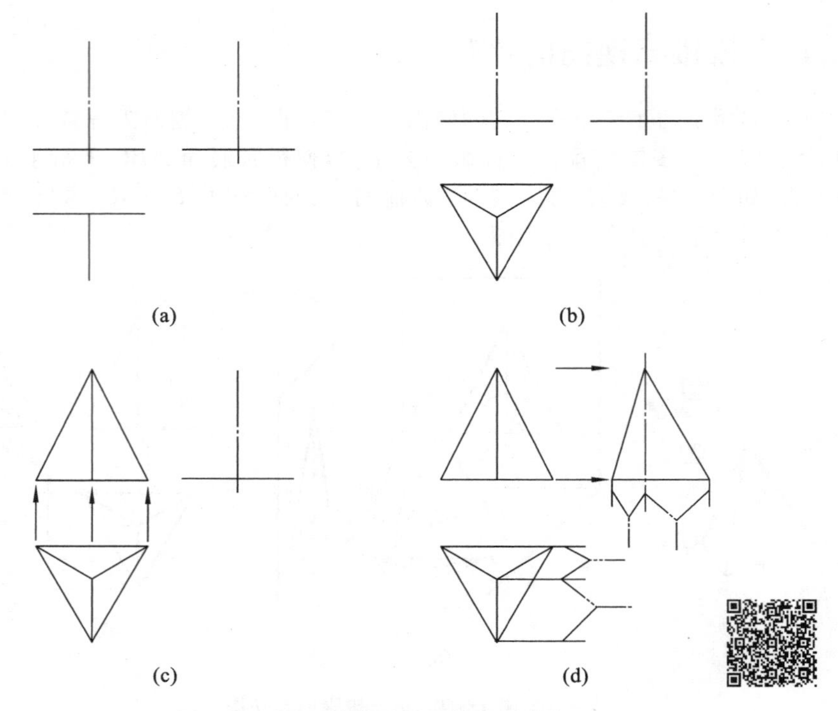

(a) (b)

(c) (d)

图 1-3-8 正三棱锥三视图的作图步骤

视图分析：

图 1-3-9 所示为轴线垂直于水平面的正圆锥的三视图。底面平行于水平面，水平投影反映实形，正面和侧面投影积聚成直线。圆锥面的三个投影都没有积聚性，其水平投影与底面的水平投影重合，全部可见。正面投影由前、后两个半圆锥面的投影重合为一等腰三角形，三角形的两腰分别是圆锥最左、最右素线(也是圆锥面前、后分界的转向轮廓线，见图 1-3-9(a))的投影，圆锥的侧面投影由左、右两半圆锥面的投影重合为一等腰三角形，三角形的两腰分别是圆锥最前、最后素线(也是圆锥面左、右分界的转向轮廓线，见图 1-3-9(a))的投影。

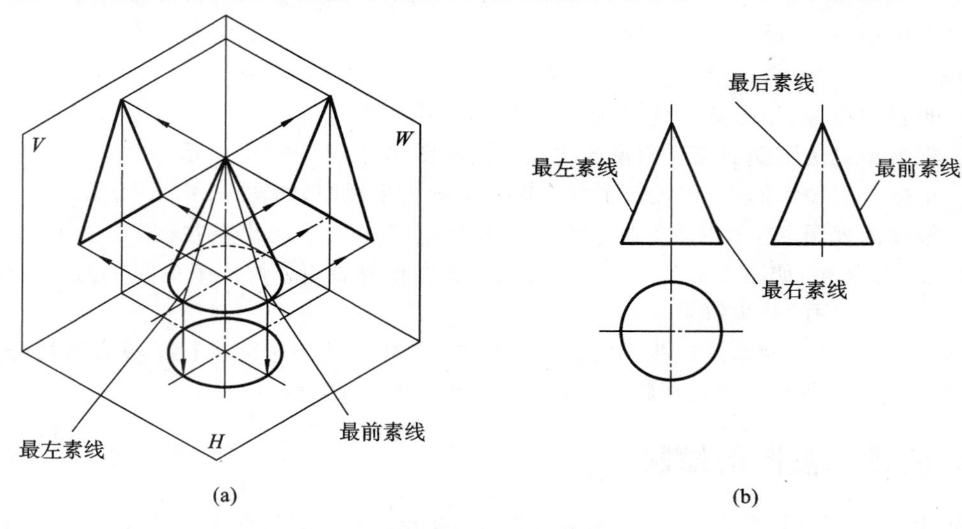

(a) (b)

图 1-3-9 圆锥的三视图

绘图步骤：

(1) 绘制作图基准线(即圆的中心线、底面基准线、圆锥轴线各投影)，确定各视图的位置，如图 1-3-10(a)所示。

(2) 根据圆锥底面的半径绘制俯视图，如图 1-3-10(b)所示。

(3) 根据圆锥的高度在主视图的中心线上定出锥顶的位置，根据长对正的关系绘制主视图，如图 1-3-10(c)所示。

(4) 由高平齐、宽相等的关系绘制左视图，如图 1-3-10(d)所示，检查并加粗，如图 1-3-9(b)所示。

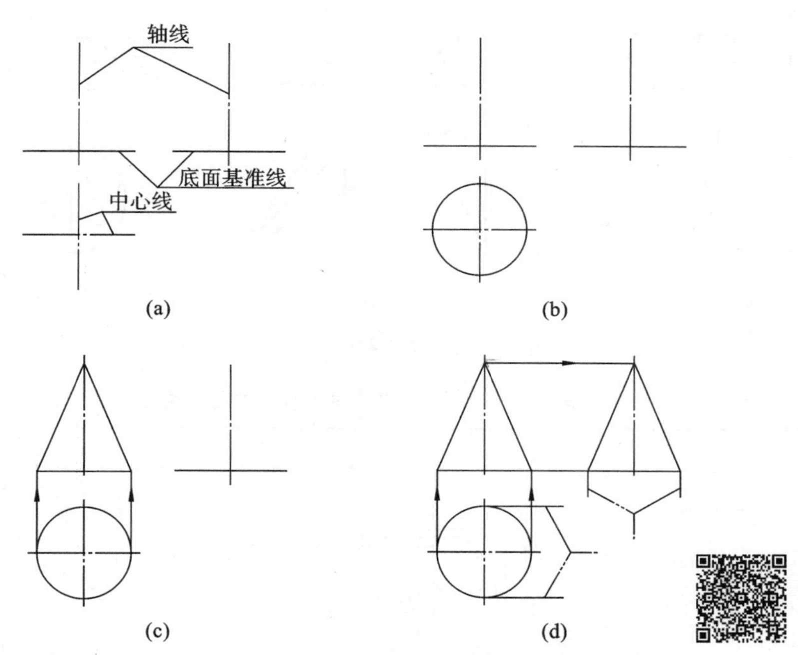

图 1-3-10 圆锥三视图的作图步骤

【归纳总结】

通过以上实例我们发现，在绘制基本几何体的三视图时，要抓住物体上各表面并对这些表面的投影特性进行分析，必要时还要对物体上某些特殊的点及线(直线或曲线)的投影特性进行分析。只有掌握了点、线、面的投影特性，才能真正学会绘制三视图。

【知识拓展】

一、常见的不完整曲面体的三视图

在机械零件中，经常会遇到一些不完整的曲面体，它们的三视图如图 1-3-11 所示。

二、绘图工具和仪器的使用方法

手工绘制图形时，必须掌握绘图工具和仪器的使用方法。常用绘图工具和仪器的使用方法见表 1-3-5。

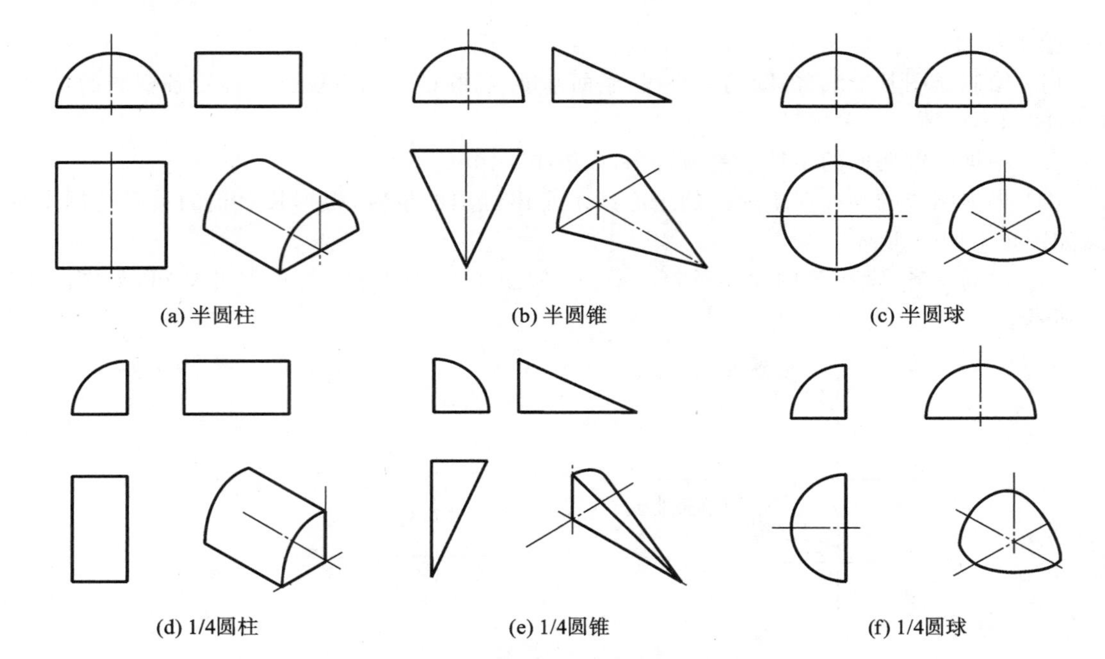

图 1-3-11　不完整的曲面体的三视图

表 1-3-5　常用绘图工具和仪器的使用方法

绘图工具和仪器	使用方法	
	图　示	使用说明
图板、丁字尺和三角板	尺头 尺身 (a) (b)	图板是供画图时使用的垫板，要求表面平坦光洁，左右两导边必须平直。 丁字尺由尺头和尺身组成，是用来画水平线的长尺。使用时，应使尺头紧靠图板左侧的导边，沿尺身的工作边自左向右画出水平线，如图(a)所示。 三角板除了直接用来画直线外，也可配合丁字尺画垂直线，如图(b)所示
	15° 75°	用一块三角板能画出与水平线成 30°、45°、60°的倾斜线；用两块三角板能画与水平线成 15°、75°的倾斜线，如图所示

续表

绘图工具和仪器	使用方法	
	图示	使用说明
圆规	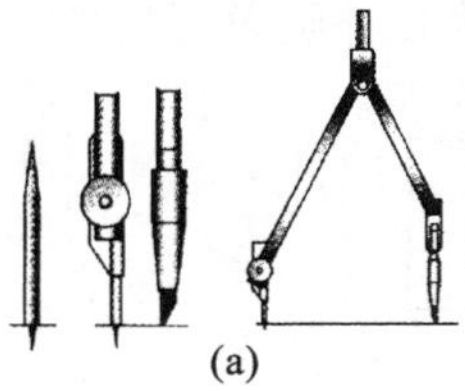 (a) 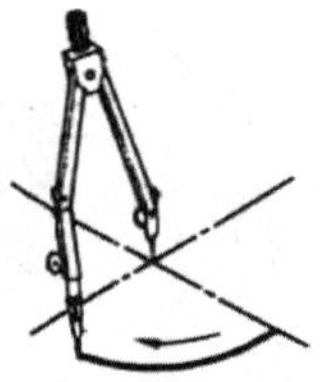 (b)	圆规用于画圆和圆弧。使用前,应先调整针脚,钢针选用带台阶的一端,使针尖略长于铅芯。使用时,将针尖插入图板,使台阶接触纸面,如图(a)所示。 画图时,应使圆规向前进方向稍微倾斜。画较大圆时,应使圆规两脚都与纸面垂直,如图(b)所示
分规	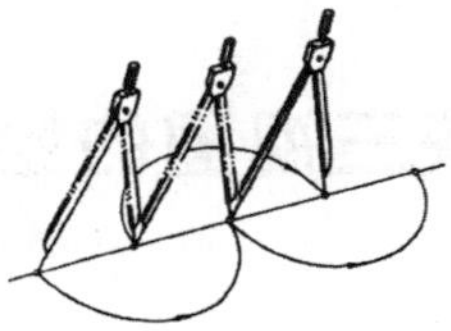 (a)  (b)	分规是用来等分和量取线段的,如图(a)、(b)所示。 分规在两脚并拢后应能对齐
铅笔和曲线板	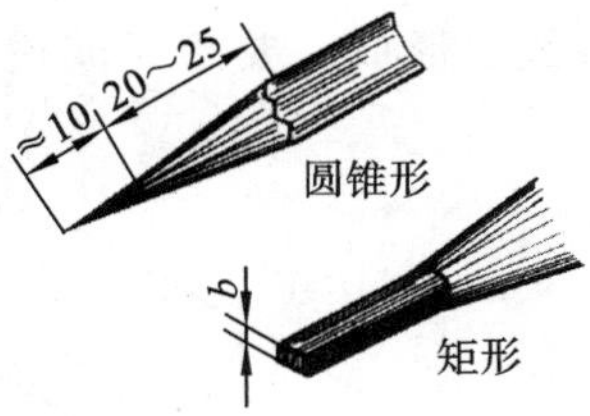 ≈10 20~25 圆锥形 b 矩形 (a) 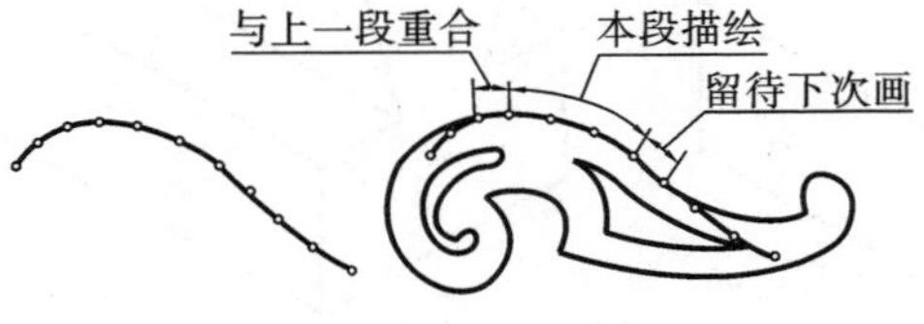 与上一段重合 本段描绘 留待下次画 (b)	铅笔是绘制图线的主要用具,分软(B)、硬(H)、中性(HB)三种。一般将H型或HB型铅笔削成圆锥状,用来画细线和写字;将HB型或B型铅笔用砂纸磨成矩形,用来画粗实线,如图(a)所示。 曲线板是用来画非圆曲线的。绘制曲线时,应选择曲线板上曲率合适的部分,分段描绘;画每一分段时,前后连接处应各有一小段重复,以保证所连各段曲线的光滑过渡,如图(b)所示

除上述绘图工具外，常用的绘图工具还有胶带、橡皮、砂纸、量角器等。

【课堂练习】

识读两视图（见图 1-3-12），想象立体形状并补画第三视图。

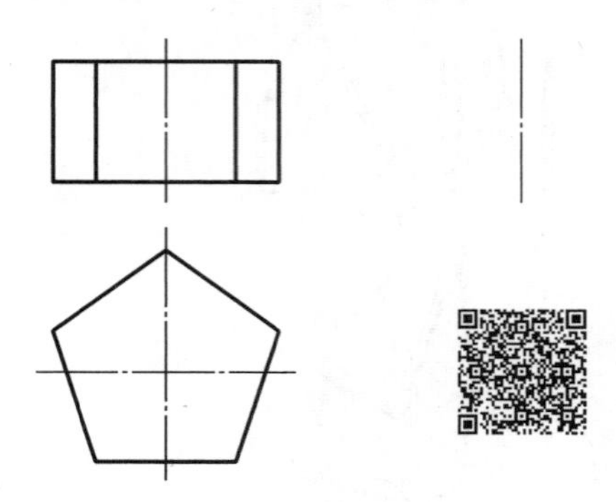

图 1-3-12　补画第三视图

任务 2　楔块三视图的绘制

在模块 2 任务 1 中，我们对楔块的作用及三视图有了感性认识，通过对楔块三维造型的制作建立了空间概念。这为学习楔块三视图的绘制做了一定的铺垫。在本次任务中，我们将学习如何根据楔块的立体图来绘制其三视图。

【任务分析】

绘制三视图和制作三维造型是两个完全不同的任务，在进行任务分析时，思考的角度是完全不同的。

图 1-3-13(a)所示的楔块，首先是由长方体被前后对称地切去两个四棱柱后形成的一个八棱柱体（见图 1-3-13(b)），然后被一正垂面斜截而形成。要想完成楔块三视图的绘制，首先要学习平面体的截交线。

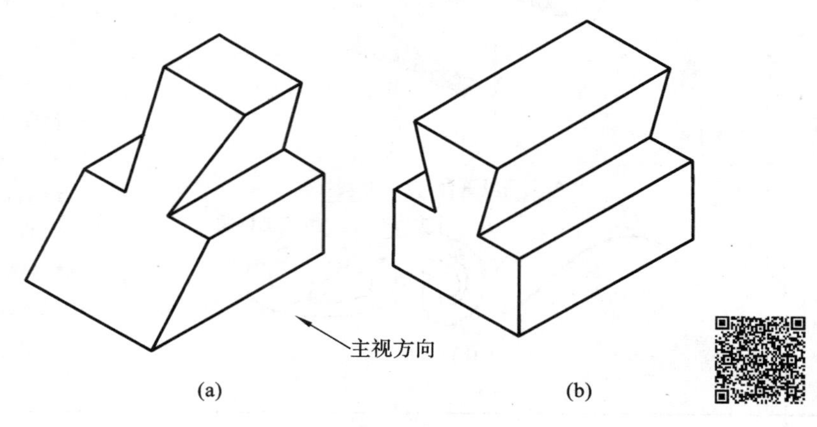

图 1-3-13　楔块的切割过程

【相关知识】

一、截交线的概念

截交线是立体表面交线的一种。用平面切割立体，平面与立体表面的交线称为截交线，该平面称为截平面。如图 1-3-13 所示的楔块及模块 2 中的接头、顶针等零件，它们的表面都有被平面切割而形成的截交线。

二、截交线的性质

仔细观察模块 2 中的楔块、接头、顶针及阀芯三维造型上的截交线，发现它们具有以下性质：

（1）截交线的形状取决于被截基本几何体的形状，以及基本几何体和截平面的相对位置。不同的基本几何体以及不同的截平面的位置，可以出现不同形状的截交线。

（2）截交线是截平面与基本几何体表面的共有线，截交线上的所有点均是截平面与基本几何体表面的共有点。因此，可以通过逐点求出截平面与基本几何体上的一系列共有点，依次连接这些点来得到截交线。

三、常见平面体的截交线

常见平面体截交线的形状及其投影见表 1-3-6。

表 1-3-6　常见平面体截交线的形状及其投影

平面体	作图过程
棱柱	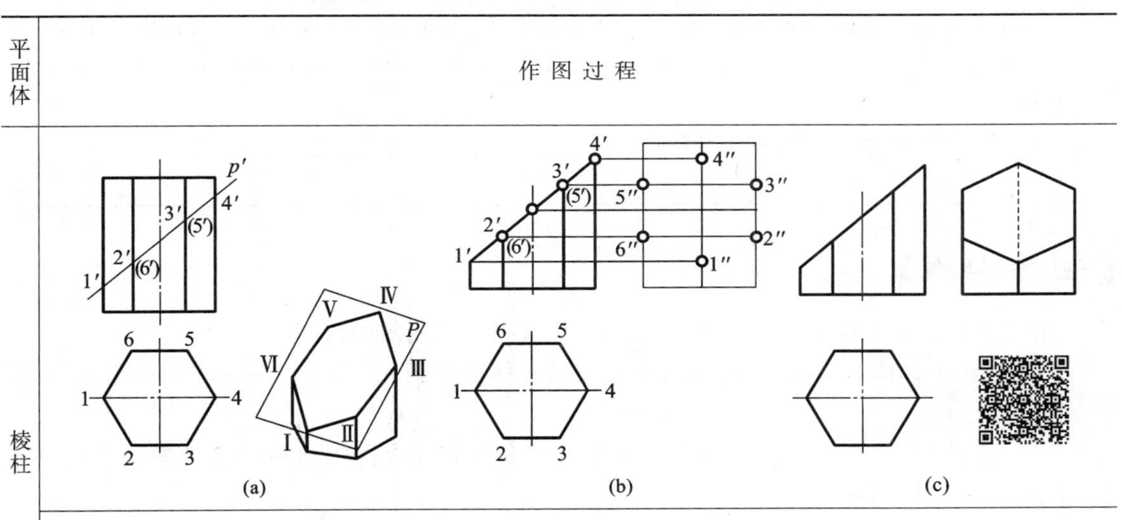 (a)　(b)　(c)
	作图过程说明： ①画出被切割前正六棱柱的三视图(图略)。 ②经分析可知截交线的形状为六边形，在主、俯视图上依次标出六边形各顶点的投影，如图(a)所示。 ③根据截交线六边形各顶点的正面和水平投影作出截交线的侧面投影 1″、2″、3″、4″、5″、6″，如图(b)所示。 ④依次连接 1″、2″、3″、4″、5″、6″，得截交线的侧面投影。判别棱线侧面投影的可见性，删去多余线。 ⑤检查并加深，完成全图，如图(c)所示

续表

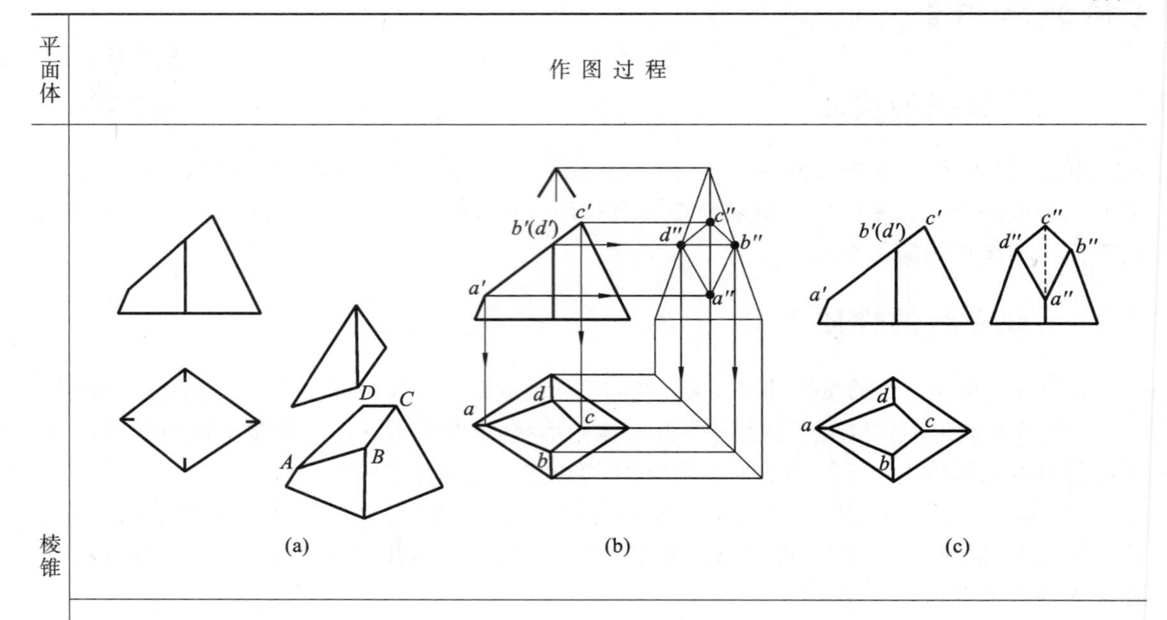

作图过程说明：

①画出被切割前正四棱锥的三视图(图略)。

②经分析可知截交线的形状为四边形(见图(a)),在主、俯视图上依次标出四边形各顶点的投影,如图(b)所示。

③根据截交线四边形各顶点的正面和水平投影作出截交线的侧面投影 a''、b''、c''、d'',如图(b)所示。

④依次连接 a''、b''、c''、d'',得截交线的侧面投影,如图(b)所示。判别棱线侧面投影的可见性,删去多余线。

⑤检查并加深,完成全图,如图(c)所示

【任务实施】

完成以上平面体截交线的学习后,我们来完成楔块三视图的绘制。

(1) 先画出作图基准线,然后画出切割前长方体的三视图,尺寸可从立体图中量取,如图 1-3-14(a)所示。

(2) 从左视图入手,尺寸 y_1、y_2、z_1 从立体图中量取,画出前、后被切去的四棱柱的三视图,如图 1-3-14(b)所示。

(3) 画出八棱柱被正垂面斜切后产生的截交线的投影。主视图中的尺寸 x_1 从立体图中量取。由于被正垂面切割后左视图不变,左视图为八边形,从而判断截交线为八边形。因此,画截交线的投影可从主视图及左视图入手,通过找出八边形八个顶点在 V 面和 W 面的投影,进而找到八个顶点在 H 面的投影,如图 1-3-14(c)所示。

(4) 在俯视图中按 1、2、5、6、8、7、3、4、1 的顺序连接各点。检查、擦去多余图线、加深,完成楔块的三视图,如图 1-3-14(d)所示。

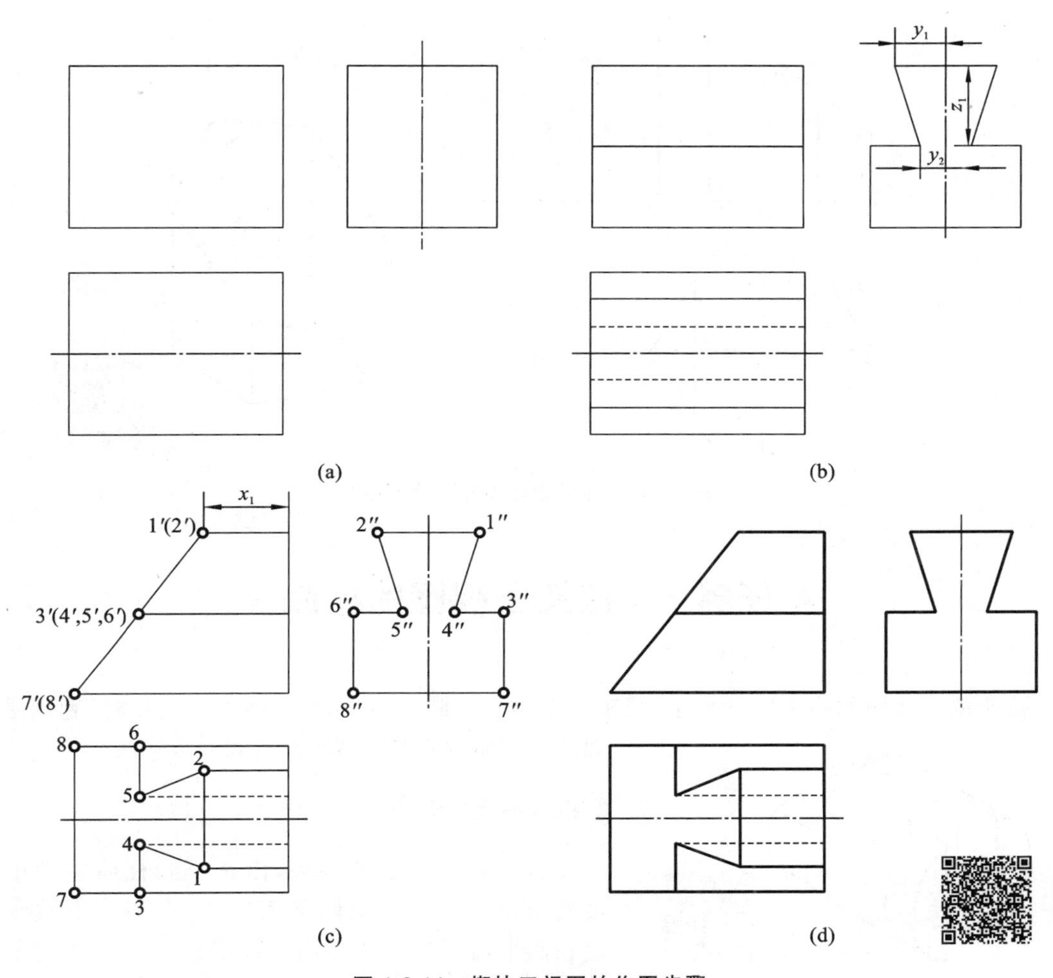

图 1-3-14 楔块三视图的作图步骤

【归纳总结】

基本几何体被平面截切后将成为不完整的基本几何体，称截断体。例如，楔块就是一个截断体。在绘制截断体的三视图时，难点是截交线投影的绘制。因此，只要抓住截交线，问题就迎刃而解了。

平面体截交线的形状一般是由若干直线段围成的封闭的平面多边形。在截切过程中，切到几个面，就会产生几条交线，从而围成几边形。因此，要想求平面体截交线的投影，只要先求出多边形各顶点的投影，然后依次连接各同面投影即得截交线的投影。

【课堂练习】

分析图 1-3-15 中截交线的投影，参照立体图补画第三视图。

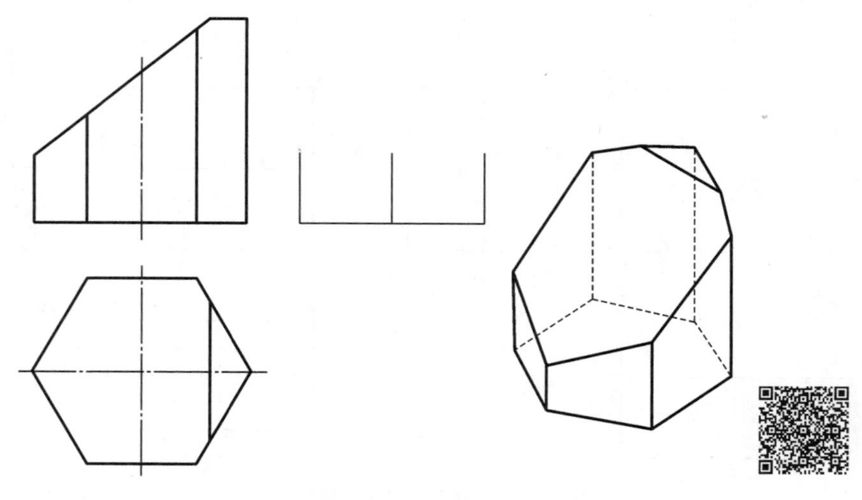

图 1-3-15　参照立体图补画第三视图

任务 3　接头三视图的绘制

接头的立体图如图 1-3-16 所示，接头的左侧有一槽口，右侧有一凸榫。工作时，利用槽口和凸榫来实现和其他零件的连接。

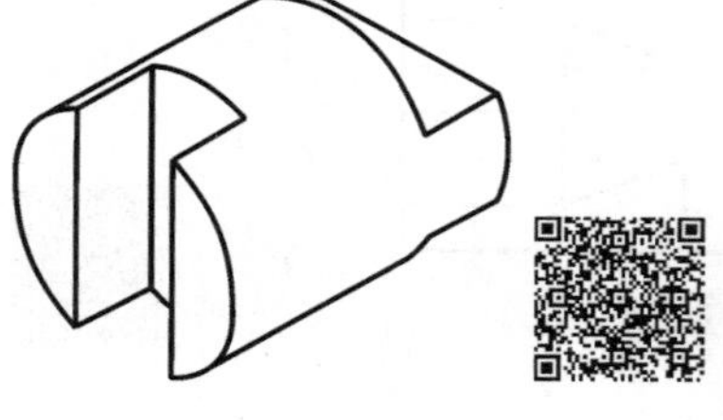

图 1-3-16　接头的立体图

【任务分析】

图 1-3-16 所示的接头，由一个圆柱体左端中间被两个正平面和一个侧平面切割、右端上下被水平面和侧平面对称地切去两块而形成。所产生的截交线为直线和平行于侧面的圆弧。

【相关知识】

圆柱的截交线的形状及其投影见表 1-3-7。

表 1-3-7　圆柱的截交线的形状及其投影

截平面的位置	立　体　图	三　视　图	截交线的形状
平行于轴线			矩形

续表

截平面的位置	立体图	三视图	截交线的形状
垂直于轴线	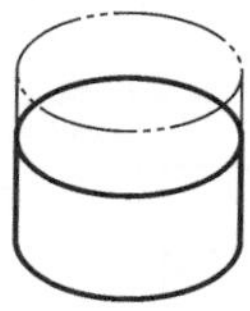	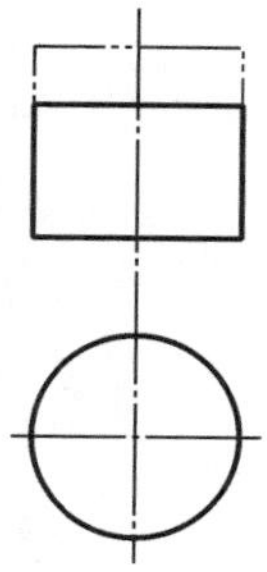	圆
倾斜于轴线	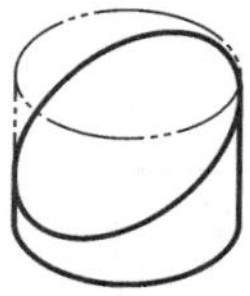	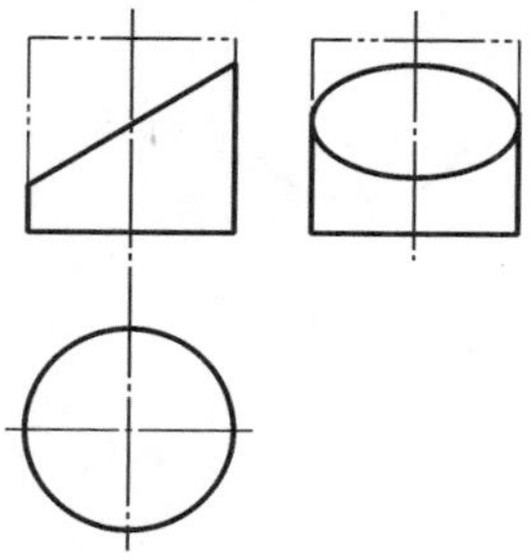	椭圆

从表1-3-7中可以看出，截平面的位置不同，则截交线的形状不同。

【任务实施】

下面完成图1-3-17(a)(也即图1-3-16)所示接头零件三视图的绘制。

(1) 画出作图基准线，并画出切割前的形体(圆柱)的三视图，如图1-3-17(b)所示。

(2) 画出右端切肩后的主视图和左端开槽后的俯视图，如图1-3-17(c)所示。

(3) 由宽相等作出槽口的侧面投影(两条竖线)，再由高平齐、长对正作出槽口的正面投影(注意，两端为粗线，中间为虚线)，如图1-3-17(d)所示。

(4) 由高平齐做出切肩的侧面投影(两条虚线)，再由宽相等、长对正做出切肩的水平投影(注意，长对正时两端无线)，如图1-3-17(e)所示。完成后的三视图如图1-3-17(f)所示。

【归纳总结】

在绘制由圆柱切割所形成的截断体的三视图时，关键是要熟悉表1-3-7中圆柱截交线的三种形式。实际零件切割时，有时只包含一种切割形式，而有时却包含两种(如接头)或三种切割形式。对于包含两种或三种切割形式的情况，绘制截交线的投影时，要逐一进行。

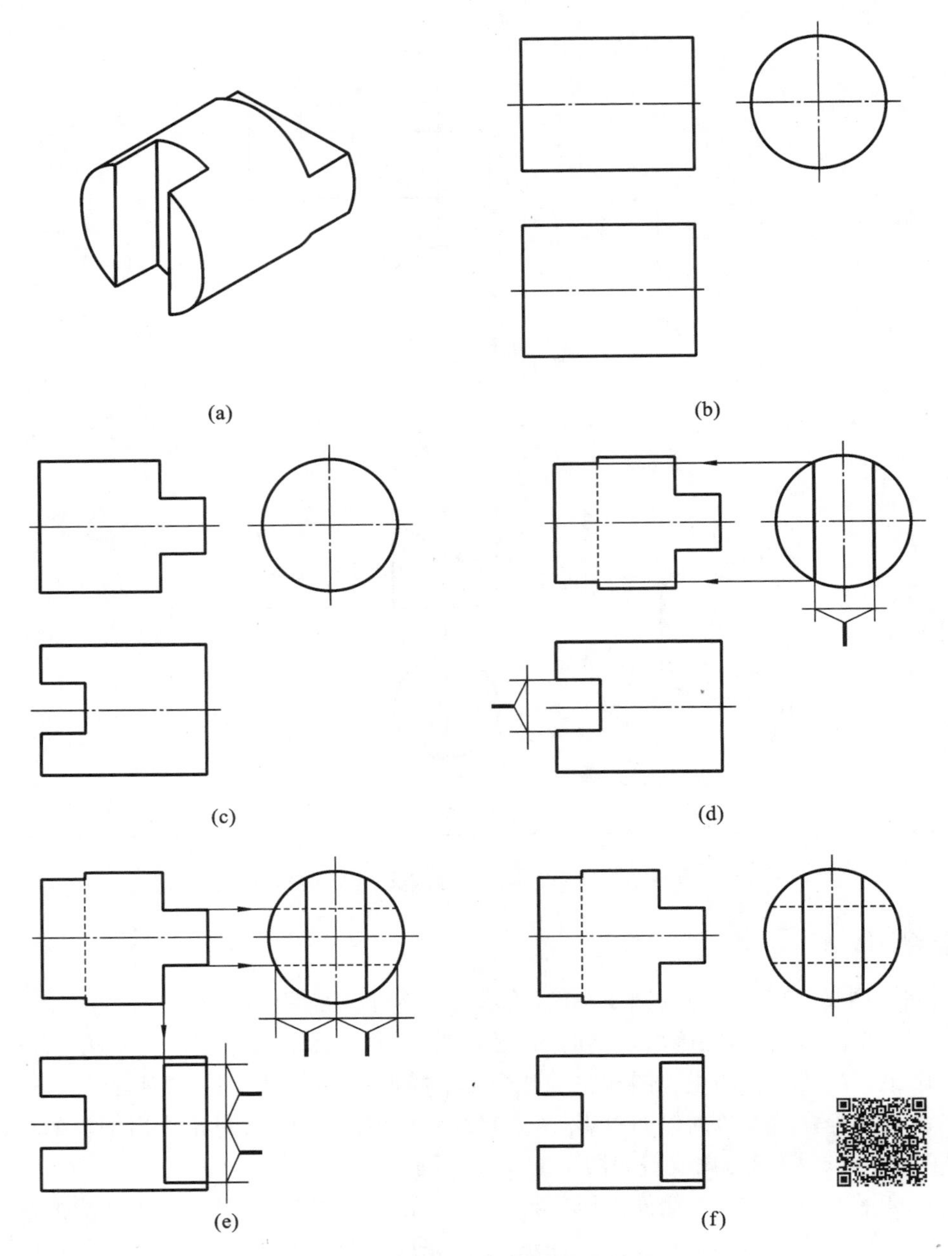

图 1-3-17　接头三视图的作图步骤

【课堂练习】

根据图 1-3-18 中的两视图补画第三视图。

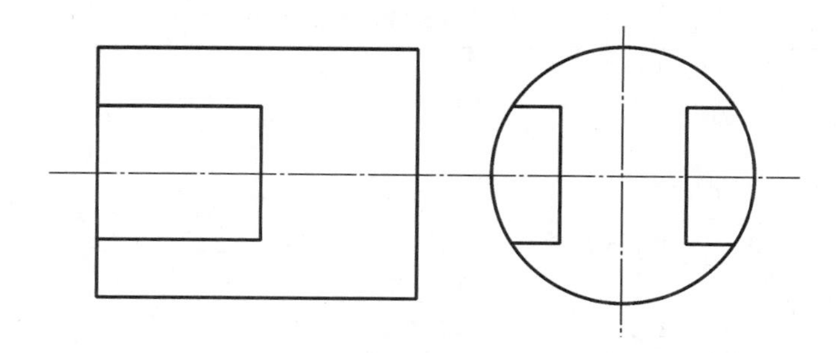

图 1-3-18 补画第三视图

任务 4 顶针三视图的绘制

通过模块 2 任务 2 的学习，我们对顶针这个零件已经有所了解，这里不再赘述。

本次任务是：已知顶针的主视图和左视图，如图 1-3-19 所示，要求补画俯视图。

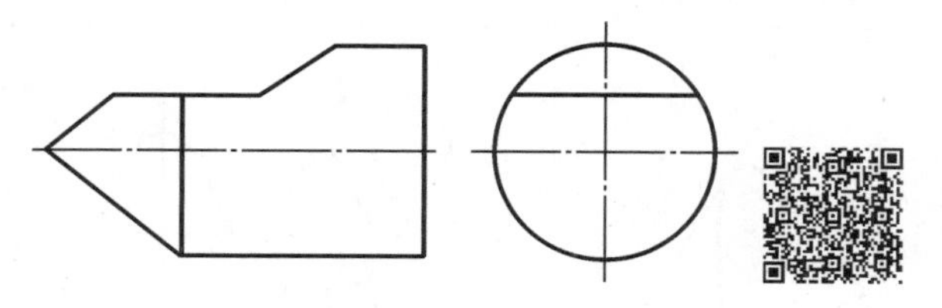

图 1-3-19 顶针的两视图

【任务分析】

图 1-3-19 所示的顶针，由同轴的圆锥和圆柱组合后，被水平面和正垂面切割而形成。由表 1-3-8 中的第三种情况可知，水平面切圆锥产生的截交线为双曲线。由表 1-3-7 可知，水平面切圆柱产生的截交线是直线；正垂面切圆柱产生的截交线是一段椭圆弧。

【相关知识】

一、圆锥的截交线

圆锥的截交线的形状及其投影见表 1-3-8。

表 1-3-8　圆锥的截交线的形状及其投影

截平面的位置	立　体　图	三　视　图	截交线的形状
垂直于轴线	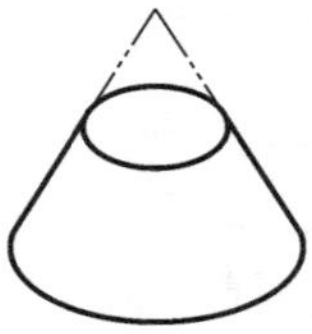	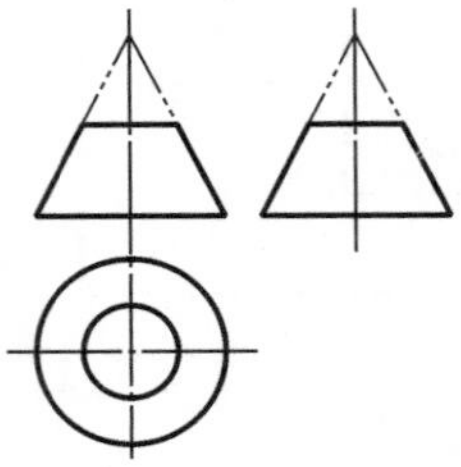	圆
过圆锥顶点	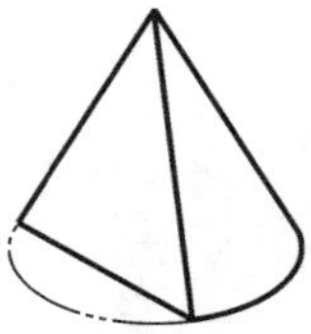	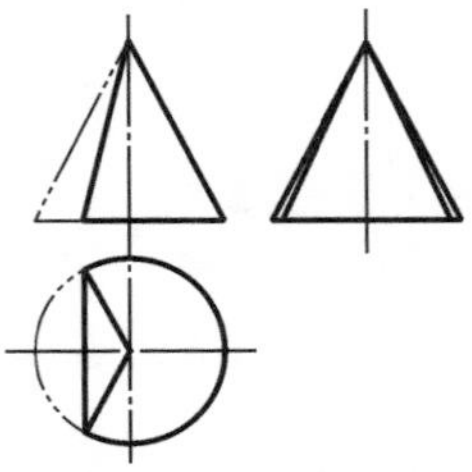	等腰三角形
平行于轴线	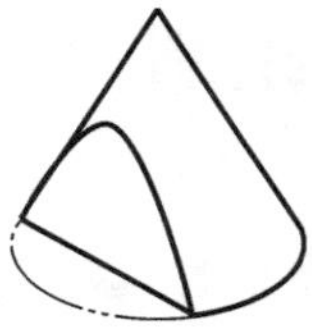	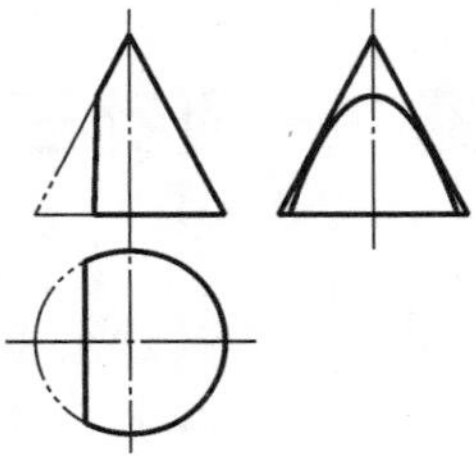	双曲线之一
平行于任一素线	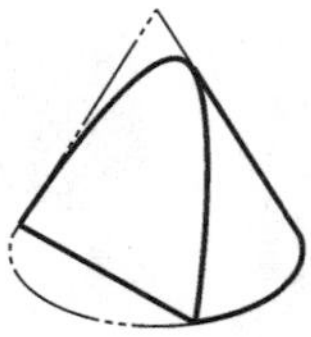	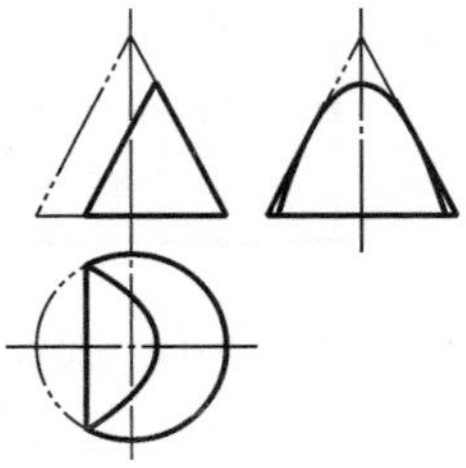	抛物线
倾斜于轴线（但不平行于任一素线）	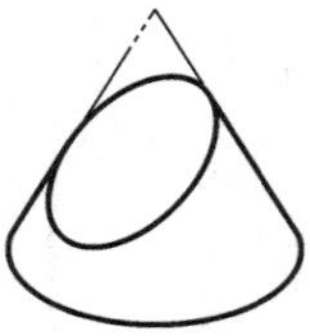	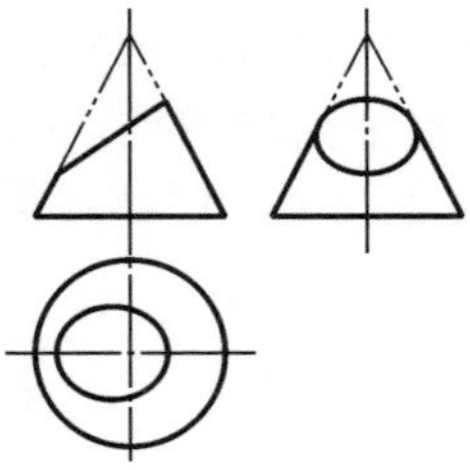	椭圆（当截平面与轴线间的夹角为45°时，截交线椭圆长短轴的投影相等，投影为圆）

从表 1-3-8 中可以看出，截平面的位置不同，则截交线的形状不同。

二、圆锥被正平面所切截交线的求法

如表 1-3-9 中图(a)所示，若以箭头所示方向为主视方向，则圆锥被正平面所切，其俯视图已给出(见表 1-3-9 中的图(b))，重点是要完成主视图中截交线的投影。

由表 1-3-8 可知，截交线的正面投影为双曲线之一(反映实形)，其作图过程详见表 1-3-9。

表 1-3-9 圆锥被正平面所切截交线的求法

模型及作图过程	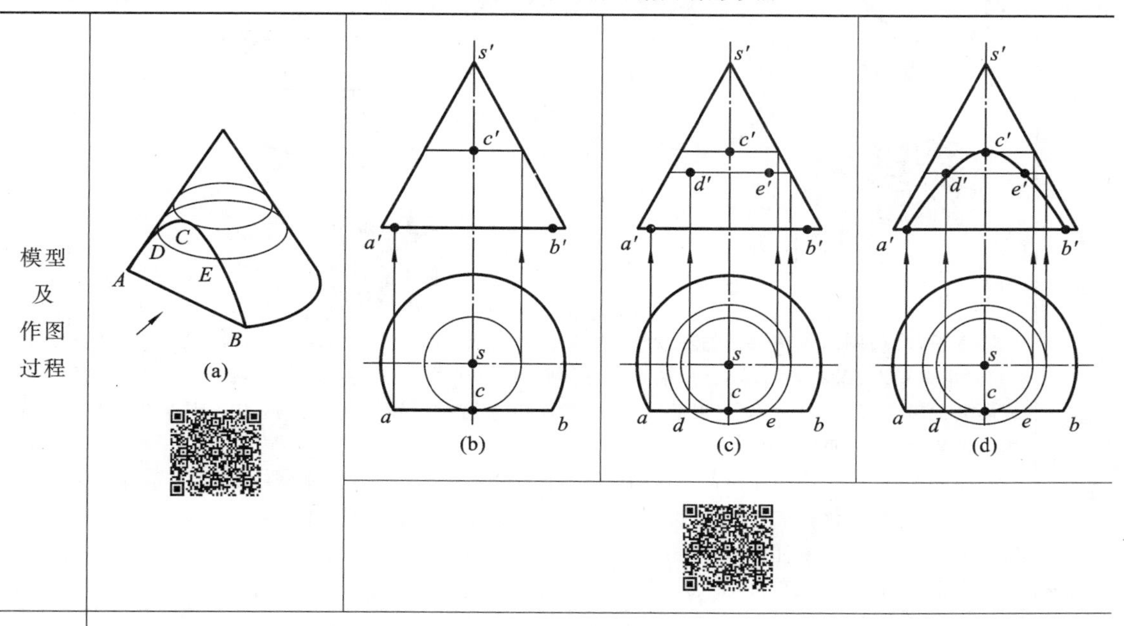
作图过程说明	①求特殊点：在俯视图中标出截交线上的特殊点，即两最低点 a、b(同时也是最左点、最右点)和最高点 c。由于 A、B 两点分别在圆锥的底圆上(见图(a))，因此可由 a、b 作出 a'、b'(见图(b))。C 点在圆锥的最前轮廓素线上，利用圆锥面上过 C 点的水平圆(见图(a))作为辅助线，可求出 C 点的正面投影 c'。具体求法是：在俯视图中，以 sc 为半径作辅助圆，利用辅助圆与圆锥最右轮廓素线交点的水平投影，长对正，作出该点的正面投影，再过该点的正面投影作底边的平行线，与轴线的交点即为 c'(见图(b))。 ②求一般点：在截交线的水平投影适当位置上，标出两个一般点 d、e(见图(a)和图(c))。仍然可利用求 c'的方法求出一般点 D、E 的正面投影 d'、e'(这时辅助圆的半径为 sd(见图(c))。 ③顺序光滑连接 a'、d'、c'、e'、b'点，即得截交线的正面投影(见图(d))

三、圆柱被正垂面所切截交线的求法

表 1-3-10 中图(a)所示为圆柱被正垂面所切，其主视图和俯视图已给出，重点是画出左视图。

由表 1-3-7 可知，截交线为椭圆。截交线的正面投影重合在截平面的正面投影上；截交线的水平投影重合在圆柱面的水平投影上；截交线的侧面投影为椭圆。左视图的作图过程详见表 1-3-10。

表 1-3-10 圆柱被正垂面所切截交线的求法

模型及作图过程	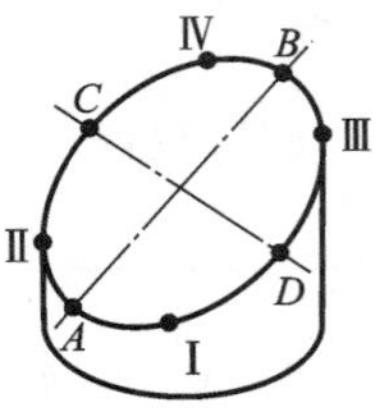 (a) (b) (c)
作图过程说明	①求特殊点：画出完整圆柱的左视图，在主视图中找出截交线上的特殊点，即最低、最高点 a'、b'（同时也是最左、最右点），最后、最前点 c'、d'（见图(a)和图(b)）。由于 A、B 两点分别在圆柱的正面投影转向轮廓线上（见图(a)），因此 a''、b'' 在侧面投影的中心线上。c''、d'' 两点分别在圆柱的侧面投影转向轮廓线上（见图(b)）。 ②求一般点：为了准确作出截交线的侧面投影，还应该找出适当数量的一般点Ⅰ、Ⅱ、Ⅲ、Ⅳ（见图(a)），并使它们对称。求投影时，可先在主视图中定出 $1'$、$2'$、$3'$、$4'$，然后求得 1、2、3、4 点和 $1''$、$2''$、$3''$、$4''$点（见图(c)）。要注意求 $1''$、$2''$、$3''$、$4''$时分别与 1、2、3、4 保持宽相等。 ③顺次光滑连接 a''、$1''$、d''、$3''$、b''、$4''$、c''、$2''$点，擦去多余图线，加粗，完成全图

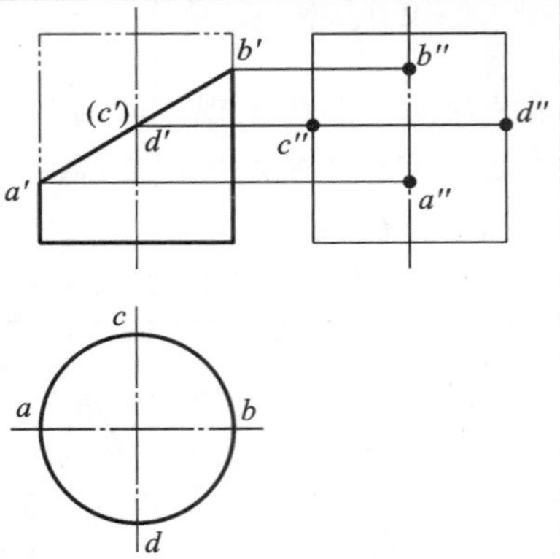

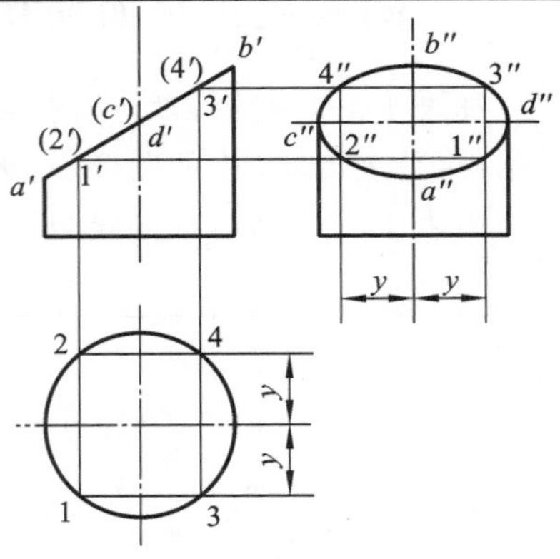

将以上两例作图方法用于顶针的三视图绘制当中，即可完成顶针俯视图的绘制。

【任务实施】

下面完成图 1-3-20(a)所示顶针零件三视图的绘制。

(1) 作出未经切割时顶针的俯视图，如图 1-3-20(b)所示。

(2) 水平面切圆锥所产生的截交线为双曲线之一，通过取点的方法求出，如图 1-3-20(c)所示。

(3) 水平面切圆柱所产生的截交线为两条直线，可直接作出 ac 和 bd，如图 1-3-20(d)所示。

(4) 正垂面切圆柱所产生的截交线为椭圆的一部分(椭圆弧)。对于椭圆弧的最右点，可由 e' 作出 e。在椭圆弧正面投影的适当位置定出 $f'(g')$，作出 f''、g''，按宽相等作出 f、g。光滑连接 c、f、e、g、d 即为椭圆弧的水平投影，如图 1-3-20(d)所示。

(5) 作出水平面和正垂面的交线的水平投影，并将俯视图上 a、b 连为虚线(注意，两端的粗线不要漏掉)，如图 1-3-20(d)所示。

【归纳总结】

顶针是一个既包含圆柱截交线又包含圆锥截交线的综合实例。在绘制这类零件的三视图时，首先要熟悉表 1-3-7 和表 1-3-8 中圆柱、圆锥截交线的各种形式；接着要针对所绘零件进行分析，看它包含了哪几种切割形式、截交线是什么形状，若投影为曲线，则可用表面取点的方法求得。

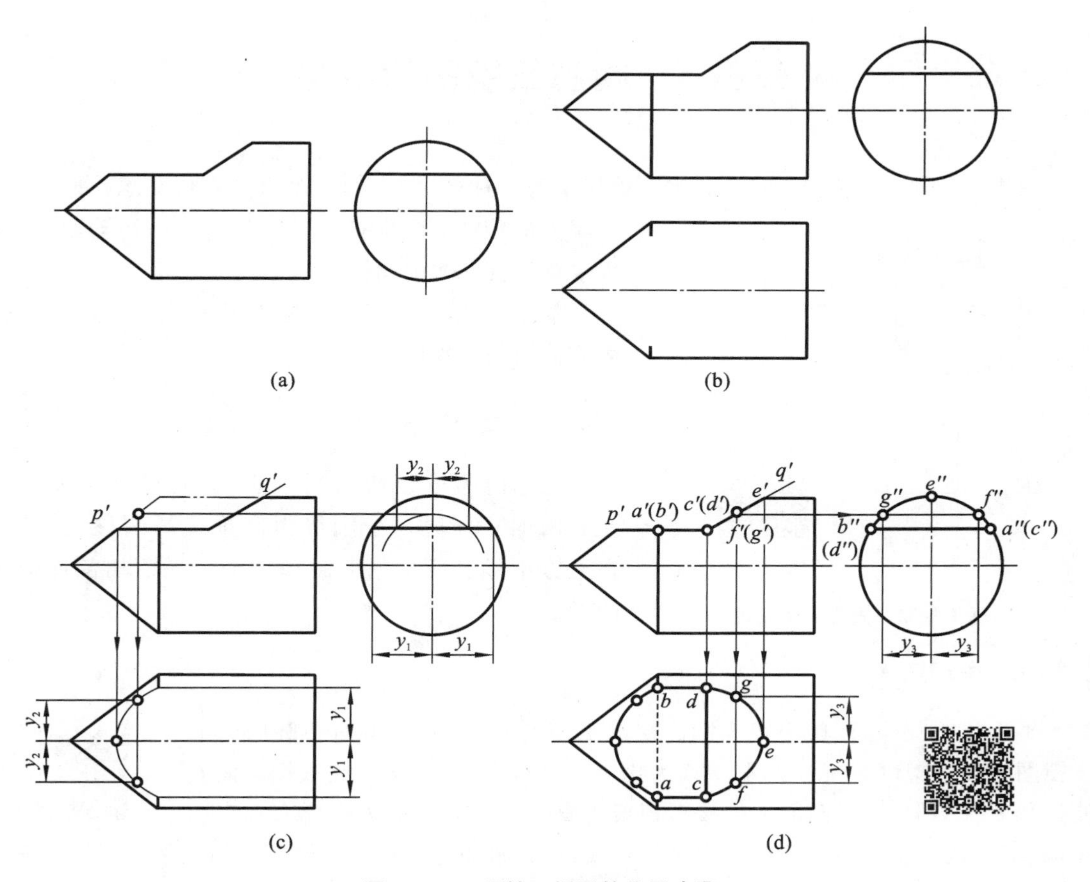

图 1-3-20 顶针三视图的作图步骤

【课堂练习】

识读图 1-3-21 所示的两视图，想象空间形状，补画俯视图。

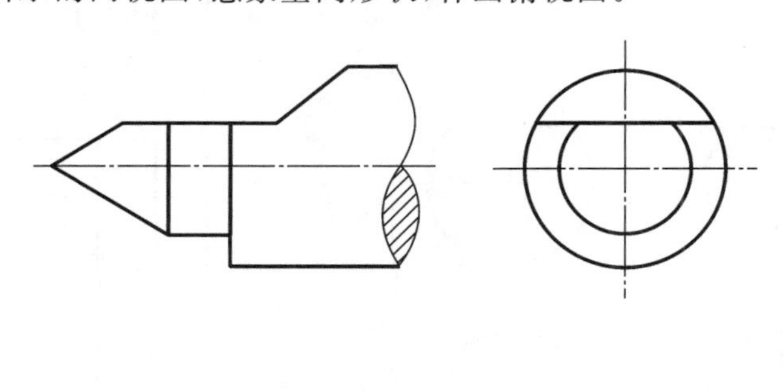

图 1-3-21 补画俯视图

任务5　阀芯三视图的绘制

图1-3-22所示的阀芯是球阀(水路连接中的一种开关)中的一个重要零件。工作时,转动球阀上的扳手,即可带动阀芯在阀体内转动,从而实现水路的打开或关闭。

本次任务是:根据阀芯的主视图(见图1-3-22),完成俯视图和左视图。

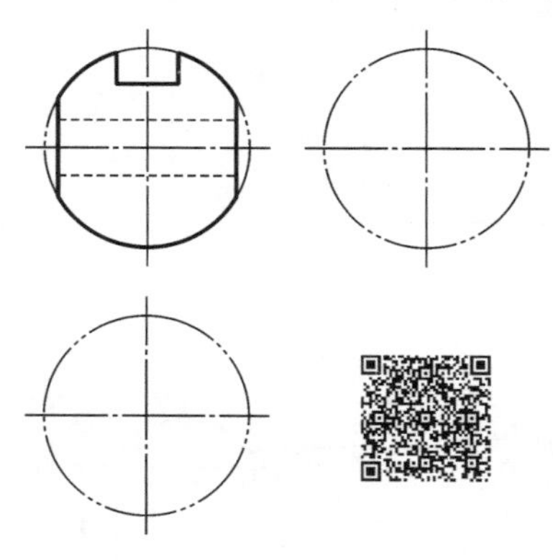

图1-3-22　阀芯的主视图

【任务分析】

阀芯由圆球经切割而形成:首先是侧平面切割左右两侧并开通一个轴线为侧垂线的圆柱孔,然后在上方中部经两个侧平面和一个水平面切割而形成凹槽。

【相关知识】

平面切割圆球时,截交线为圆。用水平面、正平面及侧平面切圆球时的三视图如表1-3-11所示。当截平面为投影面平行面时,截交线在该投影面上的投影反映实形,在另两面上的投影积聚为直线。当截平面为投影面垂直面时,截交线在该投影面上的投影积聚为直线,在另两面上的投影为椭圆。当截平面倾斜于三个投影面时,截交线在三个投影面上的投影均为椭圆。

表1-3-11　圆球的截交线

截平面类型	三视图及立体图	截平面类型	三视图及立体图
水平面		侧平面	

续表

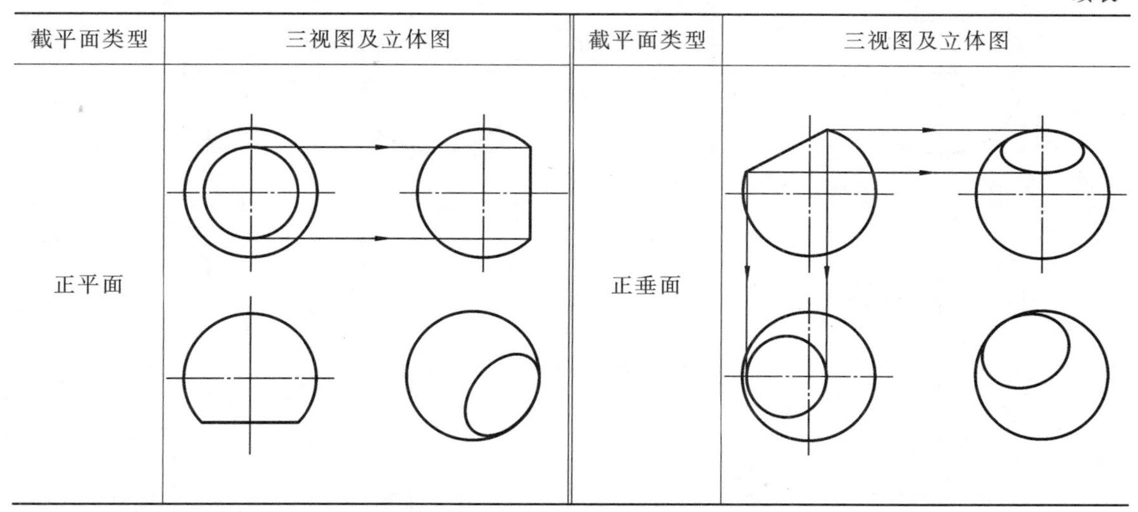

截平面类型	三视图及立体图	截平面类型	三视图及立体图
正平面		正垂面	

【任务实施】

下面完成1-3-23(a)(也即图1-3-22)所示阀芯零件的三视图。

(1) 阀芯的主视图如图1-3-23(a)所示。图1-3-23(a)中还画出了俯视图和左视图的中心线并用细双点画线作出了未切割时圆球的三个投影。

(2) 先由左右两侧截交线圆的正面投影作出它们的水平投影和侧面投影；再由球体中部的圆柱孔的正面投影作出它的水平投影和侧面投影。因圆柱孔的水平投影不可见，故应画成细虚线，如图1-3-23(b)所示。

(3) 作凹槽的侧面投影和水平投影。先扩展凹槽两侧的截平面(图1-3-23(c)中扩展了左侧的截平面)的正面投影，得截交线圆弧的半径的实长$c'a'$并以此为半径作凹槽左右两侧截交线圆弧的侧面投影，反映实形；由长对正作出它们的水平投影，为直线；同理可作出凹槽的水平截平面与球面的截交线(为前、后两段弧)的水平投影和侧面投影，水平投影截交线圆弧半径的实长为$d'b'$，如图1-3-23(c)所示。

注意：凹槽的水平截平面在侧面的投影中间部分被左半球遮住，故应画成细虚线；而凹槽的两侧面的水平投影仅为两圆弧中间的部分，不能多画。

(4) 擦去多余线，加深，完成全图，如图1-3-23(d)所示。

【归纳总结】

平面切割圆球时，虽然截交线都是圆，但在画这类零件的三视图时要仔细分析截平面的类型，因此要特别熟悉表1-3-11所示圆球截交线的几种情况。不同的截平面，截交线的求法是不同的，如截交线的投影为圆弧时，关键是要找出圆心和半径再作图；而当截交线的投影为椭圆或椭圆弧时，只能通过在圆球表面上取点的方法作图。

【课堂练习】

完成图1-3-24所示半球切割体的三视图。

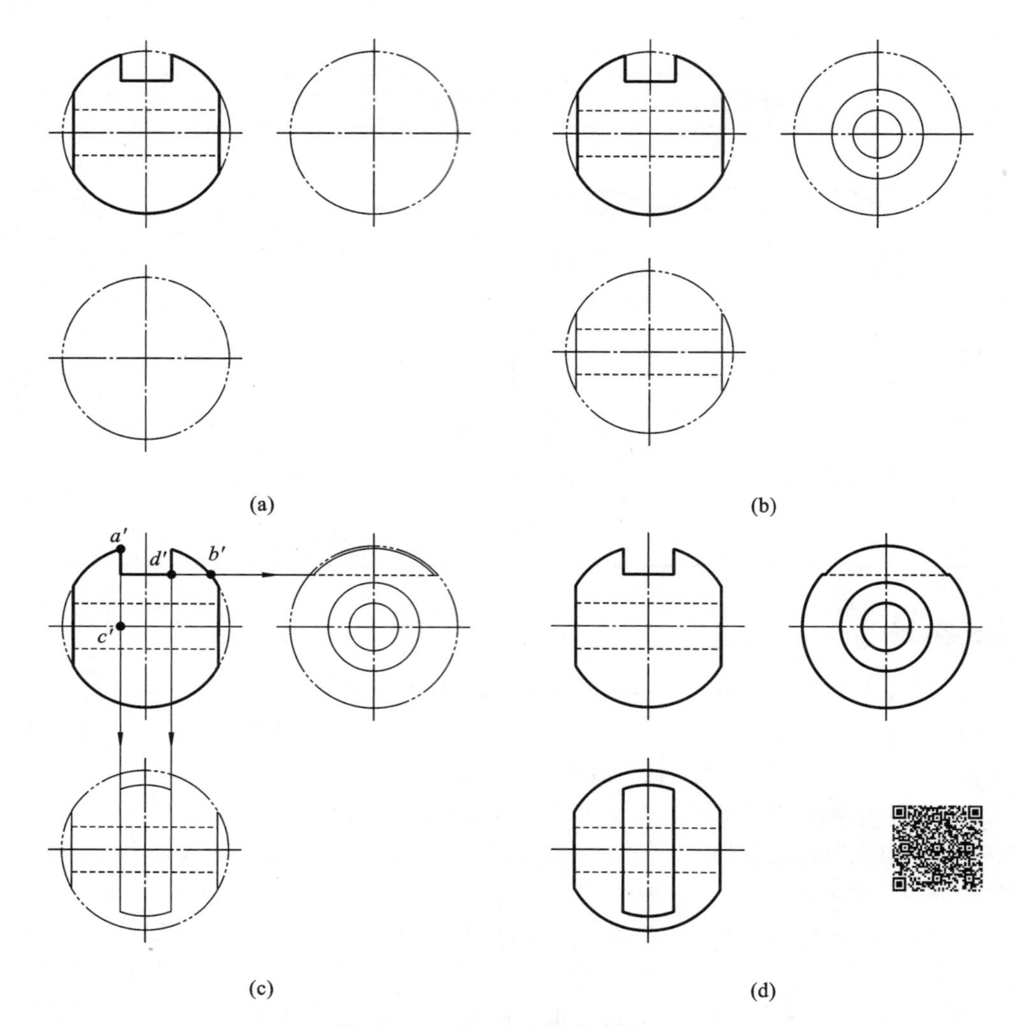

(a) (b)

(c) (d)

图 1-3-23　阀芯三视图的作图步骤

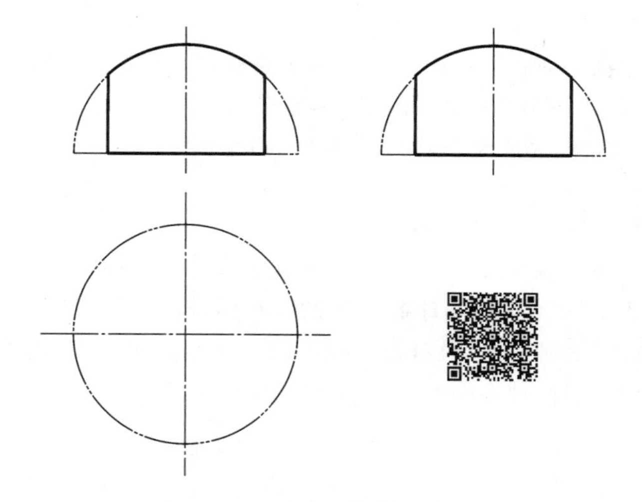

图 1-3-24　半球切割体的三视图

任务6　三通管三视图的绘制

图 1-3-25 所示的三通管，是水路连接时用的一种管接头。通过三通管，可以实现一路水和两路水之间的连接。

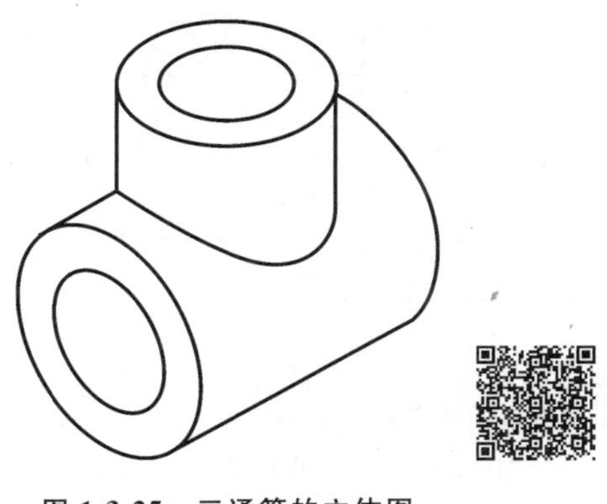

图 1-3-25　三通管的立体图

【任务分析】

三通管由正交的两个空心圆柱叠加而成，圆柱的投影前面已讲，因此，要完成三通管的三视图，关键是要会画两圆柱叠加后交线的投影。通过对模块 2 任务 3 课堂练习中的三通管实体造型的观察，我们发现，这一交线是空间曲线(称为相贯线)，它的投影较复杂，到底如何画呢？

【相关知识】

一、相贯线的概念

相贯线即两回转体表面的交线。

二、相贯线的性质和形状

相贯线一般是封闭的空间曲线，在特殊情况下，为平面曲线或直线。相贯线是两回转体表面的共有线，相贯线上的点是两回转体表面的共有点。

求解相贯线就是求解相贯线上一系列的点(特殊点、一般点)，之后按顺序光滑连接各点的投影即得相贯线的投影。

三、两圆柱正交时相贯线的投影

两直径不同的圆柱轴线垂直相交，相贯线为封闭的空间曲线，如表 1-3-12 中图(a)所示。小圆柱面的水平投影积聚，故相贯线的水平投影与小圆柱面的水平投影重合，为一整圆；大圆柱面的侧面投影积聚，故相贯线的侧面投影与大圆柱面的侧面投影重合，但只占大圆柱面侧面投影轮廓范围内的一段圆弧，如表 1-3-12 中图(b)所示。相贯线的正面投影需要作图求出，作图过程详见表 1-3-12。

表 1-3-12 两圆柱正交时相贯线的投影

模型及作图过程	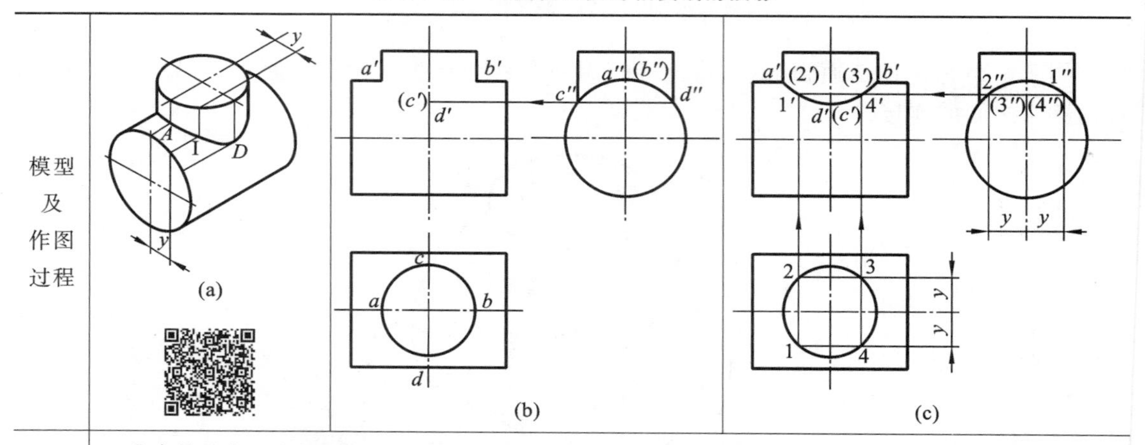
作图过程说明	①求特殊点。在相贯线的水平投影上找出最左、最右、最后、最前点 a、b、c、d(A、B 同时也是相贯线上的最高点，C、D 同时也是相贯线上的最低点)，根据相贯线的性质，可求得特殊点的正面投影 a'、b'、c'、d'，其中 c'、d'要利用 c''、d''求得，如图(a)、(b)所示。 ②求一般点。在特殊点之间找出四个对称的一般点Ⅰ、Ⅱ、Ⅲ、Ⅳ(Ⅰ点的空间位置见图(a))。它们的水平投影为 1、2、3、4。根据宽相等可先求得 1″、2″、3″、4″，再求其正面投影 1′、2′、3′、4′，如图(c)所示。 ③光滑连接 a'、1′、d'、4′、b'。因为相贯线前后对称，其正面投影的不可见部分与可见部分重合，所以在正面投影中，只需画出前半段，如图(c)所示

四、两圆柱正交时相贯线的变化规律

两个不等径正交圆柱的相贯线在非圆视图上的投影总是弯向大圆柱的轴线，如图 1-3-26(a)、(b)所示。当两圆柱的直径相等时，相贯线在空间为两个相交的椭圆，它们在非圆视图上的投影积聚为垂直相交的两直线，如图 1-3-26(c)所示。

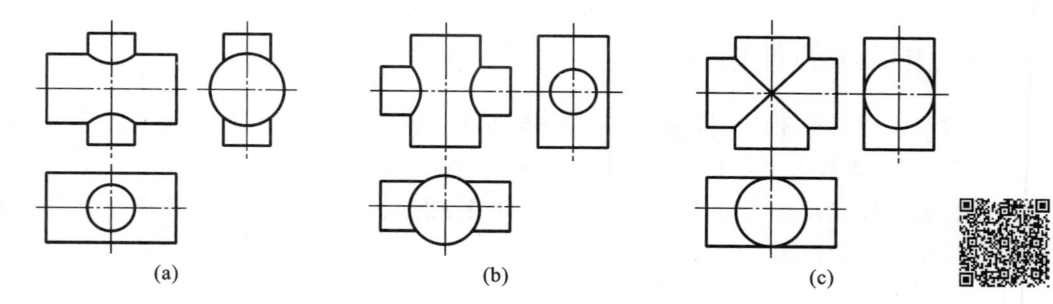

图 1-3-26 两圆柱正交时相贯线的变化规律

五、两圆柱面正交的常见类型

两圆柱面正交的情况在工程图中经常出现，图 1-3-27 列出了两圆柱面正交的常见类型。

其中，圆柱穿圆孔所形成的交线，为内外圆柱面的相贯线，如图 1-3-27(a)所示；两圆柱孔正交时为两内圆柱表面的相贯线，如图 1-3-27(b)所示。它们的形状和画法与两外圆柱面正交时的相贯线完全相同。

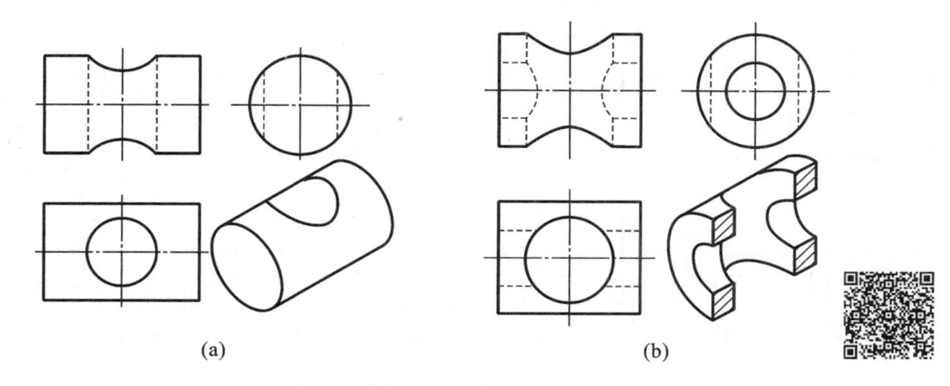

图 1-3-27 两圆柱面正交的常见类型

六、相贯线的简化画法

当两圆柱轴线正交且两圆柱半径不很接近时，在两圆柱轴线均平行于投影面的视图中可用圆弧来代替相贯线的投影。圆弧应通过相贯线上三个特殊点，在 CAD 中可用三点画圆弧方法绘制。手工绘图时可采用图 1-3-28 所示的方法。圆弧的半径取两圆柱中较大圆柱的半径，圆弧的圆心位于小圆柱的轴线上(由作图得出，圆弧过两圆柱轮廓线的交点)。

在工程实际中，大小两圆柱(也包括内圆柱面)正交时，相贯线的投影均可按上述简化画法画出。

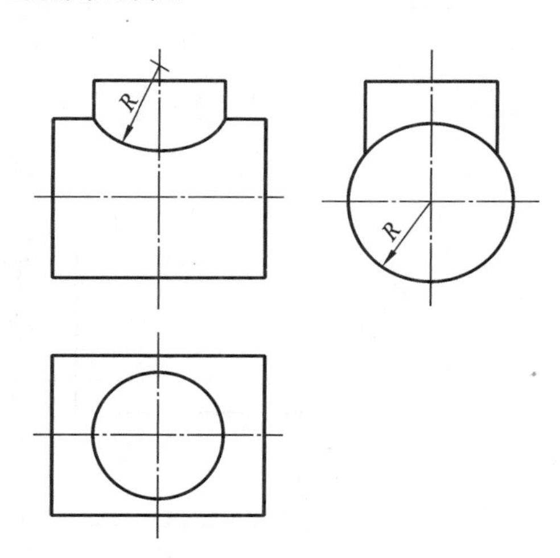

图 1-3-28 相贯线的简化画法

【任务实施】

三通管三视图的绘制步骤如下：

(1) 绘制大圆柱(包括内孔)的三视图，如图 1-3-29(a)所示。

(2) 绘制小圆柱(包括内孔)的三视图，如图 1-3-29(b)所示。

(3) 用简化画法在非圆视图上绘制相贯线的投影。其中，大小圆柱外圆柱面的相贯线的投影的半径 $R_1=\phi_1/2$；大小圆柱内圆柱面的相贯线的投影的半径 $R_2=\phi_2/2$，并用细虚线画出，如图 1-3-29(c)所示。

【归纳总结】

两圆柱面正交共存在三种情况：外-外圆柱面正交、外-内圆柱面正交和内-内圆柱面正交。无论哪种情况，相贯线在非圆视图中的投影求法都是一样的。用圆弧代替作图时，要以大圆柱

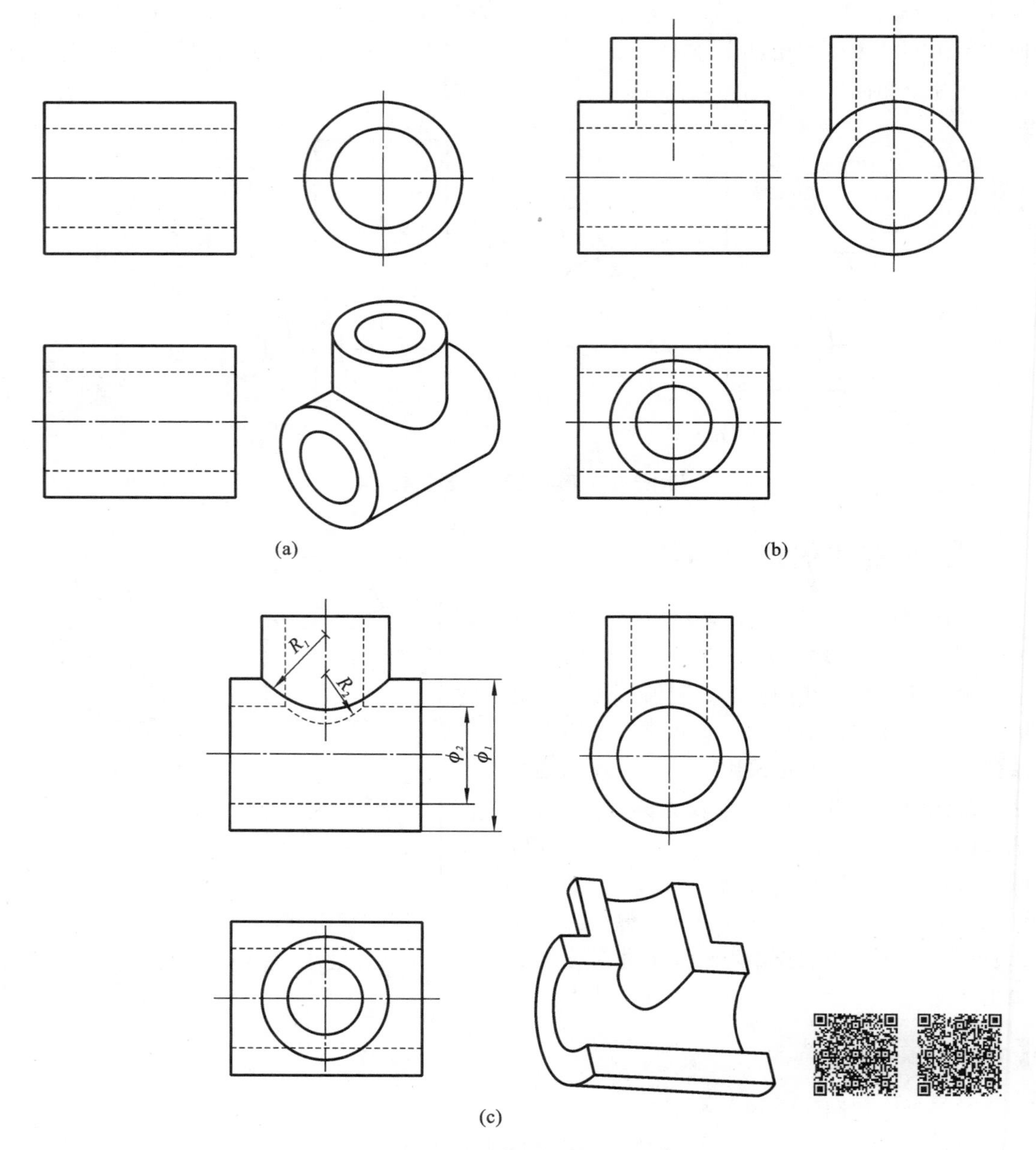

图 1-3-29　三通管三视图的作图步骤

面的半径为半径，特别注意要弯向大圆柱面的轴线。

【知识拓展】

相交的两形体表面之间倒圆角后，消除了交线，圆角曲面与各表面是光滑连接的，因此，两形体表面间的界线也就不清楚了，如图 1-3-30 所示。为了看图方便，在视图中，在相交的两形体表面之间倒圆角后，仍要画出两形体表面之间未倒角时的理论交线，称为过渡线。过渡线的两端与圆角的弧线之间应留有间隙且用细实线画出，如图 1-3-31 所示。

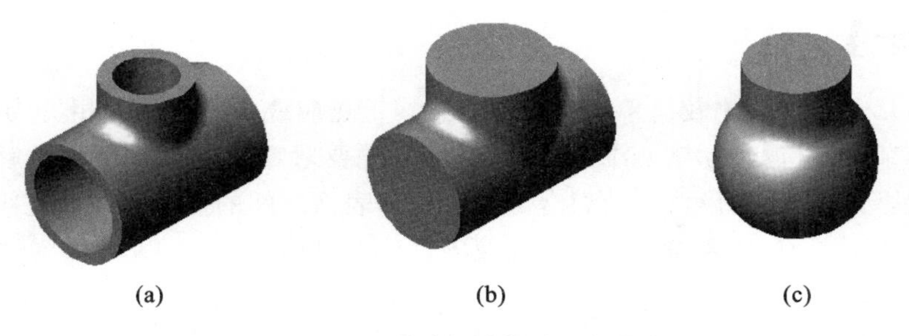

图 1-3-30 形体表面在相交处倒圆角

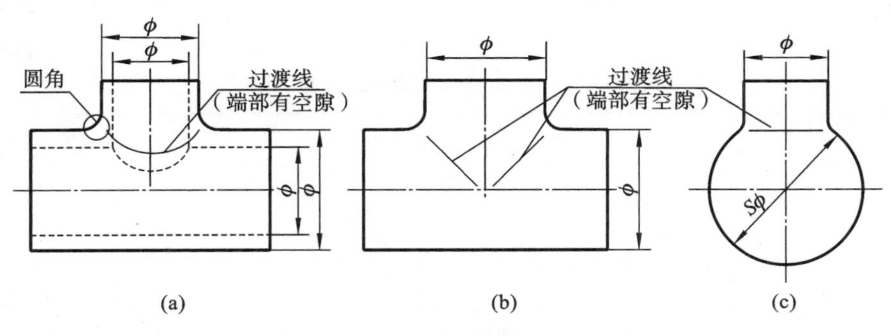

图 1-3-31 过渡线的画法

【课堂练习】

补全图 1-3-32 三视图中相贯线的投影。

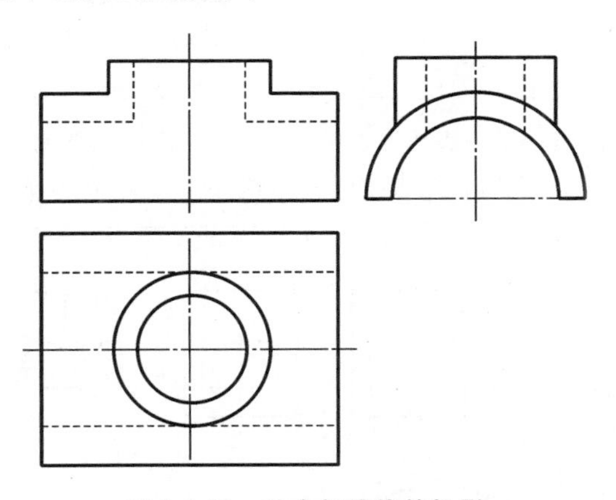

图 1-3-32 补全相贯线的投影

任务 7 轴承座三视图的绘制

轴承座的作用在模块 2 任务 3 中已经介绍，这里不再赘述。

本次任务是：根据轴承座的立体图（见模块 2 任务 3）绘制其三视图。

【任务分析】

前面讲的几个零件都比较简单，在画三视图时，重点应放在截交线和相贯线上。当零件的形状变得较复杂时，就像轴承座三维造型制作一样，先要对零件进行合理的分解，然后依次画出各形体的投影，最后根据形体间的组合方式和相邻表面之间的连接关系修正视图，绘出完整的零件视图。在画图前，还要考虑主视方向及安放位置的确定。

【相关知识】

形体相邻表面间的连接关系有共面、相切、相交三种情况，如表 1-3-13 所示。

表 1-3-13　形体相邻表面间的连接关系

连接关系	图例及说明
共面	共面 (a) 直观图　(b) 正确　(c) 错误 形体集合操作后，有一部分表面位于同一平面或回转面上，这种情况称为共面。共面后，分属于两形体的表面之间不应有分界线，如图(a)、(b)所示。图(c)所示为错误的画法
相切	A　a'　a''　a (a) 直观图　(b) 正确　(c) 错误 两形体表面相切时，相切处是光滑的，如图(a)所示切线，仅仅是共属于两表面的一条素线。所以，在三视图中不得画切线的投影，如图(b)所示。注意图中切点 A 三个投影的位置，特别是左视图中的 a'' 点不得画在圆柱的前后轮廓素线上。图(c)所示为错误的画法

续表

连接关系	图例及说明
相交	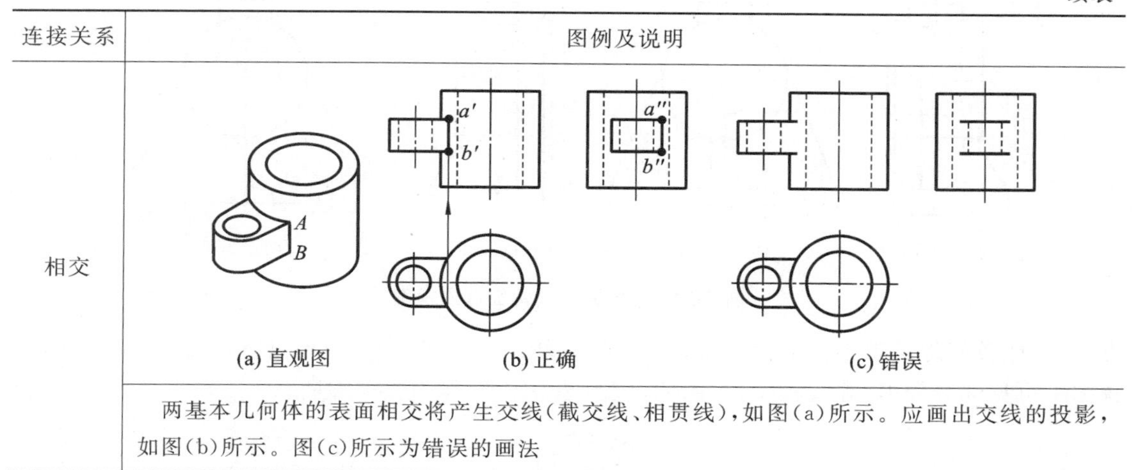(a) 直观图 (b) 正确 (c) 错误
	两基本几何体的表面相交将产生交线（截交线、相贯线），如图(a)所示。应画出交线的投影，如图(b)所示。图(c)所示为错误的画法

【任务实施】

一、形体分析

轴承座的形体分析在轴承座三维造型制作时已讲，这里不再赘述。

二、选择主视图

主视图是三视图中主要的视图，应尽可能在主视图中表达零件主要的形体信息。一般从下述三个方面来考虑选择主视图。

1. 自然安放位置

主视方向应同零件的自然安放位置一致。例如，带有底板的零件，应将底板水平放置。同时，尽量使零件上主要的对称面、端面平行或垂直于投影面。在图1-3-33中，若将E向和F向作为主视方向，相当于将轴承座放倒后投影，这与轴承座自然安放位置不一致，故E向和F向不能作为主视方向。

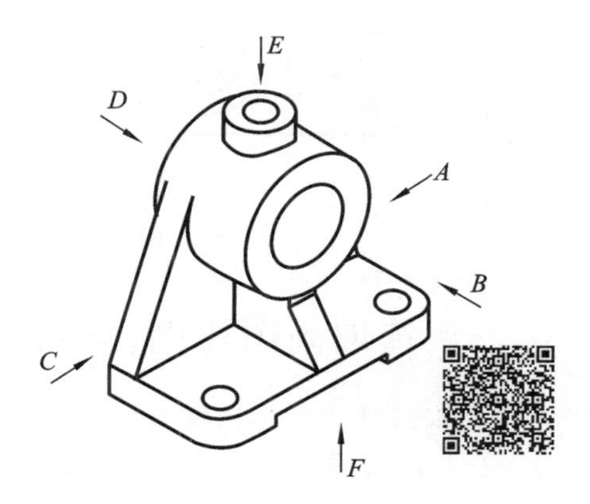

图1-3-33　轴承座

2. 形状特征

主视图要尽量反映零件的形状特征。在本例中确定了零件的安放位置后，可将A、B、C、D四个方向进行比较，如图1-3-34所示。可以看出，B方向的视图相较其他三个方向的视图能够更好地反映轴承座的形状特征，且大部分形体可见，所以B方向应作为主视方向。

3. 兼顾其他视图的可见性

其他视图的投影方向取决于主视图的投影方向。在满足形状特征的条件下，还应该考虑到其他视图上形体的可见性。例如，对于图1-3-35(a)所示的零件，选择A向或B向作为主视

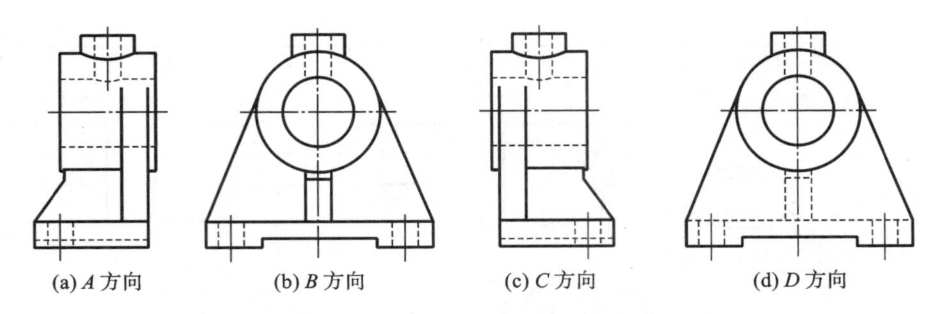

图 1-3-34 根据形状特征选主视图

方向，都能较好地反映零件的形状特征，但是，比较图 1-3-35(b)、(c)可以看出，图 1-3-35(b)左视图中可见部分较多(虚线较少)。因此，应当选择 A 向作为主视方向。

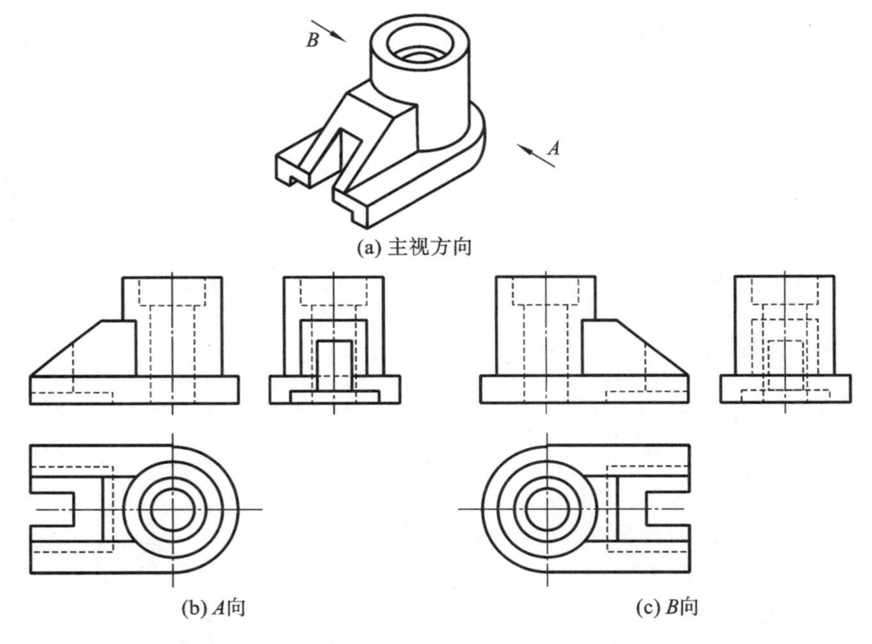

图 1-3-35 主视方向对其他视图可见性的影响

三、选取画图比例，初始化图形文件

根据零件的大小和复杂程度，选取标准画图比例，尽量选用 1∶1 的比例。采用计算机绘图时，按 1∶1 的比例绘制图形，可以避免比例换算。若需要选用其他比例，可待图形全部画好后，进行比例缩放。绘制前应设置好图层、线型、颜色，或打开已初始化的样板图形文件。

四、布置视图

根据选定的图幅以及各个视图每个方向的最大尺寸，估算出各视图在图纸中的位置，避免几个视图挤在一起或偏向一边。如果需要标注尺寸，还应考虑放置尺寸的空间，使得整张图纸布局匀称、美观。采用计算机绘图时，事先不必过多考虑布局问题，在画图过程中或绘制完视图后，仍可重新布置视图。

画出各视图的作图基准线（对称线、底面或端面的边线），以便于绘制各部分形体时的图形定位，如图 1-3-36(a)所示。

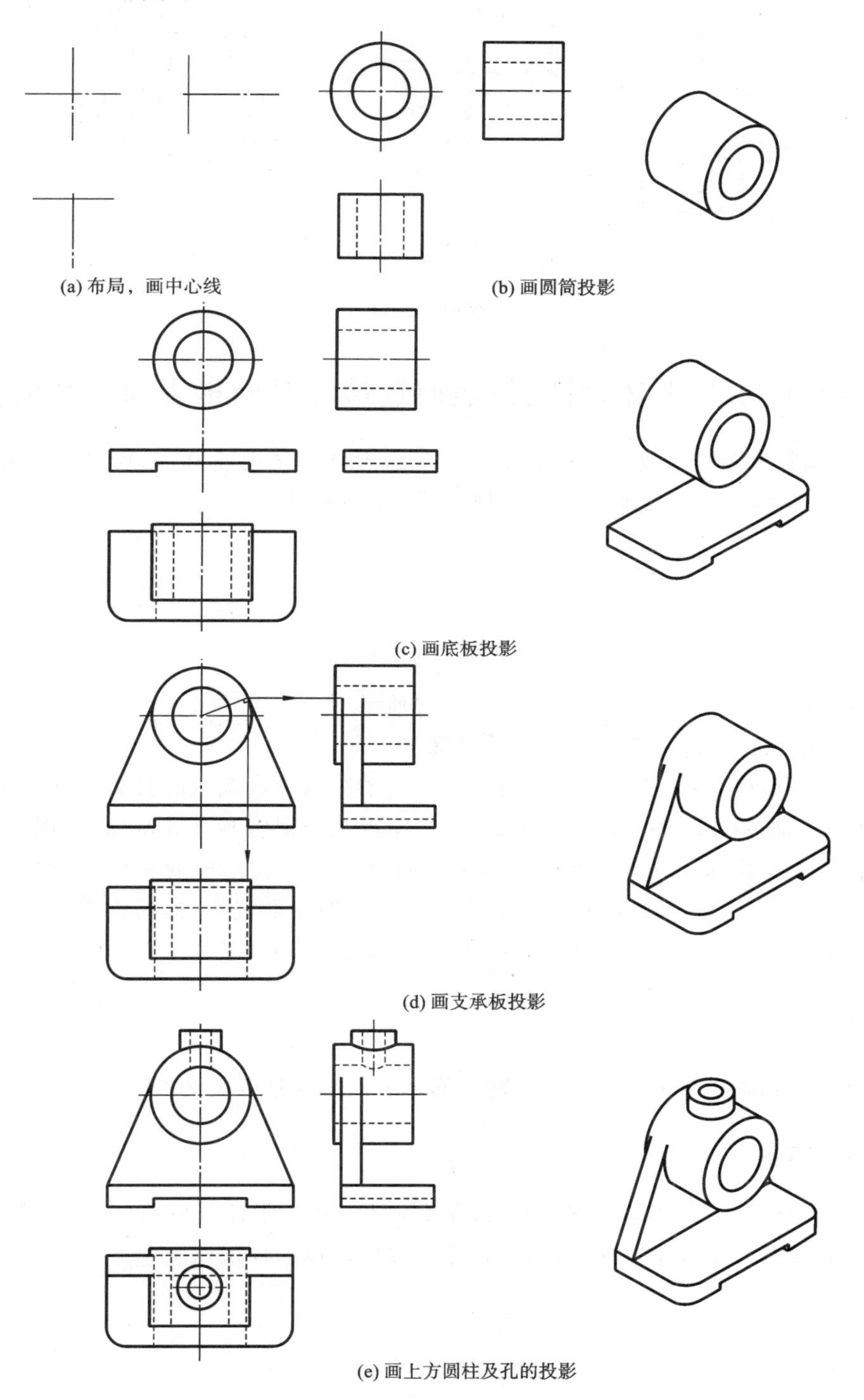

图 1-3-36　轴承座三视图的作图步骤

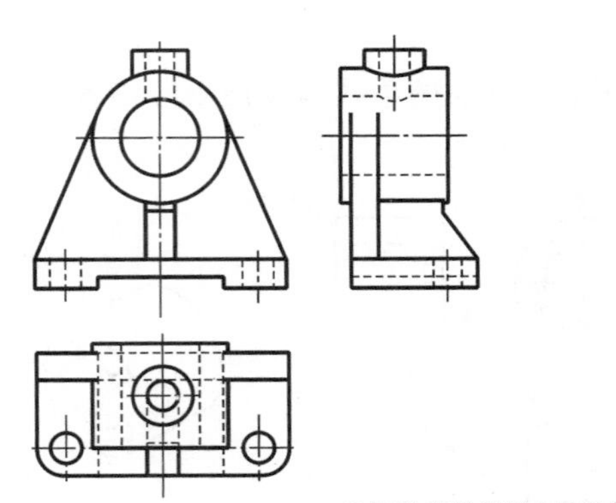

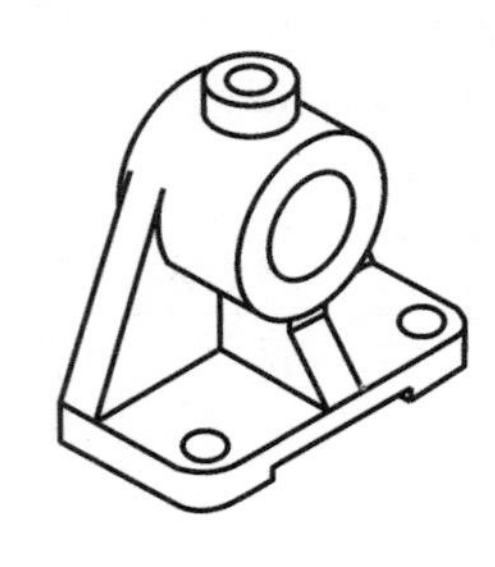

(f) 画肋板及底板上的孔的投影

续图 1-3-36

五、逐个画出各形体视图，按表面连接关系画出表面交线的投影

按照由大到小的顺序，逐个画出各形体。先画形体的主要轮廓，后画细节。画某个形体时，应从反映形体特征的视图画起，三个视图一起画，这样既可保证视图间的投影关系，也可避免遗漏。步骤如下。

（1）画圆筒投影，如图 1-3-36(b)所示。

（2）画底板投影，如图 1-3-36(c)所示。

（3）画支承板投影，如图 1-3-36(d)所示。

（4）画上方圆柱及孔的投影，如图 1-3-36(e)所示。

（5）画肋板及底板上的孔的投影，如图 1-3-36(f)所示。

画出相关的形体后，可随时根据它们的组合关系作出表面交线的投影。支承板与大圆柱的交线的投影应在俯视图中根据长对正画出，在左视图中根据高平齐画出，如图 1-3-36(d)所示。小圆柱与大圆柱顶部外表面相交形成的相贯线及其内孔形成的相贯线应在左视图中画出，如图 1-3-36(e)所示。肋板的投影可先画其在主视图中的投影，然后根据长对正、高平齐、宽相等分别画出其在俯视图及左视图中的投影，如图 1-3-36(f)所示。

六、检查

检查是否有漏画或多余的图线。要注意形体表面交线是否正确。

【归纳总结】

在绘制较为复杂的零件的三视图时，首先要对零件进行形体分析，看看该零件由哪些基本几何体组成。在选好安放位置和主视方向之后，就可以按形体的组合过程一部分一部分地画出三视图了。

【课堂练习】

参照立体图，根据两视图补画第三视图，如图 1-3-37 所示。

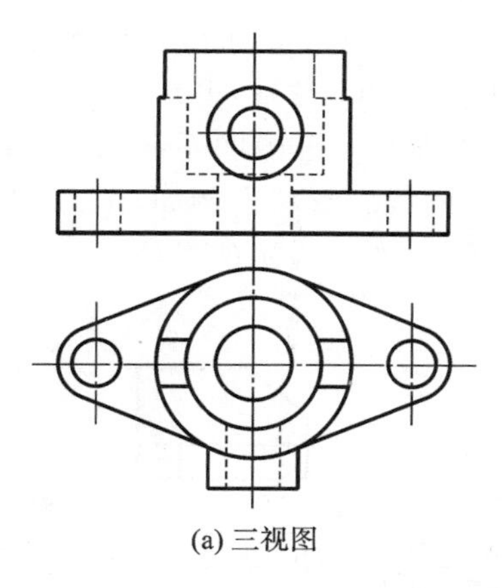

(a) 三视图

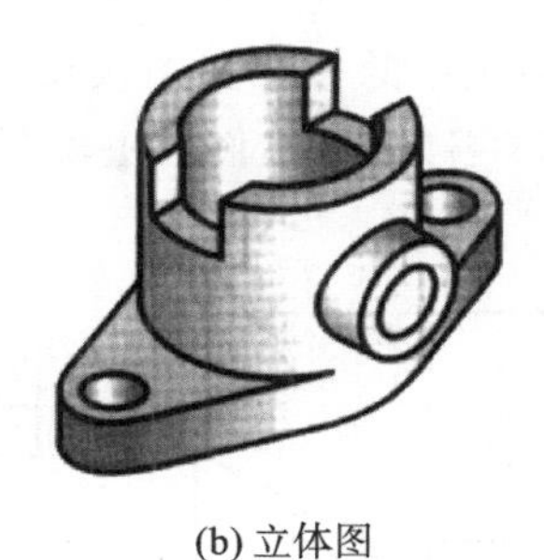

(b) 立体图

图 1-3-37　补画第三视图

任务 8　轴承盖三视图的识读

在机械装置中，经常会用到一种细长形的零件。这种零件叫作轴，是由不同直径的圆柱组成的。工作时需要把轴支承起来，这时就要用到轴承。轴承又分为滚动轴承和滑动轴承。轴承盖是滑动轴承（部件）中的一个零件。

本次任务是：识读轴承盖的三视图（见图 1-3-38），想象出它的空间形状。

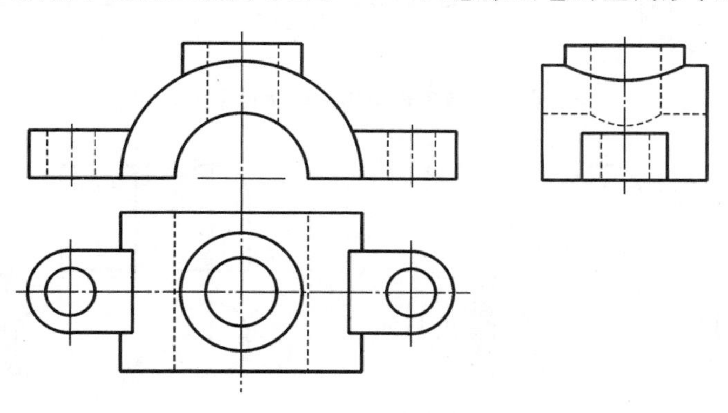

图 1-3-38　轴承盖的三视图

【任务分析】

通过前面几个小任务，我们学会了根据简单零件或它们的立体图来画它们的三视图。那么，在给出某一简单零件的三视图之后，我们能不能根据它的三视图把这个零件的形状想象出来呢？事实上，这不是一件容易的事情。要做到这一点，首先要掌握一定的方法。对于叠加式的零件（如轴承盖），一般运用形体分析法读图。其次，还要经过大量的画图和读图训练。

【相关知识】

叠加式的零件在用形体分析法读图时，一般从主视图入手，结合其他视图，按视图中的封闭线框来划分形体，分析形体由哪几部分、通过什么形式组合而成。若某部分形体仍较复杂，可进一步分解，直至能看懂形体。最后根据各部分形体的形状和相对位置，想象出形体的整体形状。

要注意，在读图时，不能只看一个视图，要将两个或三个视图联系起来看，因为三视图中的每个视图仅反映组合体某个方向的投影形状。例如，图1-3-39所示的各形体，它们的主视图都相同，但俯视图不同，所表示的形体也就不同。

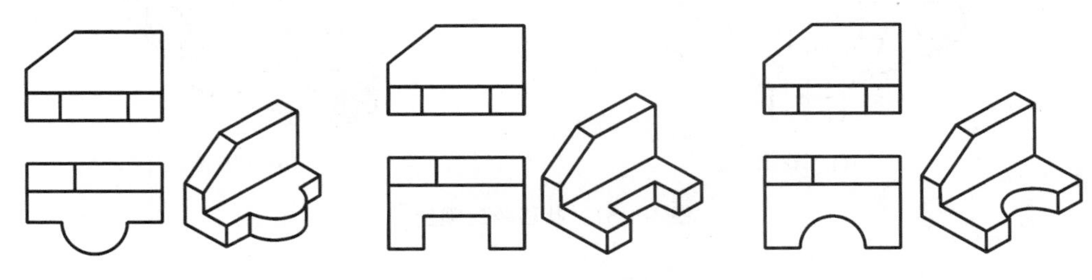

图 1-3-39　一个视图相同的不同形体

又例如，图1-3-40和图1-3-41所示的各形体，尽管它们的主视图、俯视图都相同，只是左视图不同，所表示的形体仍不相同。

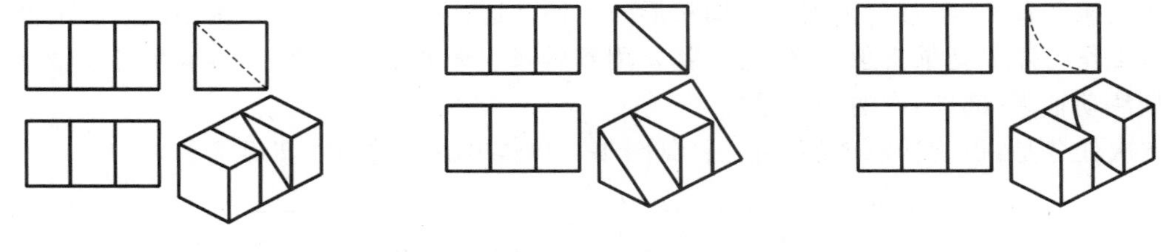

图 1-3-40　两个视图相同的不同形体(一)

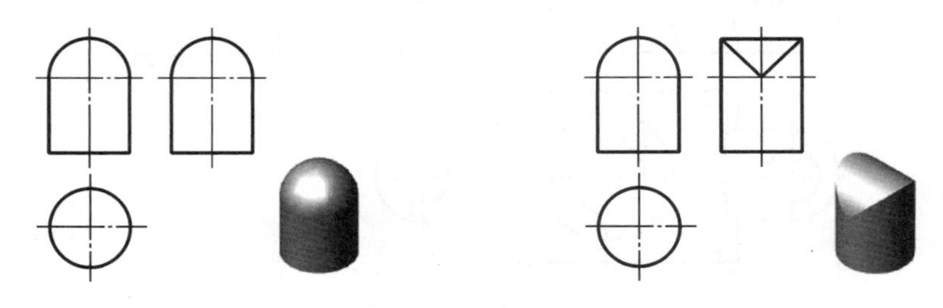

图 1-3-41　两个视图相同的不同形体(二)

在读图时还要积极构想形体，这样有助于提高空间想象能力，进而提高读图速度。例如，在图1-3-40中看到主视图应能积极构想合理的形体，看看除了图中的三个形体外，还能构想出哪些形体。根据图1-3-41中的主、俯视图也能构想出不同的形体。读者可试试看。

【任务实施】

一、从主视图入手，进行形体分析

主视图(见图1-3-42(a))反映了轴承盖的主要形状，按封闭线框划分，可分解为四部分，如图1-3-42(b)所示。

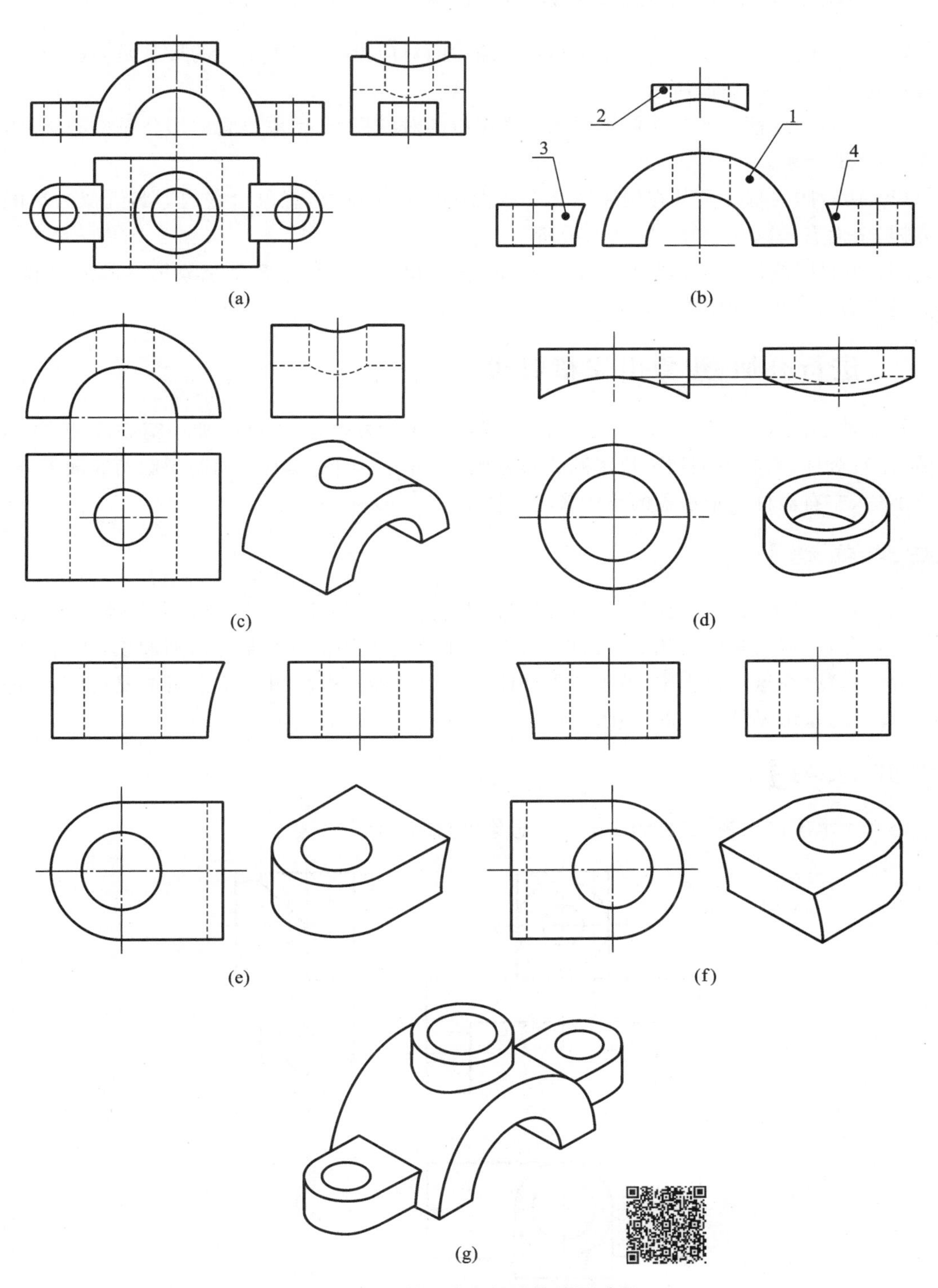

图 1-3-42 轴承盖三视图的读图过程

二、分离各部分的对应投影,并想象各部分的形状

(1) 由封闭线框 1 及其在俯视图和左视图中的对应投影,想象出它的形状是半圆筒,上部有一小孔,如图 1-3-42(c)所示。

(2) 由封闭线框 2 及其在俯视图和左视图中的对应投影,想象出它的形状是空心圆柱,如图 1-3-42(d)所示。

(3) 由封闭线框 3 及其在俯视图和左视图中的对应投影,想象出它的形状近似为单圆头长方体,上面有一圆孔,如图 1-3-42(e)所示。

(4) 由封闭线框 4 及其在俯视图和左视图中的对应投影,很容易想象出它的形状和第 3 部分是左右对称的,如图 1-3-42(f)所示。

三、进行叠加,想象出完整形状

根据轴承盖的三视图可知,轴承盖以中部的半圆筒为中心,上部叠加一空心圆柱,并保持前后、左右对称;左右各叠加一块单圆头长方体(上面有一圆孔),其底面与半圆筒底面平齐,并保持前后、左右对称。轴承盖的整体形状如图 1-3-42(g)所示。

【归纳总结】

通过识读轴承盖的三视图,我们可以得出识读叠加式零件三视图的几个关键点:首先,要进行形体分析,即看零件由几部分组成;其次,要把几个视图的相应部分对照起来,从而弄清每一部分的形状(在这一过程中,熟悉常见形体三视图并能积极构想形体相当重要);最后,进行叠加,即可想象出零件完整的形状。

【课堂练习】

已知支承座的三视图(见图 1-3-43),想象出它的形状并填空。

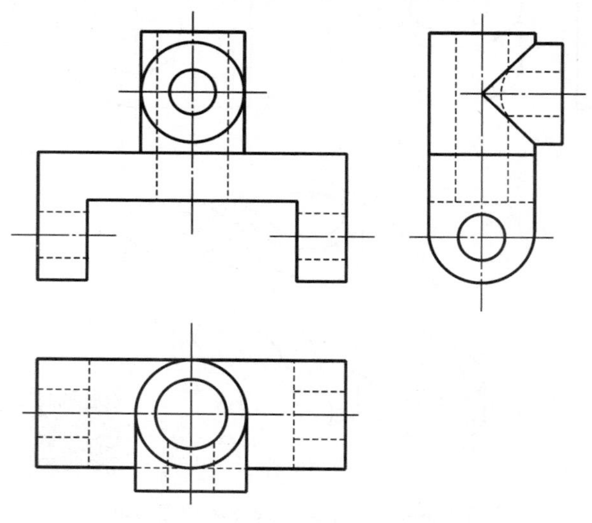

图 1-3-43 支承座的三视图

①支承座由__________部分组成。

②上部是__________个相交的__________，内部都有__________。

③中间的部分为__________。

④下部左右两侧各有一个__________，内部都有__________。

任务9 夹铁三视图的识读

若零件形成时以叠加方式为主，则它的三视图一般用形体分析法识读；而对于切割面较多的零件（如夹铁），往往需要在形体分析的基础上进行线面分析。

【任务分析】

本次任务是：识读夹铁的三视图（见图 1-3-44），想象出它的空间形状。

【相关知识】

线面分析法就是运用直线和平面的投影特性来分析零件各表面的形状和相对位置，并在此基础上综合归纳想象出零件的形状。

在进行线面分析时，要注意理解视图中线框和图线的含义。

(1) 视图中的每一个封闭线框，通常都是物体上一个表面（平面或曲面）的投影。如图 1-3-45(a)所示，主视图中有四个封闭线框，对照俯视图可知，线框 a'、b'、c'分别是六棱柱前（后）三个棱面的投影，线框 d'是圆柱前（后）圆柱面的投影。

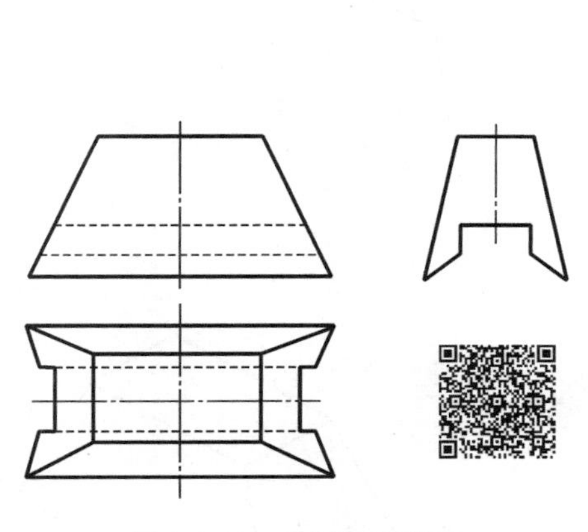

图 1-3-44 夹铁的三视图

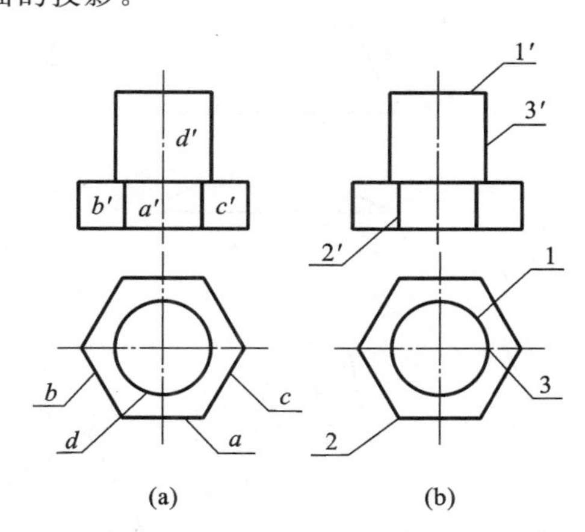

图 1-3-45 视图中线框和图线的含义

(2) 相邻两线框或大线框中有小线框，表示物体上不同位置的两个表面。既然是两个面，就会有上下、左右、前后之分，或者是两个表面相交。如图 1-3-45(a)所示，俯视图中大线框六边形及其中的小线框圆，分别是六棱柱顶面和圆柱顶面的投影，其中，前者在下，后者在上。主视图中的 a'线框与其左侧的 b'线框及与其右侧的 c'线框均表示相交的两个表面。

(3) 视图中的一条线通常有三种含义：

①具有积聚性的表面的投影，如图 1-3-45(b)主视图中的线 1′，是圆柱顶面的积聚性投影。

②曲面转向轮廓线的投影，如图 1-3-45(b)主视图中的线 3′，是圆柱面前后转向轮廓线的投影。

③面与面(平面或曲面)交线的投影，如图 1-3-45(b)主视图中的线 2′，是六棱柱 A 面与 B 面交线的投影。

【任务实施】

在夹铁的三视图中，俯视图中有较多的粗实线框，因此，可首先将俯视图中的粗实线框进行编号，然后分别找出各线框在其他视图中的对应投影，接着进行线面分析，主要分析各线框所表示的平面的形状及位置，最后综合想象整体形状。

(1) 将夹铁俯视图中的粗实线框进行编号，如图 1-3-46(a)所示。注意，对称的线框只需编一个号。

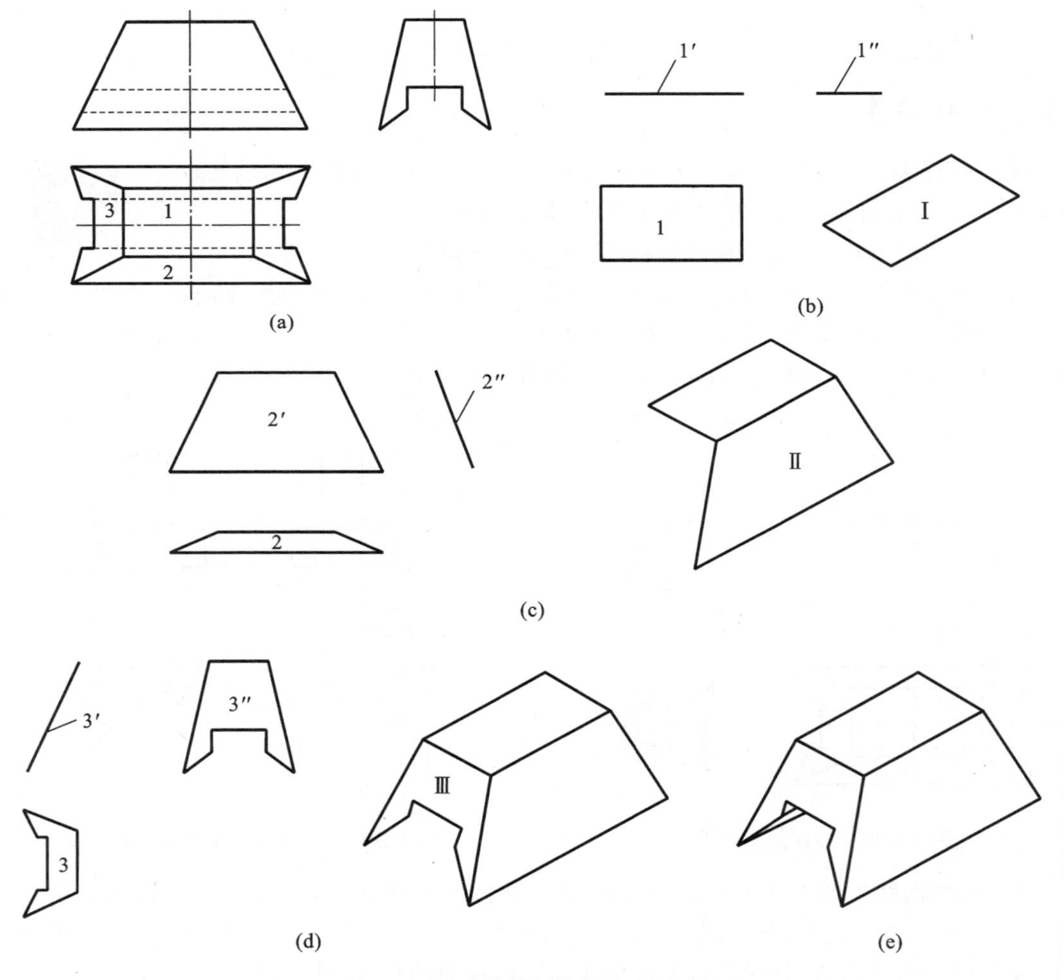

图 1-3-46　夹铁线面分析法读图过程

(2) 由长对正、宽相等找出线框 1 在主视图和左视图中的对应投影 1′、1″，根据平面的投影特性可知它是一水平面，形状为矩形，位于夹铁的最上方，如图 1-3-46(b)中的Ⅰ面。

（3）由长对正、宽相等找出线框 2 在主视图和左视图中的对应投影 $2'$、$2''$，根据平面的投影特性可知它是一侧垂面，形状为等腰梯形，位于夹铁的前方，如图 1-3-46(c)中的Ⅱ面。由于零件前后对称，因此后侧有一相同的平面。

（4）由长对正、宽相等找出线框 3 在主视图和左视图中的对应投影 $3'$、$3''$，根据平面的投影特性可知它是一正垂面，形状为下侧内凹的八边形，位于夹铁的左侧，如图 1-3-46(d)中的Ⅲ面。由于零件左右对称，所以右侧有一相同的平面。

（5）分析面与面的交线，综合想象，可知夹铁的空间形状如图 1-3-46(e)所示。

【归纳总结】

识读切割面较多的零件的三视图时，熟悉各种位置直线及平面的投影特性并能正确理解视图中的线框和图线的含义是非常重要的。对于初学者而言，在具体读图时，首先要对一个视图中的粗实线框进行编号，然后分别找出各线框在其他视图中的对应投影并分析各线框所表示平面的形状及位置，最后综合起来，便可想象出整体形状。

【课堂练习】

分析图 1-3-47 所示的零件三视图中 A、B、C、D、E、F、G、H 八个面的空间位置，填空并想象该零件的空间形状。

A 面是__________面，形状为__________；

B 面是__________面，形状为__________；

C 面是__________面，形状为__________；

D 面是__________面，形状为__________；

E 面是__________面，形状为__________；

F 面是__________面，形状为__________；

G 面是__________面，形状为__________；

H 面是__________面，形状为__________。

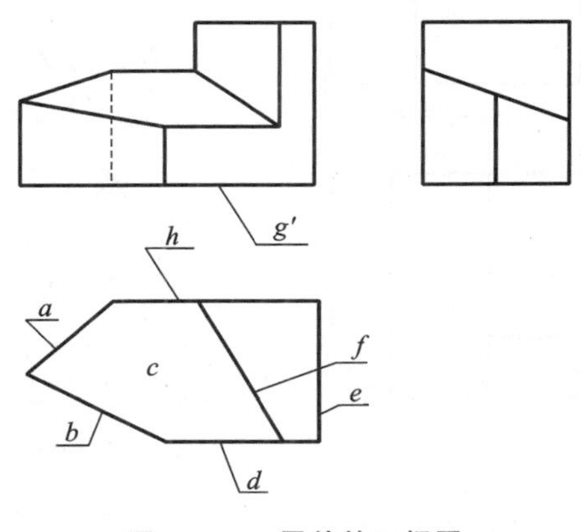

图 1-3-47 零件的三视图

任务 10 轴承座三视图的尺寸标注

在本模块任务 7 中，我们完成了轴承座三视图的绘制，而视图只能表达零件的形状，轴承座各部分的大小及相对位置要通过尺寸来反映。产品制造时，要根据图样上所标注的尺寸进行加工。因此，尺寸的标注十分重要。

本次任务是：对轴承座的三视图（见图 1-3-36(f)）进行尺寸标注。

【任务分析】

对零件的三视图进行尺寸标注，首先要熟悉国家标准关于尺寸标注的基本规定（这方面的知识在模块 1 中已经介绍），其次要掌握基本几何体的尺寸标注、零件基准的选择并清楚尺寸标注时应注意的几个问题。

【相关知识】

一、基本几何体的尺寸标注

基本几何体一般要标注长、宽、高三个方向的尺寸。在图 1-3-48 中，长方体（楔体）标注了长、宽、高；正六棱柱只需标注对面距（或对角距）以及柱高；四棱台可标注顶面、底面的形状尺寸和高度。有些基本几何体标注尺寸后，可以减少视图，如圆柱、圆锥、圆球、圆台等回转体。

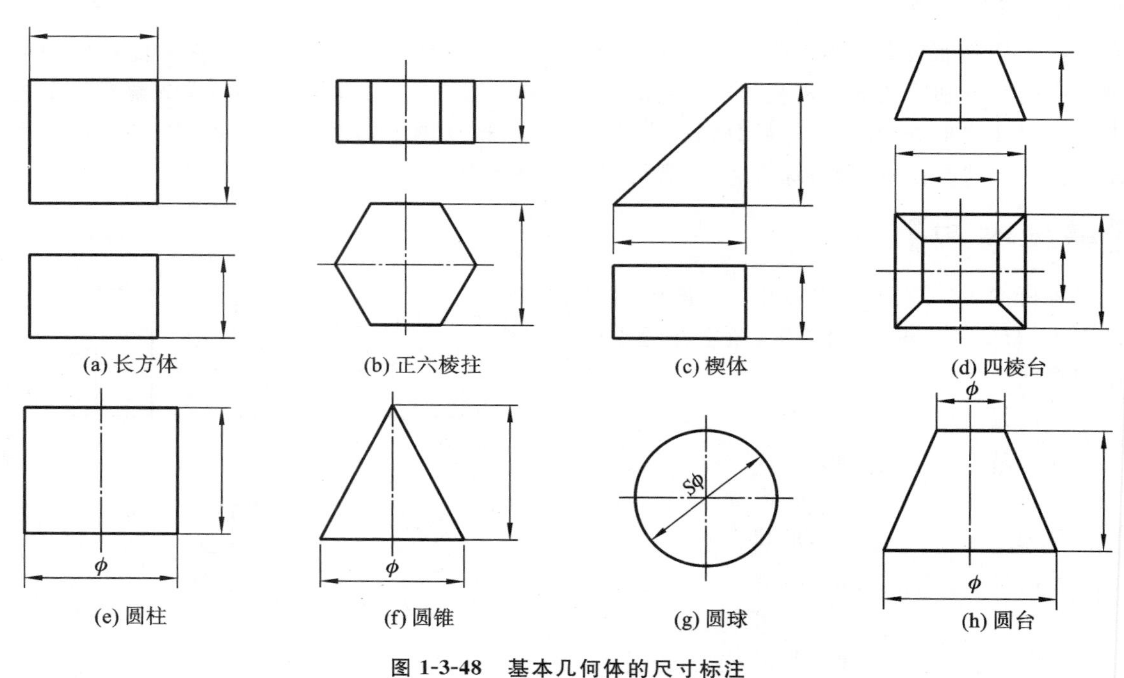

图 1-3-48　基本几何体的尺寸标注

二、简单零件的尺寸标注

在简单零件的三视图上进行尺寸标注时，首先要对其进行形体分析，并选定三个方向的尺寸基准（长、宽、高三个方向上应各选一个尺寸基准，一般应选择形体的对称平面、形体中大回转面的轴线、大的底面或端面作为尺寸基准），接着标注各组成部分的定形和定位尺寸，最后标注总体尺寸并适当进行调整。

三、尺寸标注时应注意的几个问题

(1) 尺寸应尽量标注在反映形体特征明显的视图上。

(2) 尺寸应尽量标注在视图的外面，以保持视图清晰。与两视图有关的尺寸最好布置在两个视图之间。

(3) 尽量避免尺寸线与尺寸界线相交。

(4) 尽量避免在虚线上标注尺寸。

(5) 直径尺寸尽可能标注在非圆的视图上，半径尺寸尽可能标注在圆弧的视图上。

(6) 截交线、相贯线上不应直接标注尺寸，只要标注截切平面的位置尺寸和相贯立体的位置尺寸。含截交线、相贯线立体的尺寸标注如图 1-3-49 所示。

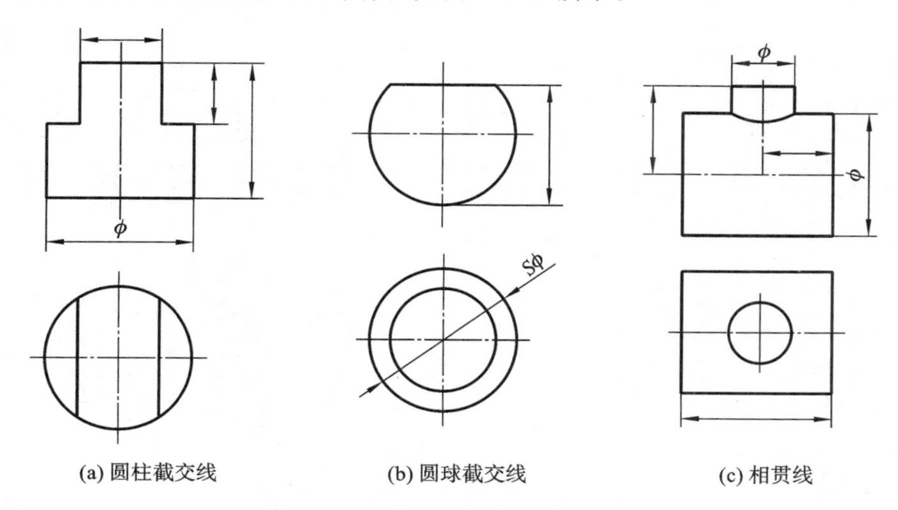

图 1-3-49 含截交线、相贯线立体的尺寸标注

【任务实施】

(1) 选定尺寸基准。

由于轴承座左右对称，因此选轴承座的左右对称面作为长度方向的主要尺寸基准；在宽度方向上，由于立板的后面较大，因此选它作为宽度方向的主要尺寸基准；在高度方向上，轴承座的底面较大，因此选它作为高度方向的主要尺寸基准，如图 1-3-50(a)所示。

(2) 逐个标注各基本几何体的定形尺寸，如图 1-3-50(b)所示。

(3) 标注各基本几何体的定位尺寸，如图 1-3-50(c)所示。

(4) 标注、调整总体尺寸，完成标注。

轴承座的总长、总宽已经标注，总高标出之后要进行调整。由于高度方向以底面为基准，因此应将上方圆柱的定位尺寸 90 去掉，如图 1-3-50(d)所示。

【归纳总结】

在对零件的三视图进行尺寸标注时，首先要合理选择长、宽、高三个方向的尺寸基准；其次要标出零件各组成部分的定形和定位尺寸，最后要对部分尺寸进行调整，最终完成三视图的尺寸标注。

【知识拓展】

在机械图样中，主要用正投影法来表达物体的形状，但正投影图缺乏立体感。由于轴测图具有立体感，因此，工程上常用轴测图作为辅助图样。在学习制图的过程中，就像 AutoCAD 三维造型一样，轴测图也可作为一种帮助人们建立空间思维的辅助手段。

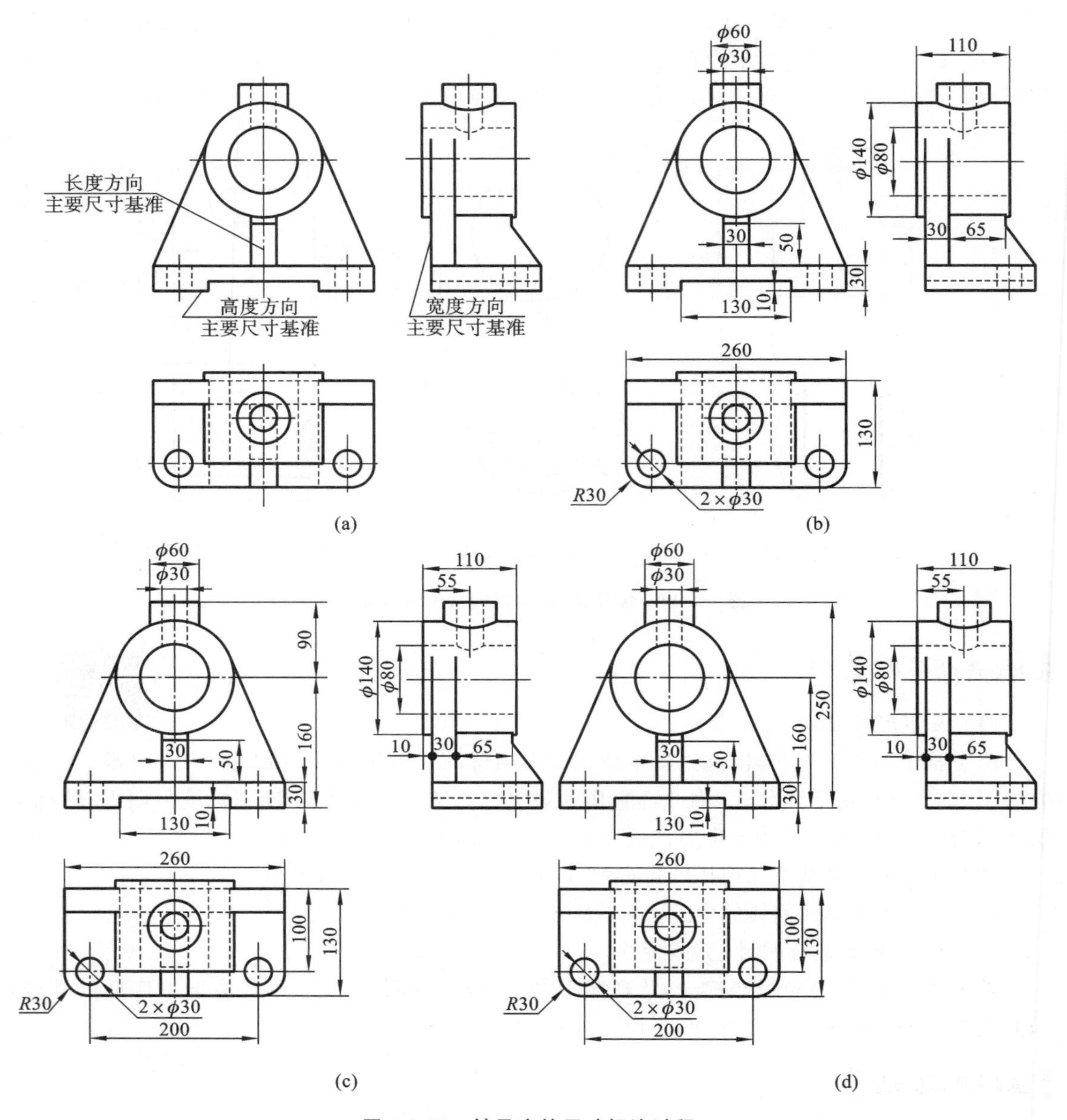

图 1-3-50　轴承座的尺寸标注过程

一、轴测图的形成及其特点

轴测图是通过改变物体与投影面的相对位置或改变投影线与投影面的相对位置，使物体在一个投影面上投影获得的投影图。它具有较强的立体感，如图 1-3-51 所示。

轴测图具有以下特点：

(1) 轴测图是单面投影；

(2) 物体上平行于坐标轴的线段，在轴测图中对应地平行于相应的轴测轴；

(3) 物体上相互平行的线段，在轴测图中也相互平行。

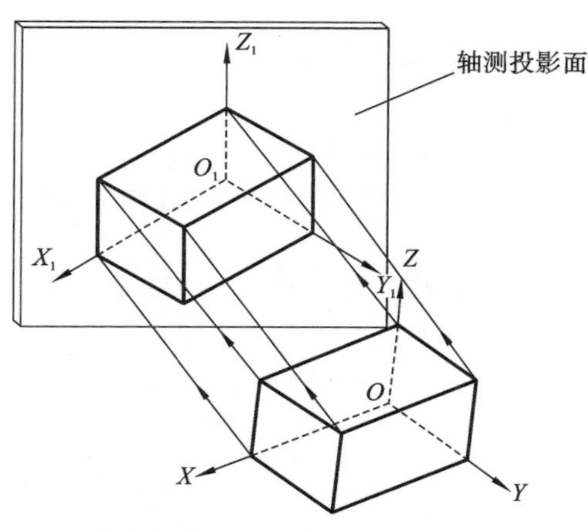

(a) 正等测图投影（物体斜放，光影正射）

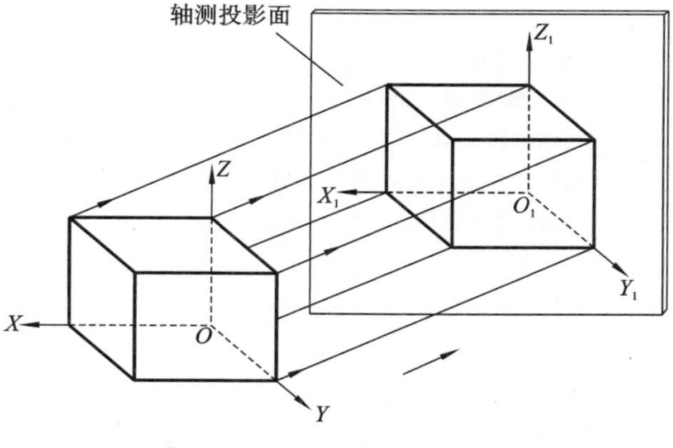

(b) 斜轴测图（斜二测图）投影（物体正放，光影斜射）

图 1-3-51 轴测图的形成

改变物体与投影面的相对位置或改变投影线的方向，可以得到多种轴测图。国家标准《机械制图》规定了轴测图的种类，其中最常用的有两种，即正等测图（见图 1-3-51(a)）和斜二测图（见图 1-3-51(b)）。

二、正等测图的画法

将物体倾斜放置（见图 1-3-51(a)），并使确定物体空间位置的三根坐标轴与轴测投影面的倾角都相等，物体向轴测投影面投射后即得到正等测图，简称正等测。这时，三根坐标轴 OX、OY、OZ 的投影 O_1X_1、O_1Y_1、O_1Z_1（称轴测轴）互成 120°，且 O_1Z_1 轴处于竖直位置。正等测图轴测轴的画法如图 1-3-52 所示。

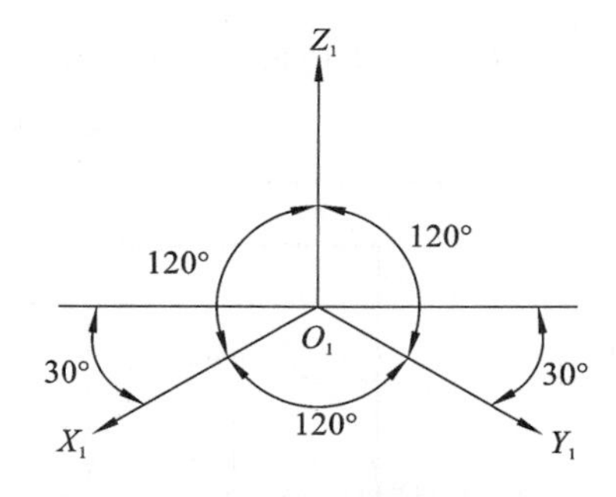

图 1-3-52 正等测图轴测轴的画法

正等测图常用的作图方法是坐标法。作图时，先定出空间直角坐标系，画出轴测轴，再按物体表面上各顶点或线段的端点坐标，画出其轴测投影，然后分别连线，完成轴测图。

1. 平面体正等测图的画法

平面体正等测图的画法见表 1-3-14。

表 1-3-14 平面体正等测图的画法

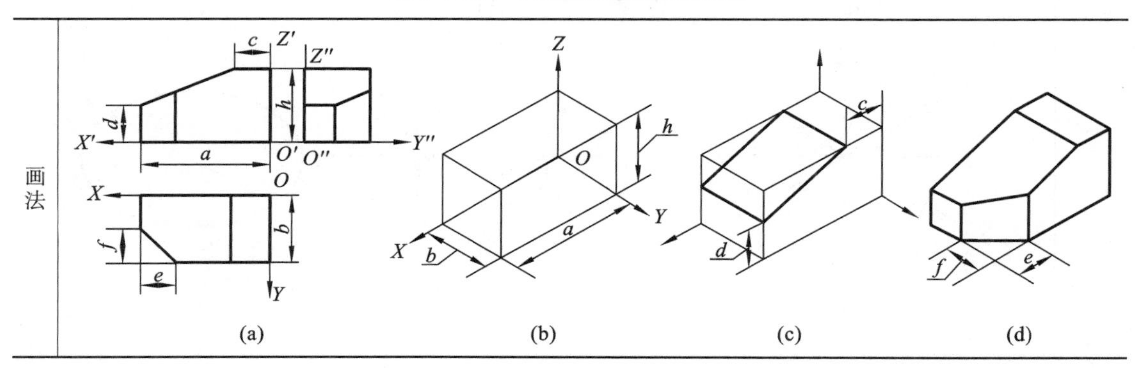

续表

作图过程说明	①根据三视图定坐标原点及坐标轴，如图(a)所示。 ②画出轴测轴，并根据给出的尺寸 a、b、h 作出长方体的轴测图，如图(b)所示。 ③倾斜线上不能直接量取尺寸，只能沿与轴测轴相平行的对应棱线量取 c、d，定出斜面上线段端点的位置，并连成平行四边形，如图(c)所示。 ④根据给出的尺寸定出左下角斜面上线段端点的位置，并连成四边形。擦去作图线，描深，如图(d)所示

2. 圆的正等测图的画法

平行于各坐标面的圆的正等测图都是椭圆，如图 1-3-53 所示。它们只是长短轴的方向不同，画法是一样的。

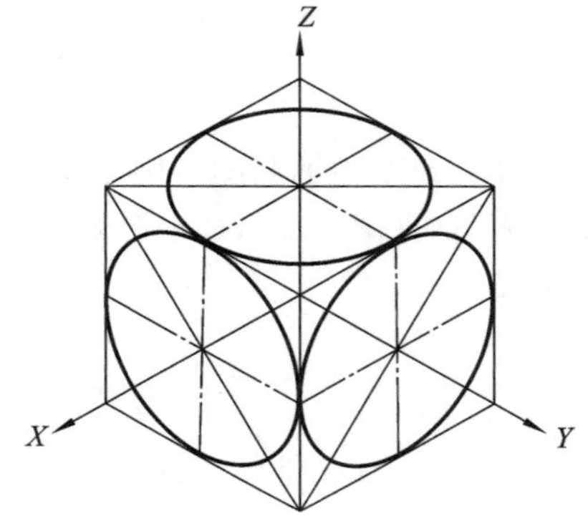

图 1-3-53　圆的正等测图的画法

作圆的正等测图时，必须弄清椭圆的长短轴的方向。如图 1-3-53 所示，椭圆的长短轴分别与圆的两条中心线的轴测投影的小角、大角的平分线重合。因此，作图时必须搞清圆平行于哪个坐标面，再画出该圆两条中心线的轴测投影，如此椭圆的长短轴方向即可确定。

椭圆可用四心法近似地画出，即在大角间对称地画两个小圆弧，其圆心分别位于短轴、长轴上。表 1-3-15 中以平行于 H 面的圆(又称水平圆)为例，说明圆的正等测图的画法。

表 1-3-15　水平圆的正等测图的画法

画法	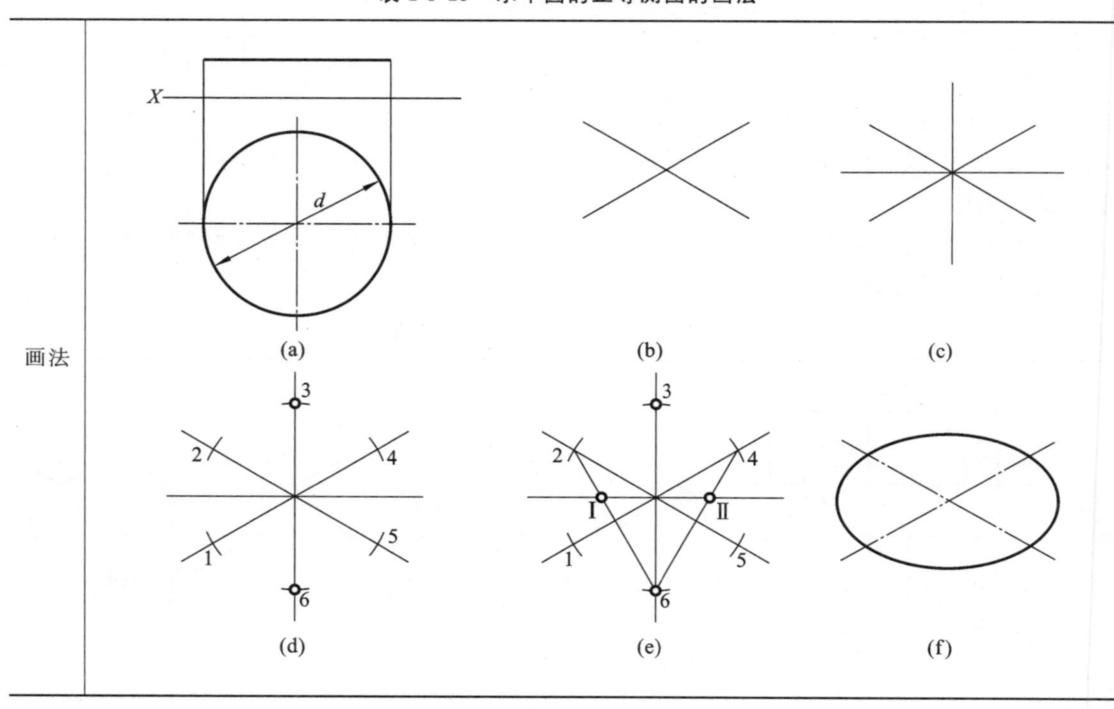

续表

作图过程说明	①图(a)所示为水平圆的两面投影。画圆的两条中心线的轴测投影,如图(b)所示。 ②画大小角的平分线,如图(c)所示。 ③以交点为圆心,以 $d/2$ 为半径画弧,在轴测轴上取切点 1、2、4、5,在短轴上取圆心 3、6,如图(d)所示。 ④连接 2、6 和 4、6,分别交长轴于Ⅰ、Ⅱ两点,如图(e)所示。 ⑤分别以 3、6 为圆心,以 35 为半径画两大弧;分别以Ⅰ、Ⅱ为圆心,以Ⅰ1 为半径画两小弧。擦去作图线,描深,结果如图(f)所示

3. 圆柱的正等测图的画法

轴线为铅垂线的圆柱的正等测图的画法见表 1-3-16。

表 1-3-16 轴线为铅垂线的圆柱的正等测图的画法

画法	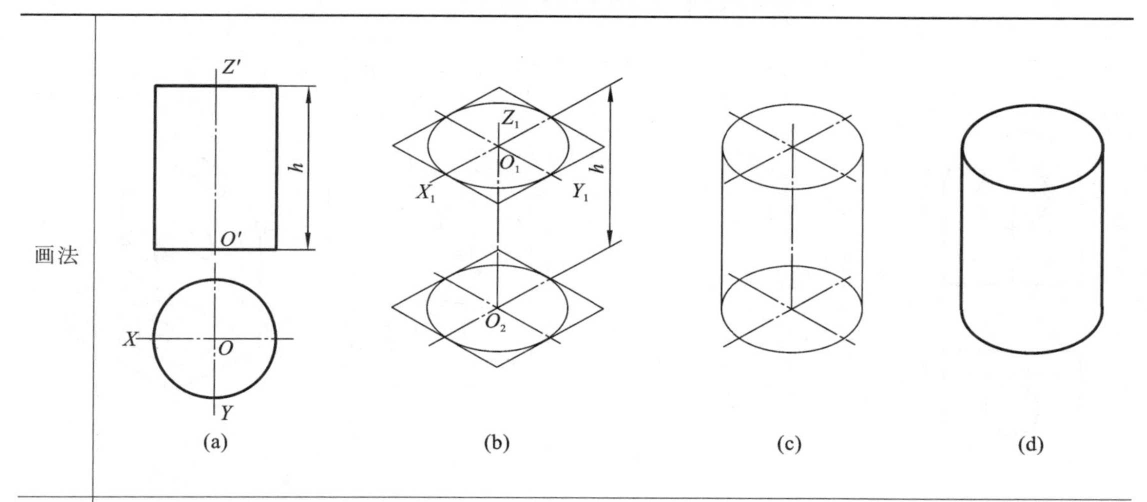
作图过程说明	①图(a)所示为圆柱的两视图,以顶圆圆心为坐标原点画出正等测图轴测轴,从 O_1Z_1 轴向下量取 h 距离,确定底圆圆心 O_2,按表 1-3-15 所示的方法画出顶面和底面的椭圆,如图(b)所示。 ②沿 Z_1 轴方向作两椭圆的公切线,如图(c)所示。 ③擦去底面椭圆的不可见部分及多余线,加深轮廓线,完成圆柱的正等测图,如图(d)所示

轴线平行于不同坐标轴的圆柱的正等测图如图 1-3-54 所示。

对于由几个基本几何体叠加而成的简单零件,在画正等测图时,应先用形体分析法将零件进行分解,然后依次画出各分解形体的正等测图。

图 1-3-55(a)所示为弯板的两视图。它由两部分,即底板和立板组合而成,作图时可先作出底板的正等测图,然后在底板的后上方作出立板的正等测图。

具体作图步骤如下:

(1) 作底板和立板各自所对应的长方体的正等测图,并画出底板和立板上各自圆孔的中心线,如图 1-3-55(b)所示。

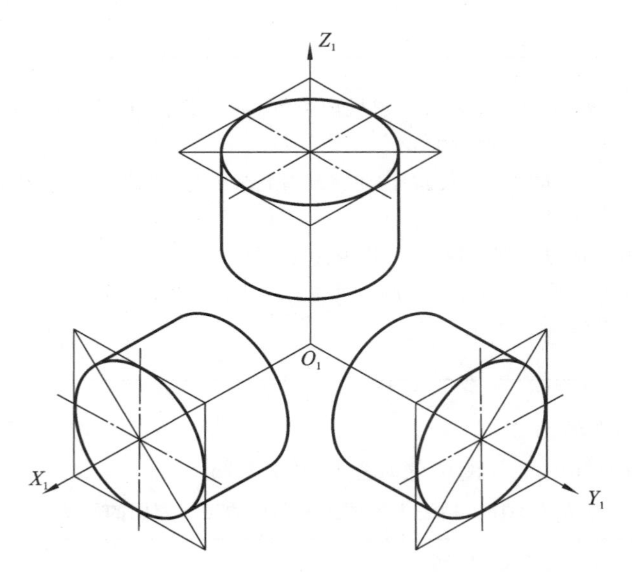

图 1-3-54　三个不同方向的圆柱的正等测图

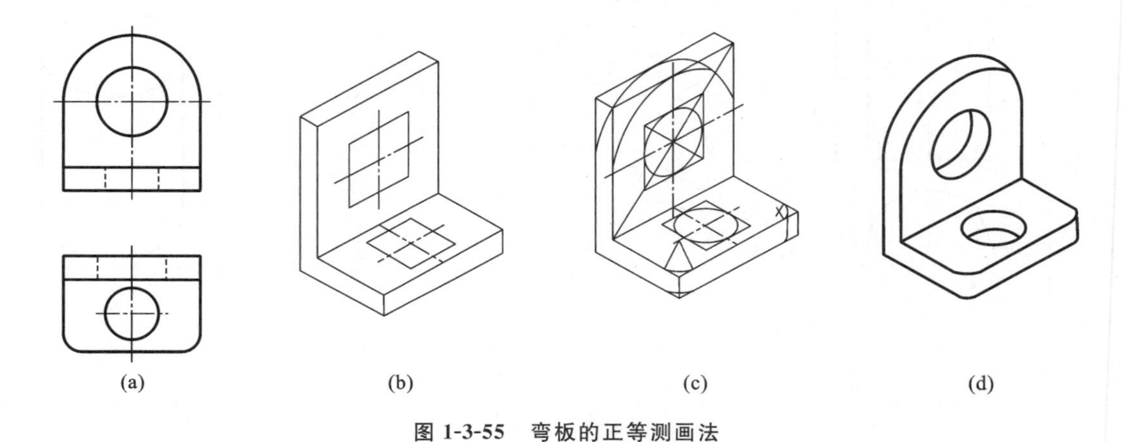

图 1-3-55　弯板的正等测画法

(2) 作底板和立板上圆孔的正等测图及立板上方半圆头的正等测图，如图 1-3-55(c)所示。其中，底板上表面的椭圆平行于 H 面，立板前表面的椭圆及半椭圆平行于 V 面，它们的作法可参考表 1-3-16 完成。

(3) 作底板上两个圆角的正等测图。方法是：以角点为圆心用分规在三视图上量取圆角半径后在两条边线上划痕；在划痕处作边线的垂线；以两条垂线的交点为圆心作两边线的相切圆弧，如图 1-3-55(c)所示。注意，右侧圆角的上下圆弧作好之后还应作出它们的公切线。

(4) 作底板下表面的椭圆及立板后表面的椭圆及半椭圆。作法同步骤(2)，只是将不可见的部分擦掉即可。

(5) 擦除多余线，加深，完成全图，如图 1-3-55(d)所示。

三、斜二测图的画法

参阅图 1-3-51(b)可知，将物体上平行于 XOZ 坐标面的平面放置成与轴测投影面平行，让投射方向与轴测投影面倾斜，且各轴投影后所得的各轴测轴之间的夹角如图 1-3-56 所示，这时物体的投影图叫作斜二测图，简称斜二测。

斜二测图的画法与正等测图的画法基本相同，都是沿轴测量、沿轴画图。但斜二测图的轴间角与正等测图不同，且沿 OY 轴方向量取尺寸时应取原长的 1/2。

由于在斜二测图中，凡是平行于 XOZ 坐标面的平面，其轴测投影都反映实形，因此对于单方向形状复杂的物体，画斜二测图较为简单。

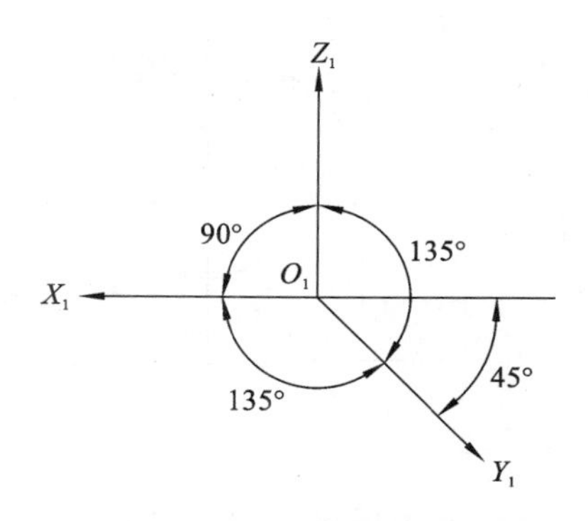

图 1-3-56 斜二测图轴测轴的画法

例 1: 根据支承架的两视图(见图 1-3-57)绘制支承架的斜二测图。

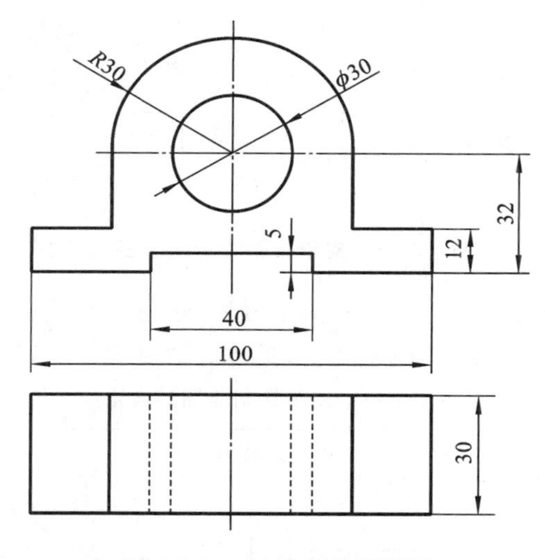

图 1-3-57 支承架的两视图

作图步骤：

(1) 抄画主视图，即前表面实形，如图 1-3-58(a)所示。

(2) 过前表面各角点和圆心作 45°斜线，长度为形体宽的 1/2(15 mm)，不可见棱线不必画出，如图 1-3-58(b)所示。

(3) 根据平行线特点作出后表面直线轮廓的可见部分，再由已知圆心和半径作出后表面圆和圆弧轮廓的可见部分，如图 1-3-58(c)所示。

(4) 作前后表面上两圆弧的公切线，如图 1-3-58(d)所示。

(5) 擦除多余线、加深，即完成全图。

四、徒手绘制草图的方法

徒手绘制草图是一种不用绘图仪器和工具而按目测比例徒手画出图样的绘图方法。在设计方案以及现场测绘时，都需要绘制草图，因此，徒手画图是工程技术人员必备的一项基本技能。

徒手绘制草图时仍应做到：投影正确、图线清晰、比例匀称、字体工整、尺寸无误。

徒手绘制草图用的铅笔一般要比用尺规画图时用的铅笔软一号，削成圆锥形，画细线时应

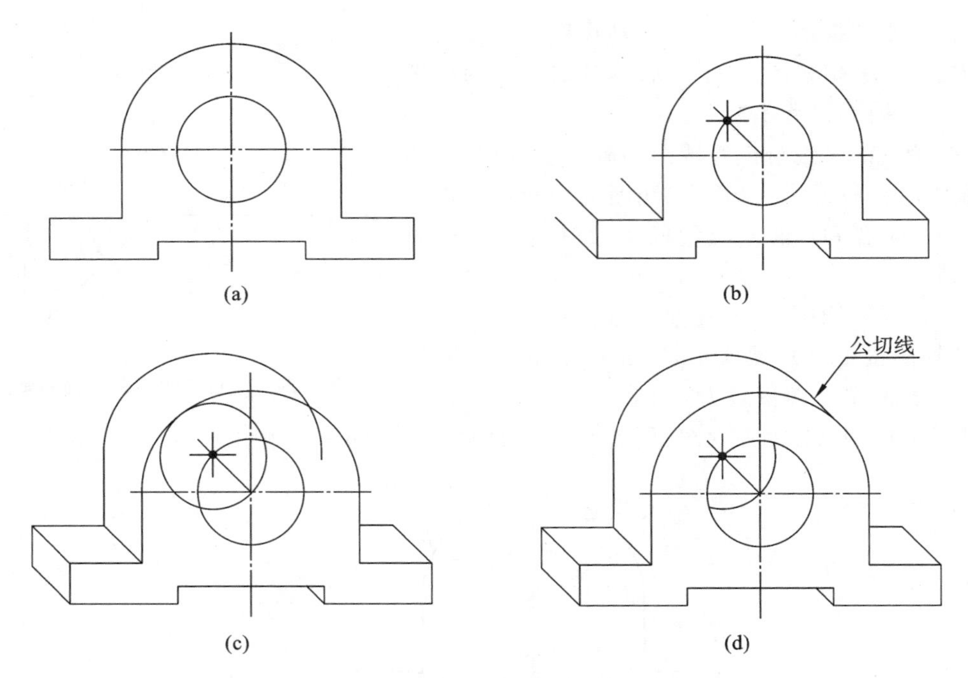

图 1-3-58　支承架斜二测图的画法

削得尖一些，画粗线时应削得秃一些。有时为了方便，也用印有浅色方格的坐标纸绘制。绘图时，手腕要悬空，并以小指轻触纸面，执笔要稳，具体方法见表 1-3-17。

表 1-3-17　徒手绘制草图的方法

类型	作图过程和说明
直线	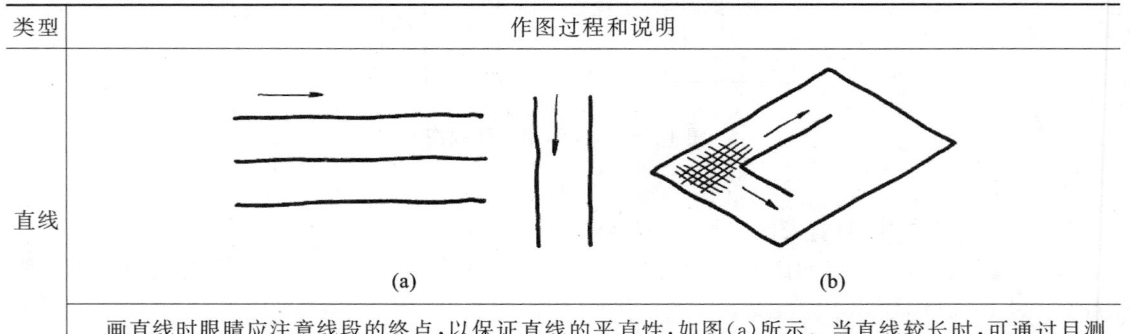
	画直线时眼睛应注意线段的终点，以保证直线的平直性，如图(a)所示。当直线较长时，可通过目测在直线中间定出几点，分段画出。如果将图纸沿运笔方向略为倾斜，则画线更加顺手，如图(b)所示
角度线	≈30° (a)　≈45° (b)　≈60° (c)　30° ≈10° (d)
	画 30°、45°、60°斜线，可根据其正切值 3/5、1、5/3 定出端点后，连成直线，如图(a)、(b)、(c)所示。若画 15°、10°斜线，可通过先画出 30°斜线后再将 30°角二等分、三等分得到，如图(d)所示

续表

类型	作图过程和说明
圆	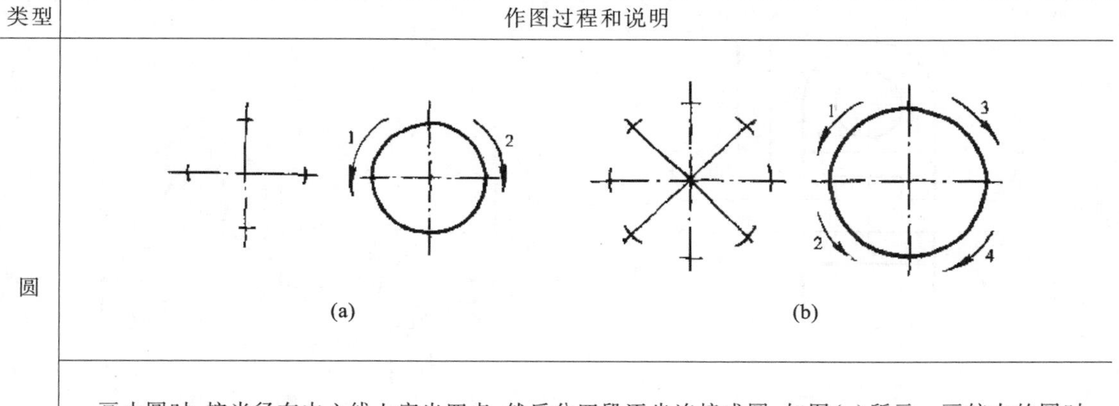 (a) (b) 画小圆时，按半径在中心线上定出四点，然后分四段逐步连接成圆，如图(a)所示。画较大的圆时，除中心线上的四点外可再画一对或几对相互垂直的过圆心的射线，按半径取点，依次徒手连接成圆，如图(b)所示
圆弧	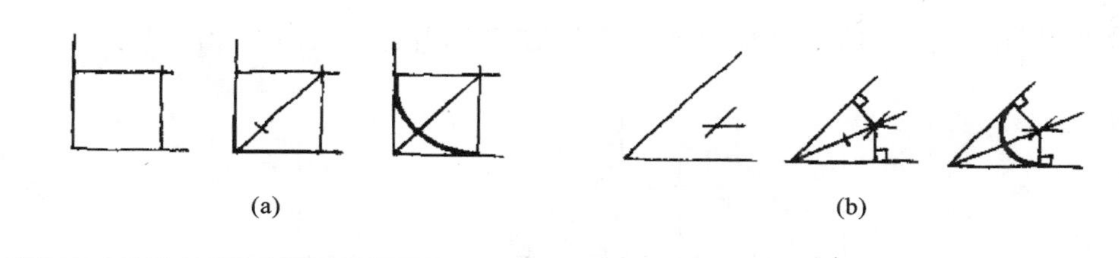 (a) (b) 画圆弧时，应先将与圆弧相切的两直线画成相交，然后目测，在角分线上定出圆心位置，使它与角两边的距离等于圆角半径，过圆心向两边引垂线定出圆弧的起点和终点，并在角分线上也定出一圆周点，然后用圆弧把三点连接起来，如图(a)、(b)所示

五、徒手绘制轴测草图

在画图和读图的过程中，为了帮助人们进行空间想象，常常会徒手勾画轴测草图。因此，这一技能对学习本课程很有帮助。

徒手绘制轴测草图的原理和过程与尺规绘制轴测图是完全一样的，只是不用尺规而已。为了作图方便，一般在方格纸上绘制，待熟练之后便可在白纸上绘制。

例 2:徒手绘制图 1-3-59(a)所示物体的斜二测图。

分析：

该物体可看作由一个底部开槽的水平板和一个带半圆柱的穿孔立板组合而成，因此可用组合法绘制。

作图：

(1) 徒手画出轴测轴，画出水平板长方体并切去底部方槽，如图 1-3-59(b)所示。

(2) 在水平板后侧绘出带半圆柱的立板并挖去立板上的圆柱孔，整理并完成全图，如图 1-3-59(c)所示。

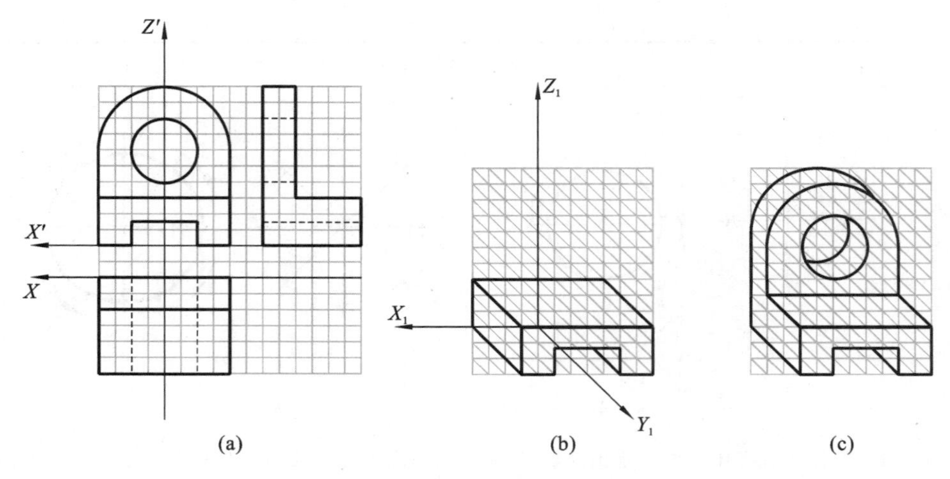

图 1-3-59　徒手绘制斜二测图

【课堂练习】

根据图 1-3-60 所示的两视图，想象出零件的形状，补画左视图并标注尺寸。

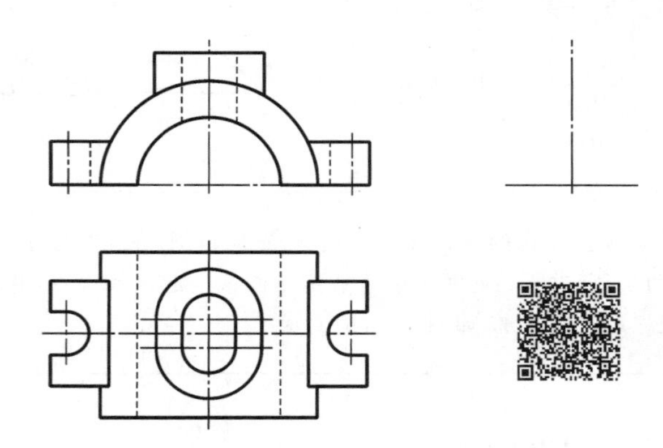

图 1-3-60　补画左视图并标注尺寸

模块 4

机械零件的表达

在工程实际中，机械零件（即机件）的结构形状多种多样，有的用前面介绍的三个视图还不能表达清楚。为此，国家标准《技术制图》和《机械制图》中规定了视图、剖视图、断面图以及其他各种表达方法。在这一模块中，我们将以阀体、压紧杆、泵盖、支架、模板、摇臂、阶梯轴共七个机件为载体来学习这些表达方法。

任务 1　阀体的表达

【任务分析】

图 1-4-1 所示为阀体的三维造型。用三视图表达时，按自然位置安放并选择比较能够全面反映其形状特征的方向作为主视方向，如图 1-4-1 中的箭头所示。如果用主、俯、左三个视图表达，由于阀体左右两侧形状不同，在左视图中将会出现许多虚线，这将给画图和读图带来困难。那么，到底应采用怎样的表达方法呢？

图 1-4-1　阀体的三维造型

【相关知识】

一、视图

视图是用正投影法将机件向投影面投射所得的图形，主要用于表达机件外部结构形状，一般只画出机件的可见部分，必要时才用虚线表达其不可见部分。视图包括基本视图、向视图、局部视图和斜视图四种。

二、基本视图

机件向基本投影面投射所得的视图，称为基本视图。

如图 1-4-2 所示，在原有三个投影面的基础上，再增加三个互相垂直的投影面，构成一个正六面体。正六面体的六个面称为基本投影面。将机件放在正六面体内，分别向各基本投影面投射，所得的视图称为基本视图。除主视图、俯视图和左视图外，还有右视图、仰视图、后视图。

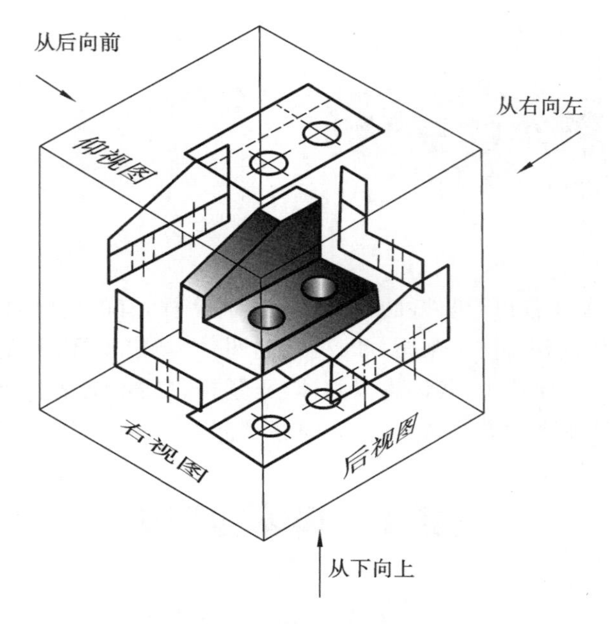

图 1-4-2　基本视图的形成

六个基本投射方向、六个基本视图分别是：

由前向后投射——主视图；

由后向前投射——后视图；

由上向下投射——俯视图；

由下向上投射——仰视图；

由左向右投射——左视图；

由右向左投射——右视图。

就像三视图的形成过程一样，六个基本投影面需要展开。展开时，正面仍然保持不动，其余各投影面按图 1-4-3 所示展开到与正面在同一平面上。因此，六个基本视图之间仍保持“长对正、高平齐、宽相等”的投影关系，如图 1-4-4 所示。

三、向视图

当基本视图未按投影关系配置时即产生了向视图，如图 1-4-5 所示。也就是说，向视图是可以自由配置的视图。

在实际应用向视图时应注意：

(1) 由于向视图的位置可随意配置，为了便于读图，应在向视图的上方用大写英文字母标出该向视图的名称，并在相应的视图附近用箭头指明投射方向，并注上相同的字母，如图 1-4-5 所示。

(2) 表示投射方向的箭头应尽可能配置在主视图上，表示后视图的投射方向的箭头最好配置在左视图或右视图上，如图 1-4-5 所示。

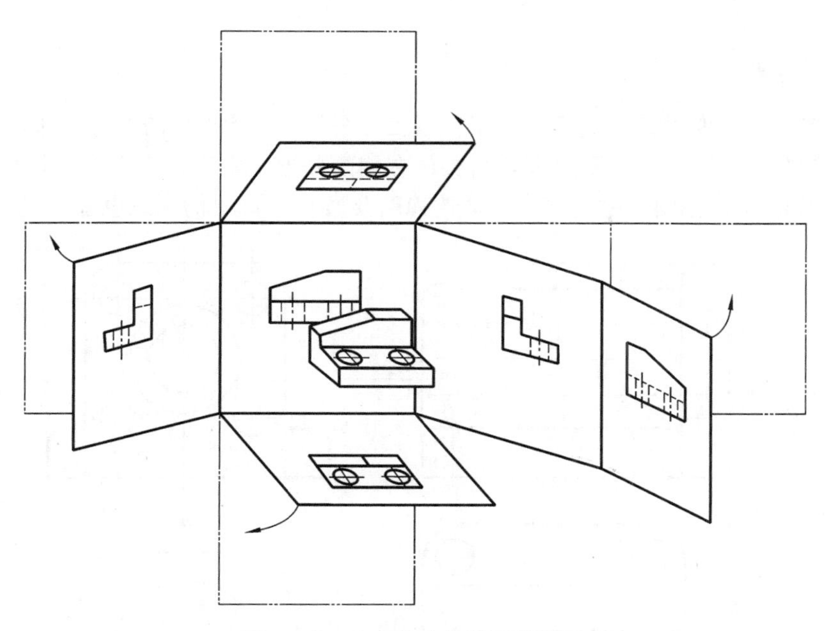

图 1-4-3 六个基本投影面的展开

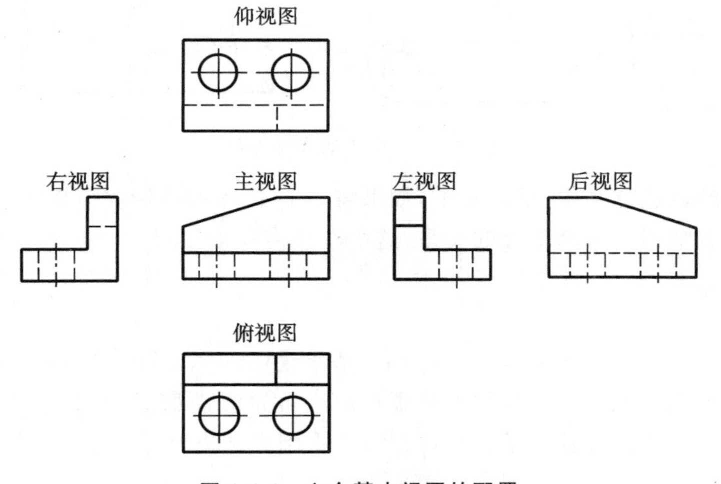

图 1-4-4 六个基本视图的配置

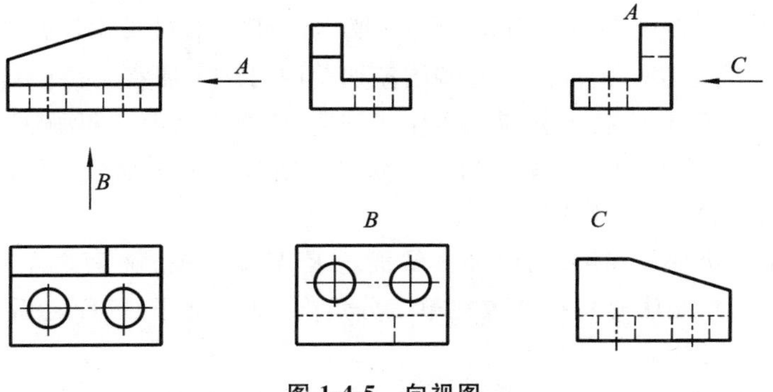

图 1-4-5 向视图

【任务实施】

图 1-4-6 所示为阀体的表达方案。由于仅用三视图已无法将机件的形状全部表达清楚，因此增加了一个向视图(*A* 图)，它主要用来表达机件右侧的外形。由于用四个图已将机件的全部形状表达清楚，因此不仅左视图中的虚线，连同俯视图及 *A* 向视图中的虚线也都可以省略了。

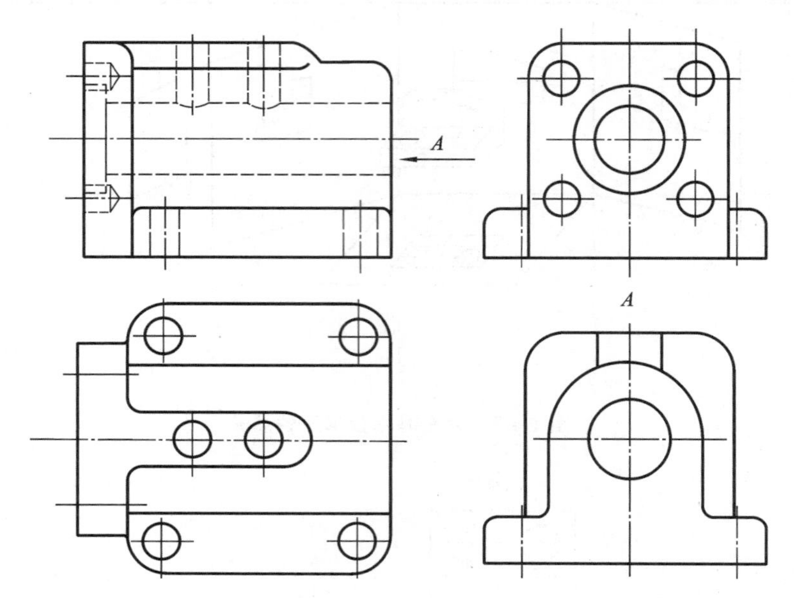

图 1-4-6　阀体的表达方案

在上述阀体的表达方案中，试想一下，如果将 *A* 向视图按投影关系配置，即将其配置在主视图的左侧并与主视图保持高平齐的关系，这个图还需要标注吗?

【归纳总结】

通过阀体表达方案的学习，可以总结如下：基本视图的六个图位置是固定不变的，而向视图是当新增的三个视图(后、右、仰视图)未画在原来位置时而形成的，是未按投影关系配置的基本视图。由于视图的位置发生了变化，因此，向视图必须进行标注。

【知识拓展】

《技术制图　投影法》(GB/T 14692)规定：技术图样应采用正投影法绘制，并优先采用第一角画法。但国际上有些国家如美国、日本、加拿大、澳大利亚等采用的是第三角画法，为了适应国际科学技术交流和协作的需要，应当了解第三角画法。

图 1-4-7 所示为三个互相垂直相交的投影面将空间分为八个部分，每部分为一个分角，依次为Ⅰ、Ⅱ、Ⅲ、Ⅳ、Ⅴ、Ⅵ、Ⅶ、Ⅷ分角。

第一角画法是将机件放在第一分角内(*H* 面之上、*V* 面之前、*W* 面之左)，进行投射而得到正投影的方法。第三角画法是将机件放在第三分角内(*H* 面之下、*V* 面之后、*W* 面之左)，进行投射而得到正投影的方法。

在第三角画法中，在 *V* 面上形成自正前方投射所得的主视图，在 *H* 面上形成自正上方投

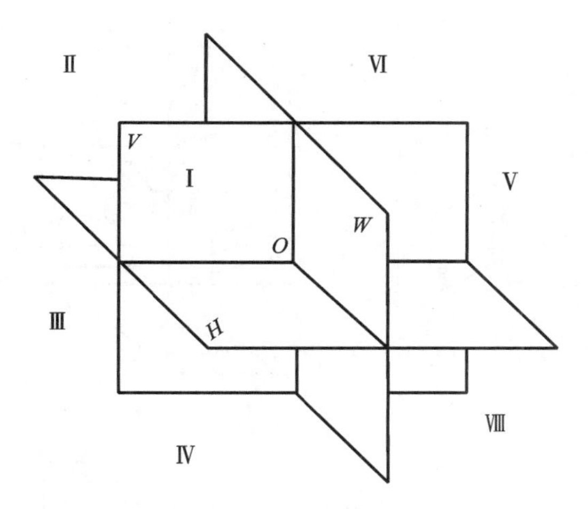

图 1-4-7 八个分角(Ⅶ在Ⅷ后侧,未显示)

射所得的俯视图,在 W 面上形成自右方投射所得的右视图,如图 1-4-8(a)所示。V 面不动,将 H 面、W 面分别绕 X 轴、Z 轴向上、向右旋转 90°,得到三视图,如图 1-4-8(b)所示。

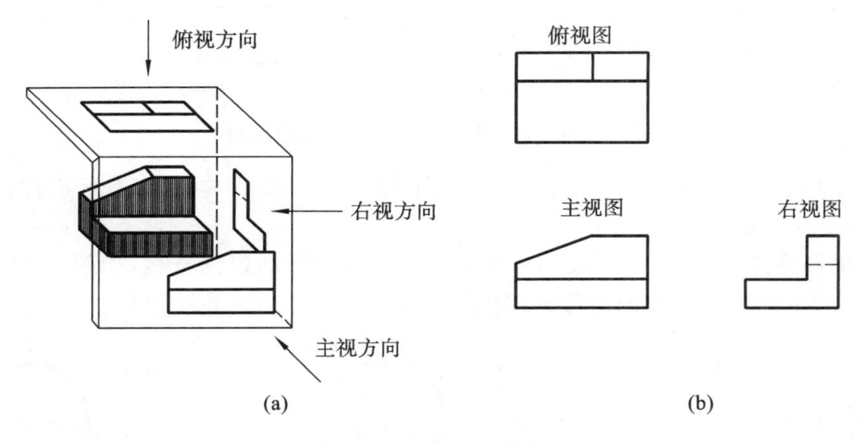

图 1-4-8 第三角画法

由此可见,第三角画法和第一角画法中的三视图配置的位置是不同的。在第三角画法中,俯视图位于主视图之上,右视图位于主视图之右,如图 1-4-8(b)所示。

与第一角画法一样,第三角画法也有六个基本视图,将机件向正六面体的六个平面(基本投影面)进行投射,展开后即得六个基本视图,如图 1-4-9 所示。仔细比较图 1-4-9(a)和图 1-4-9(b)可以看出,六个基本视图及其名称都是相同的,且在第三角画法中,相应视图之间仍保持"长对正、高平齐、宽相等"的投影关系。

将第三角画法与第一角画法相对比,发现:

(1) 观察者、机件、投影面三者之间的相对位置不同,决定了六个基本视图的配置关系不同。

第三角画法的俯、仰视图与第一角画法的俯、仰视图位置对换;

第三角画法的左、右视图与第一角画法的左、右视图位置对换;

第三角画法的主、后视图与第一角画法的主、后视图完全一致。

(2) 由于视图的配置关系不同,因此第三角画法的俯视图、仰视图、左视图、右视图,靠近

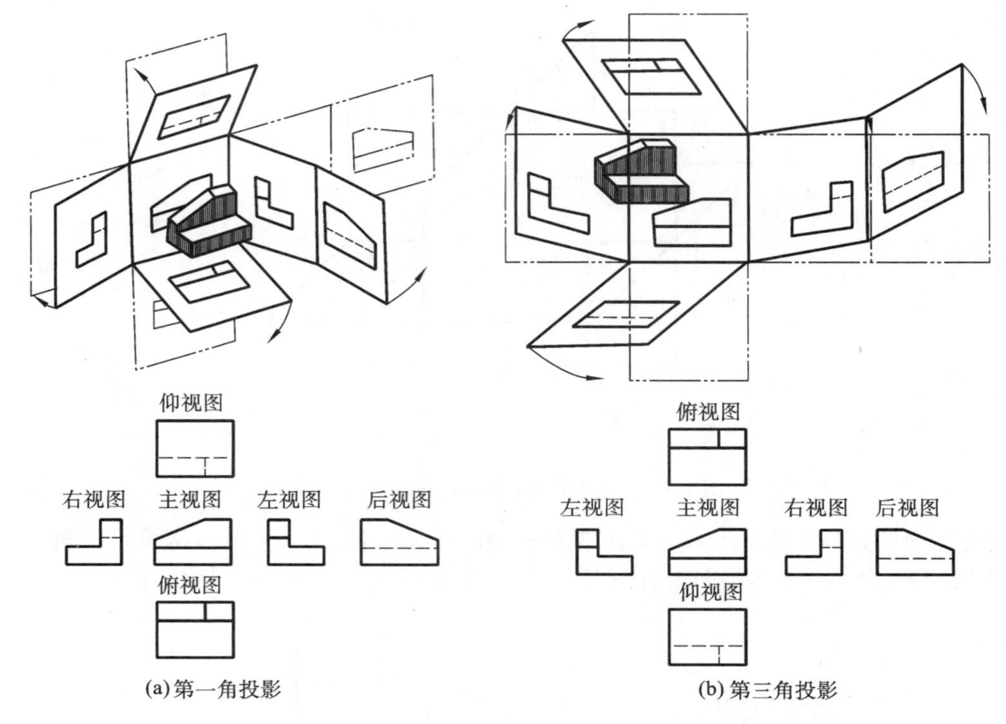

(a)第一角投影　　　　(b)第三角投影

图 1-4-9　第一角画法和第三角画法比较

主视图的一边(里边),均表示机件的前面;远离主视图的一边(外边),均表示机件的后面。这与第一角画法正好相反。

(3) 采用第三角画法时,必须在图样中画出第三角投影的识别符号,如图 1-4-10(a)所示。图 1-4-10(b)所示为第一角的识别符号,图 1-4-10(c)所示为识别符号的大小。

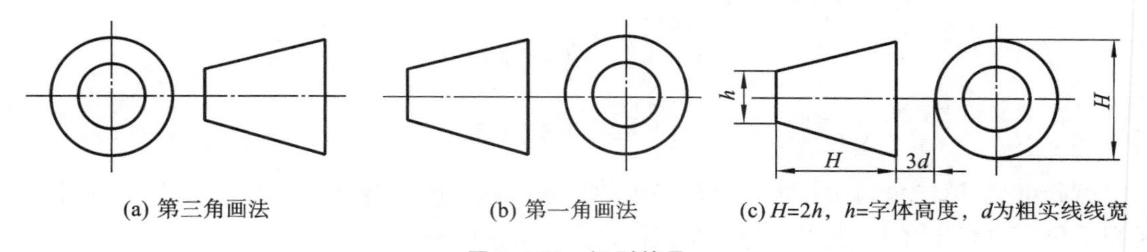

(a) 第三角画法　　　　(b) 第一角画法　　　　(c) $H=2h$,h=字体高度,d为粗实线线宽

图 1-4-10　识别符号

图 1-4-11 所示是机件的第三角画法与第一角画法对比,只有弄清楚该机件是采用第三角画法还是采用第一角画法,才能确切知道机件圆盘上的小圆孔是在后方还是在前方。

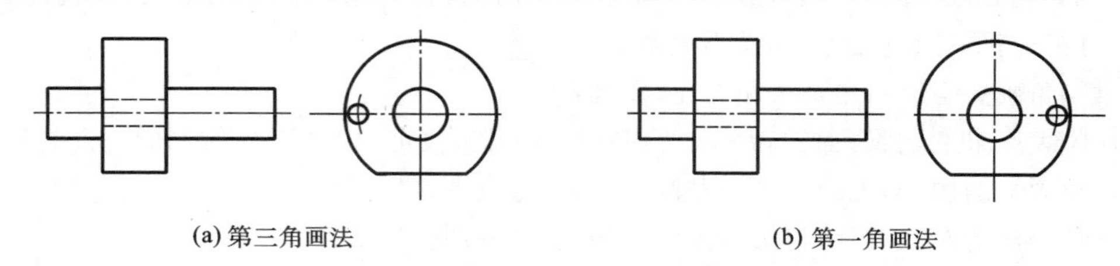

(a) 第三角画法　　　　(b) 第一角画法

图 1-4-11　机件的第三角画法和第一角画法对比

【课堂练习】

在图 1-4-12 中找出右、后、仰视图，并按规定进行标注。

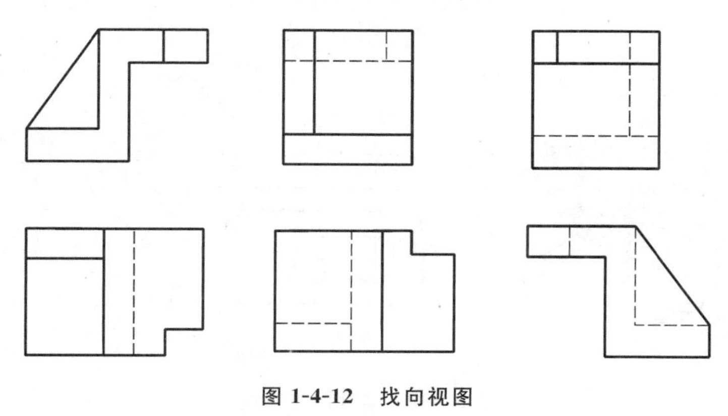

图 1-4-12 找向视图

任务 2 压紧杆的表达

【任务分析】

压紧杆的三维造型如图 1-4-13(a)所示，由于零件上存在倾斜结构，若采用三视图来表达它的形状，则倾斜部分在 H 和 W 面上的投影都不具有积聚性，如图 1-4-13(b)所示，这将给画图带来不便。对于这种情况，常采用斜视图来表达。

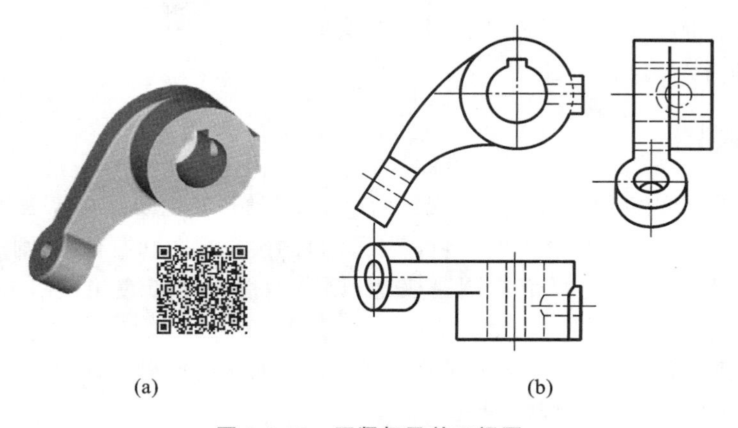

(a) (b)

图 1-4-13 压紧杆及其三视图

【相关知识】

一、斜视图

当机件上有倾斜结构时，为了表达倾斜部分的真实形状，可设置一个平行于倾斜部分的正

垂面 V_1 作为辅助投影面，沿垂直于正垂面的 A 向投射，在辅助投影面上就可得到倾斜部分的实形，如图 1-4-14(a)所示。这种将机件向不平行于基本投影面的平面投射所得的视图称为斜视图。

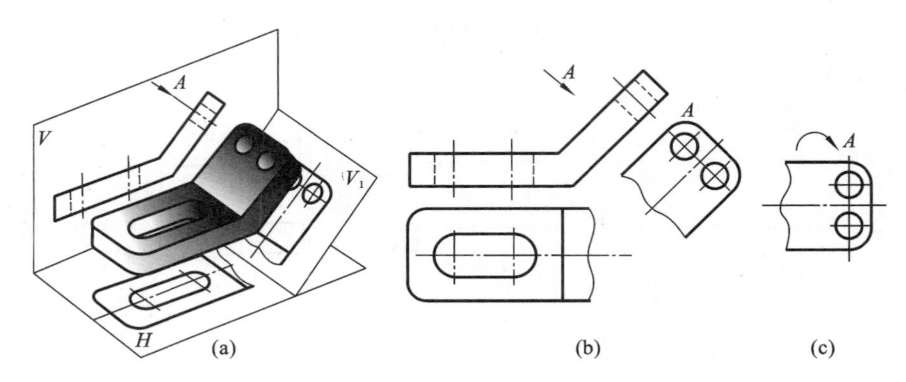

图 1-4-14　斜视图的形成

斜视图的画法、标注及配置如下：

(1) 画斜视图时，首先应将辅助投影面向后翻转 90°，使它与 V 面重合。展开后得到的斜视图如图 1-4-14(b)中的 A 图所示，它与主视图的对应部分应在倾斜方向上保持对正。斜视图常用于表达机件上倾斜部分的形状，其断裂边界可用波浪线或双折线表示。

(2) 斜视图必须进行标注，标注的方法是：首先在斜视图的正上方标一大写英文字母，然后在相应视图上标一个与倾斜轮廓垂直的箭头(表示投射方向)并写上相同的字母，如图 1-4-14(b)所示。

(3) 斜视图按向视图的配置形式进行配置。需要时，还允许将斜视图转正配置，并加注旋转符号，且箭头的方向与图形的旋转方向一致。旋转符号为半径等于字体高度的半圆形，且表示斜视图名称的字母应注在靠近旋转符号的箭头端，如图 1-4-14(c)所示。需给出旋转角度时，角度应注写在字母之后。

二、局部视图

如图 1-4-15 所示的机件，采用主、俯视图两个基本视图，其主要结构已表达清楚，但左、右两个凸台的形状不够明晰，若因此再画出左视图和右视图，则大部分属于重复表达。如果采用 A 和 B 两个局部视图来表达，则可使图形重点突出，左、右凸台的形状更清晰。

所谓局部视图，就是将机件的某一部分向基本投影面投射所得的视图。

局部视图的画法、标注及配置如下：

(1) 与斜视图相同，局部视图的断裂边界也用波浪线或双折线表示，如图 1-4-15 中的 A 图。当局部视图所表达的结构是完整的，其图形的外轮廓线呈封闭时，波浪线可省略不画，如图 1-4-15 中的 B 图。

(2) 局部视图用带字母的箭头标明所表达的部位和投射方向，并在局部视图的上方标注相应的字母，如图 1-4-15 中的 A 图和 B 图。但当局部视图按投影关系配置，中间又没有其他视图隔开时，可省略标注。据此，图 1-4-15 中的 A 图可省略标注。

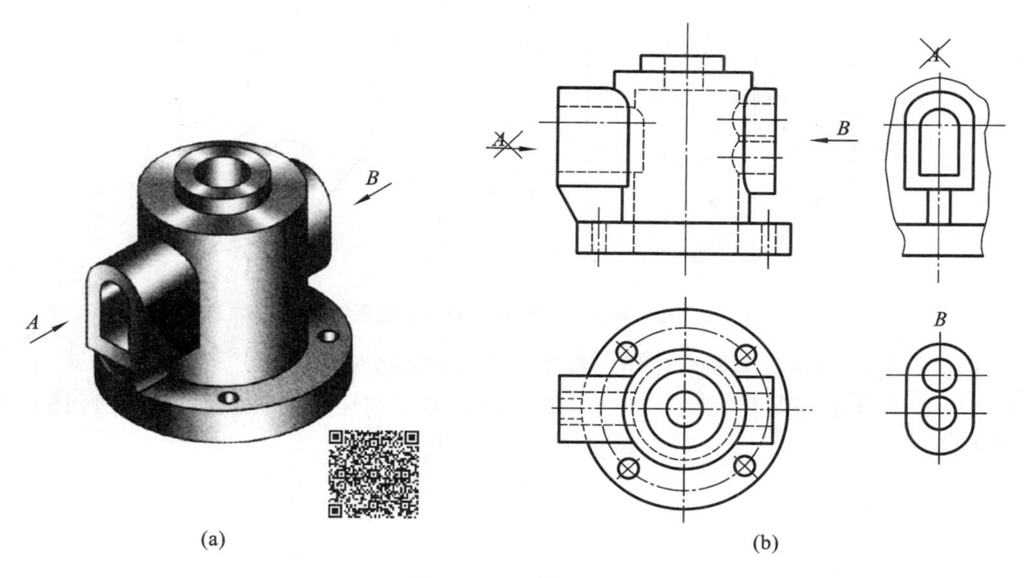

(a) (b)

图 1-4-15 局部视图

(3) 局部视图可按基本视图的形式配置，如图 1-4-15 中的 A 图；也可按向视图的形式配置，如图 1-4-15 中的 B 图；还可按第三角画法配置在视图上所需表达的局部结构的附近，并用细点画线将两者相连，如图 1-4-16(a)所示。无中心线的图形也可用细实线连接两图，如图 1-4-16(b)所示。按第三角画法配置的局部视图无须标注。

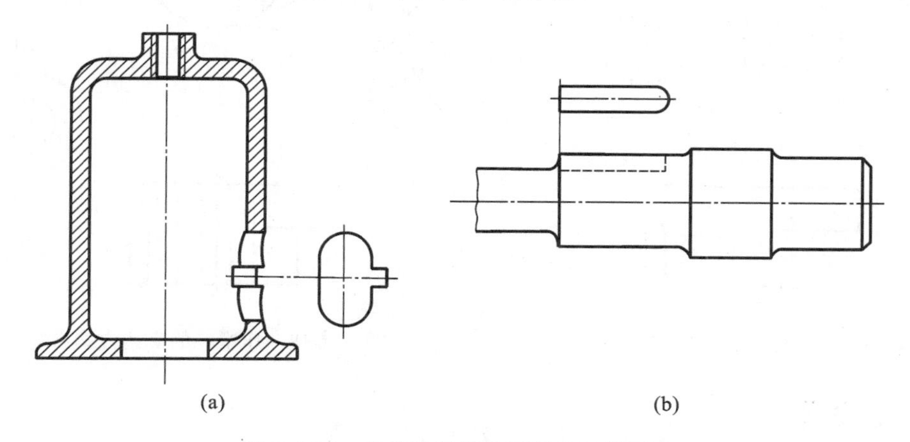

(a) (b)

图 1-4-16 按第三角画法配置的局部视图

(4) 为了节省绘图时间和图幅，对称零件的对称视图可只画一半或四分之一，这样的视图也是局部视图，但在对称中心线的两端要画出两条与其相垂直的平行的细实线，如图 1-4-17 所示。

【任务实施】

图 1-4-18 所示是压紧杆的表达方案。方案采用了四个图表达，保留了原三视图中的主视图，舍去了俯视图和左视图，取而代之的是一个斜视图和两个局部视图。其中，斜视图用以表达机件上倾斜部分的形状，其余部分用 B 向局部视图表达；C 向局部视图用以表达机件右侧

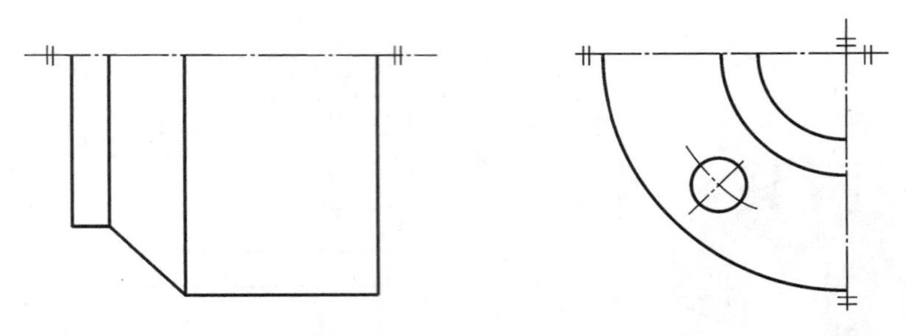

图 1-4-17　对称零件的局部视图

的 U 形凸台。这种表达方案显然比用三视图表达画图更方便了。

图 1-4-19 所示是压紧杆的另一表达方案。请读者仔细比较两种表达方案在画图及标注方面的异同点。

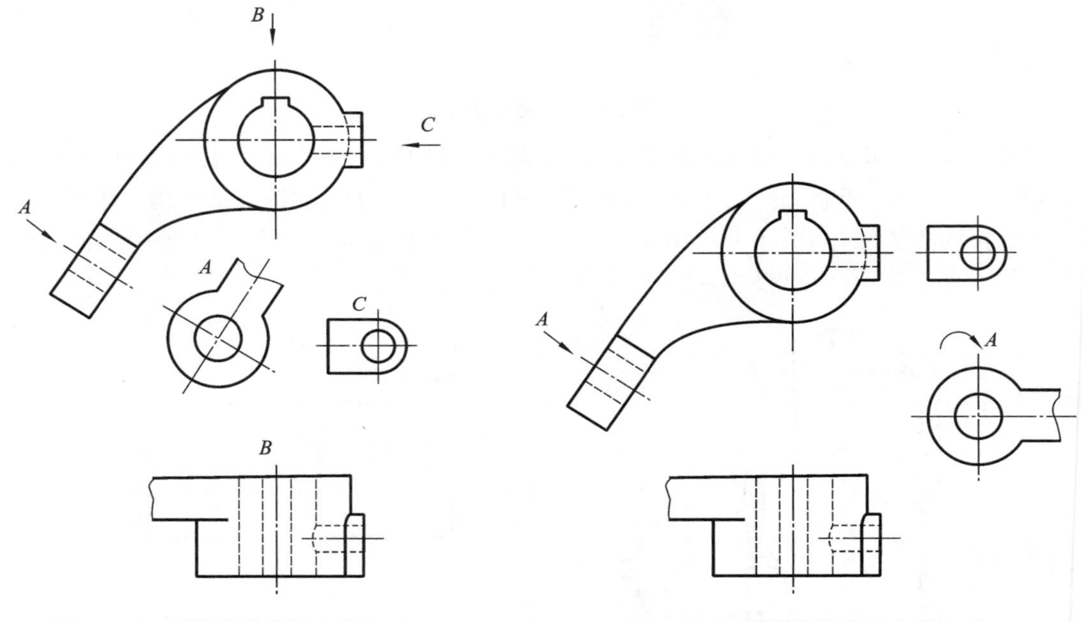

图 1-4-18　压紧杆的表达方案(一)　　图 1-4-19　压紧杆的表达方案(二)

【归纳总结】

借助任务 1 和任务 2,我们学习了基本视图、向视图、局部视图和斜视图,在工程实际中,应根据实际零件的形状来灵活选用。一般来说,在完整、清晰表达零件内外结构的前提下,力求使视图的数量少,以减少绘图工作量。

【课堂练习】

图 1-4-20 所示为一个零件的表达方案,请完成以下任务:

(1) 弄清各视图的名称并填空:中间的图是＿＿＿＿＿＿图;下方的图是＿＿＿＿＿＿图;左侧的图是＿＿＿＿＿＿图;右上方的图是＿＿＿＿＿＿图。

(2) 想象零件的形状并填空:该零件可分解为三部分,左边部分的外形是＿＿＿＿＿＿,其上有__________；中间部分的外形是__________，其上有__________；右边部分的外形是__________，其上有__________。

（3）进行必要的标注。

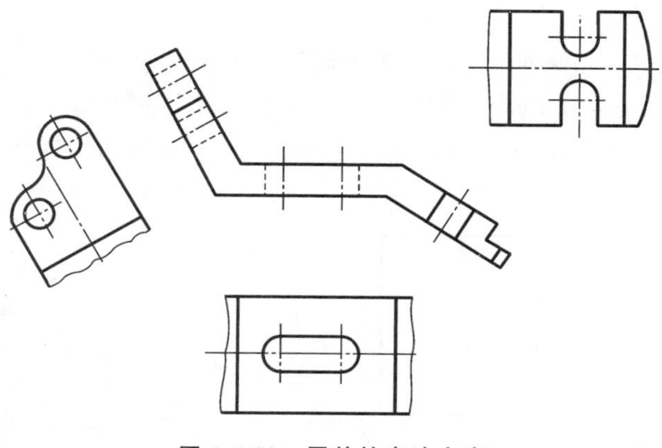

图 1-4-20 零件的表达方案

任务 3 泵盖的表达

【任务分析】

泵盖的三维造型如图 1-4-21(a)所示，其内部的不可见结构较多，若采用两个视图来表达它的形状，则在主视图中会有较多的虚线，如图 1-4-21(b)所示。过多的虚线会影响图形的清晰度，不便于读图和标注尺寸。为了清晰地表达零件的内部形状，国家标准规定了剖视的表达方法。

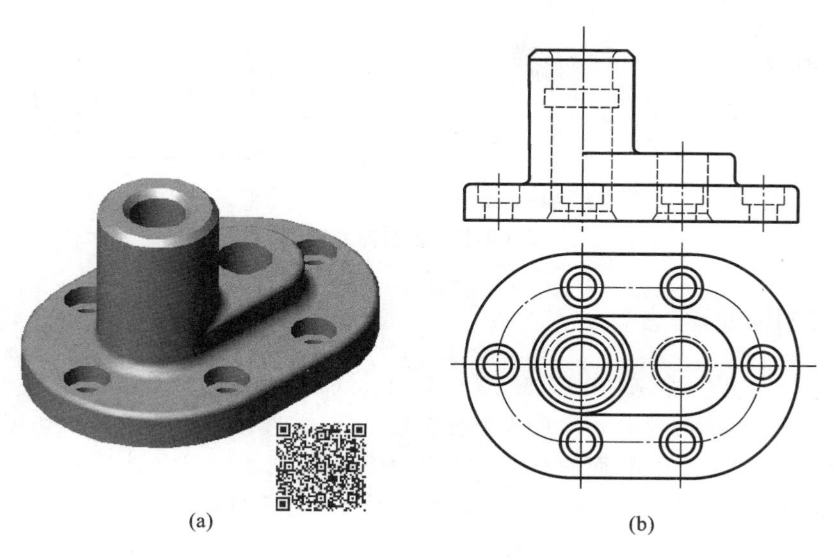

(a) (b)

图 1-4-21 泵盖及其两视图

【相关知识】

一、剖视图的形成

图 1-4-22(a)所示为一机件的两视图，假想用剖切面剖开机件(见图 1-4-22(b))，将处在观察者与剖切面之间的部分移去(见图 1-4-22(c))，将其余部分向相应的投影面(本例为 V 面)投射所得的图形称为剖视图，简称剖视。图 1-4-22(d)中的主视图即为该机件的剖视图。

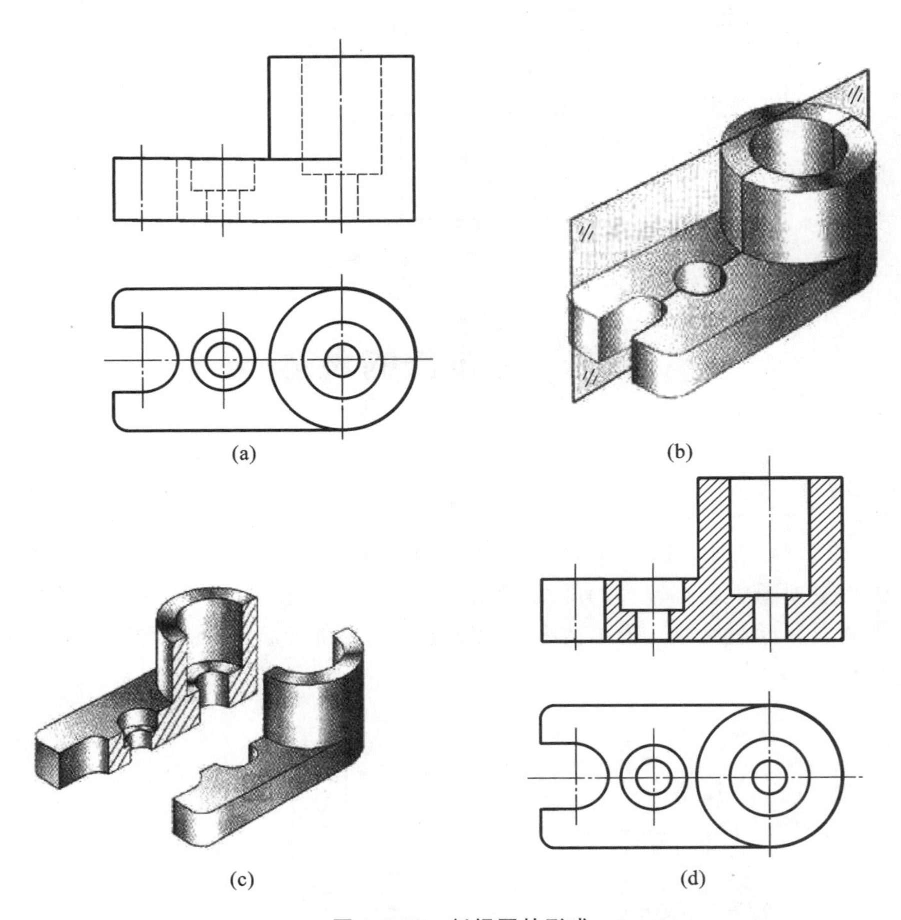

图 1-4-22 剖视图的形成

二、剖视图的画法

剖视图的画法要遵循 GB/T 17452、GB/T 4458.6 的规定。

(1) 确定剖切面的位置。先确定哪个视图做剖视，并在该视图中确定剖切面的位置。如图 1-4-22 所示，选取平行于 V 面的对称面作为剖切面，主视图可画成剖视图。

(2) 画剖视图。剖开零件，移走前半部分，将后半部分零件向 V 面投射，所得图形(虚线不画)如图 1-4-22(d)中的主视图(不含阴影)所示。

(3) 画剖面符号。剖切面与机件的接触部分成为剖面区域。剖面区域要画出与材料相应的剖面符号，材料不同，其剖面符号的画法也不同。国家标准 GB/T 4457.5 规定了各种材料的剖面符号，如表 1-4-1 所示。

表 1-4-1　常用的剖面符号

材料名称	剖面符号	材料名称	剖面符号
金属材料（已有规定剖面符号者除外）		线圈绕组元件	
非金属材料（已有规定剖面符号者除外）		转子、电枢、变压器和电抗器等的叠钢片	
型砂、填砂、粉末冶金、砂轮、陶瓷刀片、硬质合金刀片等		玻璃及供观察用的其他透明材料	
木质胶合板（不分层数）		格网（筛网、过滤网等）	
木材　纵断面		液体	
木材　横断面			

金属材料的剖面符号常称为剖面线，应画成间隔均匀且平行的细实线，且与主要轮廓线或剖面区域的对称线成 45°角，如图 1-4-23 所示。同一零件各视图中的剖面线方向与间距必须一致。

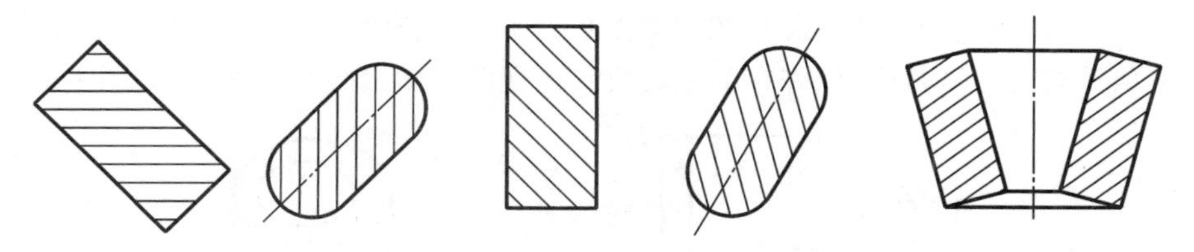

图 1-4-23　剖面线的画法

三、剖视图的配置与标注

1. 配置

剖视图应首先考虑按投影关系配置在相应的位置上，如图 1-4-22(d)中的主视图及图1-4-24中的 $A—A$ 图。必要时，才考虑配置在其他适当位置，如图 1-4-24 中的 $B—B$ 图。

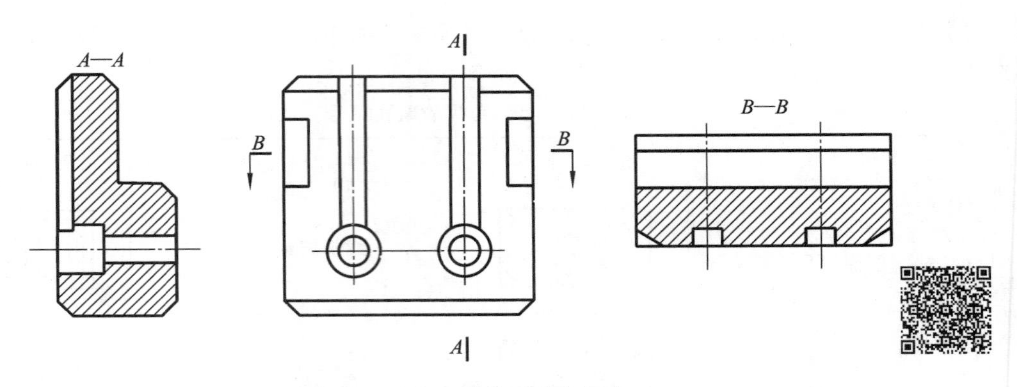

图 1-4-24　剖视图的配置与标注

2. 标注

标注的方法是：在剖视图的上方用大写英文字母标出剖视图的名称“×—×”；在相应的视图上用剖切符号表示剖切位置（用粗短画表示，线宽 $1d$～$1.5d$，长 3～6 mm）和投射方向（用箭头表示），并标注相同的字母，如图 1-4-24 中 B—B 剖视图的标注。注意，剖切符号不要与图形轮廓相交。

在下列情况下，剖视图的标注内容可简化或省略：

(1) 当剖视图按投影关系配置，中间又无其他图形隔开时，可省略表示投射方向的箭头，如图 1-4-24 中的 A—A 图。

(2) 当单一剖切面通过机件的对称面或基本对称平面，且剖视图按投影关系配置，中间又无其他图形隔开时，不必标注，如图 1-4-22(d)中的主视图。

四、画剖视图应注意的问题

(1) 画剖视图时，为了表达机件内部的结构形状，剖切面一般应通过机件内部结构的对称平面或孔的轴线，如图 1-4-22(b)所示。

(2) 由于剖视图是假想剖开机件得到的，因此当机件的一个视图画成剖视图时，其他视图仍应完整画出，如图 1-4-22(d)所示。

(3) 为了使剖视图清晰，凡是在其他视图上已经表达清楚的结构形状，其虚线可省略不画。但当结构形状没有表达清楚时，允许在剖视图或其他视图上画出必要的虚线，如图 1-4-25 所示。

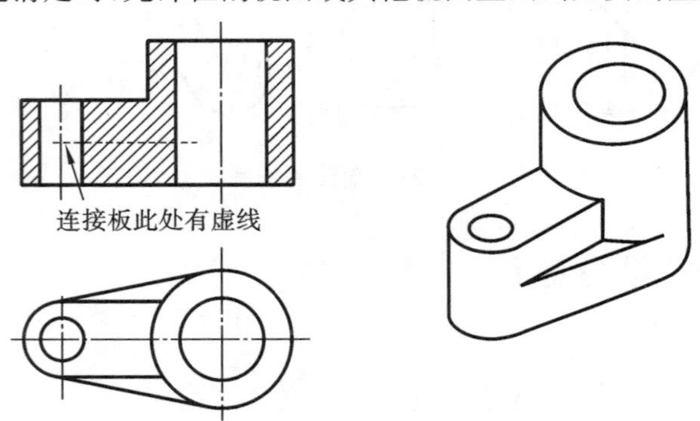

图 1-4-25　画出虚线的剖视图

(4) 不要漏画剖切面后面的可见轮廓线，如图 1-4-26 所示。

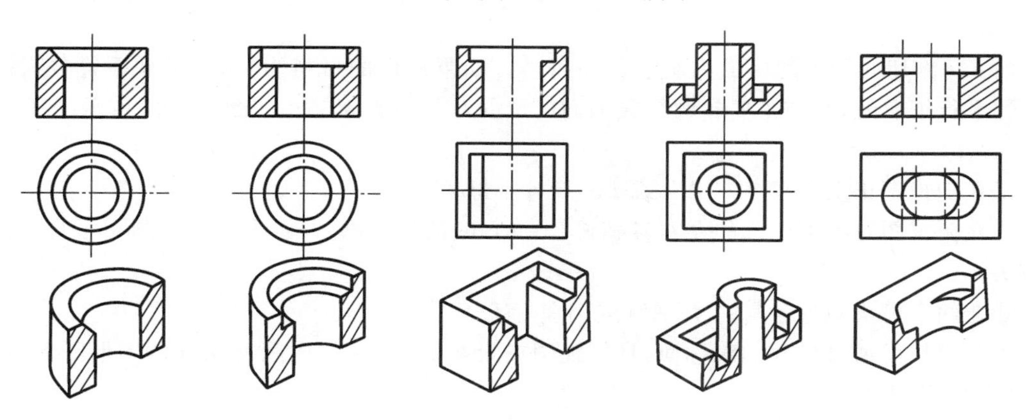

图 1-4-26 孔、槽的剖视图画法

【任务实施】

一、泵盖的表达方案

有了剖视图的知识，对于泵盖这样的内部结构较复杂的机件，主视图若再用视图(见图 1-4-27(a))表达，显然已不合适，应采用剖视图(剖切面如图 1-4-27(b)所示)来表达，其正确的表达方案如图 1-4-27(c)所示。

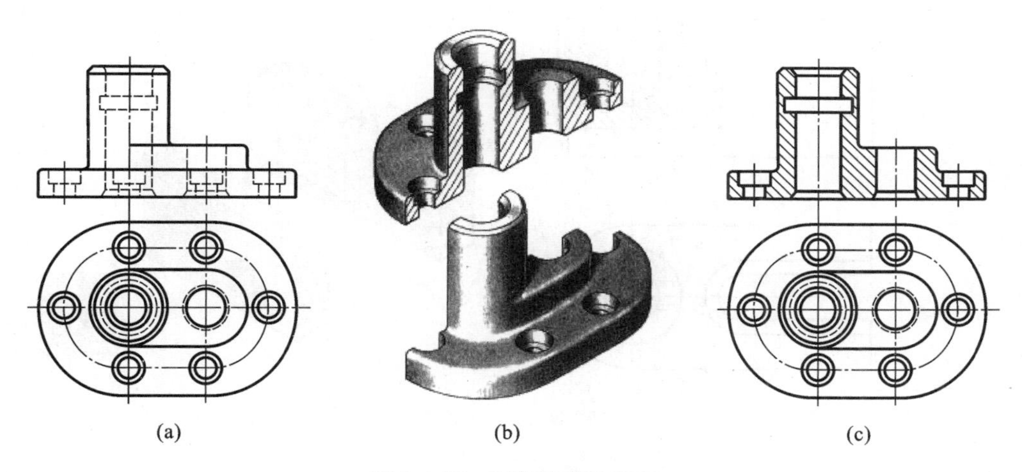

(a) (b) (c)

图 1-4-27 泵盖的表达方案

二、泵盖剖视图的绘图步骤

(1) 确定剖切面的位置。

主视图上虚线较多，应画成剖视图，故应选取平行于 V 面的对称面作为剖切面，如图1-4-27(b)所示。

(2) 移走前半部分，将后半部分机件向 V 面投射，画出后半个机件的主视图(虚线一般不画，但当结构形状没有表达清楚时，允许在剖视图上画出必要的虚线)，如图 1-4-27(c)(除去阴影)所示。

(3) 在剖切面切到的区域内画上剖面符号。如果机件的材料为金属，则剖面符号为间隔均匀的平行细实线，且与主要轮廓线或剖面区域的对称线成 45°角，如图 1-4-27 所示(c)所示。

(4) 标注。

①在剖视图正上方写“*A*—*A*”(或 *B*—*B* 等字母)。

②在俯视图对称中心线的左右各画长 3～6 mm 的粗短画，并画上与粗短画相垂直且向上的箭头。

③在两个箭头附近各写一个“*A*”(或 *B* 等字母)。

因为剖切面通过机件的对称面，且剖视图按投影关系配置，中间又无其他图形隔开，所以泵盖的剖视图不必标注。

【归纳总结】

视图主要用于表达机件的外部结构，而剖视图主要用于表达机件的内部结构。在画剖视图时，首先应确定剖切面的位置，一般取机件内部结构的对称面为剖切面。在画剖视图时，图形画好之后，一定要考虑标注。只有满足一定的条件，剖视图的标注才能省略。

【课堂练习】

补全图 1-4-28 主视图中的漏线。

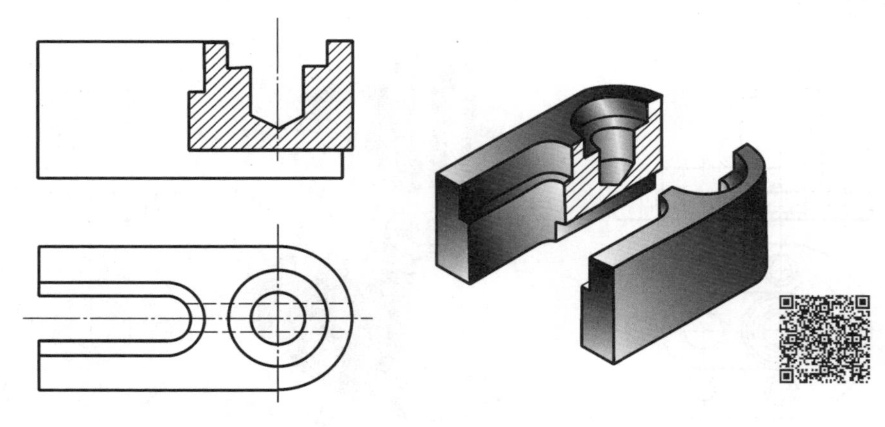

图 1-4-28　补漏线

任务 4　支架的表达

【任务分析】

图 1-4-29 所示为支架的两视图。通过读图我们知道，支架由五部分构成：上、下各有一块长方板；中间为一圆柱；前后各有一 U 形凸台。另外，支架内部有较多的孔结构。对于这种内

外形状都较复杂的对称机件，适合用半剖视图来表达。

【相关知识】

根据剖切范围，剖视图可分为全剖视图、半剖视图和局部剖视图三种。

一、全剖视图

用剖切面（剖切面可以是平面或柱面）将机件完全剖开所得到的剖视图称为全剖视图。全剖视图用于表达外形较简单、内部结构较为复杂且不对称的机件，如图1-4-27(c)所示泵盖的主视图。

二、半剖视图

当机件具有对称平面时，在垂直于对称平面的投影面上投射所得的图形，可以以对称中心线为界，一半画成剖视以表达内部结构，另一半画成视图以表达外形，这种剖视图称为半剖视图。

对于图1-4-29所示的支架，由于左右、前后都对称，因此主、俯视图都可画成半剖视图，如图1-4-30所示。

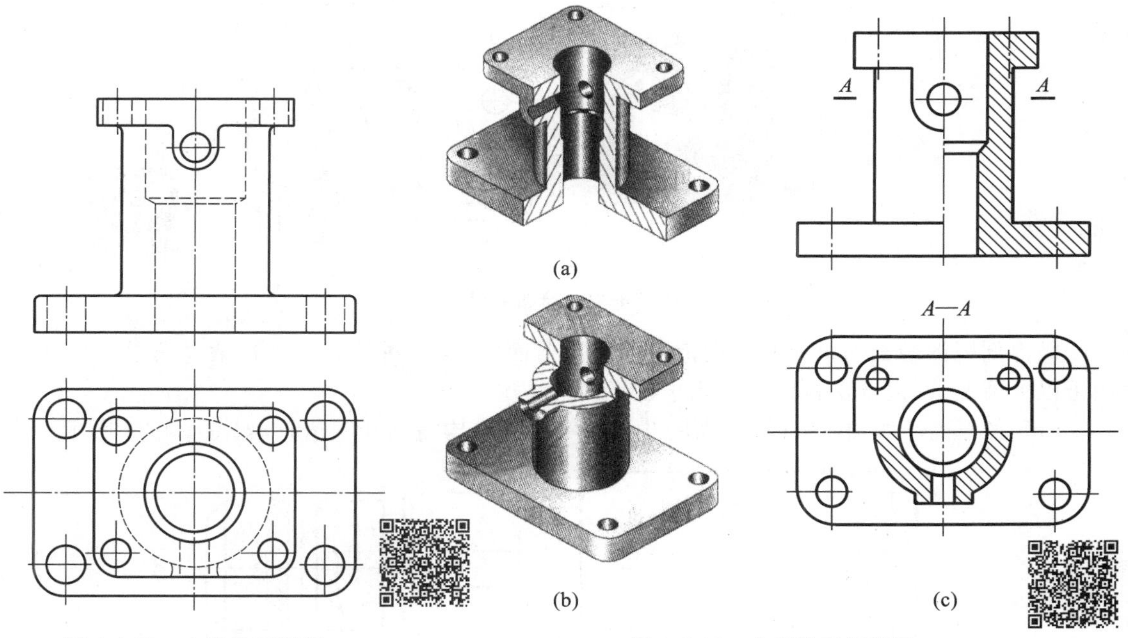

图1-4-29　支架的两视图　　图1-4-30　支架的半剖视图

半剖视图在同一图形中能同时反映机件的内部形状和外部形状，所以常用于表达内外形都比较复杂的对称机件。

画半剖视图时应注意：

(1) 半个视图与半个剖视图的分界线应画成细点画线，如图1-4-30(c)所示。

(2) 机件的内部形状在半剖视图中已表达清楚，在另一半表达外形的视图中不必再画出虚线，但这些内部结构中的孔或槽的中心线仍应画出，如图 1-4-30(c)中的主视图。

当机件的形状接近于对称，且不对称部分已另有图形表达清楚时，也可画成半剖视图，如图 1-4-31 所示。

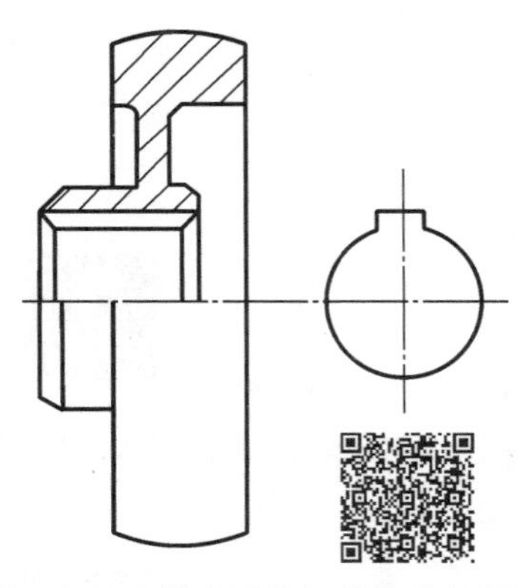

图 1-4-31　基本对称机件的半剖视图

三、局部剖视图

用剖切面将机件的局部剖开，并用波浪线或双折线表示剖切范围，所得的剖视图称为局部剖视图。如图1-4-32所示的机件，左右、上下、前后都不对称，为了表达内外结构形状，将主视图画成两个不同剖切位置的局部剖视图。另外，在俯视图上采用局部剖视图是为了表达前方凸台内部的孔。

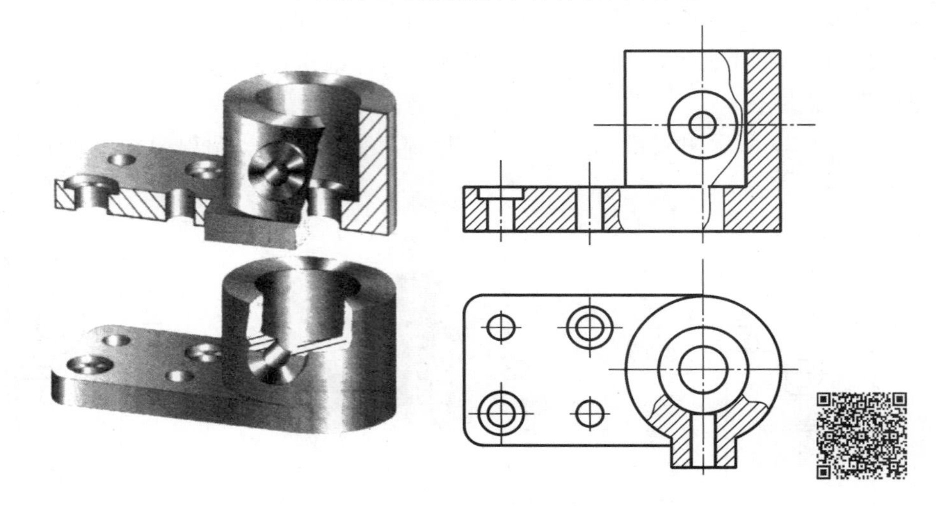

图 1-4-32　局部剖视图

局部剖视图的剖切位置和剖切范围根据需要而定，是一种比较灵活的表达方法。除了适用于以上情况外，局部剖视图还适用于以下两种情况：

(1) 实心机件如轴、连杆等上面的孔或槽等局部结构需剖开表达时，如图 1-4-33 所示。

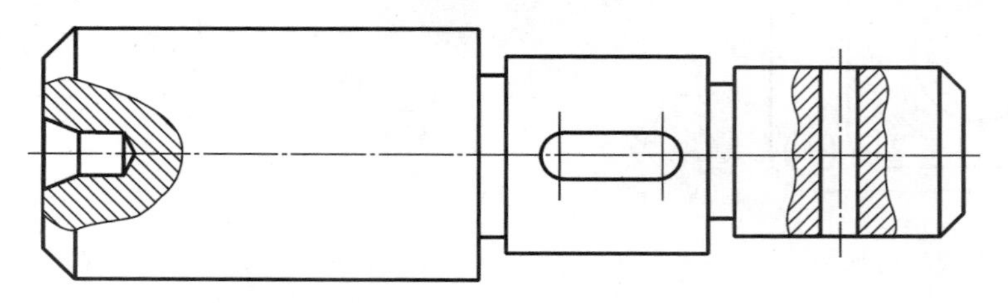

图 1-4-33　轴类零件的局部剖视图

(2) 当对称机件的轮廓线与中心线重合，不宜采用半剖视图表达内部形状时，如图 1-4-34 所示。

画局部剖视图时应注意以下几点：

(1) 局部剖视图中剖开与未剖部分的分界线画成波浪线。波浪线只能画在机件表面的实

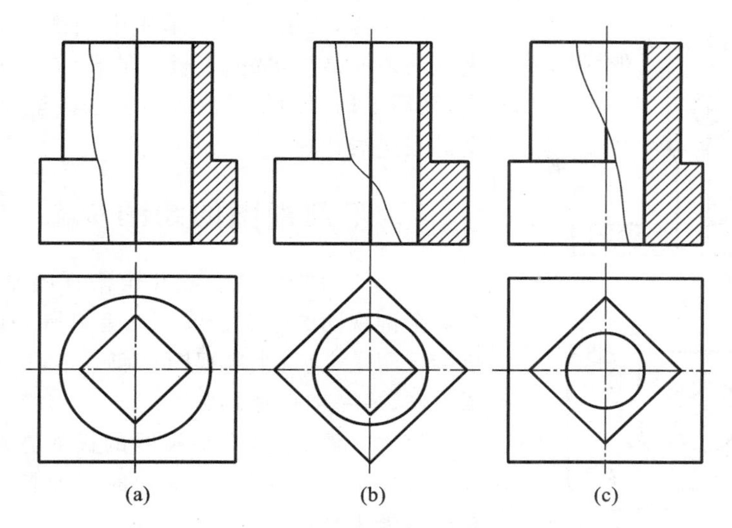

图 1-4-34 轮廓线与中心线重合时的局部剖视图

体部分，穿越孔或槽时必须要断开，也不能超出实体的轮廓线之外，如图 1-4-35(a)、(b)所示。

(2) 波浪线不应画在轮廓线的延长线上，也不能以轮廓线代替波浪线，如图 1-4-35(c)、(d)所示。

(3) 单一剖切面且剖切位置明显时，局部剖视图的标注可以省略。

(4) 在一个视图中，局部剖视图的数量不宜过多，以免使图形过于破碎。

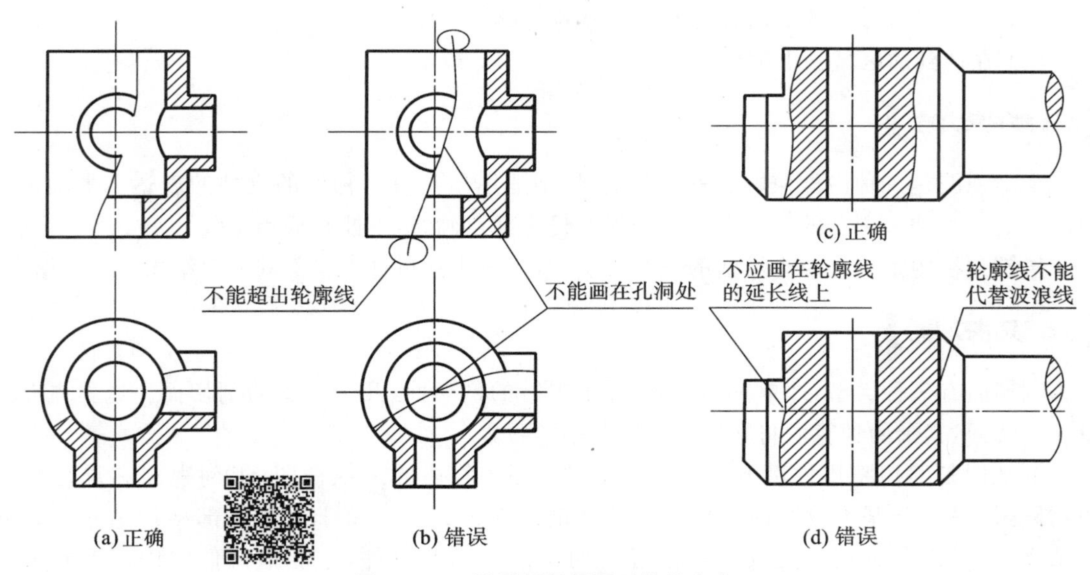

图 1-4-35 画局部剖视图时的注意点

【任务实施】

一、支架的表达方案

支架的表达方案如图 1-4-36 所示。因机件左右对称，故主视图采用半剖视图表达；因机

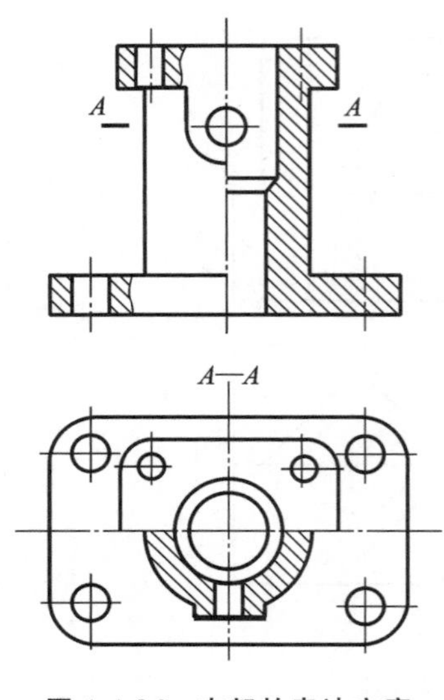

图 1-4-36　支架的表达方案

件前后对称，故俯视图亦采用半剖视图表达。对于尚未表达清楚的结构，如上下板上的孔，在主视图未剖开的一边，采用了局部剖视图的表达方法。至此，机件的形状已全部表达清楚。

二、半剖视图的绘图步骤

半剖视图的绘图步骤和全剖视图基本相同，可参考泵盖全剖视图的绘图步骤。二者只有一点不同，那就是：全剖视图是全切；半剖视图只切一半，切开的一半按剖视图来画，另一半只画外形。

值得一提的是，半剖视图的标注方法与全剖视图的标注方法是完全一样的，标注时只要把它当作全剖视图来标注就不会错。

在图 1-4-36 所示支架的表达方案中，主视图省略了全部标注，而俯视图只能省略箭头，请读者想想为什么。

三、局部剖视图的绘图步骤

(1) 用波浪线将要剖切的机件的局部在相应的视图上圈出。

(2) 画出圈出部分被剖切后留下的部分的投影。

(3) 在切到的区域画上剖面符号。

【归纳总结】

半剖视图是一种内外兼顾的表达方法，特别适用于具有对称面的机件的表达。半剖视图中剖开的一半和未剖开的一半之间的分界线仍为细点画线，不能画成粗实线。

局部剖视图是一种较为灵活的表达方法，常用来表达机件上局部的内部结构，如孔、槽等。

【知识拓展】

剖切面有三种类型，即单一剖切面、几个平行的剖切面、几个相交的剖切面。这里先介绍单一剖切面，其余两种我们将在后面的任务中学习。

剖视图是假想将机件剖开而得到的视图，前文叙述的全剖视图、半剖视图和局部剖视图，都是用平行于基本投影面的单一剖切面剖切而得到的。由于机件内部结构的多样性和复杂性，常常需要选用不同数量和位置的剖切面来剖开机件，才能把机件的内部形状表达清楚。

单一剖切面是指用一个剖切面剖开机件，这个剖切面可以平行于基本投影面(如前所述各例)，也可以不平行于基本投影面。

当机件需要表达具有倾斜结构的内部形状时，可以用一个与倾斜部分的主要平面平行且垂直于某一基本投影面的单一剖切面剖切，再投射到与剖切面平行的投影面上，即可得到该部分内部结构的实形，如图 1-4-37 上方的 *B*—*B* 剖视图。这种剖视图，必要时允许将图形转正，并加注旋转符号、注写字母，如图 1-4-37 右侧的 $B—B$ 剖视图。

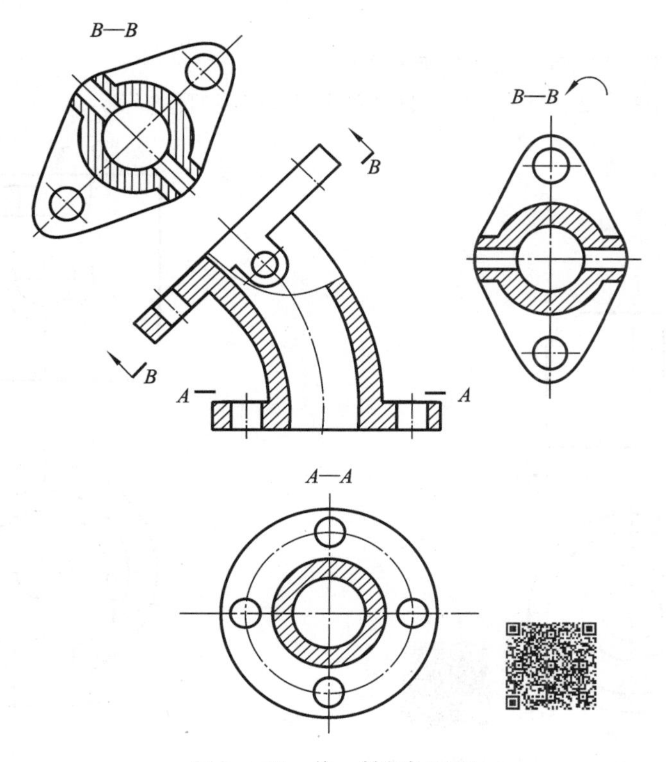

图 1-4-37 单一斜剖切平面

单一剖切面还包括单一剖切柱面。如图 1-4-38 所示，为了表达沿圆周分布的孔和槽等结构，可以采用圆柱面进行剖切，剖视图按展开方式绘制，这时应在剖视图上方标注"×—×展开"。

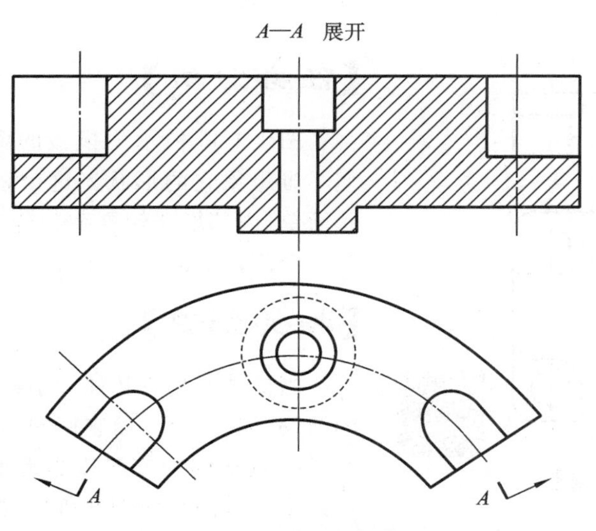

图 1-4-38 单一剖切柱面

【课堂练习】

1. 补全图 1-4-39 中半剖视图中漏画的线。
2. 读懂图 1-4-40 并改正图中的错误(缺线补上,多线打“×”)。

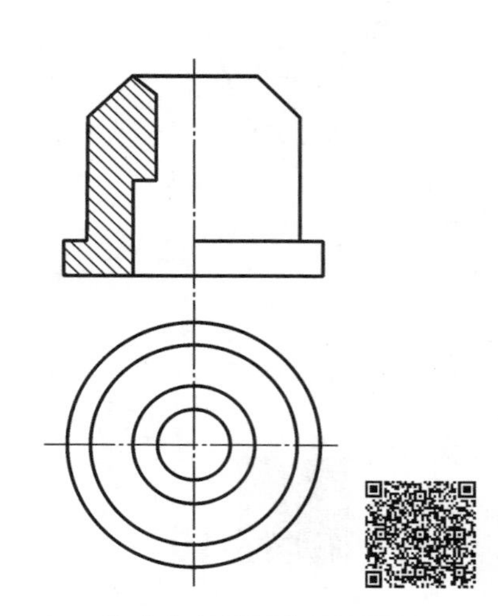

图 1-4-39　补全半剖视图中漏画的线

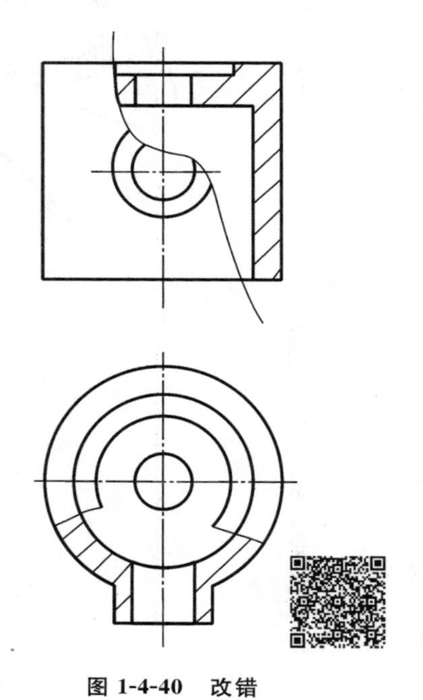

图 1-4-40　改错

任务 5　模板的表达

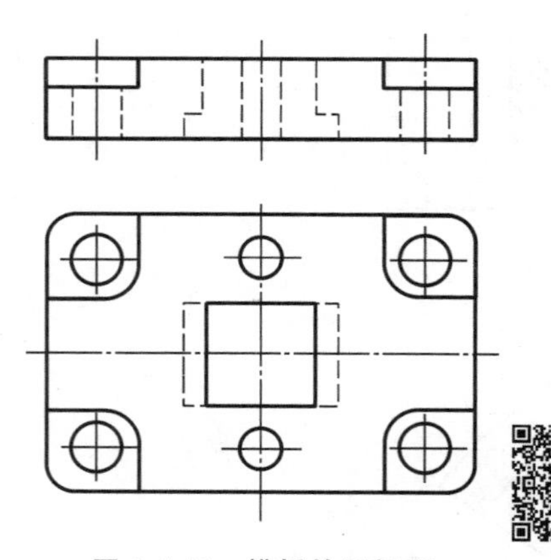

图 1-4-41　模板的两视图

【任务分析】

图 1-4-41 所示为模板的两视图。通过读图,我们不难想象它的形状。这个机件的特点是:外部形状简单,内部形状较复杂。若主视图画成剖视图,仅用一个剖切平面是不够的。

【相关知识】

当机件上具有几种大小或形状不同的结构(如孔、槽),而它们的中心平面相互平行且在同一方向投影无重叠时,可用几个平行的平面剖开机件,如图 1-4-42 所示。

画这种剖视图时应注意以下几点:

(1) 必须在相应视图上用剖切符号表示剖切平面的起止和转折位置,且必须是直角,并注

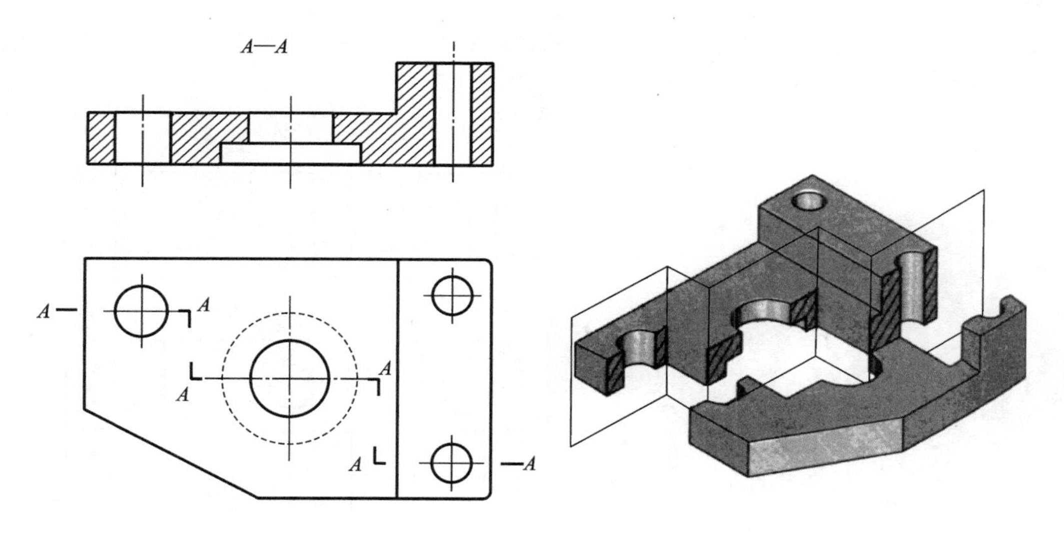

图 1-4-42 几个平行的剖切平面

写与剖视图名称相同的字母,如图 1-4-43 所示。

(2) 因为剖切平面是假想的,所以不应画出剖切平面转折处的投影,转折处也不应与视图中的轮廓线重合,如图 1-4-43 所示。

(3) 剖视图中不应出现不完整结构要素,如图 1-4-43 中右端的半个孔。仅当两个要素在图形上具有公共对称中心线或轴线时,才可以各画一半,此时应以对称中心线或轴线为界,如图 1-4-44 所示。

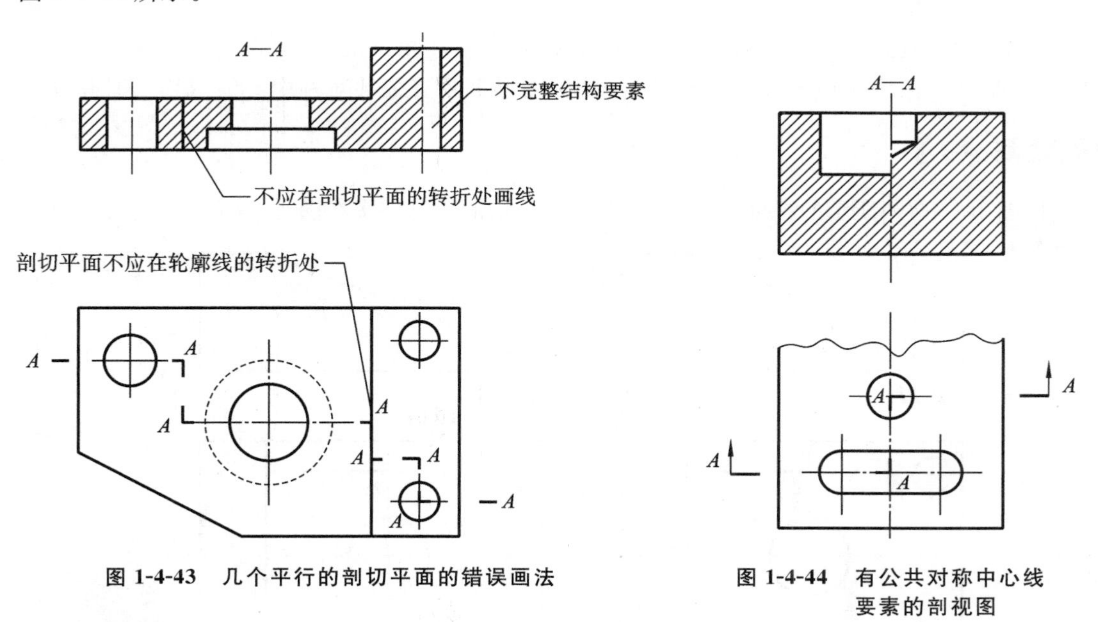

图 1-4-43 几个平行的剖切平面的错误画法

图 1-4-44 有公共对称中心线要素的剖视图

【任务实施】

根据模板的两视图(见图 1-4-41)可知,在模板上有几种大小或形状不同的结构,可采用两个平行的剖切平面剖开机件,如图 1-4-45(a)所示。虽然模板中部的小孔与方槽在正面的投影有重叠，但因它们具有公共对称中心线，故两剖切平面可选在该处转折。所得剖视图如图1-4-45(b)所示。

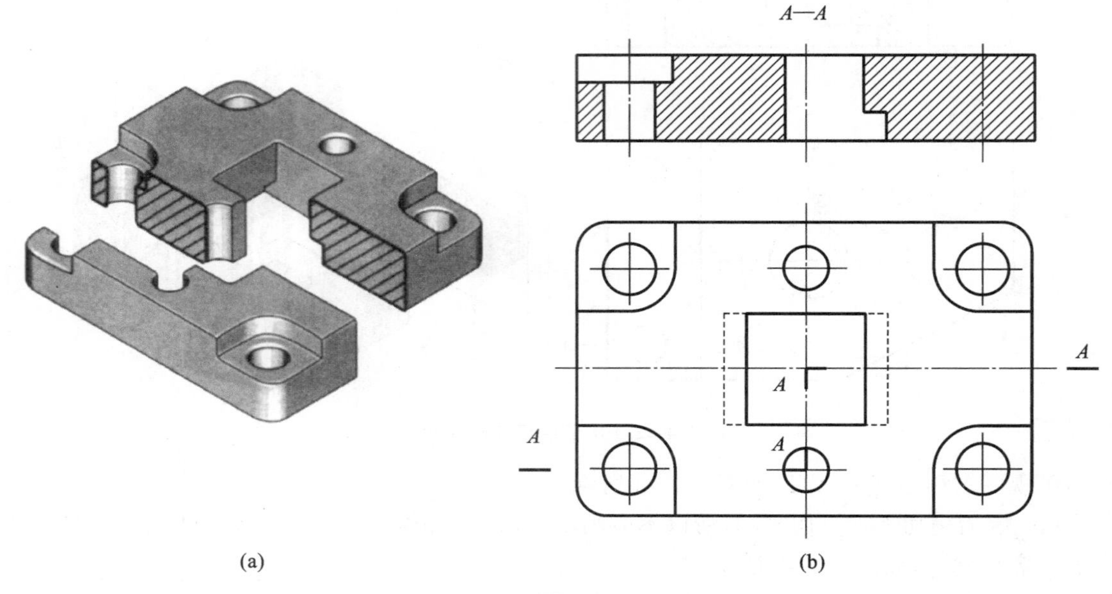

图 1-4-45　模板的表达方案

【归纳总结】

画几个平行平面剖切机件所形成的剖视图时，特别要注意两点：一是在剖切平面转折处不应画线；二是剖视图中不应出现不完整结构要素（图形上具有公共对称中心线或轴线时除外）。

【课堂练习】

读懂图 1-4-46(a)所示的机件的两视图，并选择适当的表达方案在图 1-4-46(b)中重新表达。

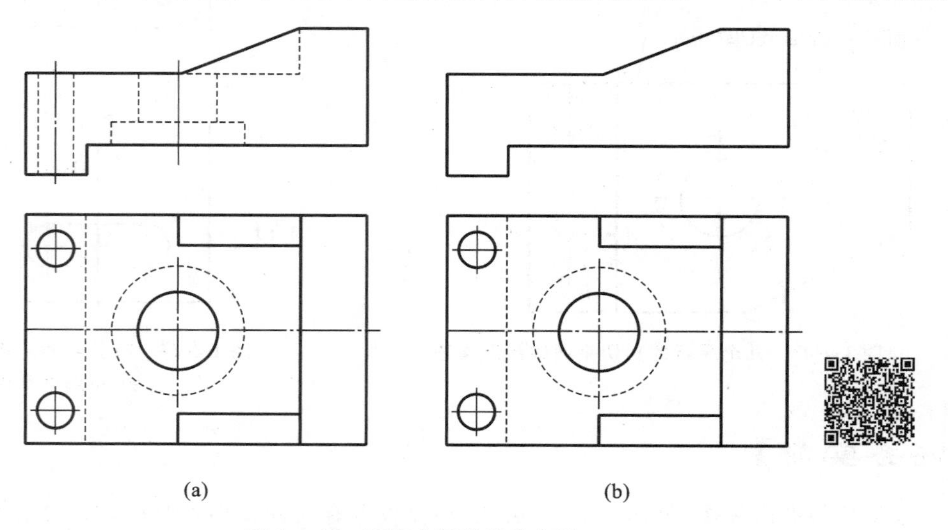

图 1-4-46　确定合适的表达方案

任务6 摇臂的表达

【任务分析】

图 1-4-47 所示为摇臂的两视图。摇臂的结构特点是具有明显的回转轴。在表达摇臂的内部结构时，采用单一剖切面或几个平行的剖切面都不合适，要用到几个相交的剖切面进行剖切。

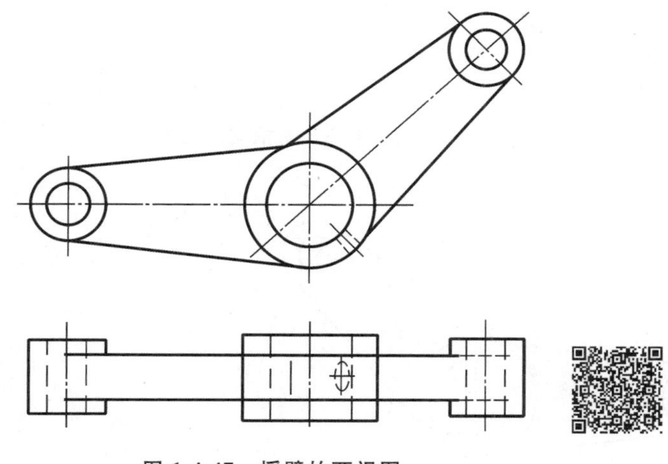

图 1-4-47 摇臂的两视图

【相关知识】

如图 1-4-48(a)所示，用两个相交的剖切平面(交线垂直于某一基本投影面，这里是 W 面)剖开机件，以表达具有回转轴的机件的内部形状，两剖切平面的交线与回转轴重合。用这种方法画剖视图时，应将被倾斜剖切平面剖开的结构及其有关部分旋转到与选定的基本投影面(这里是 V 面)平行(见图 1-4-48(a))，再进行投射，所得到的剖视图如图 1-4-48(b)所示。

画这种剖视图时应注意以下几点：

(1)“剖开”后应先将倾斜部分旋转，然后再投射。

(2) 必须标注。剖切符号的起止和转折处应注写与剖视图名称相同的字母，但当转折处无法注写又不致引起误解时，允许省略字母。

(3) 凡是没有被剖切面剖到的结构，应按原来的位置投射。

【任务实施】

根据摇臂的两视图可知，摇臂具有明显的回转轴，表达其内部形状可用两个相交的剖切平面剖开机件，如图 1-4-49(a)、(b)所示。

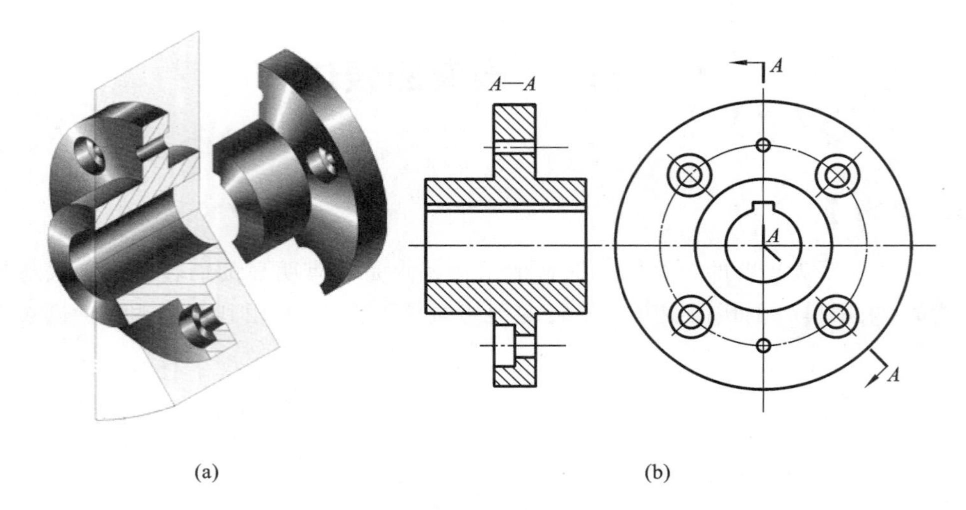

(a)　　　　(b)

图 1-4-48　两相交剖切平面

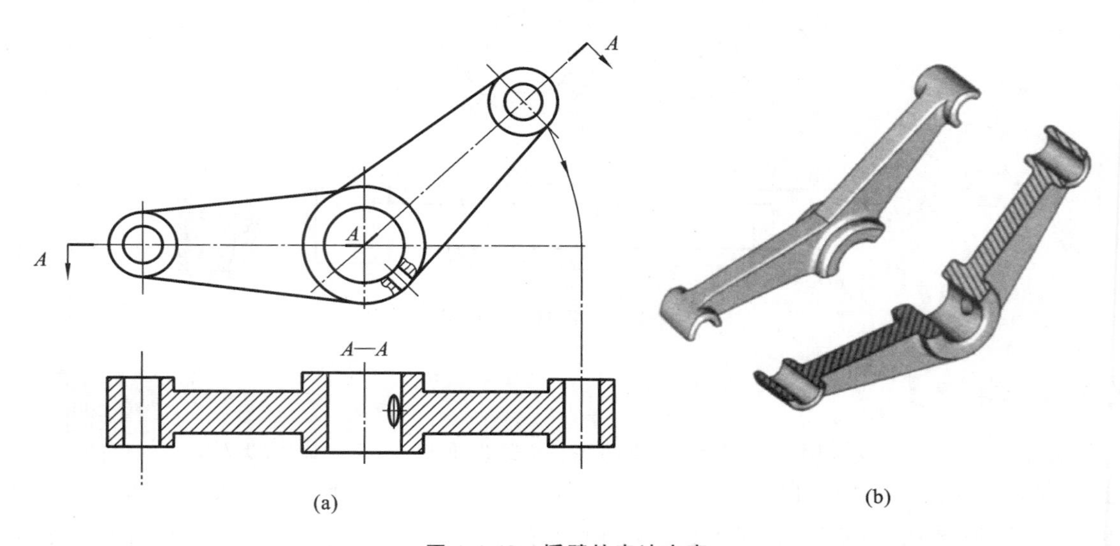

(a)　　　　(b)

图 1-4-49　摇臂的表达方案

注意，在摇臂中间圆筒的右下方有一小孔，画俯视图时仍按原来的位置投射。在主视图中，为使小孔可见，采用了局部剖视，如图 1-4-49(a)所示。

【归纳总结】

当机件上具有明显的回转轴时，可用几个相交的剖切面来表达其内部结构。画这种剖视图时，“剖开”机件后要先旋转再投射。另外，对没剖到的结构要按原来的位置投射后画图。

【课堂练习】

读懂图 1-4-50(a)所示的机件的两视图，并选择适当的表达方案在图 1-4-50(b)中重新表达。

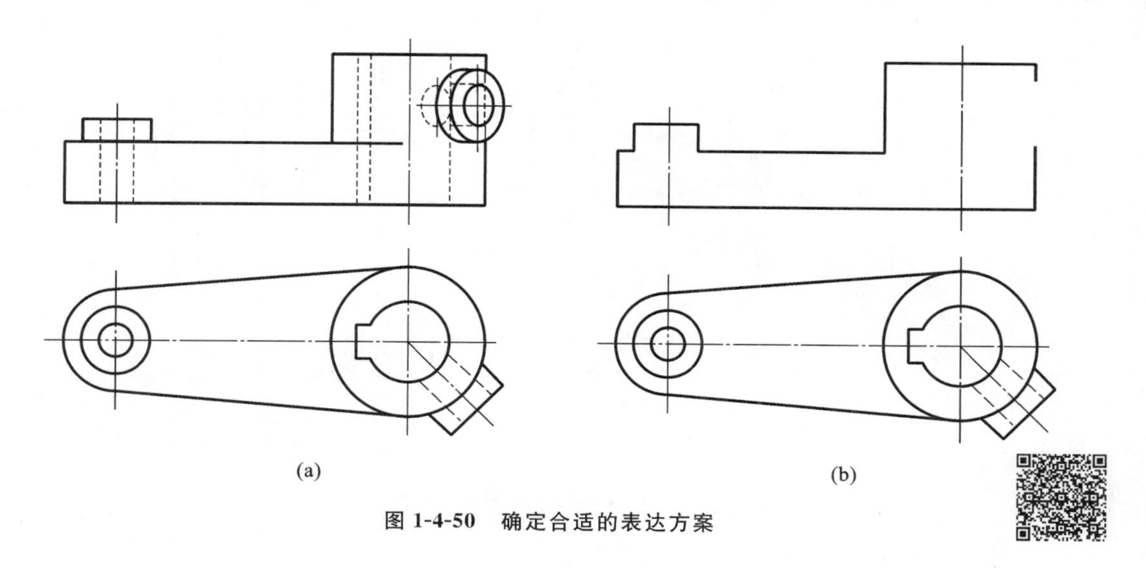

图 1-4-50　确定合适的表达方案

任务 7　阶梯轴的表达

【任务分析】

图 1-4-51 所示为阶梯轴的三维造型，轴上的槽、孔结构较多。采用前面所讲的剖切方法都是不合适的。在工程实际中，常用断面图来表达轴上的槽、孔等结构。

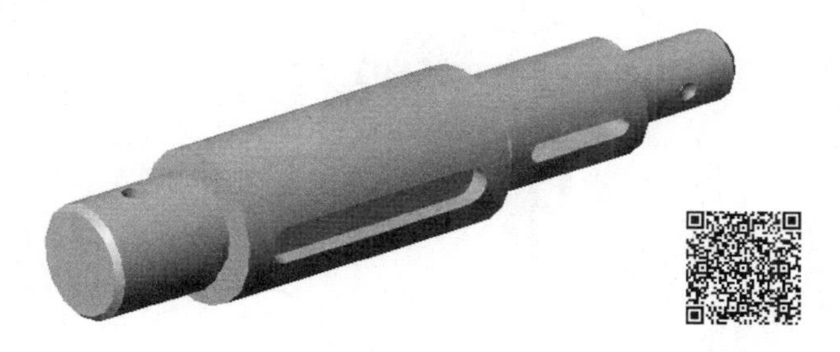

图 1-4-51　阶梯轴的三维造型

【相关知识】

假想用剖切面将机件的某处切断，仅画出剖切面与机件接触部分所得到的图形，称为断面图，简称断面。对于图 1-4-52(a)所示的轴，为了表示键槽的深度和宽度，假想用一个垂直于轴线的剖切平面在键槽处将轴切断，只画出断面的图形，并画上剖面符号，如图1-4-52(b)所示。断面图的画法要遵循 GB/T 17452、GB/T 4458.6 的规定。

一、移出断面图

画在视图轮廓线之外的断面图称为移出断面图。

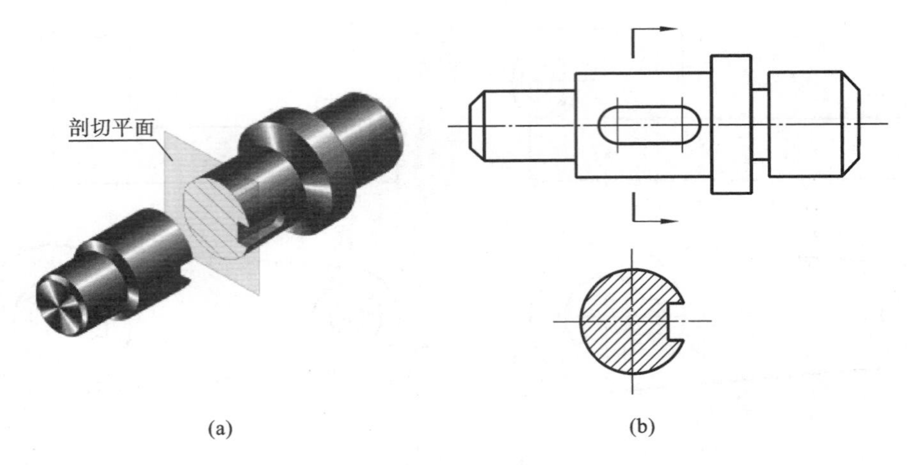

图 1-4-52　断面图

1. 移出断面图的画法

(1) 移出断面图的轮廓线用粗实线画出。当剖切平面通过回转面形成的孔或凹坑的轴线时，这些结构按剖视绘制，如图 1-4-53 中的轴右端圆孔和凹坑的断面图画法；或者当剖切平面通过非圆孔而导致出现完全分离的两个断面时，这些结构也应按剖视绘制，如图 1-4-54 所示。

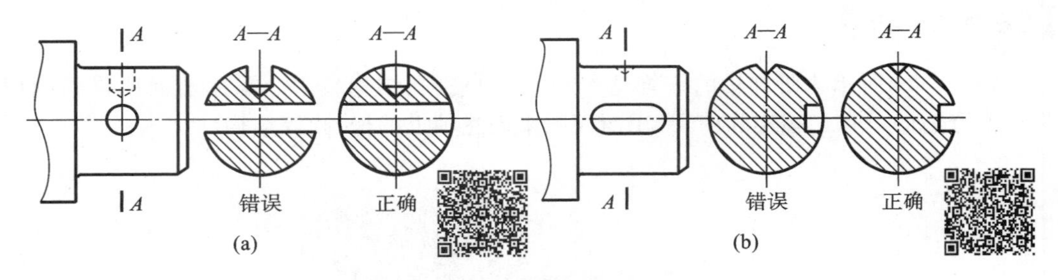

图 1-4-53　移出断面图(一)

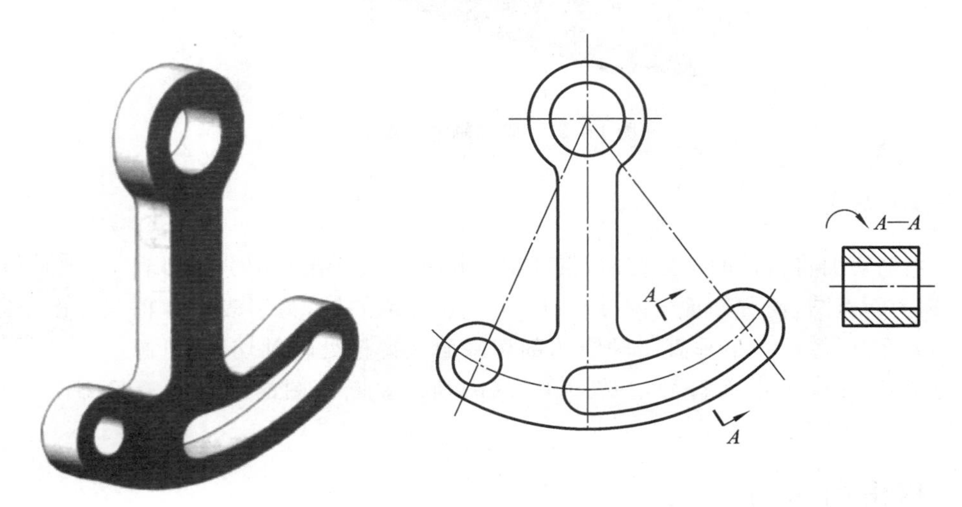

图 1-4-54　移出断面图(二)

(2) 剖切平面一般应垂直于被剖切部分的主要轮廓线。图 1-4-55 所示的机件，由于左右轮廓不平行，要用两个相交的剖切平面分别垂直于左、右肋板进行剖切。这样画出的断面图，中间应用波浪线断开。

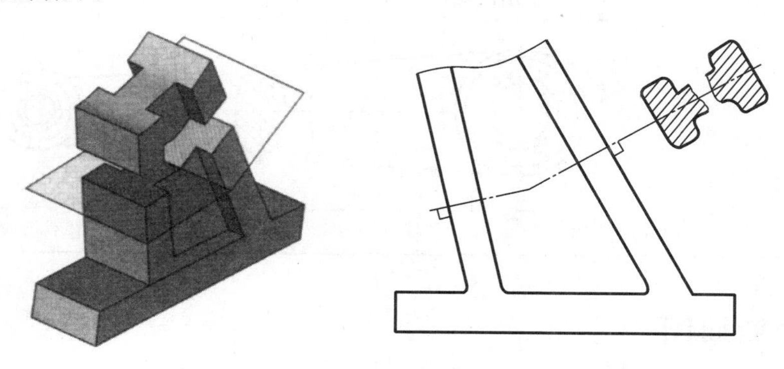

图 1-4-55 移出断面图(三)

2. 移出断面图的配置与标注

移出断面图共有 4 种配置情况，其标注随图形配置形式的变化而改变，详见表 1-4-2。

表 1-4-2 移出断面图的配置与标注

配置	断面图	
	对称的移出断面图	不对称的移出断面图
配置在剖切线或剖切符号延长线上	不必标出字母和剖切符号	不必标注字母
按投影关系配置	A A—A A 不必标注箭头	A A 不必标注箭头
配置在其他位置	A A A—A 不必标注箭头	A A A—A 应标注剖切符号(含箭头)和字母

续表

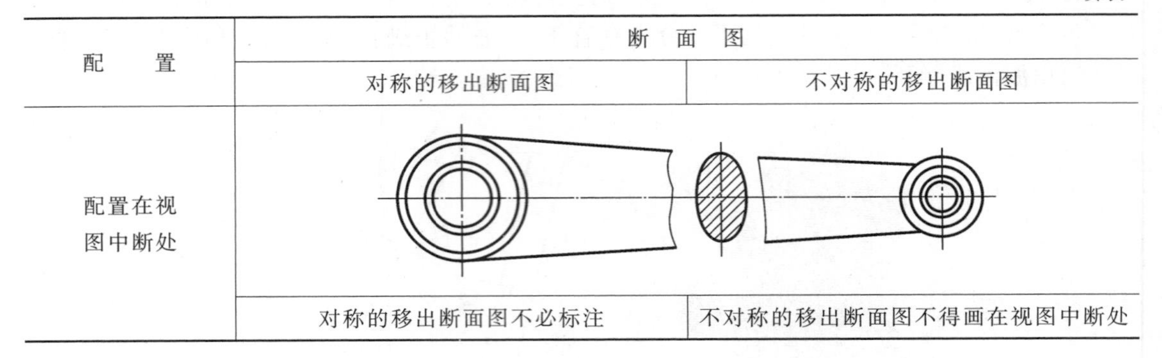

配　置	断　面　图	
	对称的移出断面图	不对称的移出断面图
配置在视图中断处		
	对称的移出断面图不必标注	不对称的移出断面图不得画在视图中断处

二、重合断面图

画在视图轮廓之内的断面图称为重合断面图。

1. 重合断面图的画法

重合断面图的轮廓线用细实线绘制，断面上画出剖面符号。当视图中的轮廓线与重合断面的图形重合时，视图中的轮廓线仍应连续画出，不可间断，如图 1-4-56 所示。

2. 重合断面图的标注

对称的重合断面图不必标注，如图 1-4-56(a)所示；不对称的重合断面图，在不致引起误解时，可省略标注，如图 1-4-56(b)所示。

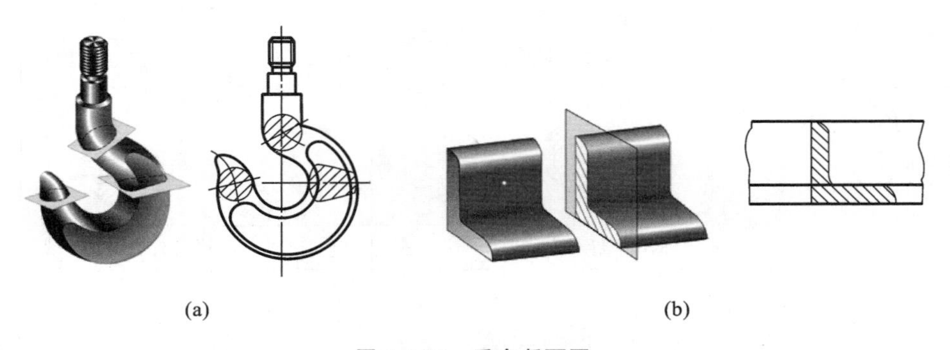

图 1-4-56　重合断面图

【任务实施】

根据图 1-4-57(a)，选择箭头所示方向为阶梯轴的主视方向，得到主视图如图 1-4-57(b)所示。为使轴上左侧的孔可见，采用局部剖视图表达；轴上的键槽、孔等结构均采用断面图表达。

在图 1-4-57 所示的阶梯轴的表达方案中，各断面图的标注不尽相同，请读者想想为什么。

【归纳总结】

断面图主要用于表达机件上某些结构的断面形状，如轴上的键槽、孔等。移出断面图的标注有几种情况，注意要在理解的基础上掌握。要特别注意的是，当剖切平面通过孔或凹坑的轴线时，以及当断面图出现分离现象时，这些结构要按剖视图来绘制。

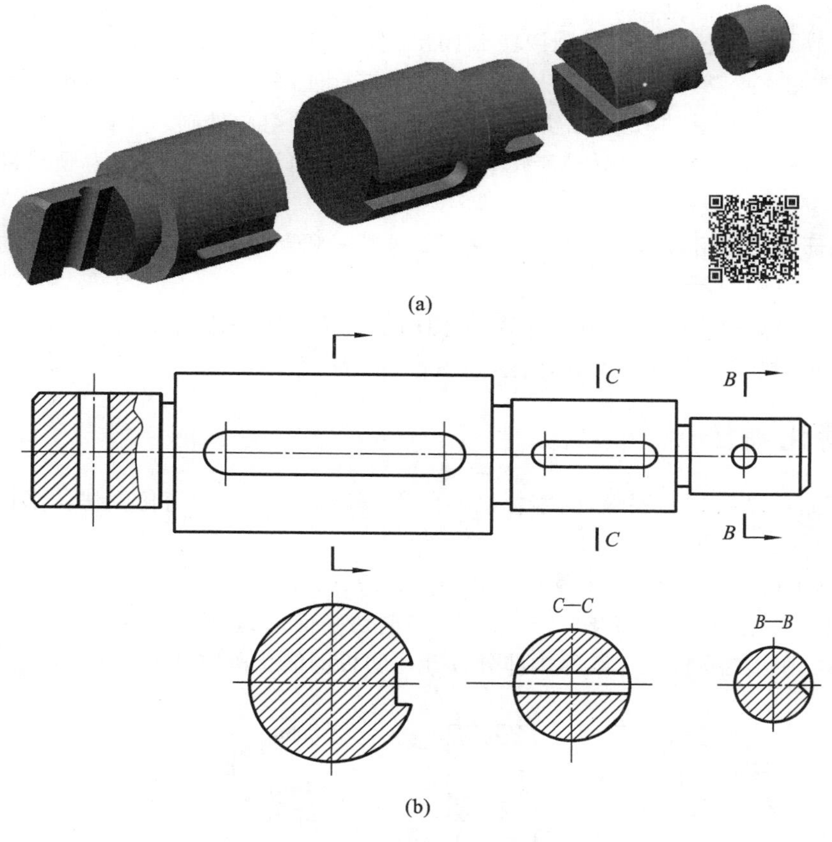

图 1-4-57 阶梯轴的表达方案

【知识拓展】

一、局部放大图

当机件上某些局部细小结构在视图上表达不清楚，或不便于标注尺寸时，可将该部分结构用大于原图的比例画出，这种图形称为局部放大图，如图 1-4-58 所示。

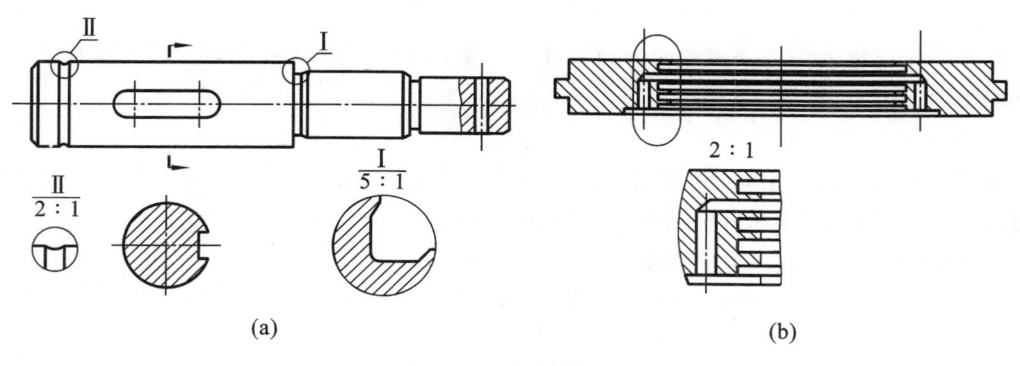

图 1-4-58 局部放大图

画局部放大图时应注意：

(1) 需放大的部位用细实线圆或腰圆圈出，若有多处，则需用引出线引出，并用罗马数字标上序号，如图 1-4-58(a)所示；若只有一处，则不需标注序号，如图 1-4-58(b)所示。

(2) 画局部放大图时，先用细实线在放大部位附近的空白处画一个圆，然后在圆内放大绘制，并使其充满圆，如图 1-4-58(a)所示。也可不画圆，而用细波浪线作为画局部放大图的边界，如图 1-4-58(b)所示。

(3) 局部放大图可以根据需要画成视图、剖视图和断面图，与被放大部分的表达方式无关，如图 1-4-58(a)所示。

(4) 只有一处放大时，只需在局部放大图的上方标出所采用的比例，如图 1-4-58(b)所示；有多处放大时，则采用分数的形式标注，如图 1-4-58(a)所示。

二、简化画法

为了节省绘图时间和图幅，国家标准 GB/T 16675.1 规定了简化画法。下面只介绍一些常用的简化画法。

1. 机件上的肋、轮辐及薄壁等结构的简化画法

对于机件上的肋板、轮辐及薄壁等结构，当剖切平面沿纵向剖切时，这些结构都不画剖面符号，但必须用粗实线将它与其邻接部分分开。肋板的简化画法如图 1-4-59 所示。

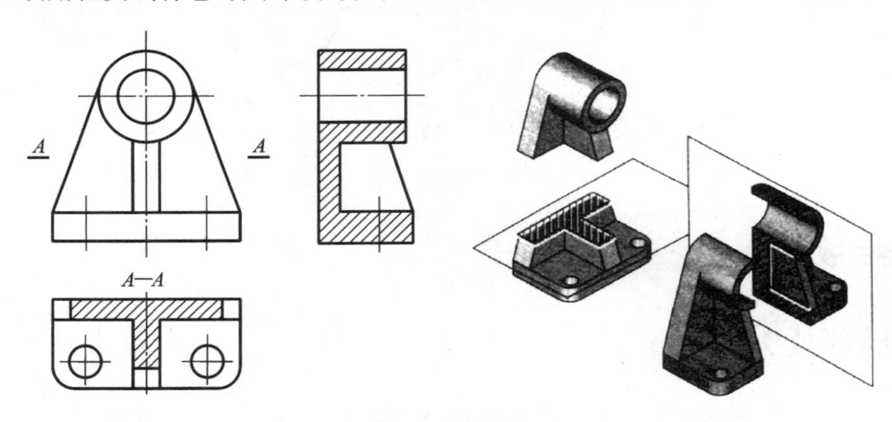

图 1-4-59 肋板的简化画法

2. 回转机件上均布结构的简化画法

对于回转机件上均匀分布的肋、轮辐、孔等结构，不处于剖切平面上时，可将这些结构旋转到剖切平面上画出，如图 1-4-60 所示。

3. 相同结构要素的简化画法

当机件上具有若干相同结构要素(如孔、槽等)，并按一定规律分布时，可以仅画出几个完整结构，其余用细实线相连或标明中心位置，并注明总数，如图 1-4-61 所示。

4. 回转体上的平面的简化画法

当回转体零件上的平面在图形中不能充分表达时，可用两条相交的细实线表示这些平面，如图 1-4-62 所示。

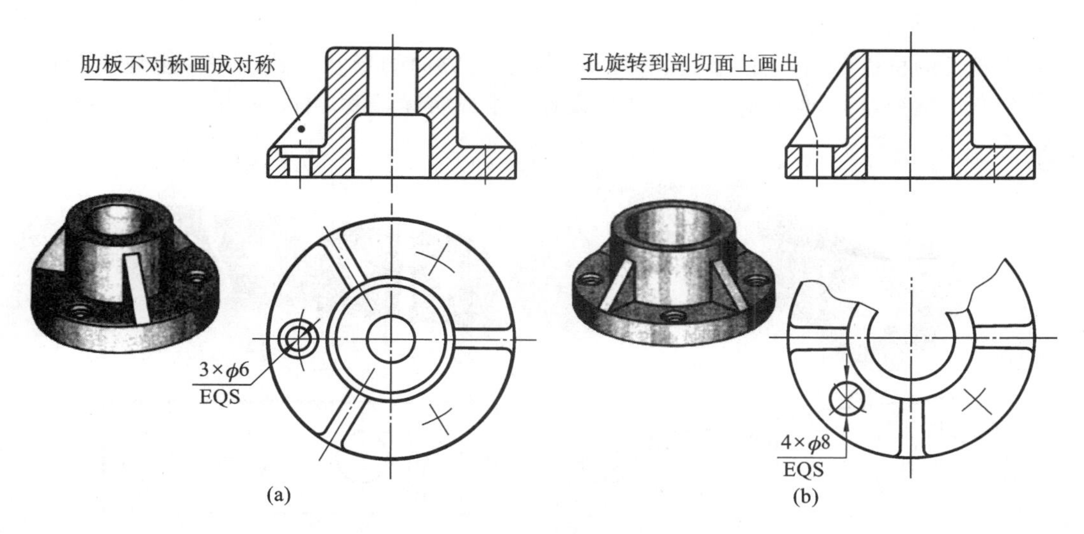

图 1-4-60 回转机件上均布结构的简化画法

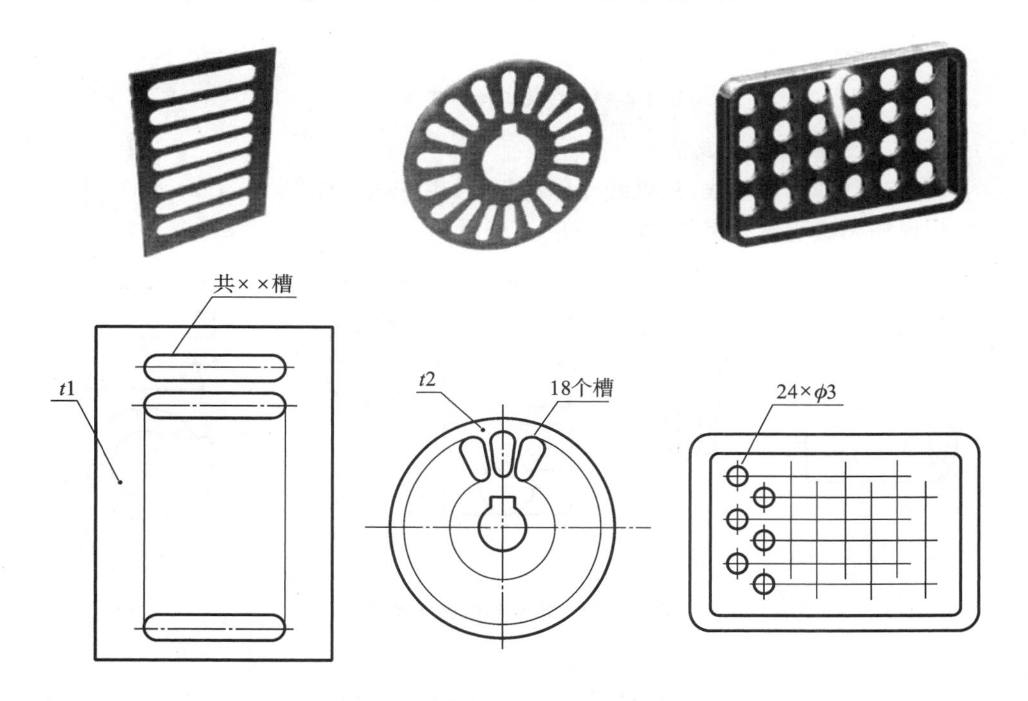

图 1-4-61 相同结构要素的简化画法

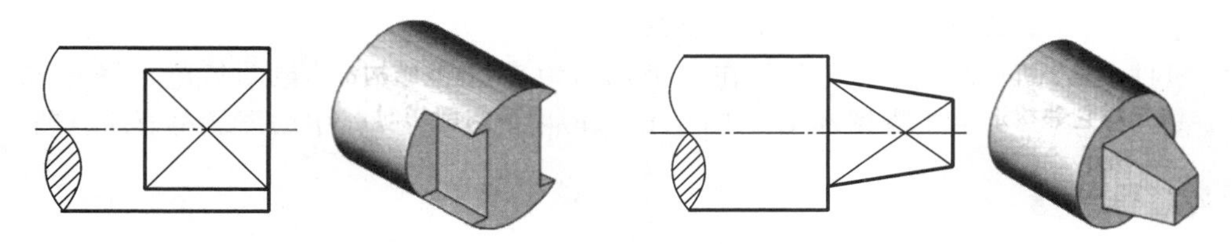

图 1-4-62 回转体上的平面的简化画法

5. 较长机件的断开画法

对于较长的机件(如轴、杆、型材、连杆等),沿长度方向的形状一致或按一定规律变化时,可将其断开后缩短绘制,但尺寸仍按机件的设计要求或实际长度标注,如图 1-4-63 所示。

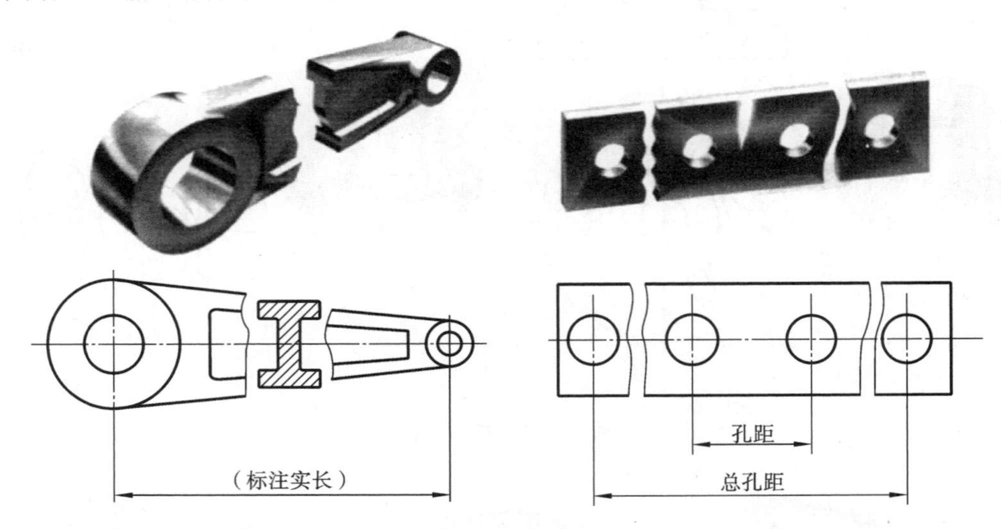

图 1-4-63　较长机件的断开画法

6. 过渡线、相贯线的简化画法

在不致引起误解时,过渡线、相贯线允许简化,如用直线(见图 1-4-64(a)、(b))代替非圆曲线,并可采用模糊画法表示相贯线,如图 1-4-64(c)所示。

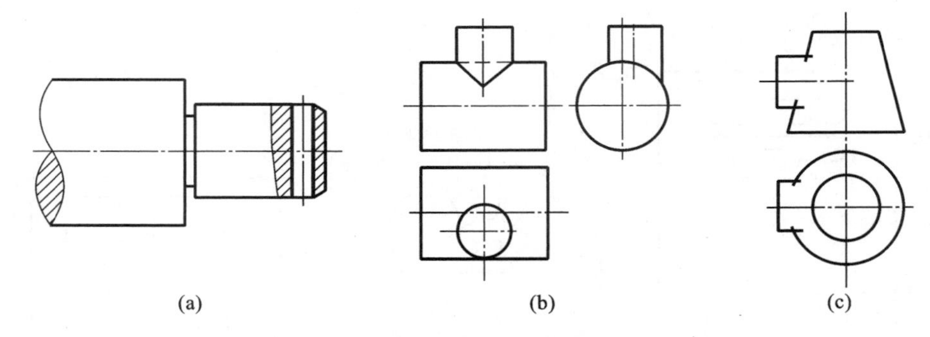

图 1-4-64　相贯线的简化画法

7. 位于剖切平面前的结构的简化画法

在需要表示位于剖切平面前的结构时,这些结构可假想地用细双点画线绘制,如图 1-4-65 所示。

8. 机件上较小的结构及斜度的简化画法

当机件上较小的结构及斜度等已在一个视图中表达清楚时,其他图形应该简化或省略。如图 1-4-66(a)、(c)中的主视图和图 1-4-66(b)、(c)中的俯视图,其中的图线都有所省略。

【课堂练习】

在图 1-4-67 所示轴的表达方案中,将多余的图线和标注打×,补画所缺图线并加必要的标注。

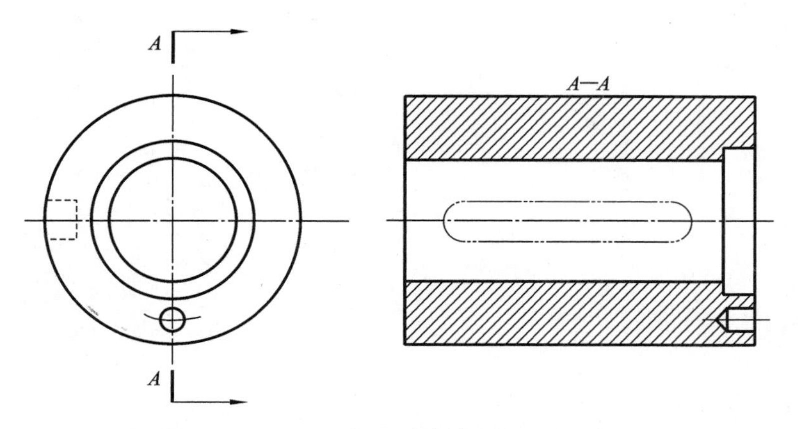

图 1-4-65 位于剖切平面前的结构的简化画法

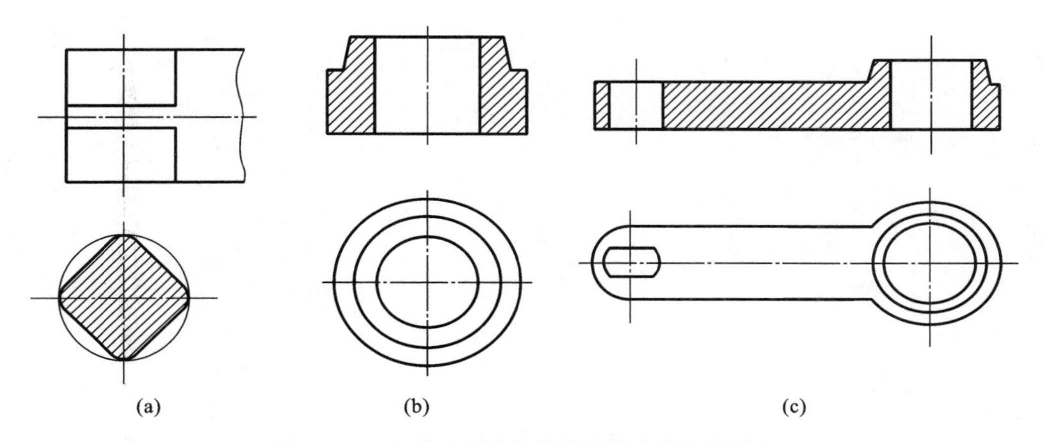

图 1-4-66 机件上较小的结构及斜度的简化画法

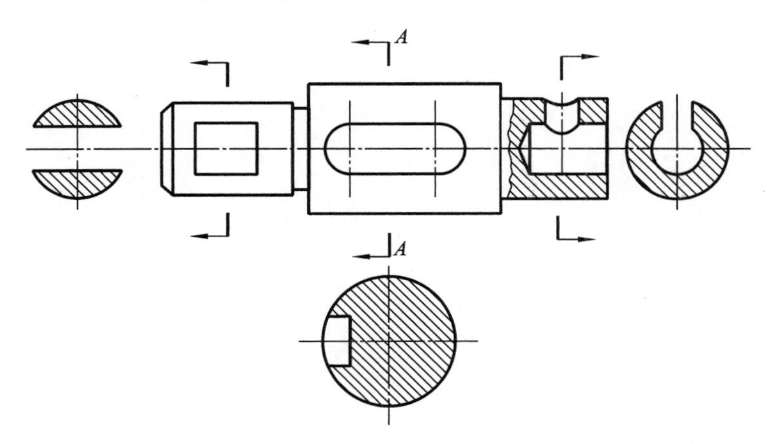

图 1-4-67 轴的表达方案

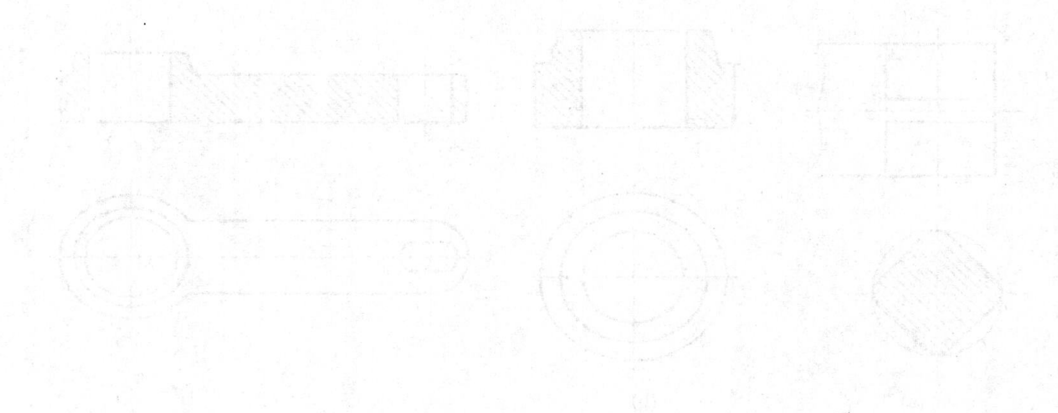

下　篇

项目1

千斤顶机械图样的识读与绘制

【项目介绍】

千斤顶(见图 2-1-1)是机械安装或汽车修理时常用的一种起重或顶压工具。制造千斤顶时需要一套完整的机械图样,如图 2-1-2～图 2-1-5 所示。这些机械图样可分为两种:一种是装配图,如图 2-1-2 所示;另一种是零件图,如图 2-1-3～图 2-1-5 所示。

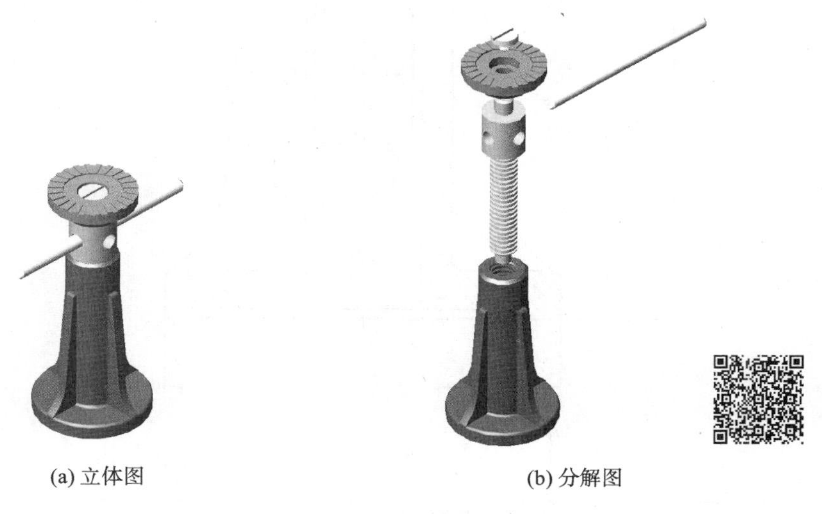

(a) 立体图　　(b) 分解图

图 2-1-1　千斤顶的立体图和分解图

由千斤顶机械图样可以看出,表示机器或部件的装配关系的图样称为装配图;表示零件结构、大小及技术要求的图样称为零件图。

一张完整的装配图包括下列内容:

①一组图形:表达装配体的工作原理、传动路线、装配关系以及主要零件的结构形状。

②必要的尺寸:标注出装配体的规格性能及装配、检验、安装时所必需的尺寸。

③技术要求:用符号、代号、标记和文字说明装配体在装配、检验、调试、使用等方面的要求。

④零件序号、明细栏和标题栏:序号是对装配体上的每一种零件按顺序所编的号。明细栏用来说明对应各零件的序号、代号、名称、数量、材料等。装配图的标题栏与零件图的标题栏相同。

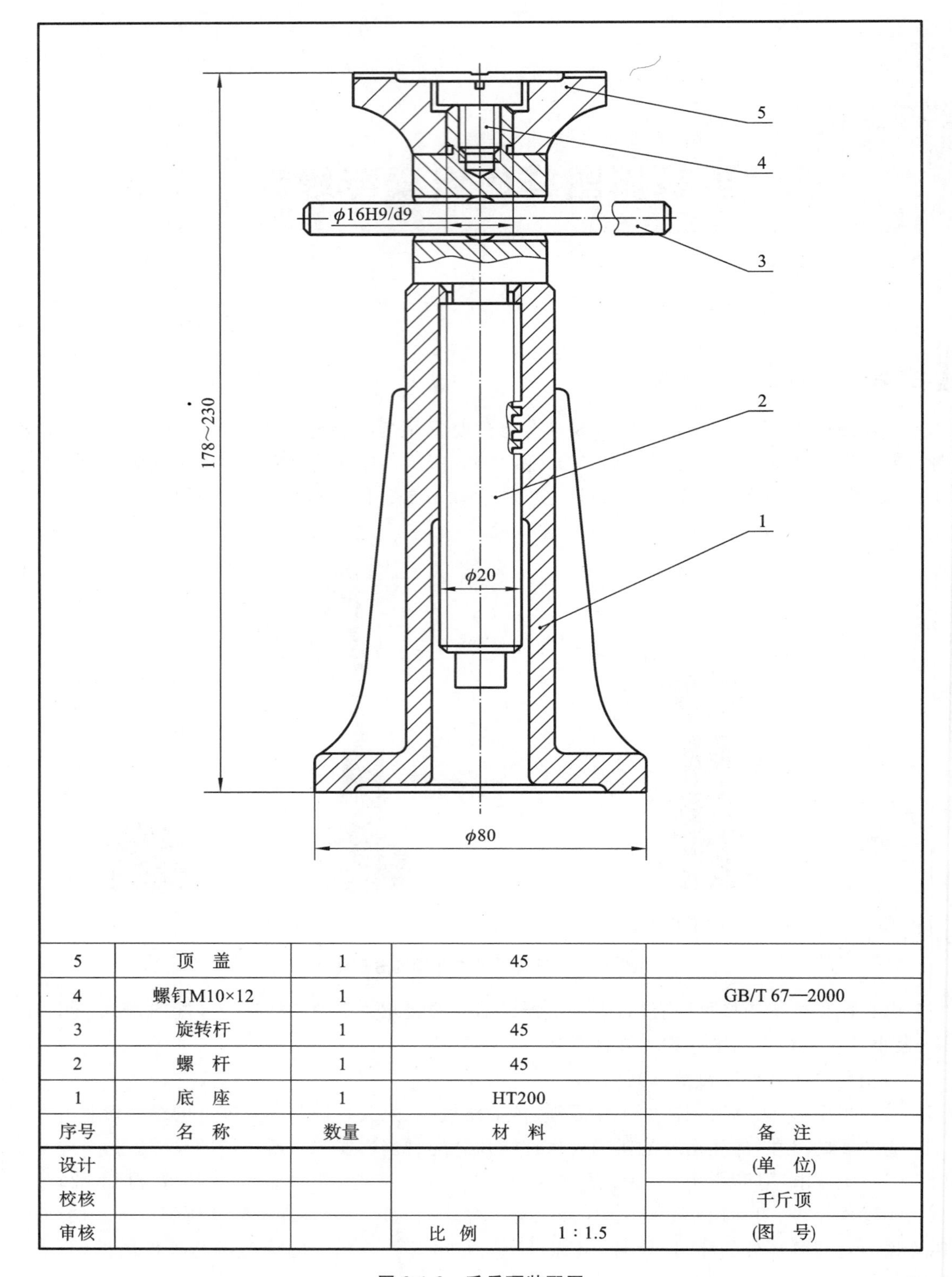

5	顶　盖	1	45	
4	螺钉M10×12	1		GB/T 67—2000
3	旋转杆	1	45	
2	螺　杆	1	45	
1	底　座	1	HT200	
序号	名　称	数量	材　料	备　注

设计					(单　位)
校核					千斤顶
审核			比　例	1 : 1.5	(图　号)

图 2-1-2　千斤顶装配图

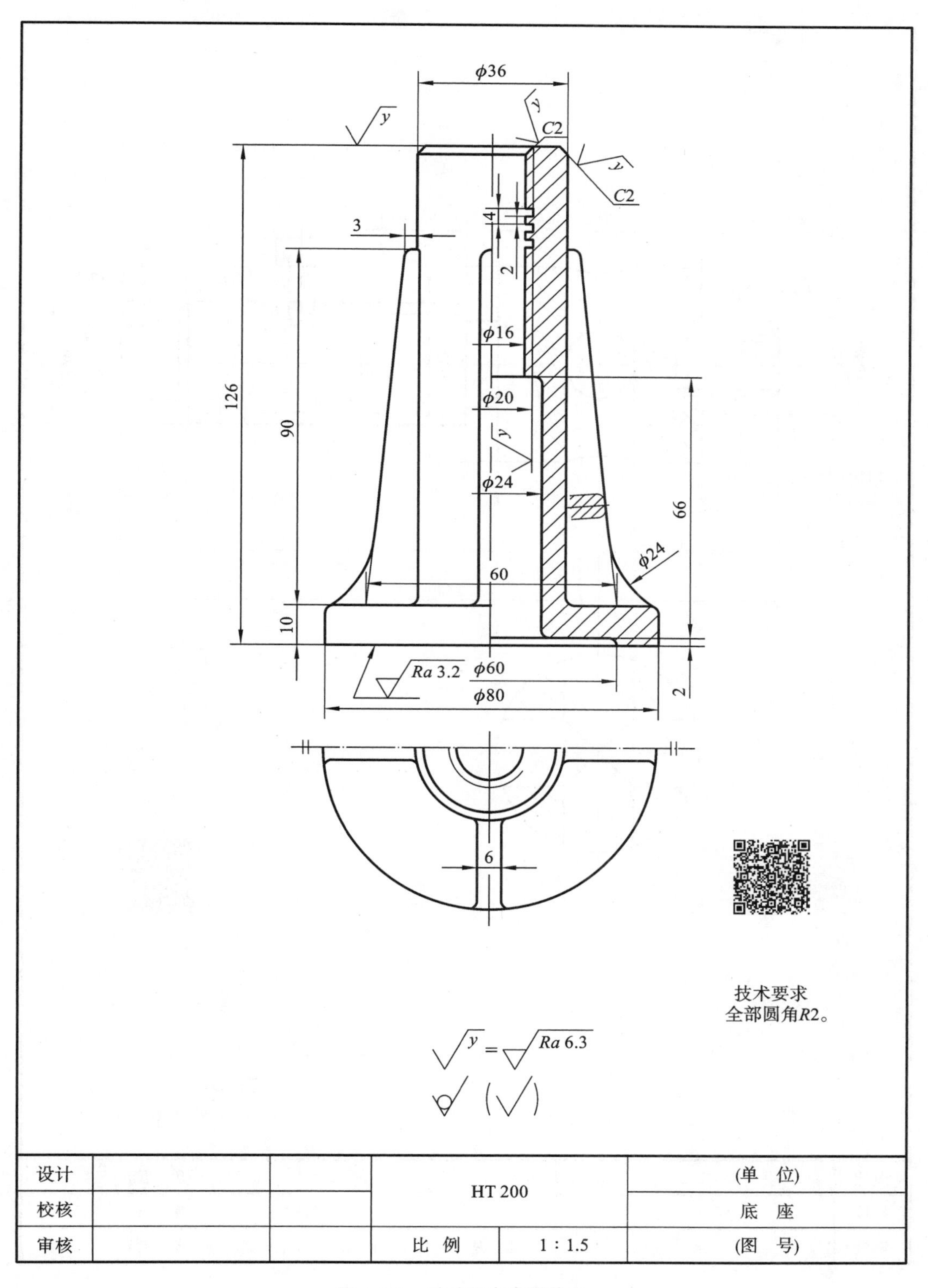

图 2-1-3 千斤顶底座零件图

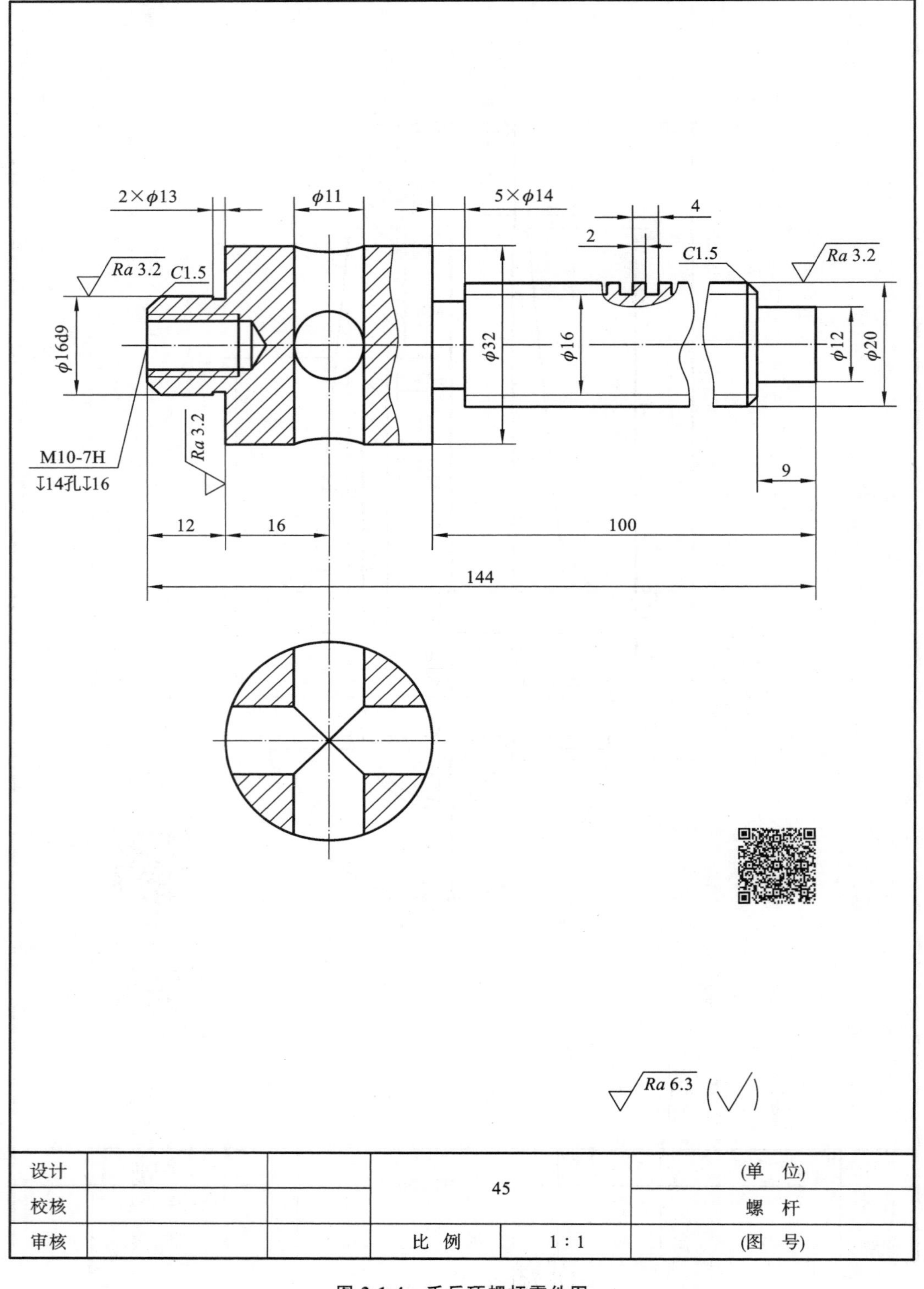

图 2-1-4 千斤顶螺杆零件图

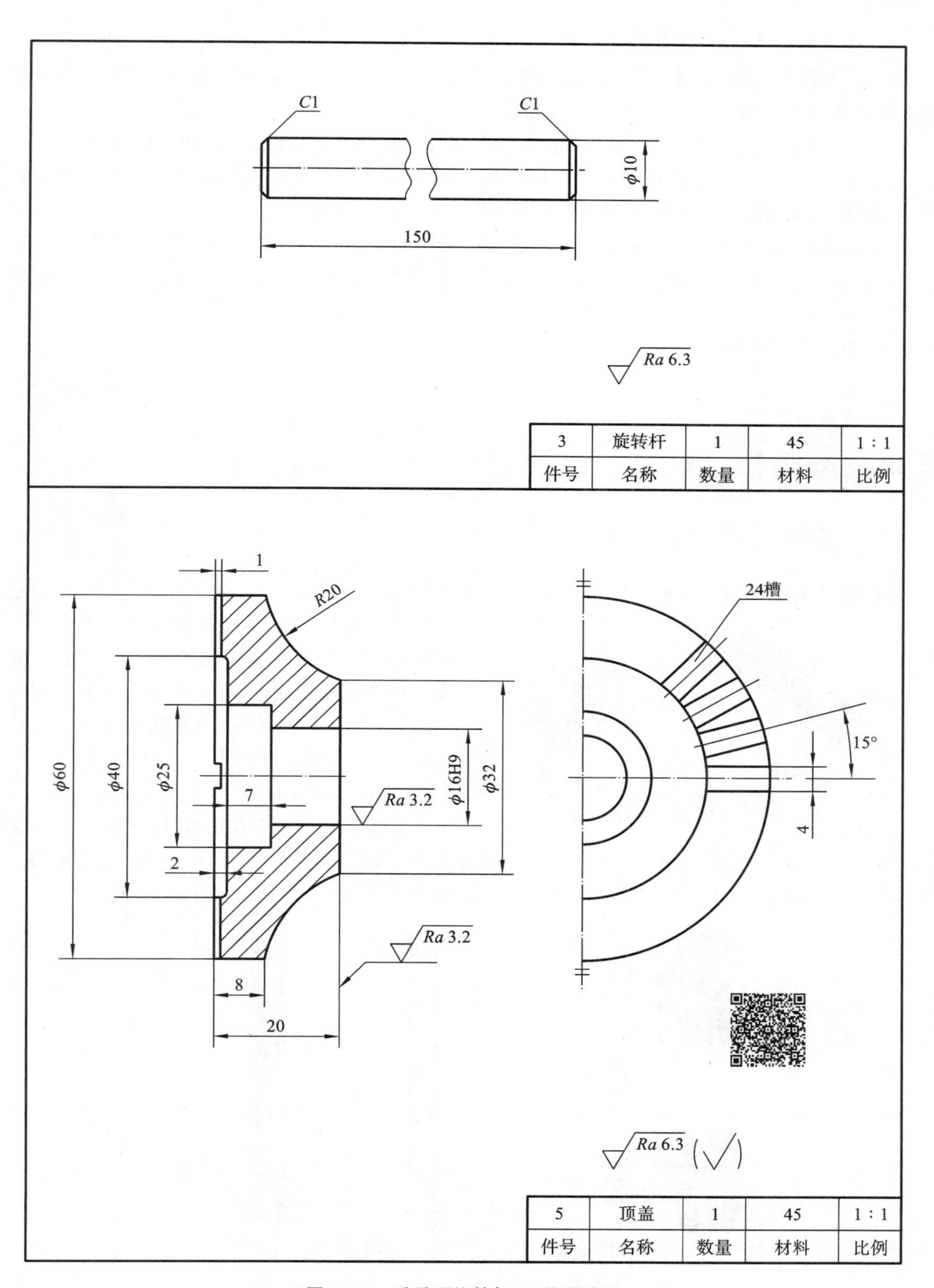

3	旋转杆	1	45	1∶1
件号	名称	数量	材料	比例

5	顶盖	1	45	1∶1
件号	名称	数量	材料	比例

图 2-1-5　千斤顶旋转杆、顶盖零件图

一张完整的零件图包括下列内容：

①一组图形：选用基本视图、剖视图、断面图等适当的机件表达方法，用一组图形将零件的内、外结构形状正确、完整、清晰地表达出来。

②完整的尺寸：正确、齐全、清晰、合理地标注零件在制造和检验时所需要的全部尺寸。

③技术要求：用规定的符号、代号、标记和文字等简明地表达出零件制造和检验时所应达到的各项技术要求，如表面结构要求、尺寸公差、几何公差、热处理等。

④标题栏：填写零件的名称、材料、重量、画图比例以及制图、审核人员签字等。

要完成本项目，除了要掌握前面所学过的三视图和剖视图的知识外，还需要学习并掌握以下相关知识。

①螺纹及其连接。

②表面结构。

③极限与配合。

【相关知识】

一、螺纹及其连接

机器中大量使用着螺栓(见图 2-1-6(a))、螺母(见图 2-1-6(b))这些零件。所谓螺纹，就是在圆柱或圆锥表面上，经过机械加工而形成的具有规定牙型的螺旋线沟槽(又称丝扣)。在圆柱或圆锥外表面上形成的螺纹称为外螺纹(见图 2-1-6(a))，在圆柱或圆锥内表面上形成的螺纹称为内螺纹(见图 2-1-6(b))。

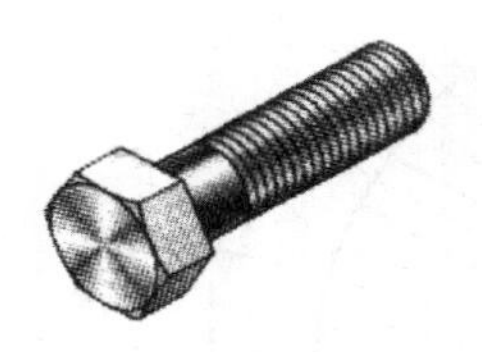

(a) 螺栓　　(b) 螺母

图 2-1-6　螺栓、螺母的立体图

1. 螺纹的加工

螺纹的加工方法有很多，除了在车床上加工(见图 2-1-7(a)、(b))之外，加工直径较小的内螺纹(即螺孔)时，先用钻头钻孔(由于钻头的顶角为 118°，因此钻孔的底部按 120°简化画出)，再用丝锥攻丝(见图 2-1-7(c))。

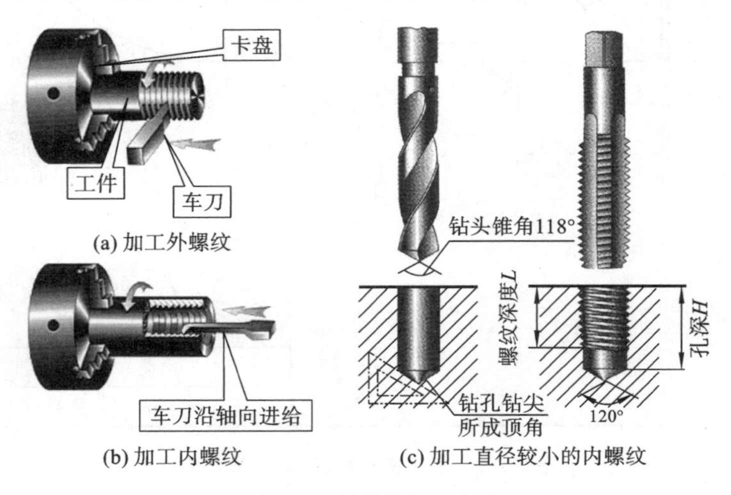

(a) 加工外螺纹　(b) 加工内螺纹　(c) 加工直径较小的内螺纹

图 2-1-7　螺纹的加工方法

2. 螺纹的要素(GB/T 14791)

螺纹的要素包括五项，如表 2-1-1 所示。

表 2-1-1　螺纹的要素

序号	名称	图形及说明
1	牙型	通过螺纹轴线的断面上的螺纹轮廓形状，称为螺纹的牙型。一般前两种用于连接，后三种用于传动 60°　55°　30°　3°　30° 普通螺纹　管螺纹　梯形螺纹　锯齿形螺纹　矩（方）形螺纹
2	直径	螺纹的直径有三种，即大径、小径和中径。大径又叫公称直径。 牙底　小径（底径）d_1　中径d_2　大径(顶径)d　牙顶 外螺纹 牙底　大径(底径)D　中径D_2　小径(顶径)D_1　牙顶 内螺纹 大径(d、D)是指与外螺纹牙顶或内螺纹牙底相切的假想圆柱或圆锥的直径。 小径(d_1、D_1)是指与外螺纹牙底或内螺纹牙顶相切的假想圆柱或圆锥的直径。 中径(d_2、D_2)是指通过牙型上的沟槽和凸起宽度相等处的一个假想圆柱或圆锥的直径
3	线数	单线螺纹：沿一条螺旋线形成的螺纹。 多线螺纹：沿两条或两条以上螺旋线形成的螺纹
4	螺距 导程	螺距 P：相邻两牙对应点间的轴向距离。 导程 P_h：同一条螺旋线上相邻两牙对应点间的轴向距离。 单线螺纹：$P_h=P$。多线螺纹：$P_h=nP$(n 为线数) 导程等于螺距 单线螺纹 导程P_h　螺距P 双线螺纹

续表

序号	名称	图形及说明
5	旋向	螺纹有右旋和左旋两种，顺时针旋入的螺纹为右旋螺纹，逆时针旋入的螺纹为左旋螺纹。若将外螺纹的轴线垂直放置，丝扣右高为右旋，左高为左旋。工程上常用右旋螺纹 左旋螺纹　　右旋螺纹

在螺纹的五要素中，牙型、大径和螺距是螺纹最基本的要素。凡这三项符合国家标准的螺纹称为标准螺纹；牙型不符合国家标准的螺纹称为非标准螺纹。

3. 螺纹的画法

由于螺纹按真实投影很难绘制，因此，国家标准 GB/T 4459.1 对螺纹的画法做了规定。螺纹具体画法见表 2-1-2。

表 2-1-2　螺纹的画法

名称	画法及说明	备　注
外螺纹	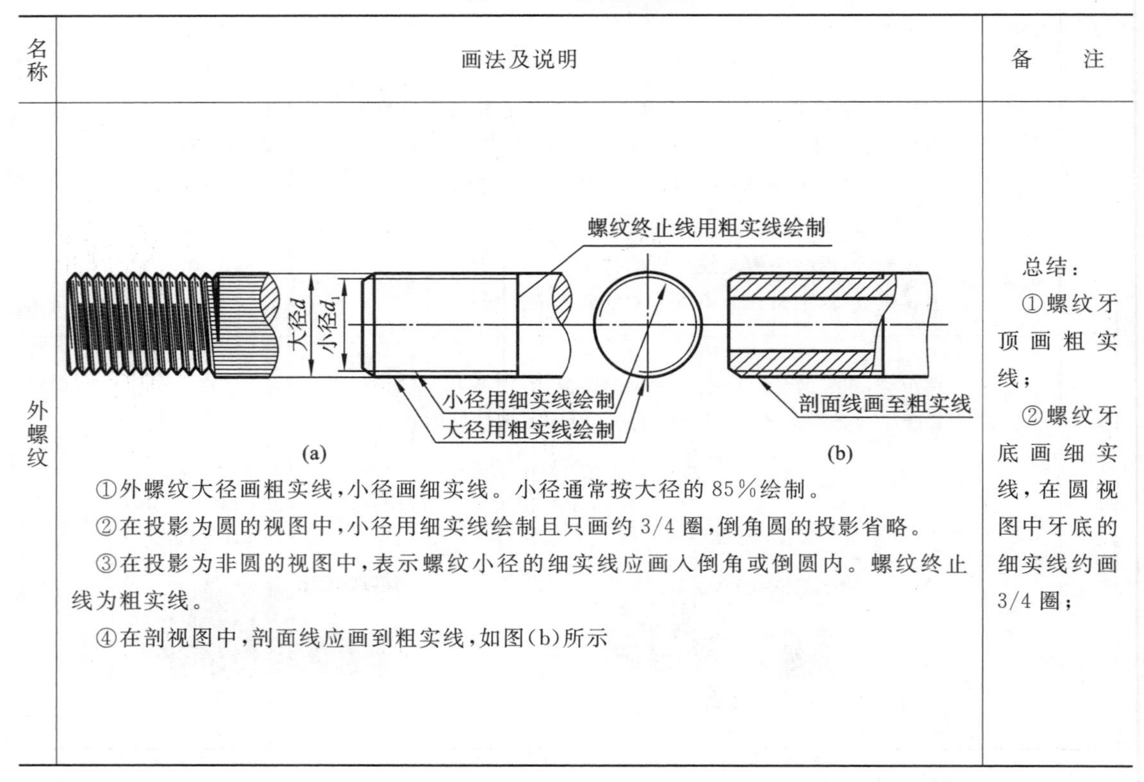 ①外螺纹大径画粗实线，小径画细实线。小径通常按大径的 85%绘制。 ②在投影为圆的视图中，小径用细实线绘制且只画约 3/4 圈，倒角圆的投影省略。 ③在投影为非圆的视图中，表示螺纹小径的细实线应画入倒角或倒圆内。螺纹终止线为粗实线。 ④在剖视图中，剖面线应画到粗实线，如图(b)所示	总结： ①螺纹牙顶画粗实线； ②螺纹牙底画细实线，在圆视图中牙底的细实线约画 3/4 圈；

续表

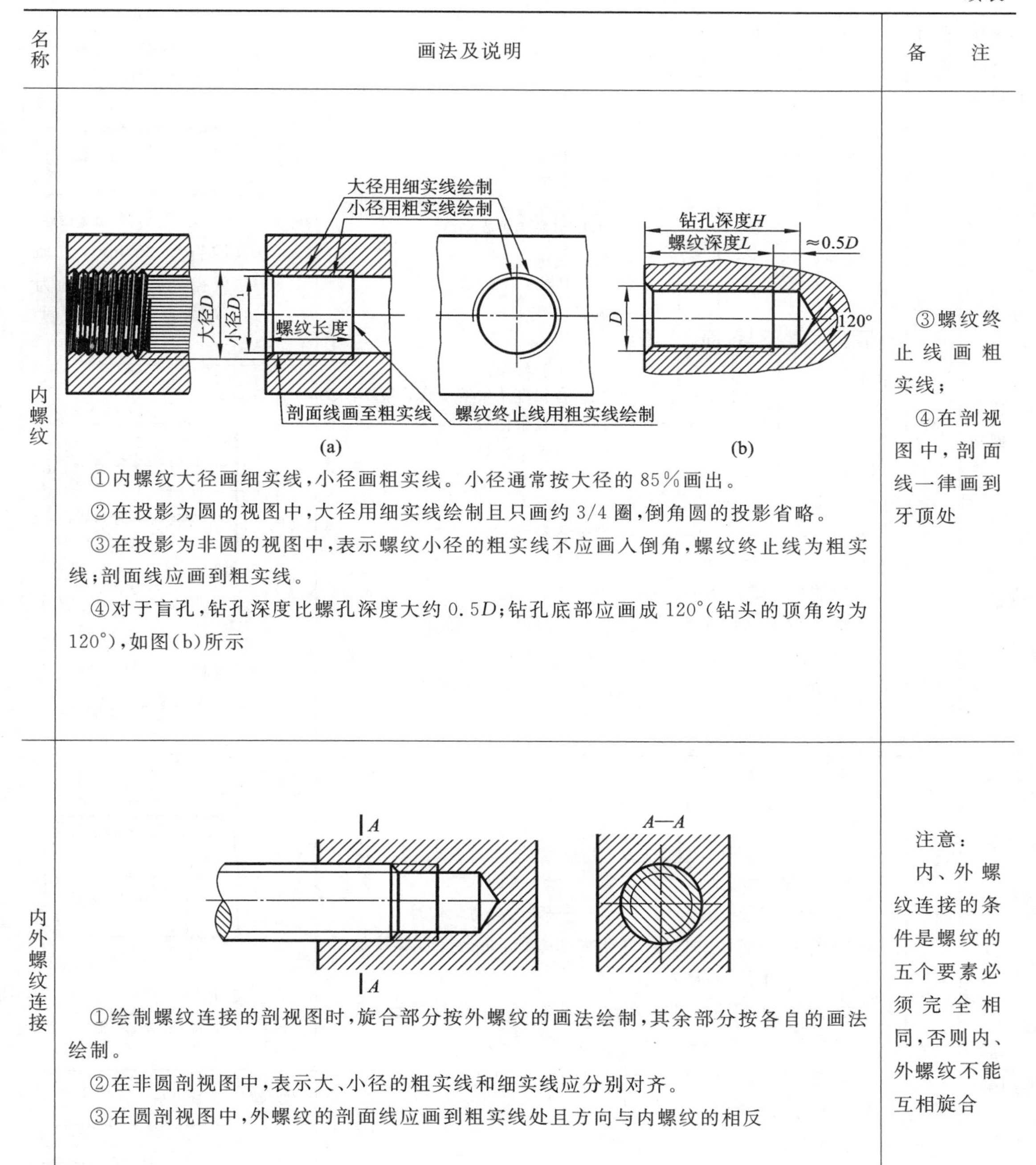

名称	画法及说明	备注
内螺纹	①内螺纹大径画细实线，小径画粗实线。小径通常按大径的85%画出。 ②在投影为圆的视图中，大径用细实线绘制且只画约3/4圈，倒角圆的投影省略。 ③在投影为非圆的视图中，表示螺纹小径的粗实线不应画入倒角，螺纹终止线为粗实线；剖面线应画到粗实线。 ④对于盲孔，钻孔深度比螺孔深度大约0.5D；钻孔底部应画成120°（钻头的顶角约为120°），如图(b)所示	③螺纹终止线画粗实线； ④在剖视图中，剖面线一律画到牙顶处
内外螺纹连接	①绘制螺纹连接的剖视图时，旋合部分按外螺纹的画法绘制，其余部分按各自的画法绘制。 ②在非圆剖视图中，表示大、小径的粗实线和细实线应分别对齐。 ③在圆剖视图中，外螺纹的剖面线应画到粗实线处且方向与内螺纹的相反	注意： 内、外螺纹连接的条件是螺纹的五个要素必须完全相同，否则内、外螺纹不能互相旋合

4. 螺纹的标记和标注

螺纹采用规定画法后，在图上看不出它的牙型、螺距、线数和旋向等结构要素，需要通过标记和标注来说明。国家标准规定了螺纹的标记和标注方法，如表2-1-3所示。

表 2-1-3 螺纹的标记和标注

螺纹种类	特征代号	规定标记	标注示例及标记说明	
普通螺纹	M	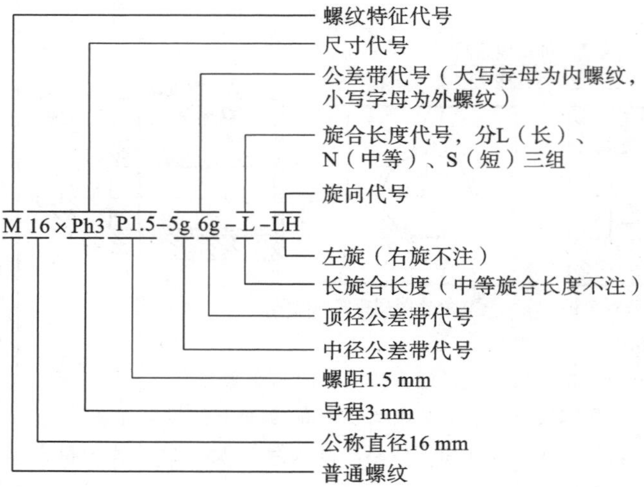 M 16×Ph3 P1.5-5g 6g - L -LH M：螺纹特征代号；普通螺纹 16：尺寸代号；公称直径16 mm Ph3：导程3 mm P1.5：螺距1.5 mm 5g：公差带代号（大写字母为内螺纹，小写字母为外螺纹）；中径公差带代号 6g：顶径公差带代号 L：旋合长度代号，分L（长）、N（中等）、S（短）三组；长旋合长度（中等旋合长度不注） LH：旋向代号；左旋（右旋不注） ①单线粗牙螺纹不标注螺距。 ②中径与顶径公差带代号相同时，只标注一个代号。 ③最常用的中等公差精度螺纹（公称直径≤1.4 mm 的 5H、6h 和公称直径≥1.6 mm 的 6H 和 6g）不注公差带代号	粗牙	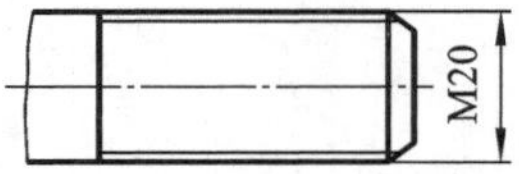 M20 单线粗牙普通螺纹，公称直径 20 mm，中径和顶径公差带代号均为 6g，中等旋合长度；右旋
			细牙	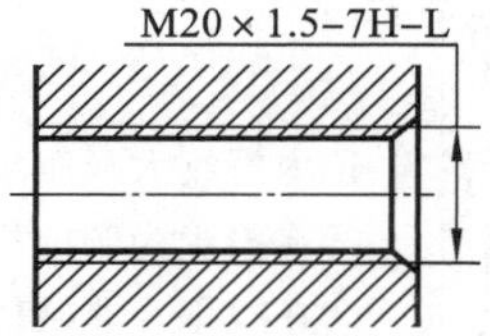 M20×1.5-7H-L 单线细牙普通螺纹，公称直径 20 mm，螺距 1.5 mm，中径和顶径公差带代号均为 7H，长旋合长度，右旋
管螺纹	G	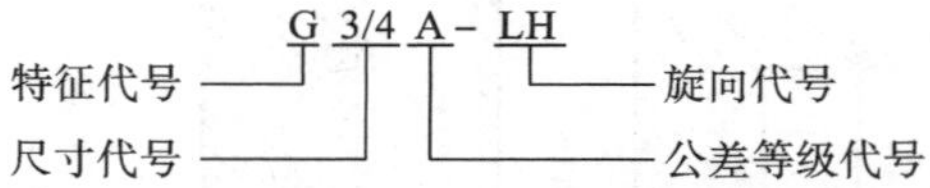 G 3/4 A - LH G：特征代号 3/4：尺寸代号 A：公差等级代号 LH：旋向代号 ①管螺纹中的“尺寸代号”并非大径数值，而是指管螺纹的管子通径尺寸，单位为英寸。 ②55°非密封管螺纹的外螺纹公差等级有 A、B 两级，需注出。其余管螺纹均只有一种公差带，无须注出。 ③55°密封管螺纹的特征代号有四种，分别是： Rp，即圆柱内螺纹； R_1，即圆锥外螺纹； Rc，即圆锥内螺纹； R_2，即圆锥外螺纹。 使用时，Rp 与 R_1 相配，Rc 与 R_2 相配。由于采用了圆锥螺纹，因此连接后具有密封作用	55°非密封管螺纹	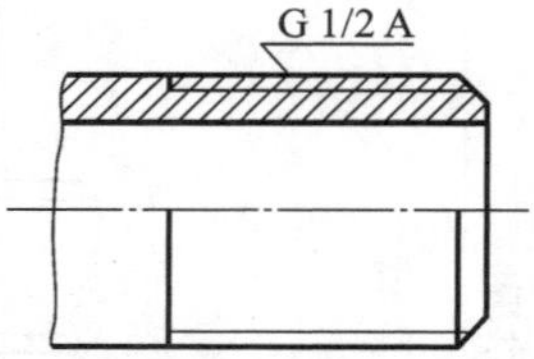 G 1/2 A 55°非密封圆柱外螺纹，尺寸代号 1/2，公差等级为 A 级，右旋
	Rp R_1 Rc R_2		55°密封管螺纹	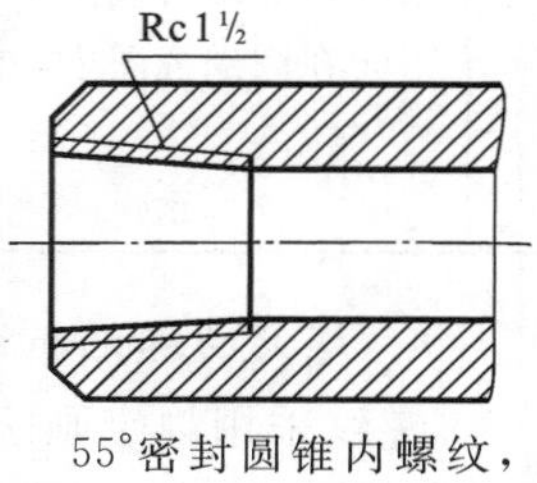 Rc1½ 55°密封圆锥内螺纹，尺寸代号 $1\frac{1}{2}$，右旋

续表

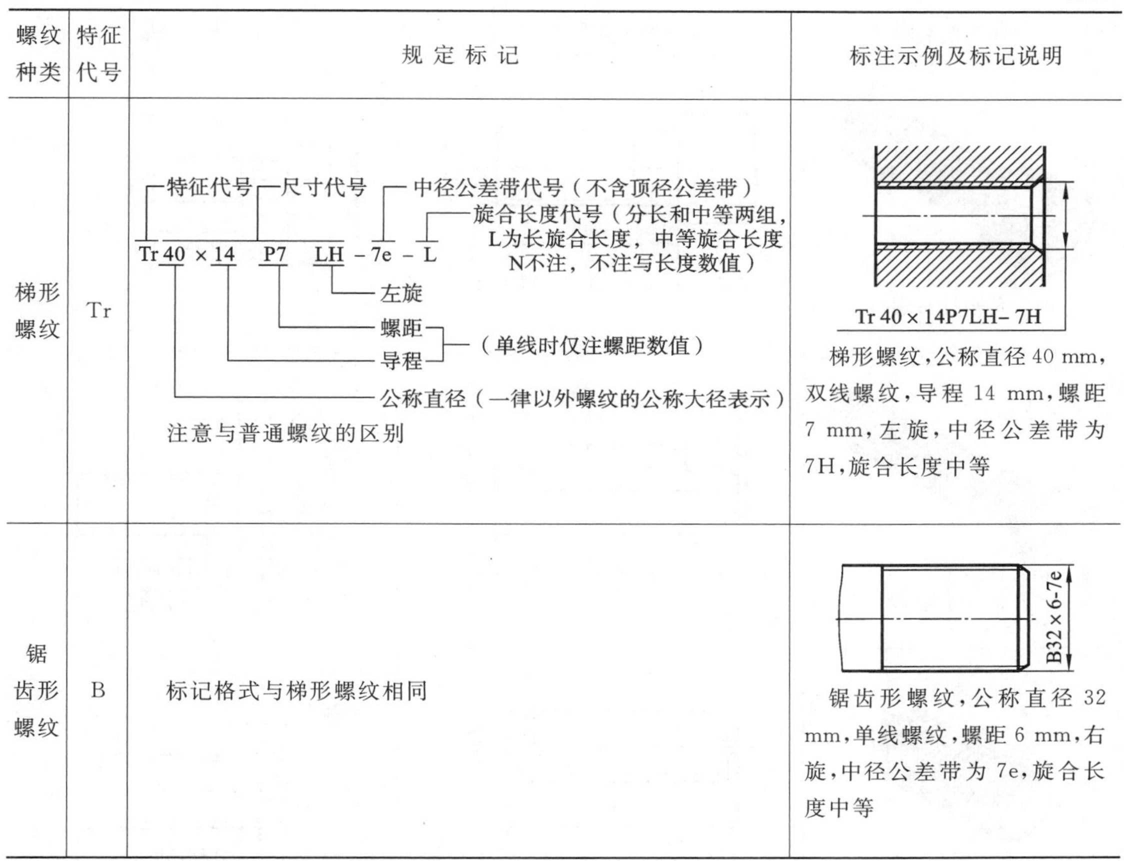

螺纹种类	特征代号	规定标记	标注示例及标记说明
梯形螺纹	Tr	Tr 40 × 14 P7 LH − 7e − L 特征代号；尺寸代号；中径公差带代号（不含顶径公差带）；旋合长度代号（分长和中等两组，L为长旋合长度，中等旋合长度N不注，不注写长度数值）；左旋；螺距、导程（单线时仅注螺距数值）；公称直径（一律以外螺纹的公称大径表示） 注意与普通螺纹的区别	Tr 40 × 14P7LH− 7H 梯形螺纹，公称直径 40 mm，双线螺纹，导程 14 mm，螺距 7 mm，左旋，中径公差带为 7H，旋合长度中等
锯齿形螺纹	B	标记格式与梯形螺纹相同	B32 × 6-7e 锯齿形螺纹，公称直径 32 mm，单线螺纹，螺距 6 mm，右旋，中径公差带为 7e，旋合长度中等

说明：①书后附表 A-1～附表 A-3 给出了普通螺纹、管螺纹及梯形螺纹的国家标准，用时可查阅。

②有关公差带的内容，将在后文中叙述。

5. 常用螺纹紧固件

由于螺纹紧固件的结构、尺寸均已标准化（见附表 A-4～附表 A-11），因此它们都属于标准件，使用时按规定标记直接外购即可。对于螺纹紧固件，画图时无须画出细节，采用简化画法，各部分的尺寸可以查标准，也可以按表 2-1-4 简化画法中给出的比例关系确定。

表 2-1-4　常用的螺纹紧固件

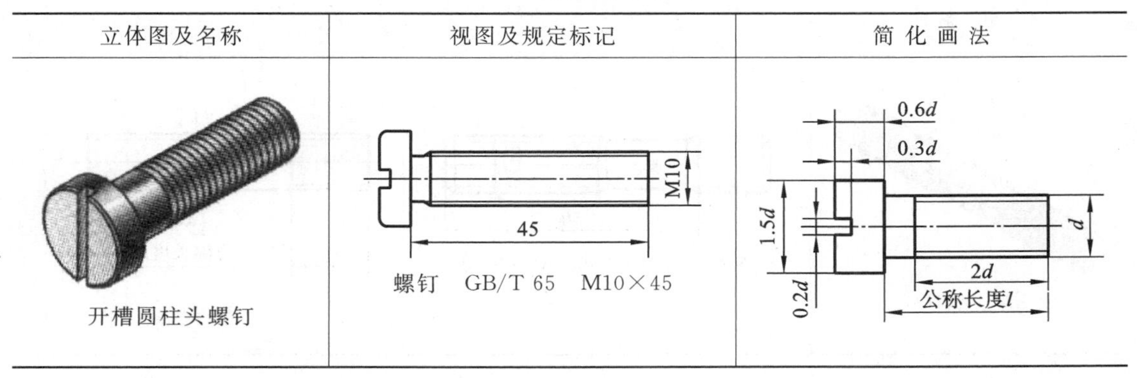

立体图及名称	视图及规定标记	简化画法
开槽圆柱头螺钉	M10；45 螺钉　GB/T 65　M10×45	0.6d；0.3d；1.5d；d；0.2d；2d；公称长度l

续表

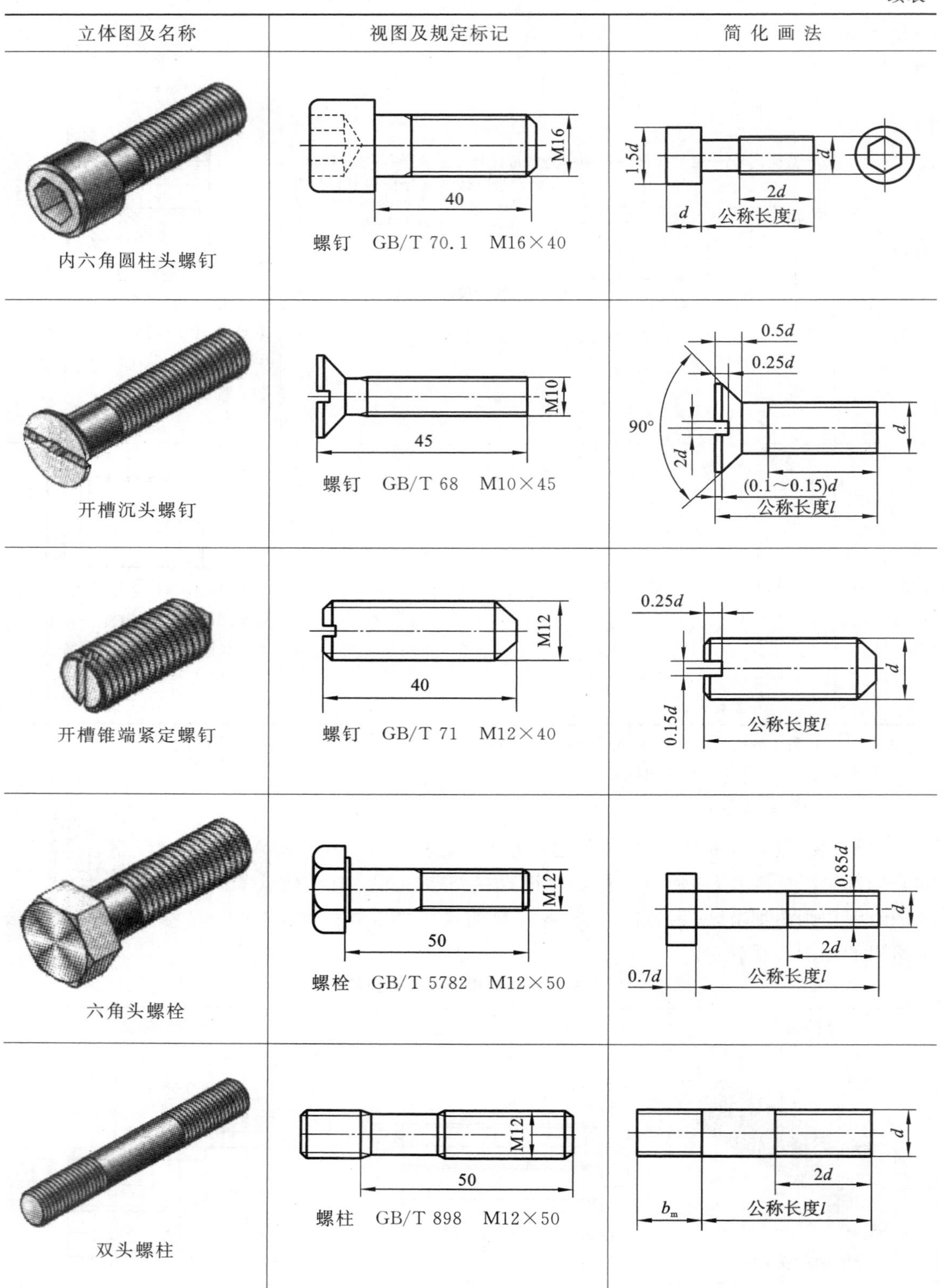

立体图及名称	视图及规定标记	简化画法
内六角圆柱头螺钉	M16; 40 螺钉　GB/T 70.1　M16×40	1.5d; d; 2d; d; 公称长度l
开槽沉头螺钉	M10; 45 螺钉　GB/T 68　M10×45	0.5d; 0.25d; 90°; 2d; d; (0.1～0.15)d; 公称长度l
开槽锥端紧定螺钉	M12; 40 螺钉　GB/T 71　M12×40	0.25d; 0.15d; d; 公称长度l
六角头螺栓	M12; 50 螺栓　GB/T 5782　M12×50	0.85d; d; 2d; 0.7d; 公称长度l
双头螺柱	M12; 50 螺柱　GB/T 898　M12×50	d; 2d; b_m; 公称长度l

续表

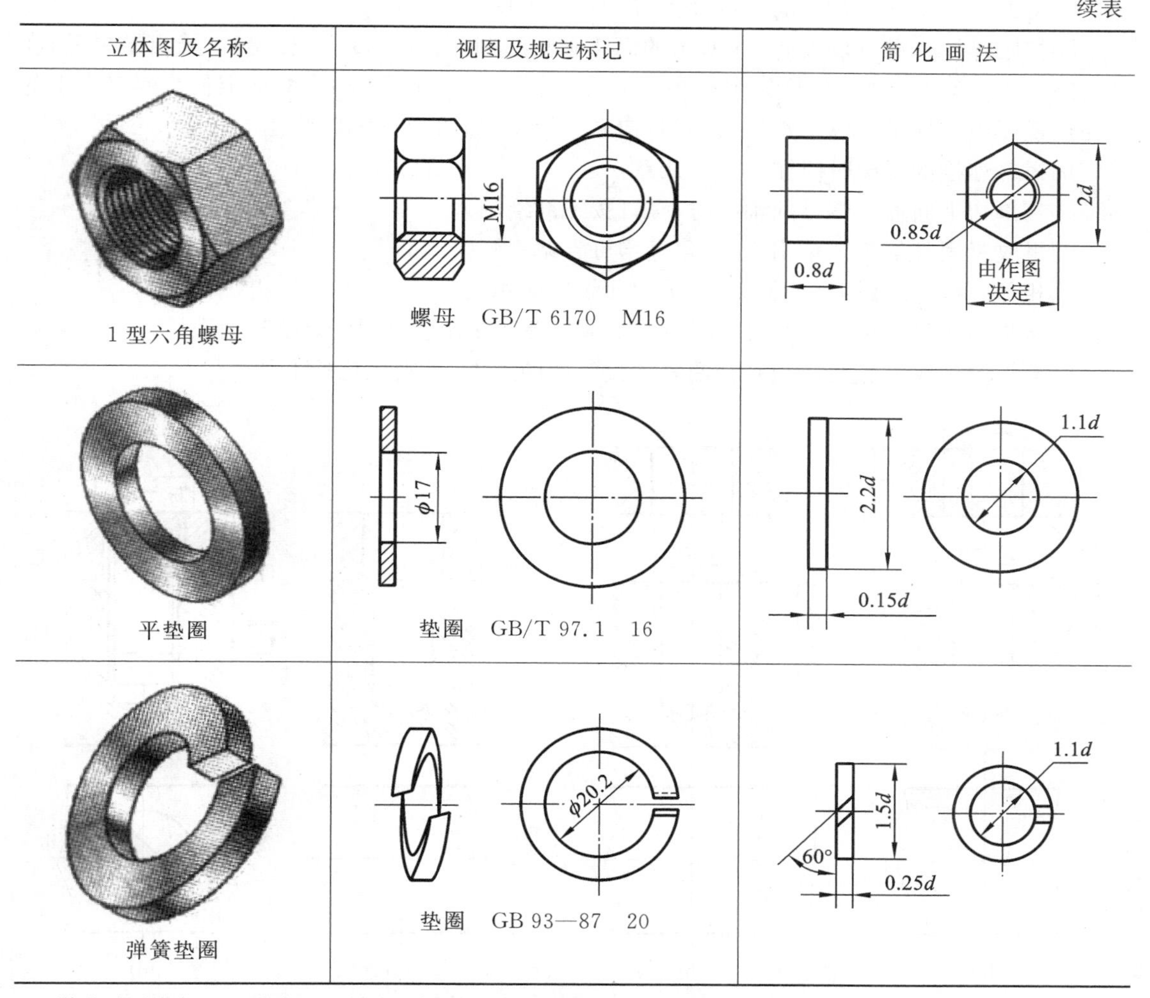

立体图及名称	视图及规定标记	简 化 画 法
1 型六角螺母	M16 螺母 GB/T 6170 M16	0.8*d* 0.85*d* 2*d* 由作图决定
平垫圈	ϕ17 垫圈 GB/T 97.1 16	2.2*d* 1.1*d* 0.15*d*
弹簧垫圈	ϕ20.2 垫圈 GB 93—87 20	1.5*d* 1.1*d* 60° 0.25*d*

说明：书后附表 A-4～附表 A-11 给出了常用螺纹紧固件的国家标准，用时可查阅。

6. 螺纹紧固件的连接画法

螺纹紧固件的连接形式有三种，分别为螺钉连接、螺柱连接和螺栓连接。它们的作用是将两个零件连接在一起。一般根据零件被连接处的厚度和使用要求选用不同的连接形式。

(1) 螺钉连接画法。

螺钉连接多用于受力不大的零件之间的连接。被连接件中较薄的一个钻通孔，较厚的一个一般为不通的螺纹孔。图 2-1-8 所示为螺钉连接示意图。

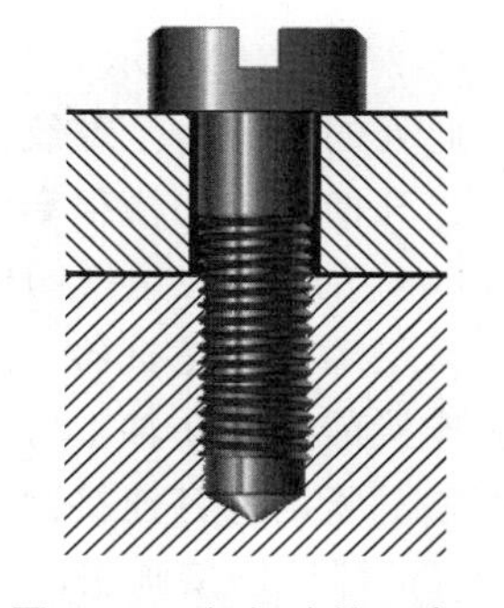

图 2-1-8 螺钉连接示意图

画螺钉连接图时应按连接工序进行，具体过程如下：

①在薄板上钻通孔，直径为 1.1d；在厚板上钻盲孔，直径为 0.85d，深度为 b_m+d，b_m 由被连接零件的材料决定（钢或青铜，$b_m=d$；铸铁，$b_m=1.25d$ 或 $b_m=1.5d$；铝合金，$b_m=1.5d$ 或 $b_m=2d$），如图 2-1-9(a)所示。

②在厚板上加工螺纹，公称直径为 d，深度为 $b_m+0.5d$，如图 2-1-9(b)所示。

③将两被连接件的孔对准，两对面结合，如图 2-1-9(c)所示。

④拧紧螺钉。螺钉按表 2-1-4 所示的简化画法绘制，公称长度 $l=b_m+\delta$。算出结果后，在开槽圆柱头螺钉的标准(见附表 A-4)中的 l 系列中取一个相等或略大的标准值。螺钉头上的槽在俯视图中按规定画成与水平成 45°且向右上倾斜，如图 2-1-9(d)所示。

画螺钉连接剖视图时应注意以下几点：

①当剖切平面通过螺钉的轴线时，螺钉按不剖绘制。

②螺纹紧固件的工艺结构，如倒角等均可省略不画。

③相邻两零件接触面只画一条线且剖面线方向相反。

④薄板的孔径必须大于螺钉大径(约 1.1d)，否则在连接时螺钉装不进通孔。

⑤螺钉的螺纹终止线必须画到两零件接触面的上方，否则螺钉拧不紧。

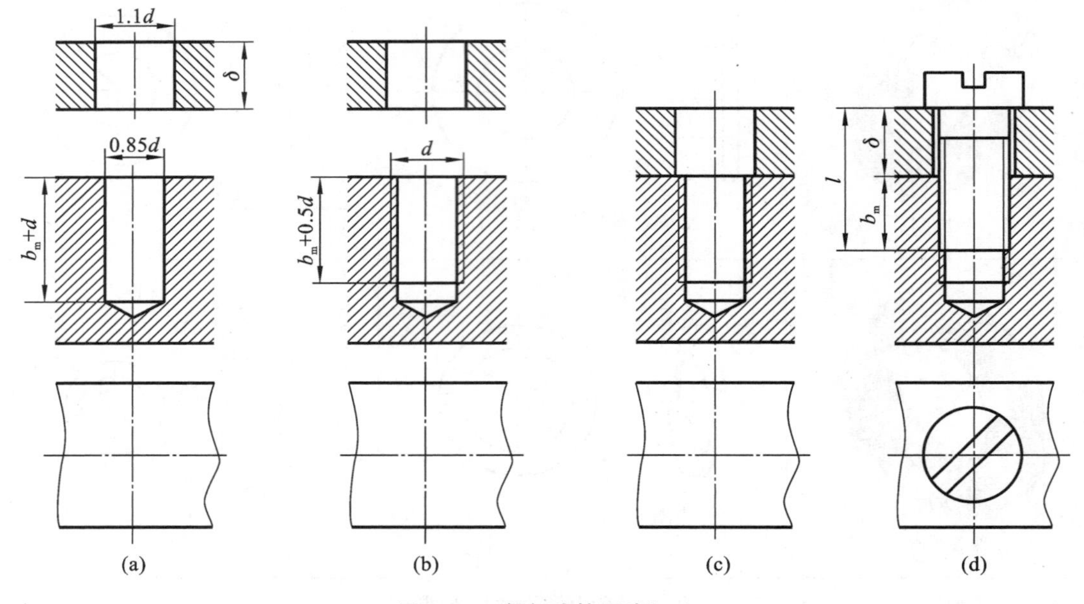

图 2-1-9 螺钉连接画法(一)

图 2-1-10(a)所示为开槽沉头螺钉连接示意图，图 2-1-10(b)所示为开槽沉头螺钉连接画法。此处的螺钉为全螺纹。一般当螺钉较小时制成全螺纹。

当开槽螺钉的槽很窄时，槽的投影可用宽度为 2 倍于粗实线的特粗线表示，如图 2-1-10(c)所示。注意，在主视图中，螺孔的末端采用了简化画法，即螺孔深度和钻孔深度相等。

紧定螺钉也是机器上经常使用的一种螺钉，常用来防止两个相互配合的零件产生相对转动。连接前应先在轴上打一锥坑，在轮毂上加工一螺孔。装配时将轴装入孔中后再将紧定螺钉拧紧。紧定螺钉连接画法如图 2-1-11 所示。

(2) 螺柱连接画法。

螺柱连接如图 2-1-12(a)所示。和螺钉连接相比，螺柱连接能够承受相对较大的力。

螺柱两端均加工有螺纹，连接时，一端(旋入端)全部旋入被连接件之一的螺孔内，另一端(紧固端)穿过另一个被连接件的通孔，套上垫圈，拧紧螺母。

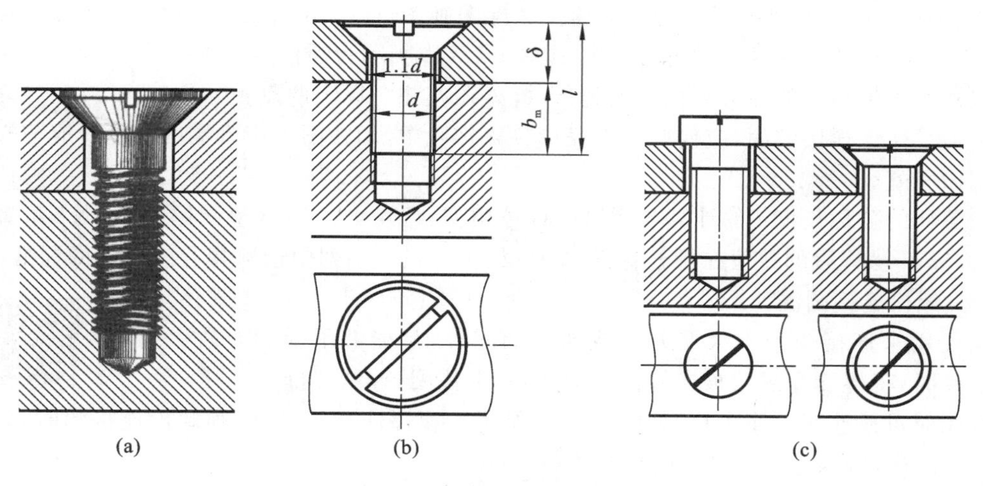

图 2-1-10 螺钉连接画法(二)

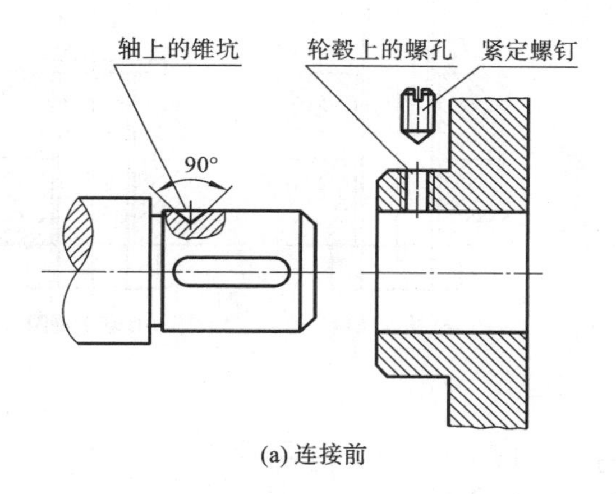

(a) 连接前

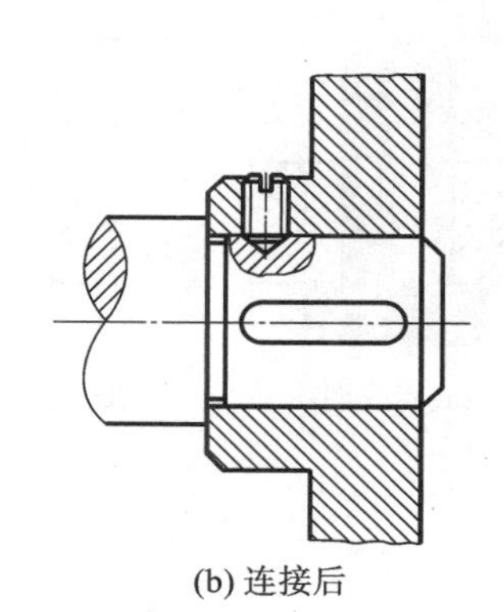

(b) 连接后

图 2-1-11 紧定螺钉连接画法

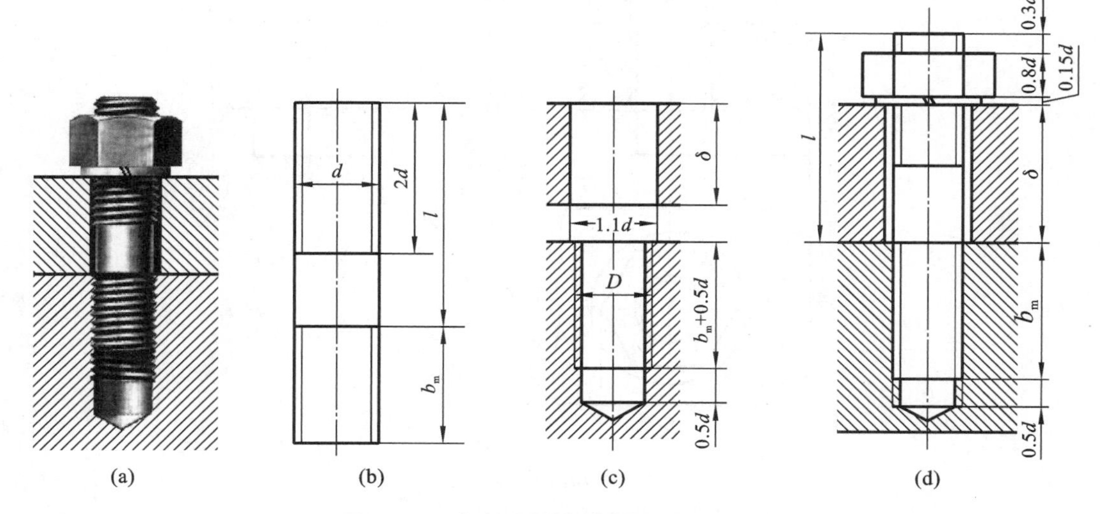

图 2-1-12 螺柱连接及其装配图画图过程

图 2-1-12(b)、(c)、(d)所示为螺柱连接装配图画图过程。其中图 2-1-12(b)所示为螺栓画法,图 2-1-12(c)所示为两被连接件画法,图 2-1-12(d)所示为螺柱连接画法。

螺柱连接画图时的注意点同螺钉连接,此外还应注意以下两点:

①为了保证连接牢固,应使旋入端完全旋入螺孔中,即在图上旋入端的终止线应与螺纹孔口的端面平齐。

②螺柱的公称长度 l 的计算与螺钉的计算类似,$l \geqslant \delta + 0.15d$(垫圈厚度)$+0.8d$(螺母厚度)$+0.3d$。初算后的数值在螺柱标准(见附表 A-7)的 l 系列中选取相等或略大的标准值。

(3) 螺栓连接画法。

螺栓用来连接两个不太厚并钻成通孔的零件,且能够承受相对较大的力。连接时,将螺栓穿过两被连接件的通孔,套上垫圈,拧紧螺母。

画图时可按连接工序进行,如图 2-1-13 所示。和螺柱连接一样,画螺栓连接图时,公称长度 l 应先计算,后取相等或略大的标准值(可查附表 A-11)。

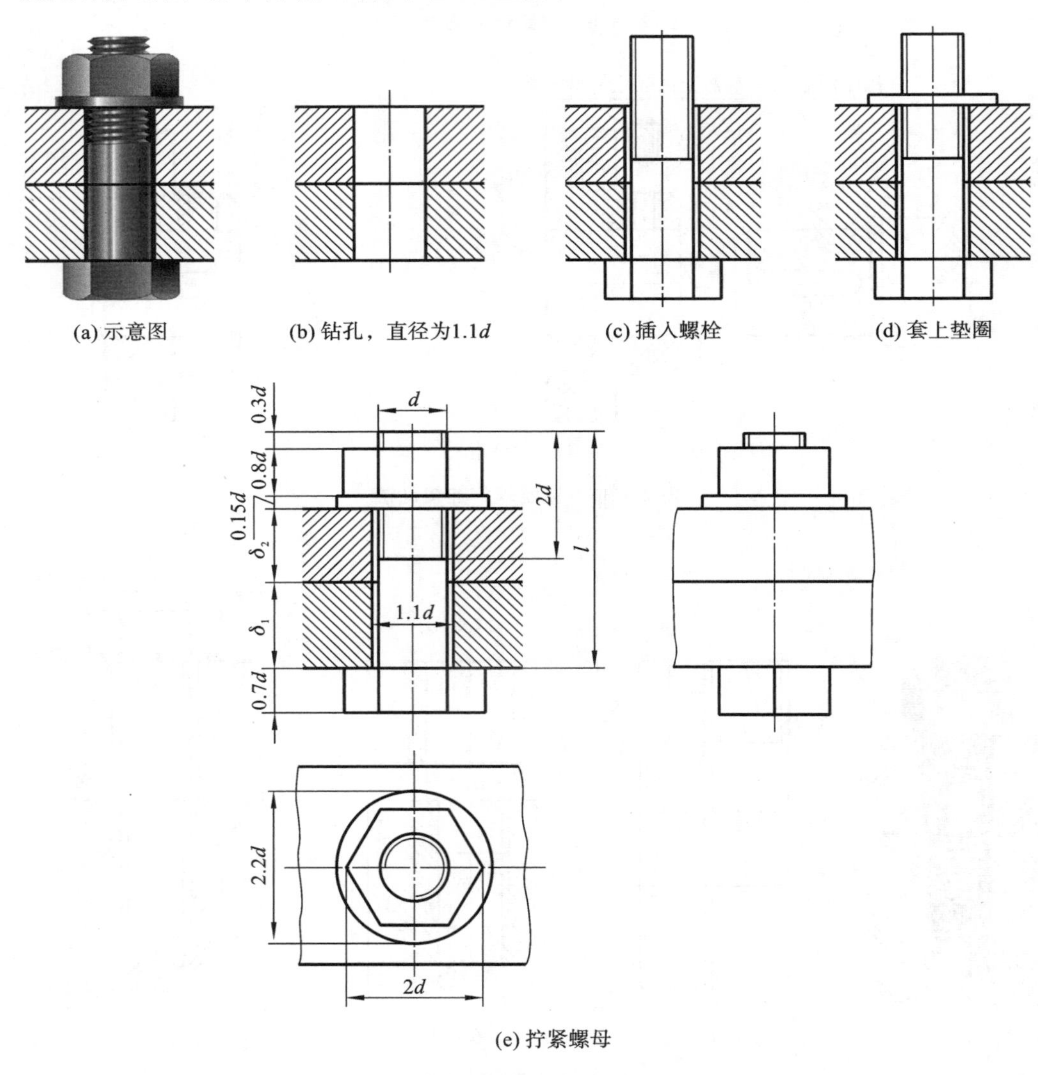

图 2-1-13 螺栓连接画法

二、表面结构

在工程实际中，为了保证零件能够正常使用，需要根据产品功能对零件的表面结构提出要求。所谓表面结构，即表面粗糙度、表面波纹度、表面缺陷、表面纹理和表面几何形状的总称。GB/T 131 中对技术产品图样中表面结构的表示法做了具体规定。

1. 基本概念

(1) 表面粗糙度。

在机械加工过程中，由于刀具或砂轮切削后留下刀痕，切削过程中切屑分离时产生塑性变形，会使被加工零件的表面产生微小的峰谷。零件的表面无论加工得多精细，在显微镜下观察都能看到凹凸不平的痕迹，这些微小峰谷的高低程度和间距大小综合起来称为表面粗糙度，如图 2-1-14 所示。

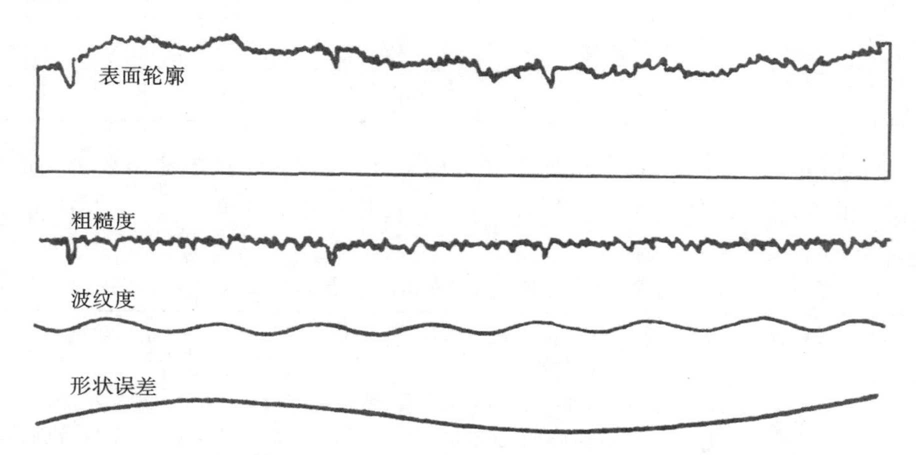

图 2-1-14 粗糙度、波纹度和形状误差及其综合影响形成的表面轮廓

表面粗糙度是评定零件表面质量的一项重要技术指标，对零件的使用、外观和加工成本都有重要影响。

(2) 表面波纹度。

在机械加工过程中，由于机床、工件和刀具系统的振动，在工件表面所形成的间距比粗糙度大得多的表面不平度，称为表面波纹度，如图 2-1-14 所示。零件表面波纹度是影响零件使用寿命和引起振动的重要因素。

表面粗糙度、表面波纹度以及表面几何形状总是同时生成并存在于同一表面，如图 2-1-14 所示。

2. 表面结构参数

轮廓参数是我国机械图样中目前最常用的评定参数。本节仅介绍评定粗糙度轮廓中的两个高度参数 Ra 和 Rz。

评定轮廓的算术平均偏差 Ra 是指在一个取样长度内纵坐标值 $Z(x)$ 绝对值的算术平均值，如图 2-1-15 所示。

轮廓最大高度 Rz 是指在一个取样长度内，最大轮廓峰高和最大轮廓谷深之和，如图 2-1-15所示。

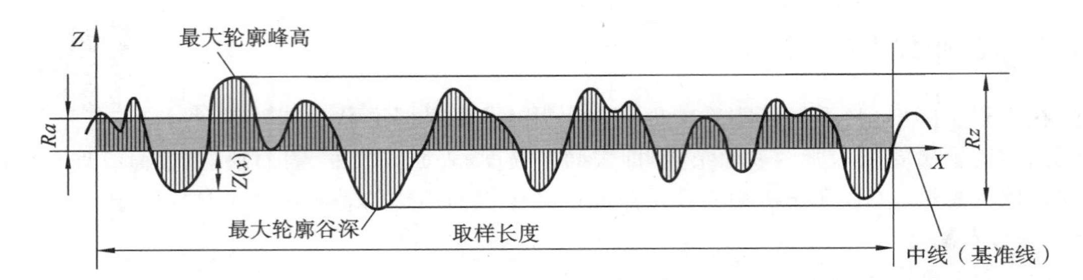

图 2-1-15 评定轮廓的算术平均偏差 *Ra* 和轮廓最大高度 *Rz*

Ra 应用较为广泛，可用电动轮廓仪测量，运算过程由仪器自动完成，其数值见表 2-1-5。

表 2-1-5 *Ra* 的数值(GB/T 1031)

单位：μm

轮廓参数	数值						
Ra	0.012	0.025	0.05	0.1	0.2	0.4	0.8
	1.6	3.2	6.3	12.5	25	50	100

Ra 的数值越小，表面质量越好，但加工成本也越高。因此，在满足使用要求的前提下，应尽量选用较大的 *Ra* 值，以降低成本。常用的 *Ra* 值及其对应的表面特征、主要加工方法和应用举例如表 2-1-6 所示。

表 2-1-6 常用的 *Ra* 值及其对应的表面特征、主要加工方法和应用举例

Ra/μm	表面特征	主要加工方法	应用举例
25	可见刀痕	粗车、粗铣、粗刨、钻、粗纹锉刀和粗砂轮加工	非配合表面、不重要的接触面，如螺钉孔、倒角、退刀槽、基座底面等
12.5	微见刀痕	粗车、刨、立铣、平铣、钻	
6.3	可见加工痕迹	精车、精铣、精刨、铰、镗、粗磨等	没有相对运动的零件接触面，如箱、盖、套筒要求紧贴的表面及键和键槽工作表面；相对运动速度不高的接触面，如支架孔、衬套的工作表面等
3.2	微见加工痕迹		
1.6	看不见加工痕迹		
0.8	可辨加工痕迹方向	精车、精铰、精镗、半精磨等	要求配合很好的接触面，如与滚动轴承配合的表面、锥销孔等；相对运动速度较高的接触面，如滑动轴承的配合表面、齿轮轮齿的工作表面等

3. 表面结构图形符号

表面结构符号名称、符号和含义见表 2-1-7。

表 2-1-7 表面结构符号名称、符号和含义

符号名称	符号	含义
基本符号	H_2 H_1 60° 60° d'=0.35 mm(d'——符号线宽); H_1=5 mm;H_2=10.5 mm	未指定工艺方法的表面,当通过一个注释解释时可单独使用
扩展符号		用去除材料的方法获得的表面;仅当其含义是"被加工表面"时可单独使用
		不去除材料的表面,也可用于表示保持上道工序形成的表面,不管这种状况是通过去除材料形成的,还是通过不去除材料形成的
完整符号		在以上各种符号的长边上加一横线,以便注写对表面结构的各种要求。在报告和合同的文本中,这三种符号可分别用 APA、MRR、NMR 表示

注:表中 d'、H_1 和 H_2 的大小是当图样中尺寸数字高度选取 h=3.5 mm 时按 GB/T 131—2006 的相应规定给定的。表中 H_2 是最小值,必要时允许加大。

4. 表面结构代号示例

表面结构符号中注写了具体参数代号及数值等要求后即为表面结构代号。常见的表面结构代号类型见表 2-1-8。

表 2-1-8 表面结构代号示例

代号	含义	代号	含义
Ra 6.3	表示用去除材料的方法获得的表面,*Ra* 的上限值为 6.3 μm	*Ra* 25	表示用不去除材料的方法获得的表面,*Ra* 的上限值为 25 μm
Rz 3.2	表示用去除材料的方法获得的表面,*Rz* 的上限值为 3.2 μm	*Ra* 12.5	表示用任何方法获得的表面,*Ra* 的上限值为 12.5 μm

注:表中各表面结构代号的含义为不完全解释,详细解释可参阅有关书籍。

5．表面结构要求在图样中的注法

表面结构要求对每一表面一般只注一次，并尽可能注在相应的尺寸及其公差的同一视图上。除非另有说明，所标注的表面结构要求是对完工零件表面的要求。表面结构要求在图样中的注法如表 2-1-9 所示。

表 2-1-9　表面结构要求在图样中的注法

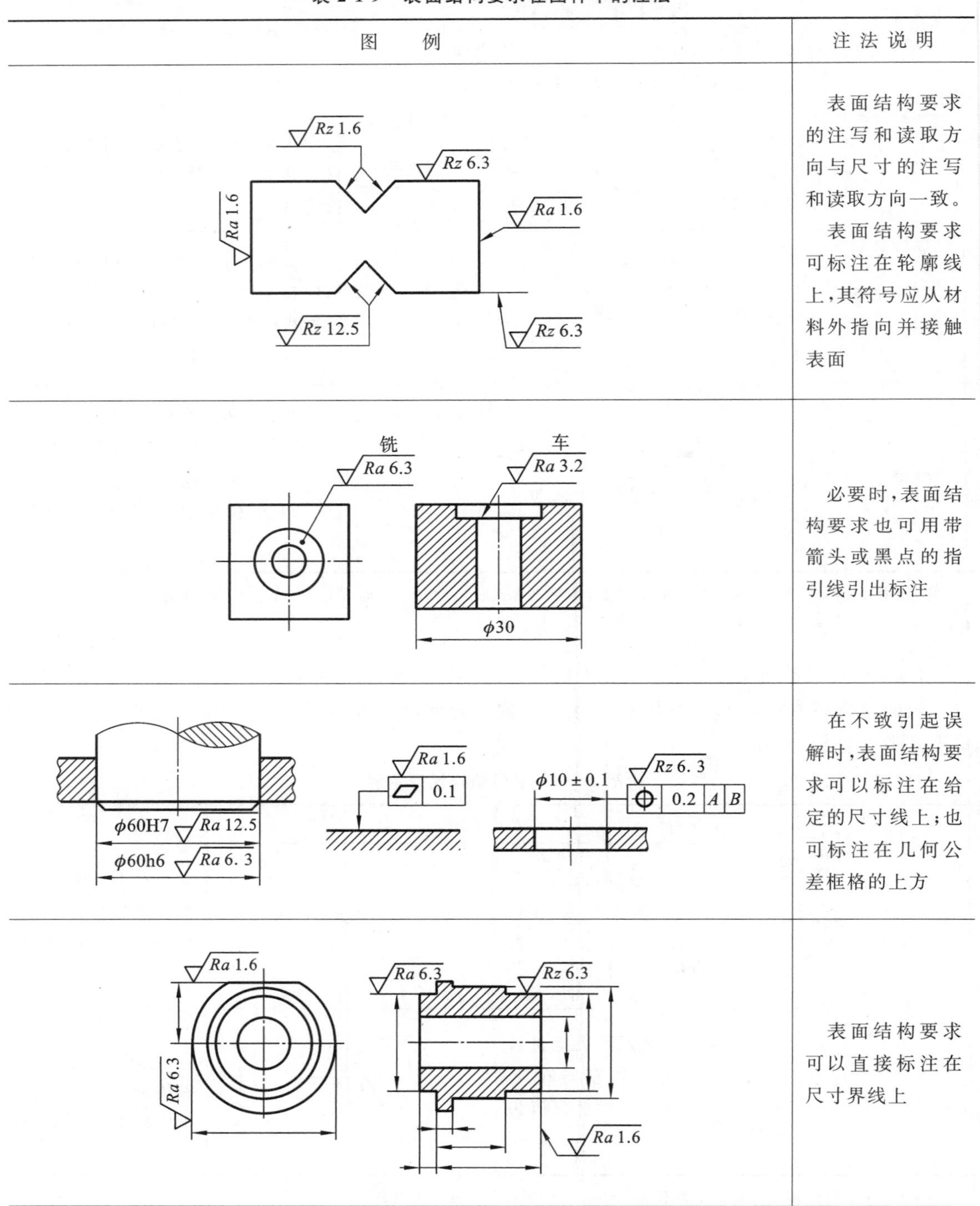

图　　例	注 法 说 明
	表面结构要求的注写和读取方向与尺寸的注写和读取方向一致。 表面结构要求可标注在轮廓线上，其符号应从材料外指向并接触表面
	必要时，表面结构要求也可用带箭头或黑点的指引线引出标注
	在不致引起误解时，表面结构要求可以标注在给定的尺寸线上；也可标注在几何公差框格的上方
	表面结构要求可以直接标注在尺寸界线上

续表

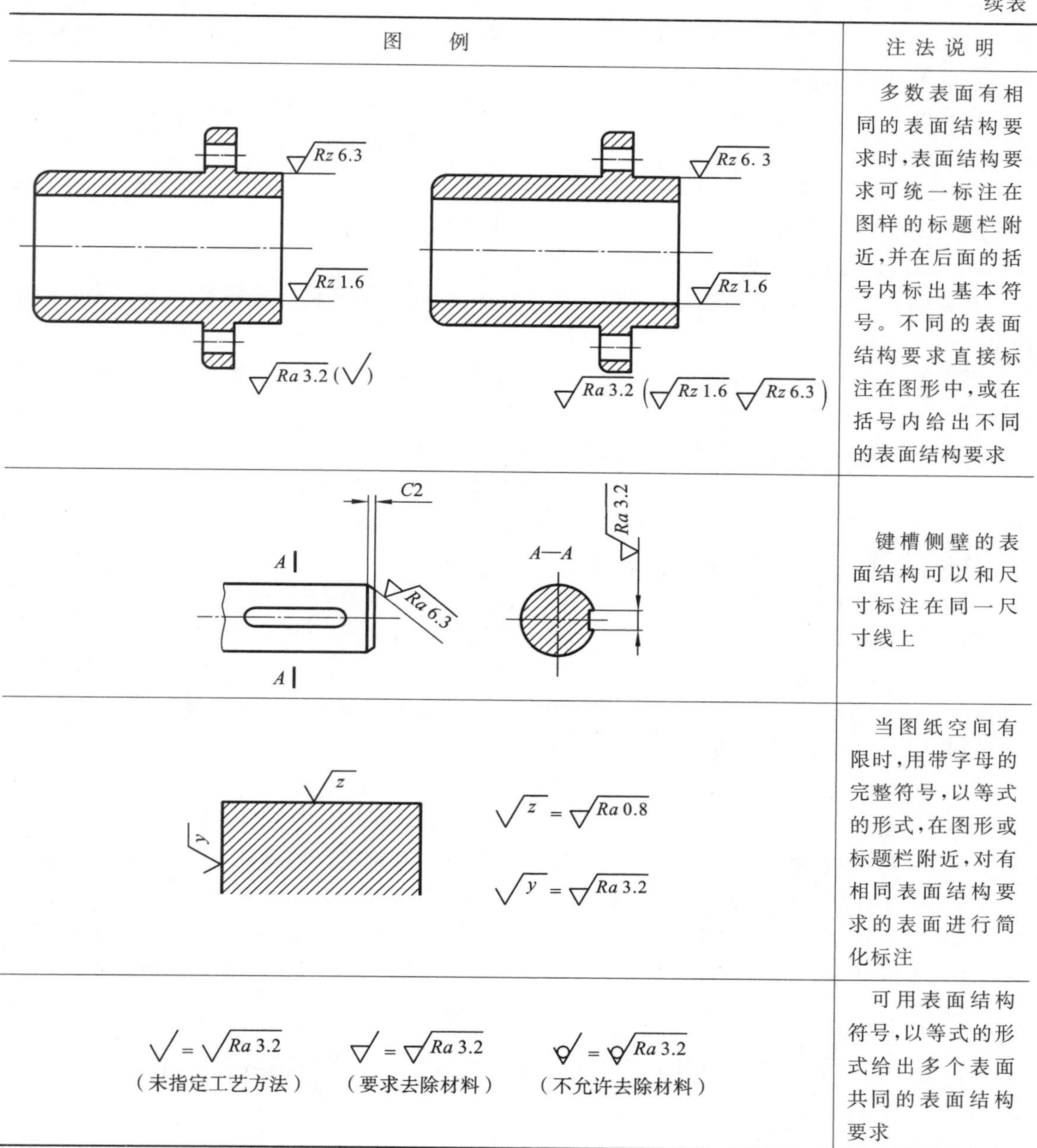

图　　例	注法说明
	多数表面有相同的表面结构要求时，表面结构要求可统一标注在图样的标题栏附近，并在后面的括号内标出基本符号。不同的表面结构要求直接标注在图形中，或在括号内给出不同的表面结构要求
	键槽侧壁的表面结构可以和尺寸标注在同一尺寸线上
	当图纸空间有限时，用带字母的完整符号，以等式的形式，在图形或标题栏附近，对有相同表面结构要求的表面进行简化标注
	可用表面结构符号，以等式的形式给出多个表面共同的表面结构要求

三、极限与配合

在日常生活中，自行车或汽车上的某个零件坏了，买个新的换上，就能继续使用，这是因为零件具有互换性。所谓互换性，是指在装配机器时，从加工完的一批规格相同的零件中任取一件，不经修配就能立即装配到机器上，并能保证使用要求。

零件具有互换性，不仅给机器的装配、维修带来方便，而且为大批量生产提供了条件，从而可以缩短生产周期，提高劳动生产率。

在零件的制造过程中，由于加工或测量等因素的影响，完工后一批零件的实际尺寸总是存在一定的误差。为了保证零件的互换性，必须将零件的实际尺寸控制在允许的变动范围内，这个允许的尺寸变动量称为尺寸公差，简称公差。

在机械设备中，经常会遇到轴与孔的配合。下面我们就以轴孔配合为例来学习公差与配合的有关知识。

1. 公差的有关术语

(1) 公称尺寸：设计时给定的尺寸，如图 2-1-16 中的 $\phi80$。

(2) 极限尺寸：允许尺寸变动的两个极限值。

孔或轴允许的最大尺寸称为上极限尺寸。在图 2-1-16 中，孔的上极限尺寸为 $\phi80.030$，轴的上极限尺寸为 $\phi79.964$。

孔或轴允许的最小尺寸称为下极限尺寸。在图 2-1-16 中，孔的下极限尺寸为 $\phi80$，轴的下极限尺寸为 $\phi79.929$。

(3) 极限偏差：极限尺寸减公称尺寸所得代数差称为极限偏差。其中，

$$上极限偏差=上极限尺寸-公称尺寸$$

$$下极限偏差=下极限尺寸-公称尺寸$$

在图 2-1-16 中，孔和轴的上、下极限偏差计算如下：

孔的上极限偏差$=80.030-80=+0.030$，孔的下极限偏差$=80-80=0$；

轴的上极限偏差$=79.964-80=-0.036$，轴的下极限偏差$=79.929-80=-0.071$。

(4) 尺寸公差：简称公差，是允许尺寸的变动量。计算公式如下。

$$尺寸公差=上极限尺寸-下极限尺寸=上极限偏差-下极限偏差$$

在图 2-1-16 中，孔和轴的公差计算如下：

孔的公差$=80.030-80=+0.030-0=0.030$；

轴的公差$=79.964-79.929=-0.036-(-0.071)=0.035$。

由此可知，公差用于限制尺寸误差，是尺寸精度的一种度量。公差越小，尺寸的精度越高，实际尺寸的允许变动量就越小，越难加工；反之，公差越大，尺寸的精度越低，越容易加工。

(5) 公差带：由代表上极限偏差和下极限偏差或上极限尺寸和下极限尺寸的两条直线所限定的一个区域，称为公差带，如图 2-1-16 所示。其中，表示公称尺寸的直线称为零线。

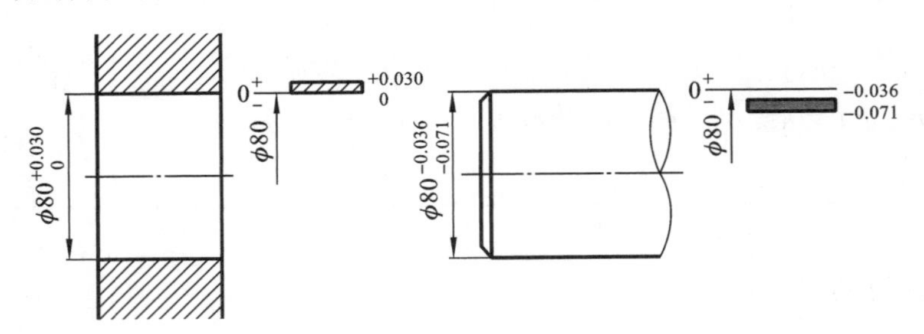

图 2-1-16 孔与轴及其公差带图

2. 配合

配合是指公称尺寸相同的相互结合的孔、轴公差带之间的关系。根据使用要求不同，孔与轴之间的配合有松有紧。例如轴承座、轴套和轴三者之间的配合(见图 2-1-17)，轴套与轴承座之间不允许相对运动，应选择紧的配合；而轴在轴套内要求能转动，应选择松动的配合。为此，

国家标准规定配合分为三类：间隙配合、过盈配合、过渡配合。

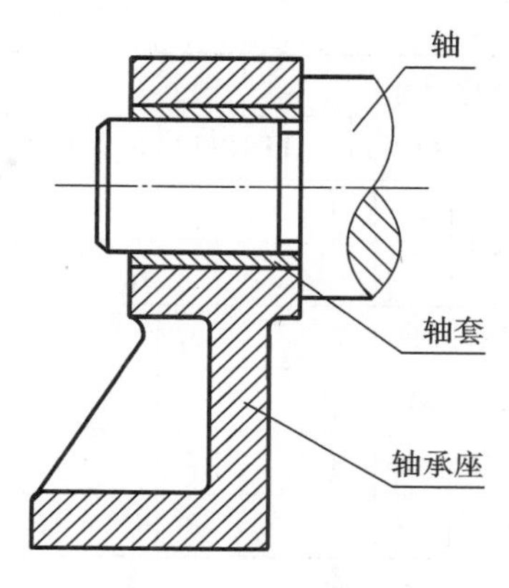

图 2-1-17 配合的概念

若孔的实际尺寸总比轴的实际尺寸大，装配在一起后，轴和孔之间存在间隙（包括最小间隙为零的情况），轴在孔中能相对运动，这种配合称为间隙配合。在间隙配合中，孔的公差带在轴的公差带上方，如图 2-1-18(a)所示。若孔的实际尺寸总比轴的实际尺寸小，在装配时需要施加一定的外力才能把轴压入孔中，轴在孔中不能产生相对运动，这种配合称为过盈配合。在过盈配合中，孔的公差带在轴的公差带下方，如图 2-1-18(b)所示。若轴的实际尺寸相比孔的实际尺寸有时大有时小，它们装在一起后，可能出现间隙，也可能出现过盈，这种配合称为过渡配合。在过渡配合中，孔的公差带和轴的公差带有相互重叠的部分，如图 2-1-18(c)所示。

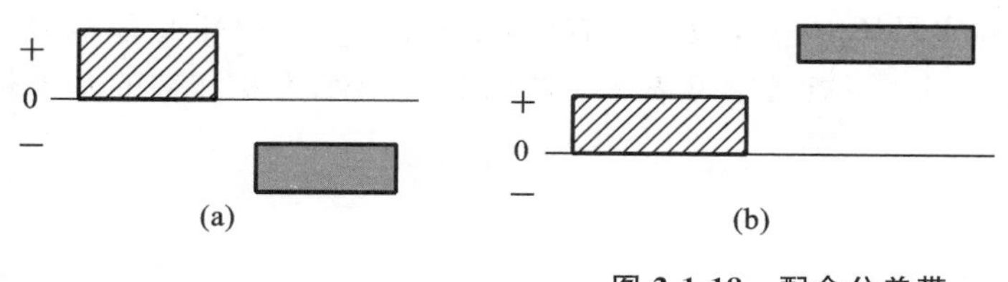

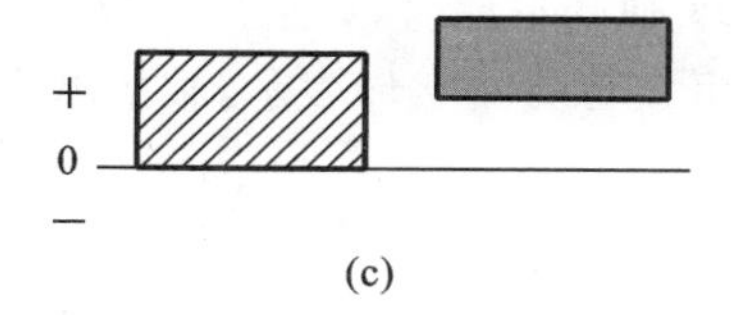

图 2-1-18 配合公差带

3. 标准公差与基本偏差

(1) 标准公差。

为了便于生产、实现零件的互换性和满足不同的使用要求，设计人员在确定一个尺寸的公差时必须选取标准数值，即为标准公差。标准公差分为 20 级，即 IT01，IT0，IT1，…，IT18，如表 2-1-10 所示。IT 表示公差，数字表示公差等级。IT01 公差值最小，精度最高。

表 2-1-10 标准公差数值(GB/T 1800.1)

公称尺寸/mm		标准公差等级																			
		IT01	IT0	IT1	IT2	IT3	IT4	IT5	IT6	IT7	IT8	IT9	IT10	IT11	IT12	IT13	IT14	IT15	IT16	IT17	IT18
大于	至	标准公差数值																			
		μm													mm						
—	3	0.3	0.5	0.8	1.2	2	3	4	6	10	14	25	40	60	0.1	0.14	0.25	0.40	0.60	1.0	1.4
3	6	0.4	0.6	1	1.5	2.5	4	5	8	12	18	30	48	75	0.12	0.18	0.30	0.48	0.75	1.2	1.8
6	10	0.4	0.6	1	1.5	2.5	4	6	9	15	22	36	58	90	0.15	0.22	0.36	0.58	0.90	1.5	2.2
10	18	0.5	0.8	1.2	2	3	5	8	11	18	27	43	70	110	0.18	0.27	0.43	0.70	1.10	1.8	2.7
18	30	0.6	1	1.5	2.5	4	6	9	13	21	33	52	84	130	0.21	0.33	0.52	0.84	1.30	2.1	3.3
30	50	0.6	1	1.5	2.5	4	7	11	16	25	39	62	100	160	0.25	0.39	0.62	1.00	1.60	2.5	3.9
50	80	0.8	1.2	2	3	5	8	13	19	30	46	74	120	190	0.30	0.46	0.74	1.20	1.90	3.0	4.6
80	120	1	1.5	2.5	4	6	10	15	22	35	54	87	140	220	0.35	0.54	0.87	1.40	2.20	3.5	5.4
120	180	1.2	2	3.5	5	8	12	18	25	40	63	100	160	250	0.40	0.63	1.00	1.60	2.50	4.0	6.3

续表

公称尺寸/mm		标准公差等级																			
		IT01	IT0	IT1	IT2	IT3	IT4	IT5	IT6	IT7	IT8	IT9	IT10	IT11	IT12	IT13	IT14	IT15	IT16	IT17	IT18
大于	至	标准公差数值																			
		μm													mm						
180	250	2	3	4.5	7	10	14	20	29	46	72	115	185	290	0.46	0.72	1.15	1.85	2.90	4.6	7.2
250	315	2.5	4	6	8	12	16	23	32	52	81	130	210	320	0.52	0.81	1.30	2.10	3.20	5.2	8.1
315	400	3	5	7	9	13	18	25	36	57	89	140	230	360	0.57	0.89	1.40	2.30	3.60	5.7	8.9
400	500	4	6	8	10	15	20	27	40	63	97	155	250	400	0.63	0.97	1.55	2.50	4.00	6.3	9.7

（2）基本偏差。

在上、下极限偏差中，靠近零线的那个偏差称为基本偏差。国家标准对孔和轴分别规定了28种基本偏差，并且用字母表示，各字母所对应的数值可查阅相关标准。其中孔的基本偏差用大写英文字母表示，轴的基本偏差用小写英文字母表示。图2-1-19所示为孔和轴的基本偏

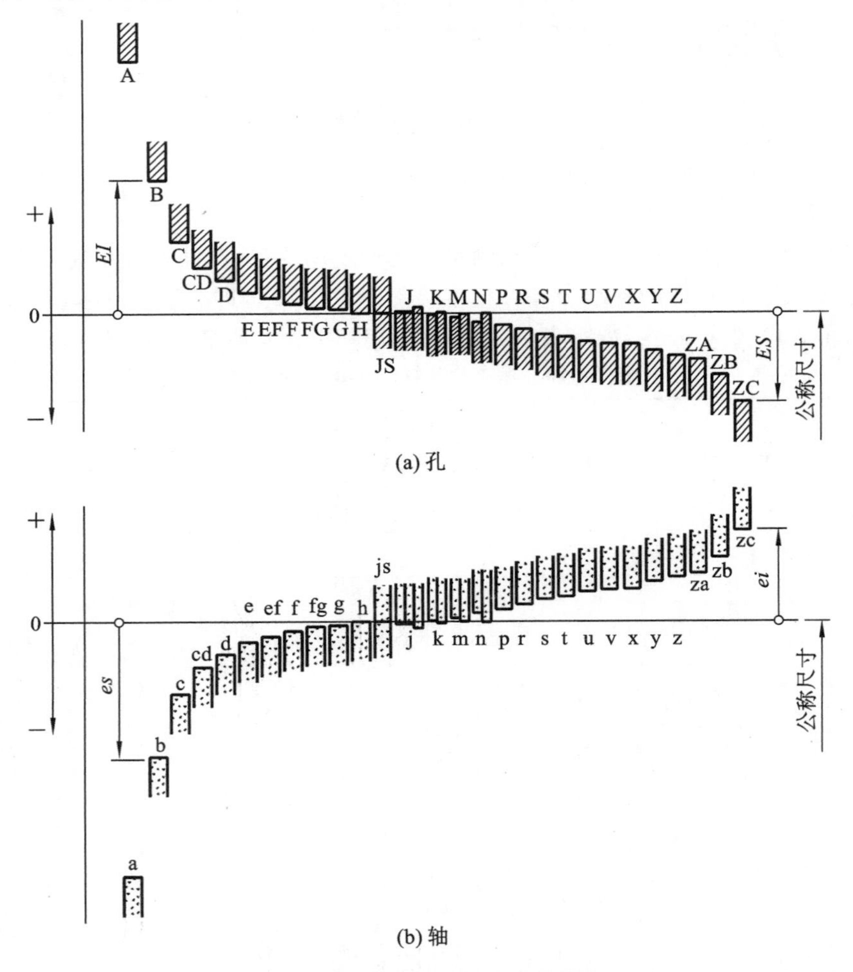

图 2-1-19　孔、轴的基本偏差系列

差系列图。由于只表示出了基本偏差,因此各个公差带均是开口的。

从图 2-1-19 中可以看出,基本偏差为 A～H 的孔和基本偏差为 a～h 的轴配合时均为间隙配合;基本偏差为 M～ZC 的孔和基本偏差为 m～zc 的轴配合时均为过盈配合;基本偏差为 J(JS)、K 的孔和基本偏差为 j(js)、k 的轴配合时均为过渡配合。记住此规律,只要根据相互配合的孔和轴的公差带中的基本偏差代号,即可判断出配合的性质。

由此可见,标准公差确定公差带的大小,基本偏差确定公差带的位置。既然公差带的大小和位置分别由标准公差和基本偏差决定,公差带代号也就由两项构成,即基本偏差代号+标准公差等级。例如,若孔的尺寸为 ϕ18H8,则说明孔的公差带代号为 H8,其中“H”为基本偏差代号,“8”为标准公差等级;若轴的尺寸为 ϕ18f7,则说明轴的公差带代号为 f7,其中“f”为基本偏差代号,“7”为标准公差等级。若它们配合在一起,则为间隙配合。

4. 配合制度

(1) 基孔制配合。

基孔制是指基本偏差为一定的孔的公差带与不同基本偏差的轴的公差带形成各种配合的一种制度。基孔制配合的孔称为基准孔,其基本偏差代号为 H,下极限偏差为零。基孔制配合如图 2-1-20 所示。

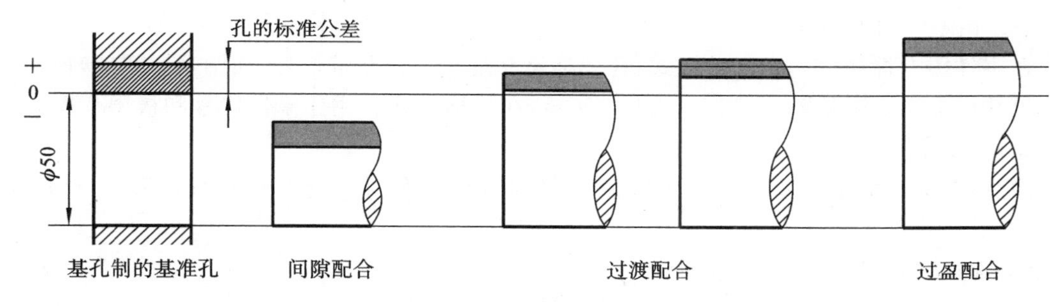

图 2-1-20 基孔制配合

(2) 基轴制配合。

基轴制是指基本偏差为一定的轴的公差带与不同基本偏差的孔的公差带形成各种配合的一种制度。基轴制配合的轴称为基准轴,其基本偏差代号为 h,其上极限偏差为零。基轴制配合如图 2-1-21 所示。

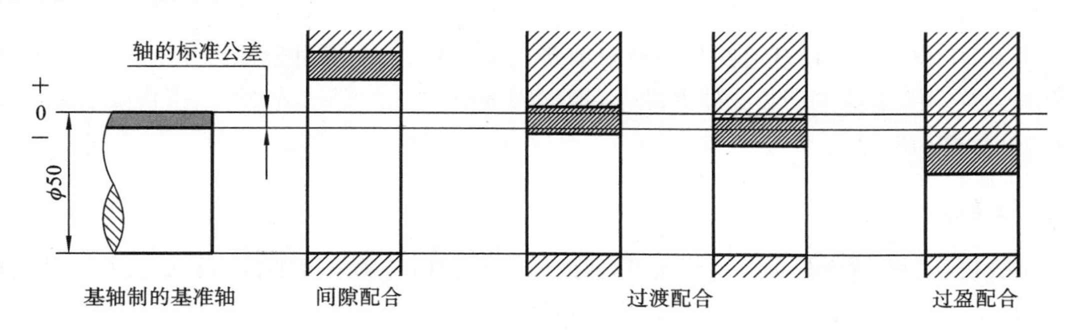

图 2-1-21 基轴制配合

5. 极限与配合的注法与查表

(1) 在装配图上的注法。

在装配图上标注配合代号,采用组合式注法,如图 2-1-22(a)所示,即在公称尺寸后面分别用一分式表示,分子为孔的公差带代号,分母为轴的公差带代号。若分子中含 H,则为基孔制配合;若分母中含 h,则为基轴制配合。

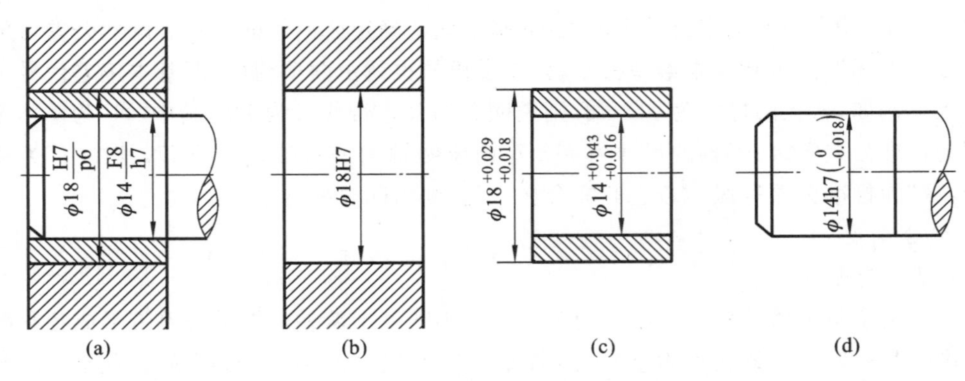

图 2-1-22 在图样上极限与配合的标注

(2) 在零件图上的注法。

在零件图上标注公差有三种形式:在公称尺寸后只注公差带代号,如图 2-1-22(b)所示;在公称尺寸后只注极限偏差,如图 2-1-22(c)所示;在公称尺寸后注公差带代号和极限偏差,如图 2-1-22(d)所示。

注意:在标注极限偏差时,上、下极限偏差的数字的字号应比公称尺寸的数字的字号小一号。

(3) 查表。

例:查表写出 ϕ18H8/f7 的极限偏差值。

由 ϕ18H8/f7 配合代号可以看出,H8/f7 是基孔制配合,其中 H8 是孔的公差带代号,f7 是轴的公差带代号。

由 H8 可在附表 A-12 中查出孔的极限偏差。在附表 A-12 中由公称尺寸从大于 14 至 18 的行和公差带代号 H8 的列相交处查得$^{+27}_{0}$(即$^{+0.027}_{0}$ mm),这就是孔的上、下极限偏差,所以 ϕ18H8 可写成 $\phi 18^{+0.027}_{0}$。

由 f7 可在附表 A-13 中查出轴的极限偏差。在附表 A-13 中由公称尺寸从大于 14 至 18 的行和公差带代号 f7 的列相交处查得$^{-16}_{-34}$(即$^{-0.016}_{-0.034}$ mm),这就是配合轴的上、下极限偏差,所以 ϕ18f7 可写成 $\phi 18^{-0.016}_{-0.034}$。

【项目实施】

组成机器的零件大致可分为两大类,即回转类和非回转类。若零件的表面大部分是回转面,则属回转类;若零件的表面大部分是非回转面,则属非回转类。

零件图是制造和检验零件的依据。读零件图的目的是根据零件图想象出零件的结构形状,了解零件的尺寸和技术要求。读零件图时,还应分析零件在机器或部件中的位置、作用以及与其他零件的关系,这样才能做到理解和读懂零件图。

子项目1 千斤顶零件图的识读

由图2-1-2可以看出，千斤顶共由5种零件装配而成，其中有一种是标准件，即件4螺钉，不用出图，故千斤顶零件图共有4张。下面以底座零件图为例来说明千斤顶零件图的识读步骤。

1. 概括了解

看标题栏，了解零件名称、材料和比例等内容。由名称可判断该零件属于哪一类零件，由材料可大致了解其加工方法，由比例可估计零件的实际大小，从而对零件有初步了解。

由图2-1-3中的标题栏可知，底座按1∶1.5比例绘制，其材料为灰铸铁，牌号为HT200（“HT”为灰铸铁代号，“200”表示抗拉强度为200 N/mm^2）。

2. 视图表达和结构形状分析

1）分析视图表达

底座由主视图、俯视图两个视图表达。主视图按工作位置确定，由于左右对称，因此采用半剖视，既表达了外形，又表达了内部。俯视图采用了对称机件的局部视图的表达方法。

2）分析外部形状

将主视图和俯视图对照，可以看出，底座外部的基本形状由一个直径为ϕ80、高为10的圆柱和一个直径为ϕ36、高为116的圆柱经同轴叠加而成。为了增加零件的强度，在零件前后左右四个方向增加了四块厚度为6的肋板。肋板的断面形状是通过主视图中的重合断面图来表达的。读图时注意，肋板纵向剖切时不画剖面符号（国家标准规定）。

3）分析内部形状

对照主、俯视图可知，底座的内部有一个阶梯孔，其由上而下依次为公称直径为ϕ20的螺孔（牙形为方形）、直径为ϕ24的光孔。底座的下方还有一个直径为ϕ60的凹坑。

经以上分析可知，底座应属于回转类零件。

4）分析细节

在零件的上表面，外圆及内部螺孔各有一个大小为$C2$的倒角。

3. 分析尺寸和技术要求

分析零件的长、宽、高三个方向的尺寸基准，从基准出发查找各部分的定形和定位尺寸。分析尺寸的加工精度要求和作用，必要时还要联系与该零件有关的零件一起分析，以便深入理解尺寸之间的关系、尺寸公差和表面结构等技术要求。

底座属回转类零件，故其径向尺寸基准为轴线，所有直径的标注都体现了这一点。

高度方向的主要尺寸基准为底面，以此为基准注出126、10、2三个尺寸。

1）分析尺寸精度要求

从底座零件图中的尺寸标注来看，均未标注公差（从千斤顶的4张零件图中可以看出，只有螺杆左侧直径为ϕ16d9的外圆柱表面及顶盖右侧中部ϕ16H9的孔标注了公差），属未注公差等级，说明这些尺寸的精度要求都不高。

未注公差又称为一般公差，是指在车间一般工艺条件下，机床设备可保证的公差。它分为四个等级，即精密级f、中等级m、粗糙级c和最粗级v。对于未注公差，画图时无须在图样上标注，应在标题栏附近的技术要求或企业标准等技术文件中统一说明。

由千斤顶螺杆零件图中的尺寸标注来看，尺寸精度要求比较高的是螺杆（见图 2-1-4）左侧直径为 ϕ16d9 的外圆柱表面，其尺寸精度等级为 9 级。与其相配合的表面为顶盖（见图 2-1-5）右侧中部 ϕ16H9 的孔，其尺寸精度等级亦为 9 级。它们的配合性质为基孔制间隙配合。

2）分析表面结构要求

从底座零件图中可以看出，螺纹工作表面的 Ra 值较小，为 6.3 μm，这是因为千斤顶工作时螺杆与底座螺孔形成的螺旋副之间存在相对转动，Ra 值越小，摩擦越小，转动旋转杆所用的力越小。

底座的上下表面工作时要与其他零件的表面相接触，故对 Ra 值也有一定的要求。对于非工作表面及非接触表面，一般不需要进行机械加工，因此图中下方标注了不加工符号。

对于千斤顶其余零件图，读者可按照以上方法和步骤在老师的引导下进行读图练习。

子项目 2　千斤顶零件图的绘制

千斤顶零件图共有 4 张，下面以底座为例来说明绘制步骤。

1. 建立 A4 样板

打开模块 1 中任务 2 课堂练习所完成的“起重钩”图形文件，将图形删除，“另存为”时在对话框的“文件类型”下拉列表中选择“AutoCAD 图形样板（*.dwt）”，在“文件名”中输入“A4”，选好路径，单击“保存”按钮。这样就建立了一个 A4 样板，以便在绘制其他零件图时直接调用。

2. 调用 A4 样板

打开 A4 样板并另存为“千斤顶”，即打算把千斤顶的所有零件图与装配图都绘制在一个图形文件中。

3. 绘制视图

1）布置视图

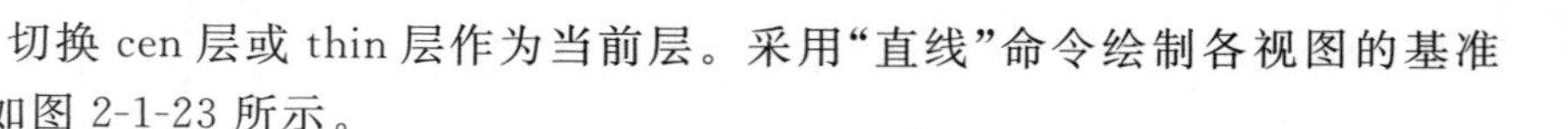

切换 cen 层或 thin 层作为当前层。采用“直线”命令绘制各视图的基准线，如图 2-1-23 所示。

2）绘制主视图

（1）根据底座零件图中的尺寸，在相应的图层上采用“偏移”“直线”“圆角“修剪”等命令绘制主视图的右半部分，如图 2-1-24 所示。

（2）采用“镜像”命令，将主视图的右半部分选择性地进行对称复制，基本完成主视图，如图 2-1-25 所示。

3）绘制俯视图

采用“圆”“偏移”“圆角”“修剪”等命令绘制俯视图，如图 2-1-26 所示。

4）完成主视图中的细节部分

（1）根据投影关系，采用“直线”“圆角”等命令完成主视图中肋板的投影。

（2）采用“直线”“偏移”“圆角”等命令绘制重合断面图。

（3）采用“直线”“修剪”等命令绘制矩形螺纹的牙型。

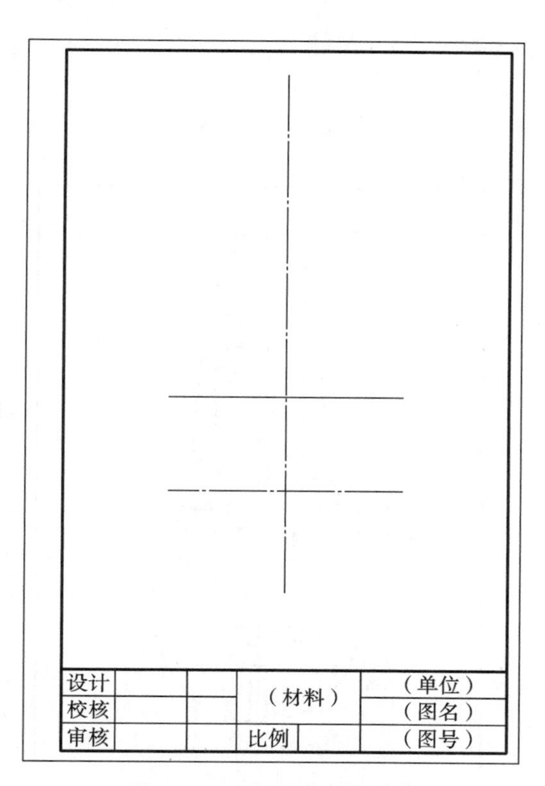

图 2-1-23 绘制作图基准线

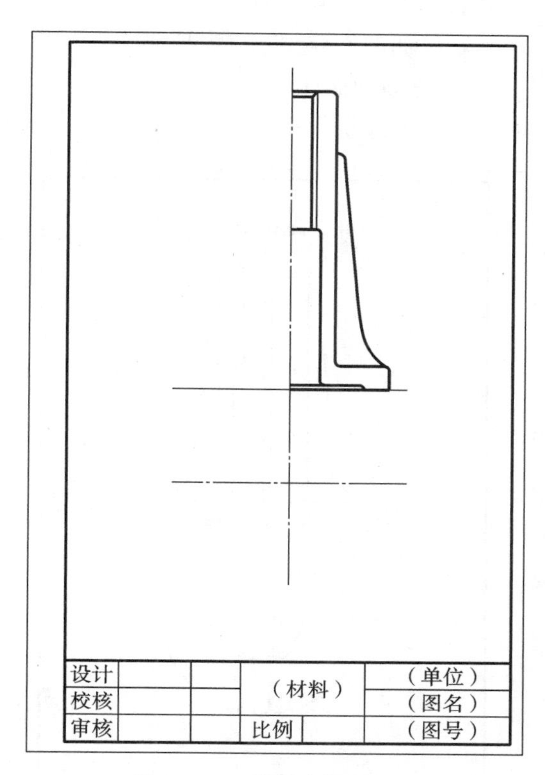

图 2-1-24 绘制主视图(一)

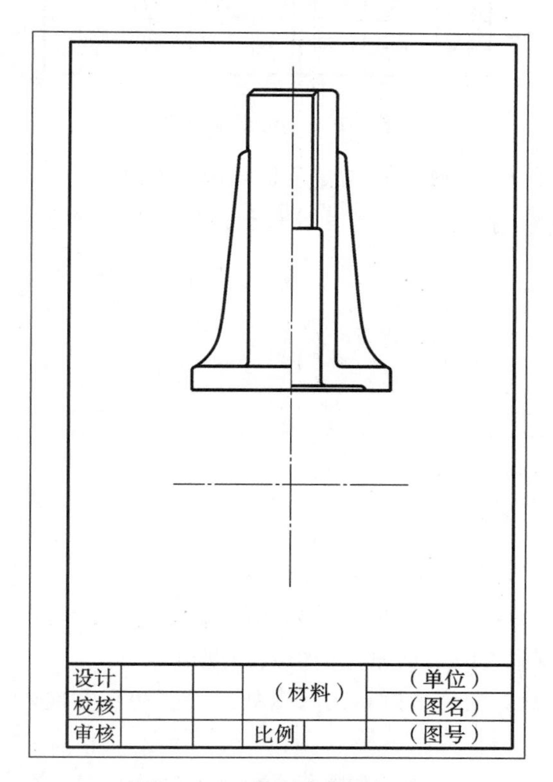

图 2-1-25 绘制主视图(二)

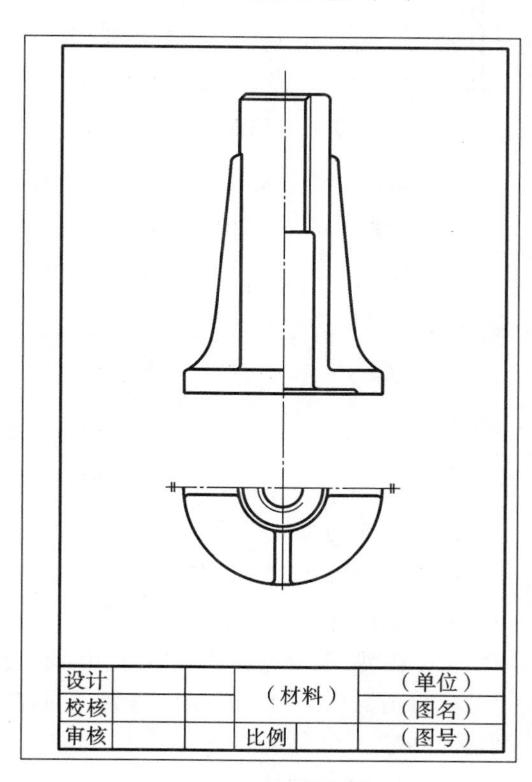

图 2-1-26 绘制俯视图

结果如图 2-1-27 所示。

5）绘制剖面线

在细实线层上采用“图案填充”命令，在剖面区域绘制剖面线，如图 2-1-28 所示。

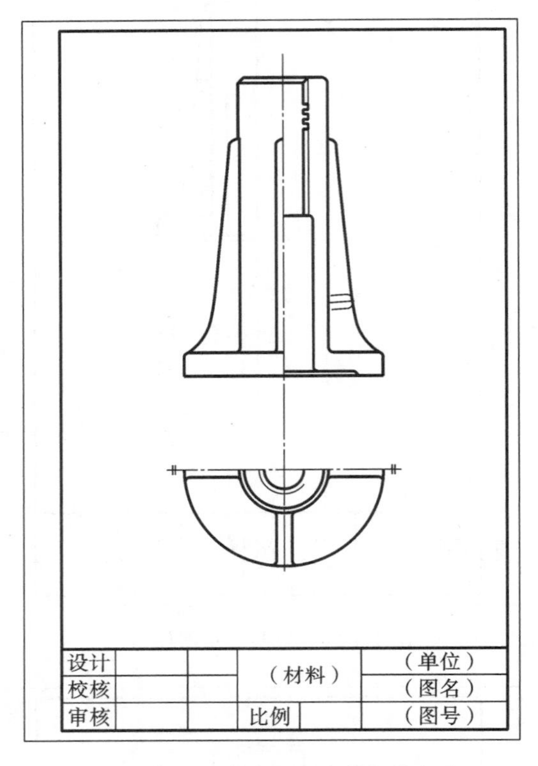

图 2-1-27　完成主视图中的细节部分

图 2-1-28　绘制剖面线

AutoCAD 软件提供有大量的填充图案，用户可以很方便地给指定的区域填充图案。

单击“绘图”工具栏中的“图案填充”按钮，系统出现“图案填充创建”工具栏，如图 2-1-29所示。

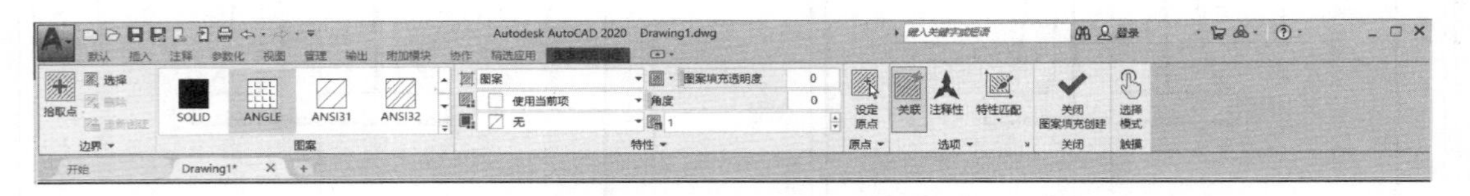

图 2-1-29　“图案填充创建”工具栏

图案填充的具体步骤如下：

(1) 在“图案填充创建”工具栏中，单击代号为“ANSI31”的图案按钮。

此为金属材料的剖面符号。若是其他材料，可以通过代号“ANSI32”右侧的箭头进行选择。

(2) 在“图案填充创建”工具栏中部的输入框中输入图案填充比例值及角度值。

比例值默认为“1”，比例值越大，剖面符号越稀疏。角度值默认为“0”，如果需要相反方向，则输入“90”。

(3) 单击“图案填充创建”工具栏中左侧的“拾取点”按钮，选择所要填充的图形区域，之后通过右键菜单确认，即完成剖面符号的绘制。

当需要对已经存在的图案填充样式进行修改时，可单击它，然后在上述的工具栏输入框中进行图案类型、角度、比例等项目的修改。之后单击工具栏右侧的“关闭图案填充创建”即可。

值得注意的是，当被选择的区域不封闭时，无法进行图案填充。这时要检查区域的每一个角落是否封闭。如果有不封闭的地方，则必须修改图形，使其封闭。

4. 标注尺寸

切换 thin 层为当前层，以 GB 样式为当前标注样式，根据图中的尺寸类型，对线性尺寸进行标注。对于“半径”“直径”等其他尺寸，可采用“直径”样式、“水平”样式或通过替代样式进行标注。对于其他零件图中标有公差带代号的直径尺寸，如 ϕ16d9 和 ϕ16H9，可以在线性标注的基础上添加前缀和后缀。

5. 标注表面结构代号

在 AutoCAD 中没有现成的表面结构符号，因此需要自己绘制。

方法一：

(1) 采用“直线”命令并打开“极轴”，按照表 2-1-7 中“基本符号”中的要求绘制表面结构符号；采用“多行文字”命令在完整符号横线下方添加表面结构参数的数值。

(2) 采用“复制”“旋转”等命令，按照表 2-1-9 中表面结构要求在图样中的标注方法，对底座零件图中的表面结构要求逐一进行标注。

方法二：

为了节省绘图时间，可以将表面结构符号定义为一个带属性的块，这样在标注时只需将这个块插入批定的位置即可，而且在插入块的过程中还可以输入表面结构数值(块的属性值)。

把一些基本的图形元素组合在一起，构成较为复杂的图形元素，并作为一个整体来看待，称为图块。将表面结构符号创建为一个带属性的块的步骤为：

(1) 绘制表面结构符号。

同上述方法一。

(2) 定义属性。

属性是存储于图块中的文字信息，用来描述图块的某些特征。表面结构代号由表面结构符号和数值两部分组成，如果把表面结构代号定义为块，那么数值就称为块的属性。

调用命令的方式为：

①命令行：ATTDEF。

②工具栏：插入→定义属性。

执行命令后，系统弹出“属性定义”对话框，如图 2-1-30 所示。

“属性”区提供了 3 个编辑框，该区可按图 2-1-30 进行设置。用户可以在“标记”输入框中输入属性标记“Ra”，在“提示”输入框中输入提示“表面结构数值”，在“默认”输入框中输入缺省值“12.5”。在“文字设置”区，用户可以选择自己建立的文字样式(如在标注尺寸时建立的文字样式 ZT)，并在“文字高度”输入框中输入“3.5”。其中，在“提示”输入框中输入的内容为插入块时出现在命令行的提示信息。单击“确定”按钮，拾取 *B* 点作为属性文字的定位点，如图 2-1-31(a)所示。拾取定位点之后的结果如图 2-1-31(b)所示。

(3) 将定义属性后的表面结构代号存为块文件“表面结构”。

键盘输入命令“W”(“WBLOCK”)并按 Enter 键(或单击“插入”工具栏中的“写块”)，弹出

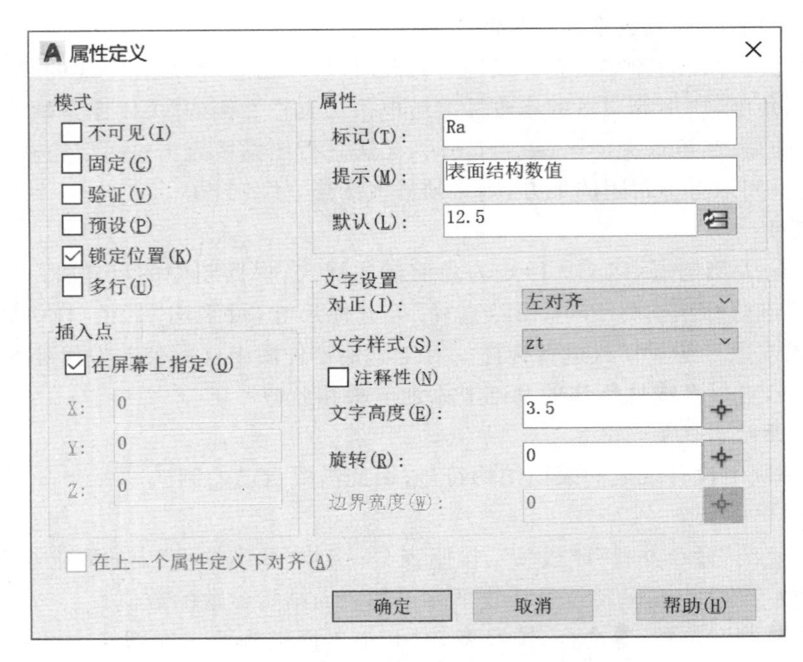

图 2-1-30 “属性定义”对话框

图 2-1-31 属性文字定位点的确定

“写块”对话框(见图 2-1-32),单击“选择对象”按钮返回绘图窗口,以窗选方式选择图 2-1-31(b)所示的整个图形;单击“拾取点”按钮,设置块的基点 C(见图 2-1-31(b)),然后通过“文件名和路径”下拉列表(或旁边的按钮)选择存盘路径,并以“表面结构”为文件名,单击“确定”按钮,这样带属性的表面结构代号的块文件就被保存好了。

(4) 插入带有属性的块。

用户生成块是为了使用,即在图形中加入块。在用户在图形中放置了一个块后,无论块的复杂程度如何,AutoCAD 均将该块作为一个对象。如果用户需编辑一个块中的单个对象,则必须首先分解这个块。分解操作既可用 INSERT 命令执行,也可使用 EXPLODE 命令进行。

命令的调用方法如下:

①命令行:INSERT。

②菜单栏:插入→插入→最近使用的块(或其他图形中的块)。

执行命令后,系统弹出图 2-1-33 所示的对话框。由于在图样上标注表面结构代号时,经常需要做旋转及重复标注(比例一般不变),因此可在对话框下方“旋转”及“重复放置”前面的复选框打“√”。选择“表面结构”图块,然后调好旋转方向(或输入角度),捕捉零件表面(或其指引线)上的最近点,之后弹出“编辑属性”对话框,如图 2-1-34 所示,在该对话框输入所需要的表面结构数值,如“6.3”等,单击“确定”按钮,即完成插入块的操作。

用户如果需要对插入的块进行编辑,则可以双击该块。这时会出现图 2-1-35 所示的“增

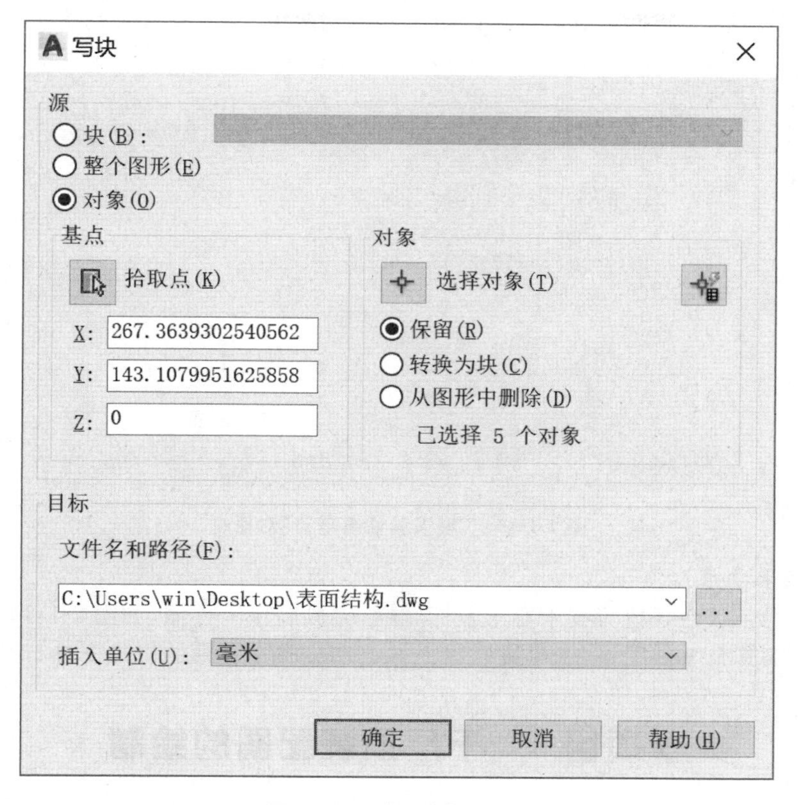

图 2-1-32 “写块”对话框

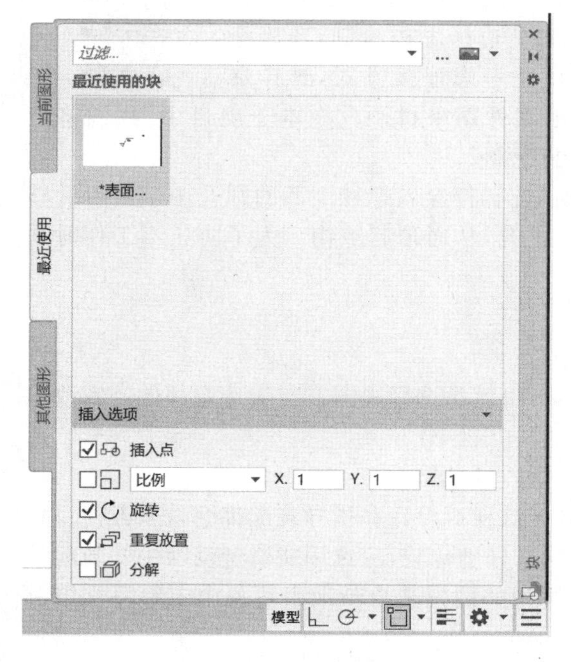

图 2-1-33 插入对话框

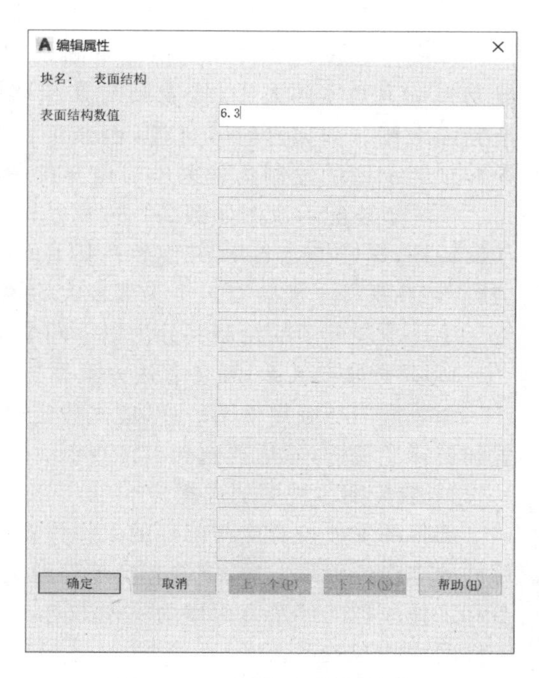

图 2-1-34 “编辑属性”对话框

强属性编辑器”对话框，通过该对话框可以对表面结构数值、文字样式等内容进行修改。

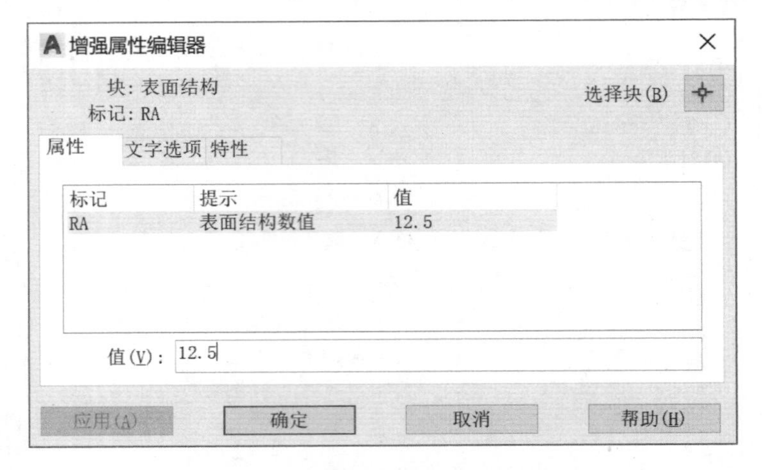

图 2-1-35 “增强属性编辑器”对话框

6. 填写技术要求

采用“多行文字”命令填写技术要求及标题栏，完成底座零件图，如图 2-1-3 所示。

对于千斤顶其余零件图，读者可按照以上方法和步骤在老师的引导下进行绘图练习。

子项目 3 千斤顶装配图的绘制

在产品设计中，一般先画出机器或部件的装配图，然后根据装配图拆画零件图。在没有零件图的情况下画装配图只能是边构思边绘制，顺序一般是先从主要零件入手，接着画与其相邻的零件并考虑连接方式，这样逐渐完成全图。如果已有零件图，画装配图时可由零件图来拼画。在本子项目中，我们将以千斤顶装配图的绘制为例来学习由零件图拼画装配图。

千斤顶装配示意图如图 2-1-36 所示。工作时，旋转杆穿入螺杆上部的圆孔中。逆时针转动旋转杆，螺杆将会上升，并使装在其上面的顶盖上升，从而顶起重物。为了防止不工作时顶盖脱落，在螺杆上面装有一个头部较大的螺钉。

千斤顶装配图的绘制共分为以下四个步骤。

1. 分析装配关系，确定表达方案

画装配图与画零件图一样，应先确定表达方案，也就是选择视图。首先选定部件的安放位置和选择主视图，然后再选择其他视图。

1）装配图主视图的选择

部件的安放位置应与部件的工作位置相符合。这样对设计和指导装配都会带来方便。在部件的工作位置确定后，接着选择部件的主视方向。仔细比较，应选用能清楚反映主要装配关系和工作原理的那个方向作为主视方向，并采用适当的剖视来清晰地表达各个主要零件以及零件间的相互关系。

2）其他视图的选择

根据确定的主视图，选取能反映其他装配关系、外形及局部结构的视图。

本例中，根据装配体示意图及其工作原理（即顶起重物）和零件图，选择主视图的安放位置为工作位置。因装配体外形简单，故主视图采用单一剖切面的全剖视图，无须再配其他视图。

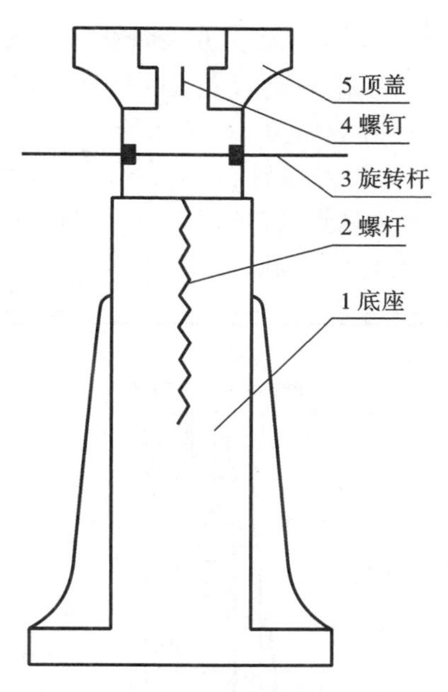

图 2-1-36 千斤顶装配示意图

2. 利用 AutoCAD 拼画装配图

（1）打开“千斤顶”图形文件，复制 A4 样式。因千斤顶尺寸较小，用 A4 幅面以 1∶1 比例绘制，故可复制已画好的 5 张零件图中的任意一张，删除图形，用于绘制装配图。

（2）复制底座。关闭除粗实线、点画线以外的所有层，将底座的主视图复制到装配图图框中。由于底座零件图中主视图的表达方案为半剖视，而千斤顶装配图采用的是全剖视，因此需要对图形进行编辑，结果如图 2-1-37 所示。

（3）装入螺杆。关闭除粗实线、点画线以外的所有层，将螺杆的主视图复制到装配图的空白处，然后利用“移动”命令以 *A* 点（见图 2-1-38）为基点，将螺杆移至所在位置，对两零件重叠的图线要考虑其可见性，并对不可见的投影做删除或修剪处理，处理后如图 2-1-38 所示。

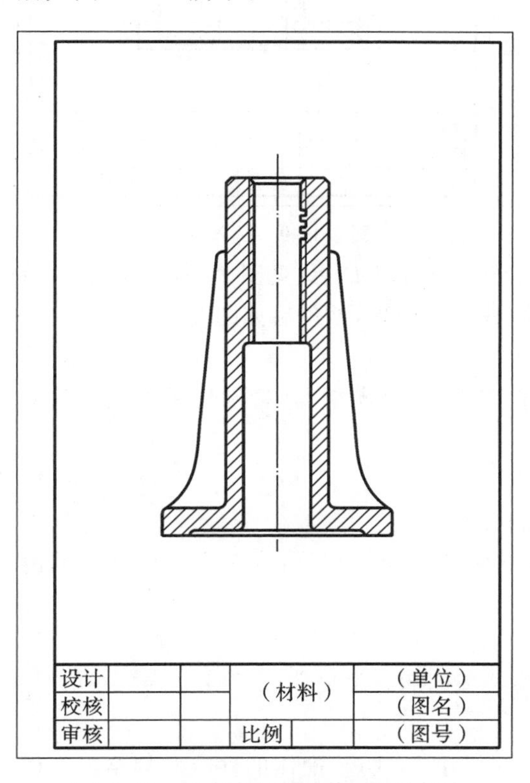

图 2-1-37 将底座复制到装配图图框中

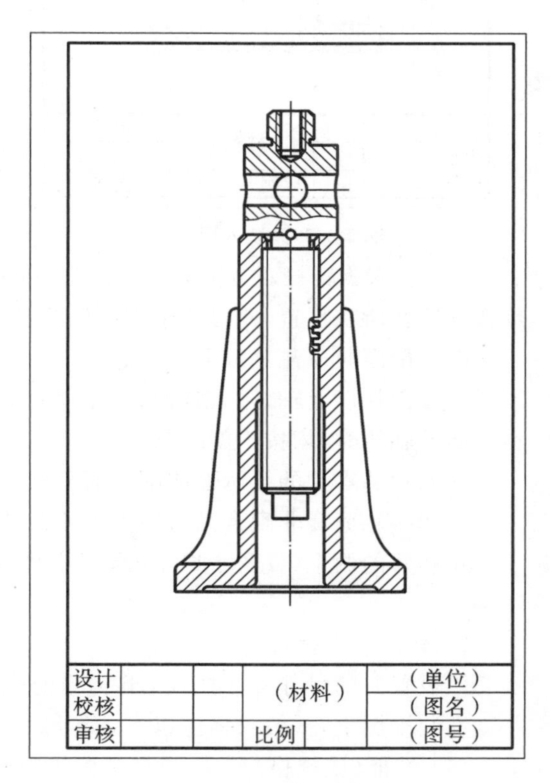

图 2-1-38 装入螺杆

(4) 装入顶盖。方法同上。注意，在采用“移动”命令时应以 B 点（见图 2-1-39）为基点，将顶盖装在所在位置，并对图中不可见的投影做删除或修剪处理，处理后如图 2-1-39 所示。

(5) 装入螺钉。方法同上。注意，在采用“移动”命令时应以 C 点（图 2-1-40）为基点，将螺钉装在所在位置，并对图中不可见的投影做删除或修剪处理，处理后如图 2-1-40 所示。

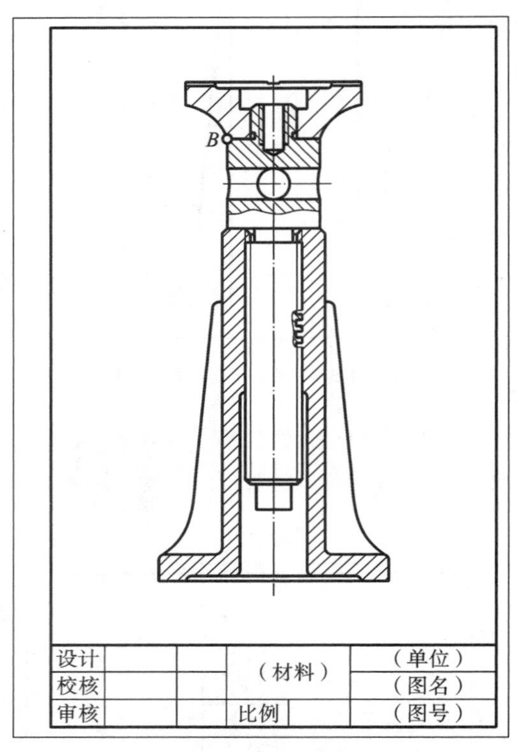

图 2-1-39　装入顶盖

图 2-1-40　装入螺钉

(6) 装入旋转杆。方法同上。注意，在采用“移动”命令时以 D 点（见图 2-1-41）为基点，将旋转杆装在所在位置，并对图中不可见的投影做删除或修剪处理，处理后如图 2-1-41 所示。

画装配图时应注意以下几点。

①紧固件以及轴、键、销（键、销见项目 2）等实心零件，按纵向剖切，且剖切平面通过其对称平面或轴线时，均按不剖绘制。

②两相邻零件的接触面或配合面只画一条线。

③非接触面和非配合面分别画出两条各自的轮廓线。

④相邻的两个（或两个以上）金属零件，剖面线的倾斜方向应相反，或者方向一致而间隔不等。

3. 标注必要的尺寸

以设置好的尺寸标注样式 GB 为当前样式，标注装配图的有关尺寸。

在装配图上，一般只标注以下几类尺寸：

(1) 性能（或规格）尺寸：设计装配体时确定的尺寸，用以表明装配体的性能和规格。本例

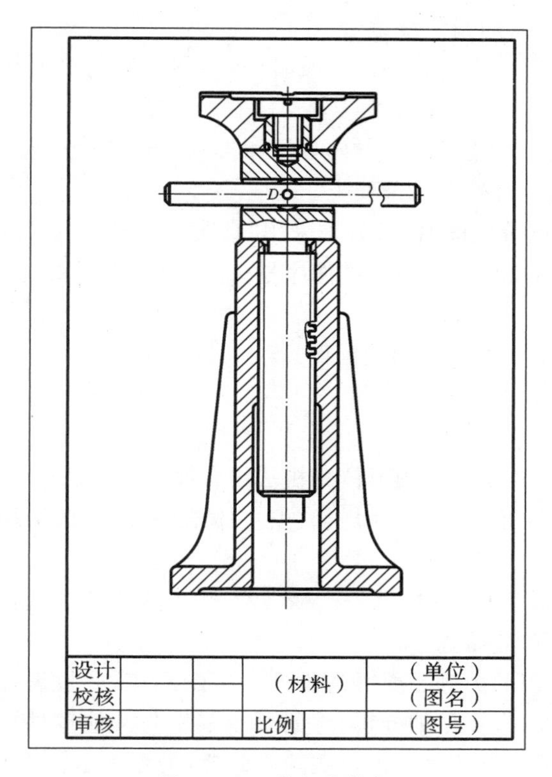

图 2-1-41 装入旋转杆

中为 ϕ20，螺杆直径的大小决定千斤顶顶起重物的大小，如图 2-1-2 所示。

(2) 装配尺寸：零件之间的配合尺寸及其相对位置尺寸。本例中的 ϕ16H9/d9 是配合尺寸，如图 2-1-2 所示。

(3) 安装尺寸：机器或部件安装到其他设备或地基上所需要的尺寸，本例中无。

(4) 外形尺寸：装配体的总长、总宽、总高，为部件的包装、运输和安装提供方便。本例中的 ϕ80、178～230 均是外形尺寸，如图 2-1-2 所示。

(5) 其他重要尺寸：设计时根据计算或需要而确定的，但又不属于上述尺寸的尺寸，本例中无。

必须注意，并不是每张装配图上都具有以上五类尺寸，要根据装配体的结构特点具体分析。此外，有些尺寸同时具有多种作用，如本例中的 178～230，既表示了外形，又表示了运动零件的极限位置，如图 2-1-2 所示。

4. 编写零件序号，填写技术要求、标题栏和明细栏

为了便于看图和管理图样，对装配图中所有的零部件均需编号，同时在标题栏上方的明细栏中，与图中序号一一对应地予以排列。

如图 2-1-2 所示，在装配图中每个零件的可见轮廓范围内，画一小黑点，用细实线引出指引线，并在其末端的横线（画细实线）上注写零件序号。若所指的零件很薄或为涂黑者，可用箭头代替小黑点。

编写零件序号时要注意以下几点：

①相同的零件只对其中一个进行编号，其数量填写在明细栏内。一组紧固件或装配关系

清楚的零件组，可采用公共的指引线编号。

②各指引线不能相交。当通过剖面区域时，指引线不能与剖面线平行。指引线可画成折线，但只可曲折一次。

③零件序号应按顺时针或逆时针方向首尾相接呈 S 形顺序排列，其中，沿水平方向的序号和沿竖直方向的序号均应排列在一条线上。

利用 AutoCAD 绘制装配图时，可分别采用“直线”、“圆环”（在“绘图”下拉菜单中）、“多行文字”等命令画指引线、打小黑点、编写零件序号，并填写技术要求、标题栏和明细栏，从而完成装配图的绘制。

图 2-1-2 所示为完成了的千斤顶装配图。

【项目总结】

零件图识读，关键是要学会运用形体分析法结合线面分析法读懂零件各部分结构，想象零件形状。读图的一般顺序是先整体、后局部，先主体结构、后局部结构，先读懂简单部分，再分析复杂部分，解决难点。

利用 AutoCAD 绘制零件图，应首先读懂零件图，然后进行抄画。画图时，先画作图基准线，再画零件的主要轮廓，最后画细节。

由零件图拼画装配图的关键是要弄清零件的装配顺序，并按装配顺序进行绘制。在画图过程中，每装入一个零件，都要仔细分析、想象所装零件与其他零件之间的上下、前后、左右的位置关系，进而对图中不可见的投影进行删除或修剪，最终画出正确的装配图。

【课堂练习】

一、螺纹

1. 按形成时所在的表面，螺纹可分为__________螺纹和__________螺纹两种。

2. 螺纹按牙型分可分为__________螺纹、__________螺纹、__________螺纹、__________螺纹和__________螺纹。

3. 螺纹的直径有__________、__________和__________。其中，__________称为公称直径。

4. 螺纹按线数分可分为__________螺纹和__________螺纹。

5. 双线螺纹的导程是螺距的__________倍。

6. 螺纹按旋向分可分为__________螺纹和__________螺纹，常用__________螺纹。

二、表面结构

1. 我国机械图样中目前最常用的评定参数有__________和__________，其单位是__________。

2. Ra 的数值越小，表面越__________，但加工成本也越__________。

3. 在零件图上标注表面结构代号时，对每一表面一般只注__________次。

4. 表面结构要求的注写和读取方向应与__________的注写和读取方向一致。

5. 表面结构要求可标注在轮廓线上，其符号应从材料＿＿＿＿＿指向并接触表面。

6. 多数表面有相同的表面结构要求时，其表面结构要求可统一标注在图样＿＿＿＿＿附近，并在后面的括号内标出＿＿＿＿＿。不同的表面结构要求直接标注在＿＿＿＿＿中。

三、极限与配合

1. 在日常生活中，自行车或汽车上的某个零件坏了，买个新的换上，就能继续使用，这是因为零件具有＿＿＿＿＿。

2. 零件在加工过程中，允许的尺寸变动量称为＿＿＿＿＿，简称＿＿＿＿＿。

3. 国家标准规定配合分为三类：＿＿＿＿＿、＿＿＿＿＿和＿＿＿＿＿。

4. 为了便于生产、实现零件的互换性和满足不同的使用要求，设计人员在确定一个尺寸的公差时必须选取标准数值，这些标准数值称为＿＿＿＿＿，其分为＿＿＿＿＿级。

5. 在上、下极限偏差中，靠近零线的那个偏差称为＿＿＿＿＿。

6. 为了便于生产，轴和孔的配合制度一般有两种，分别是＿＿＿＿＿制和＿＿＿＿＿制，一般优先选用＿＿＿＿＿制。

项目2

铣刀头机械图样的识读

【项目介绍】

铣刀头是安装在铣床上的一个部件，用来安装铣刀盘。图 2-2-1 所示为铣刀头的装配轴测图，图 2-2-2 所示为铣刀头的轴测分解图。铣刀头工作时，动力通过 V 带轮带动轴转动，轴带动铣刀盘旋转，对工件进行平面铣削加工。轴通过滚动轴承安装在座体内，座体通过底板上的四个沉孔安装在铣床上。

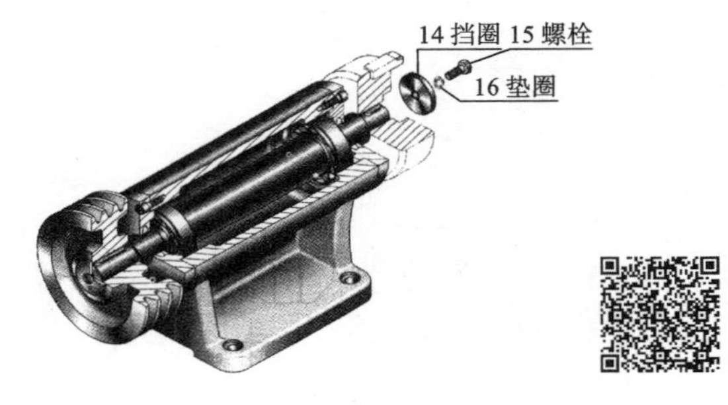

图 2-2-1　铣刀头的装配轴测图

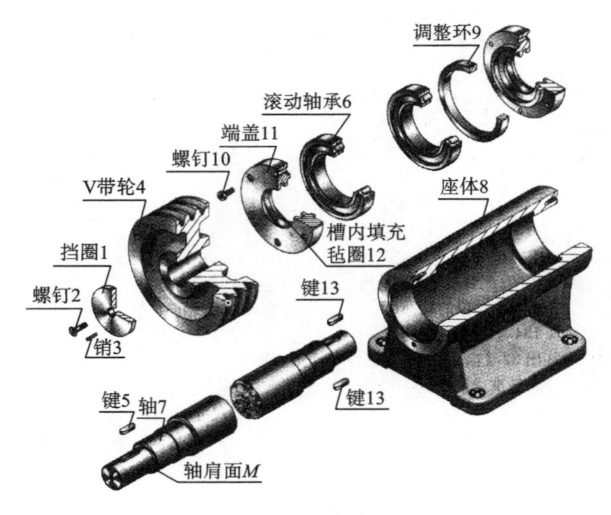

图 2-2-2　铣刀头的轴测分解图

铣刀头零件图如图 2-2-3～图 2-2-6 所示。

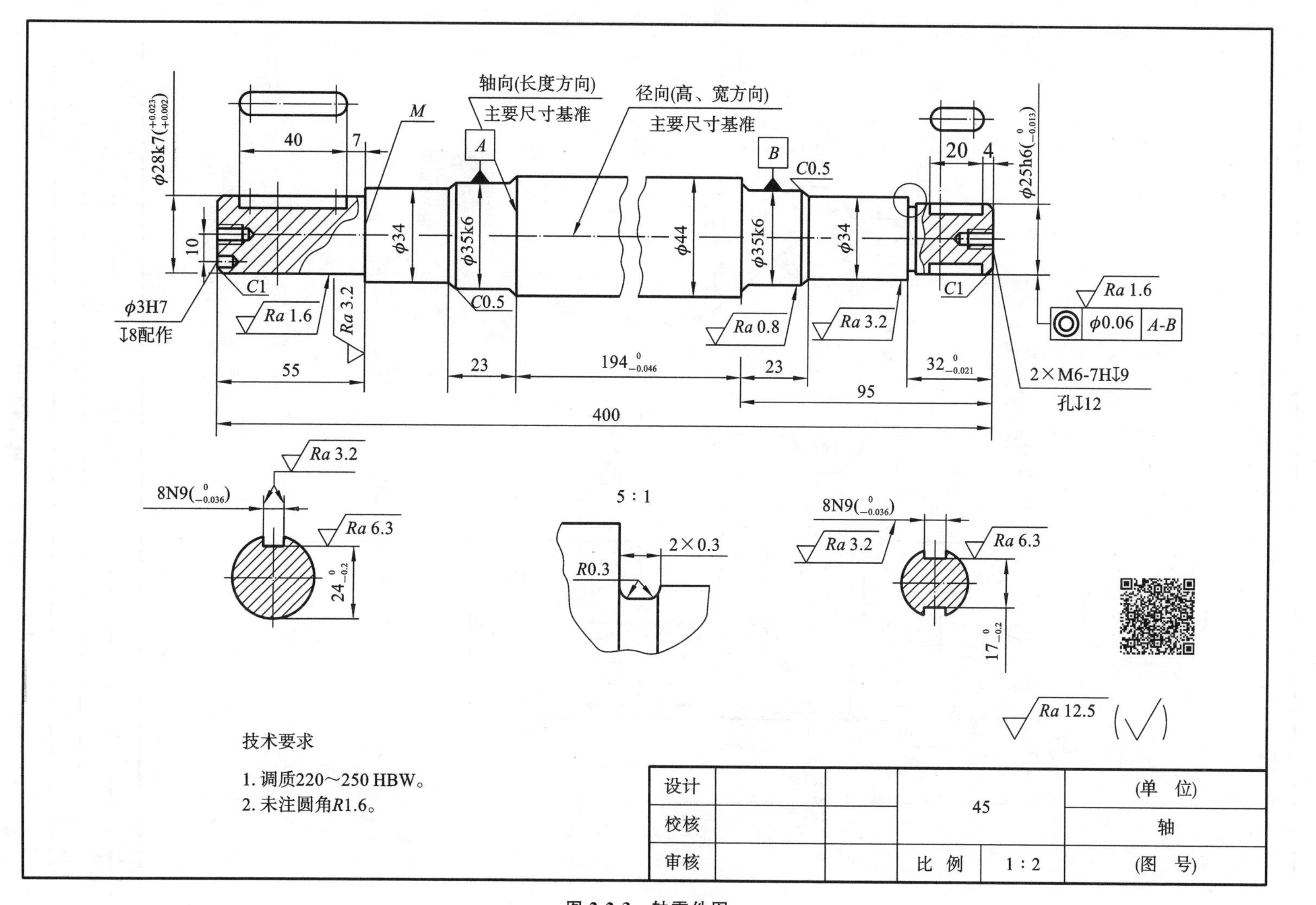
轴向(长度方向)
主要尺寸基准
径向(高、宽方向)
主要尺寸基准
M
A
B
C0.5
C1
φ3H7
↧8配作
2×M6-7H↧9
孔↧12
5 : 1
技术要求
1. 调质220～250 HBW。
2. 未注圆角R1.6。
设计
校核
审核
45
比 例
1 : 2
(单 位)
轴
(图 号)

图 2-2-3 轴零件图

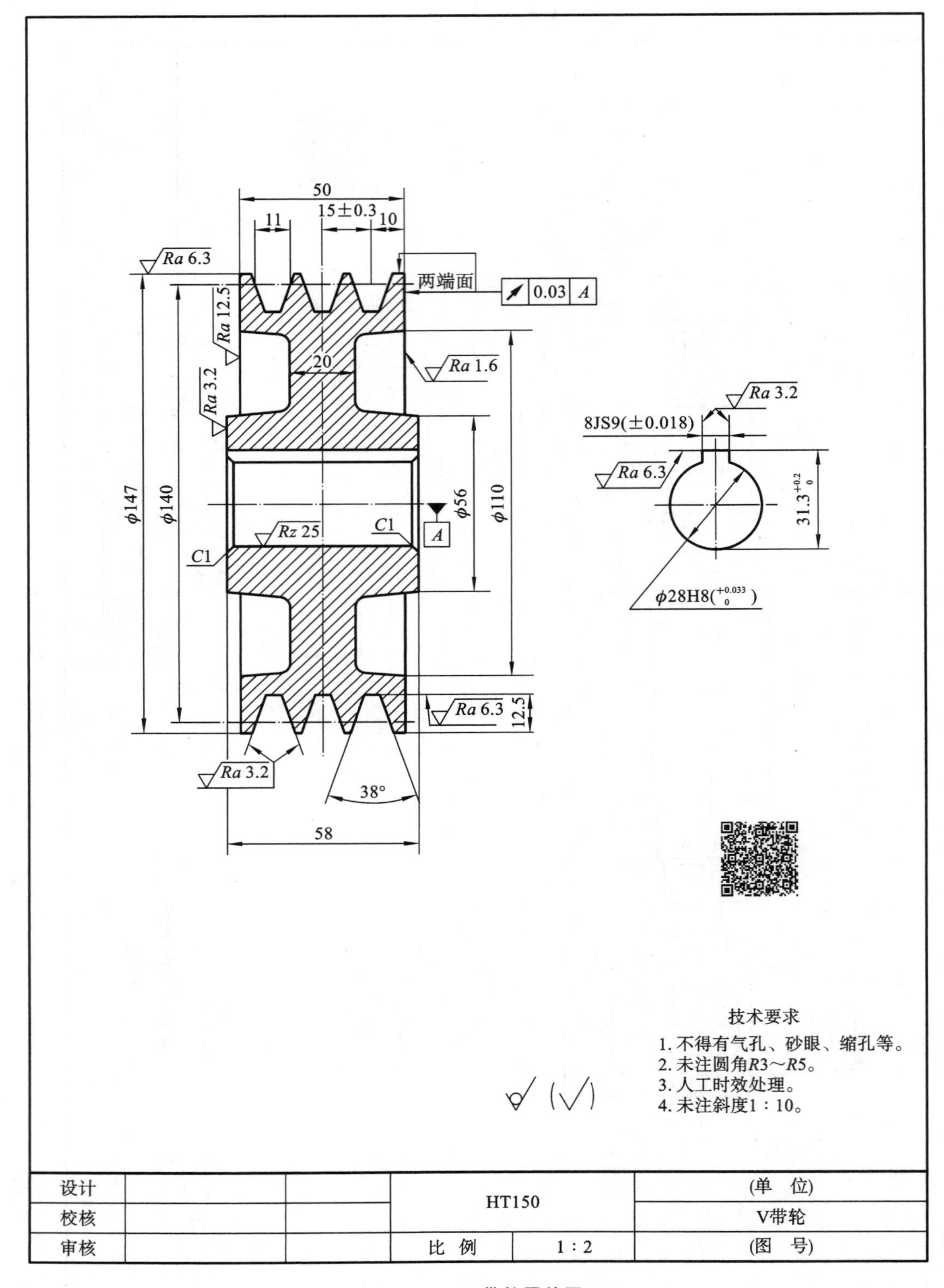
50
11
15±0.3
10
Ra 6.3
两端面
0.03 A
Ra 12.5
Ra 1.6
20
Ra 3.2
Ra 3.2
8JS9(±0.018)
Ra 6.3
31.3+0.2 0
φ147
φ140
φ56
φ110
A
Rz 25
C1
C1
φ28H8(+0.033 0)
Ra 6.3
12.5
Ra 3.2
38°
58
技术要求
1. 不得有气孔、砂眼、缩孔等。
2. 未注圆角R3～R5。
3. 人工时效处理。
4. 未注斜度1∶10。
设计
校核
审核
HT150
比 例
1∶2
(单 位)
V带轮
(图 号)

图 2-2-4 V 带轮零件图

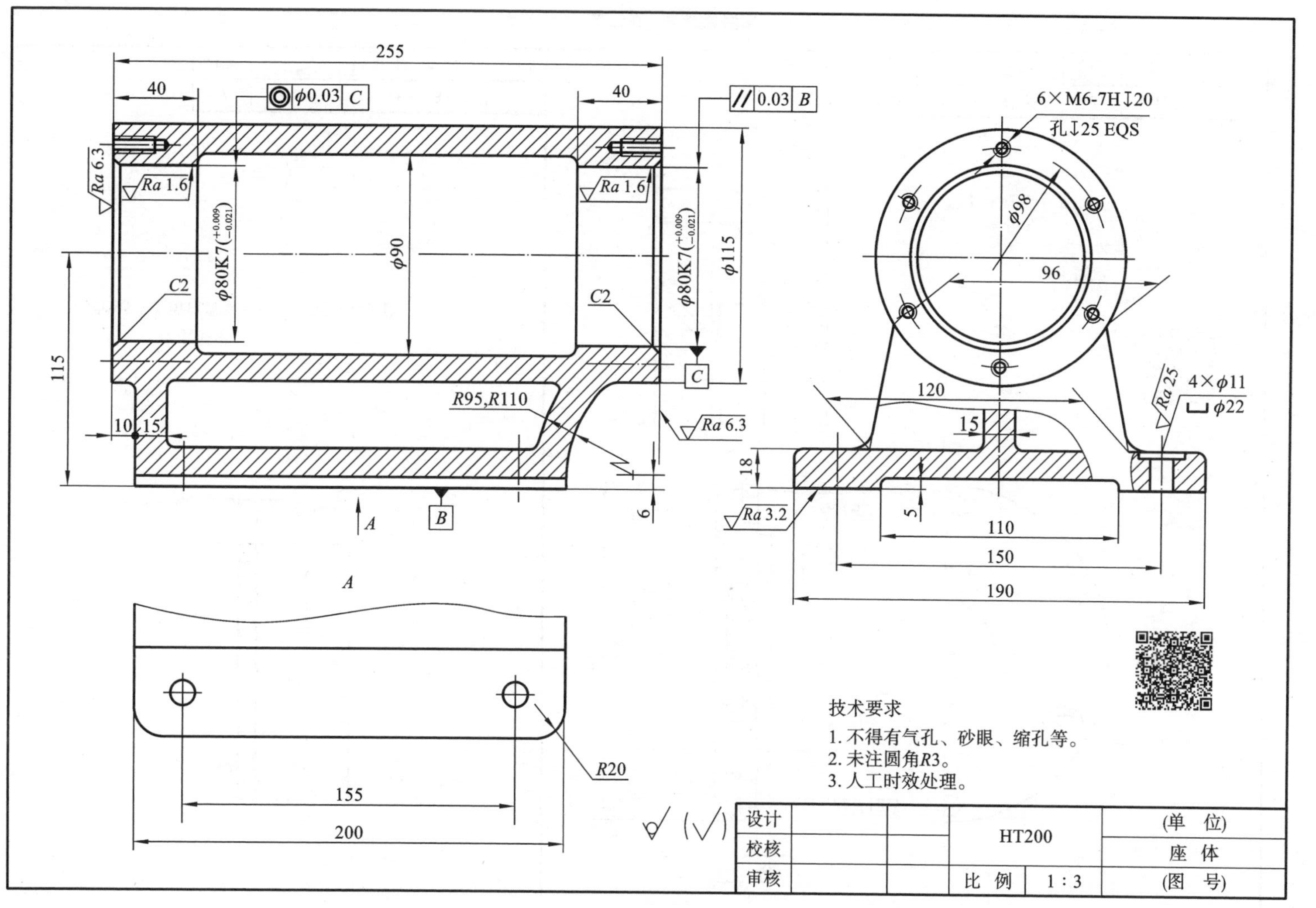
255
40
40
ϕ0.03 C
0.03 B
6×M6-7H↧20
孔↧25 EQS
Ra 6.3
Ra 1.6
Ra 1.6
ϕ80K7(+0.009 −0.021)
ϕ90
ϕ80K7(+0.009 −0.021)
ϕ115
ϕ98
96
C2
C2
C
115
R95,R110
10
15
Ra 6.3
120
Ra 25
4×ϕ11
⌴ϕ22
15
18
6
A
B
Ra 3.2
5
110
150
190
A
R20
155
200
技术要求
1. 不得有气孔、砂眼、缩孔等。
2. 未注圆角R3。
3. 人工时效处理。
设计
校核
审核
HT200
比 例
1 : 3
(单 位)
座 体
(图 号)

图 2-2-5 座体零件图

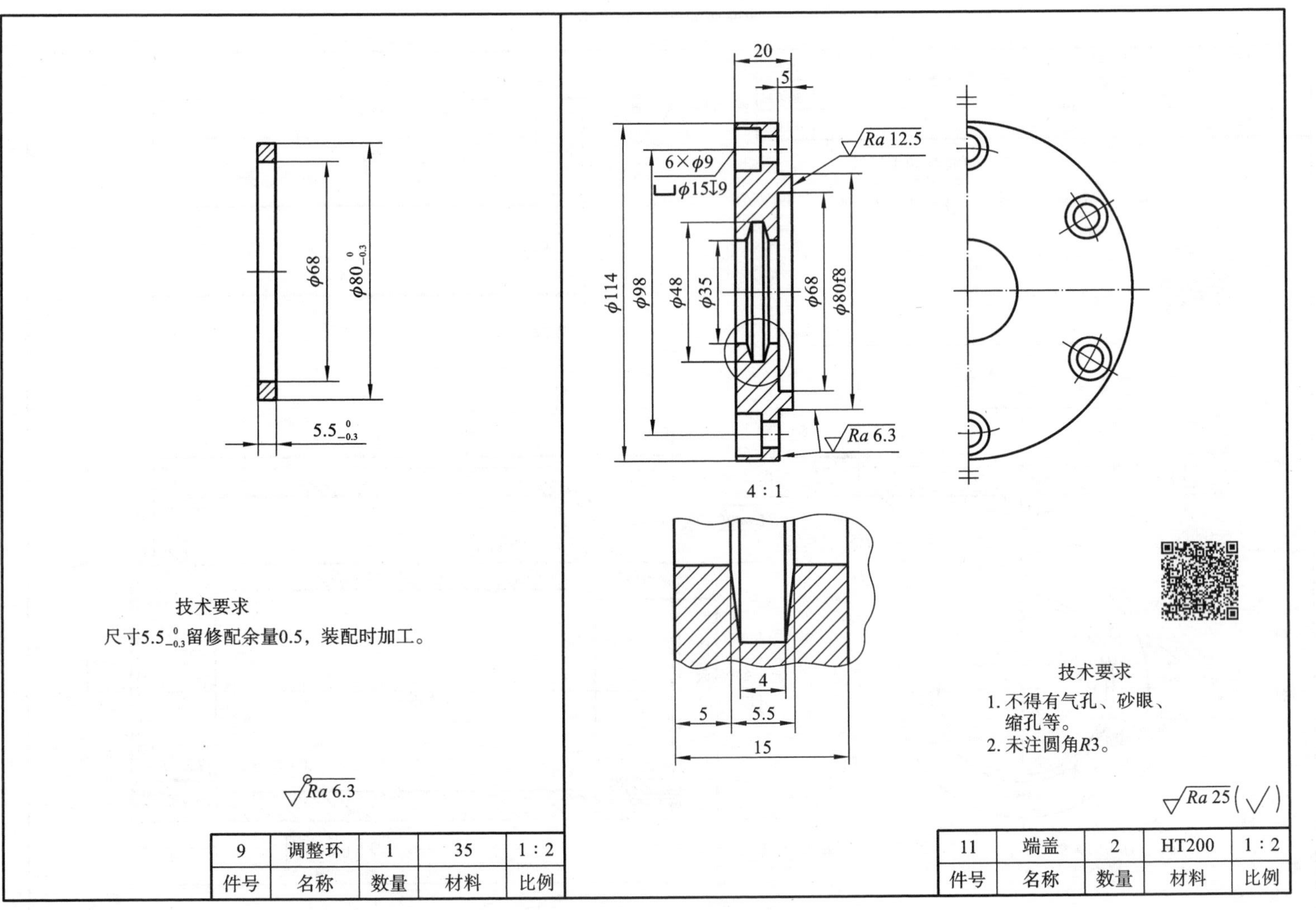

图 2-2-6　调整环、端盖零件图

【相关知识】

一、键连接

键通常用来连接轴和装在轴上的转动零件，使之一起转动，以传递扭矩和旋转运动。例如，铣刀头中的轴和 V 带轮就是用键来连接的。

键是标准件，常用的键有普通平键、半圆键和钩头楔键等，如图 2-2-7 所示。

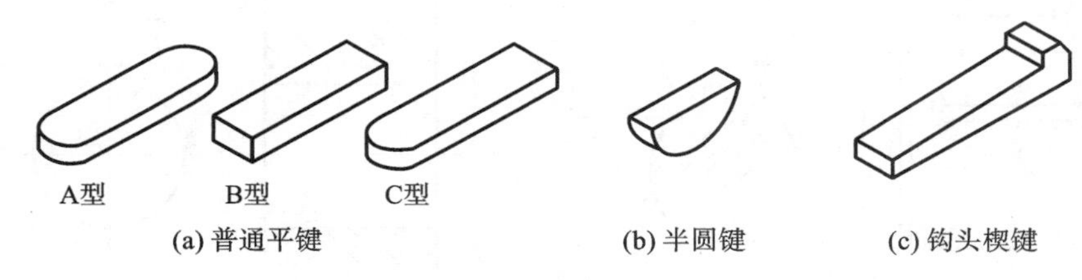

(a) 普通平键　(b) 半圆键　(c) 钩头楔键

图 2-2-7　常用的键

普通平键有三种结构形式，即 A 型(圆头)、B 型(平头)、C 型(单圆头)，如图 2-2-7 所示。

图 2-2-8、图 2-2-9 所示分别为键槽的加工、普通平键连接。在轴和轮毂上分别加工出键槽，装配时先将键嵌入轴的键槽内，再将轮毂上的键槽对准轴上的键，把轮毂装在轴上。轴转动时，即可带动轮毂一起转动。

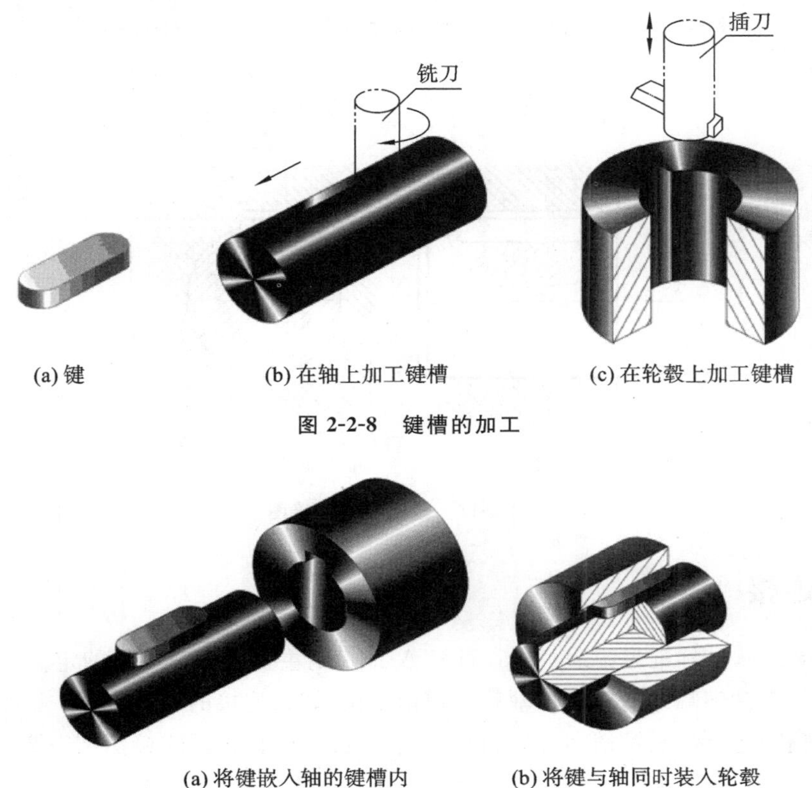

(a) 键　(b) 在轴上加工键槽　(c) 在轮毂上加工键槽

图 2-2-8　键槽的加工

(a) 将键嵌入轴的键槽内　(b) 将键与轴同时装入轮毂

图 2-2-9　普通平键连接

普通平键的公称尺寸 $b\times h$(键宽×键高)可根据轴的直径 d 从附表 A-14 中直接查得，键的长度 L 一般应比轮毂长度 B 小 5～10 mm，并取标准值。

“GB/T 1096 键 18×11×100”为 A 型普通平键的标记，键宽 $b=18$ mm，键高 $h=11$ mm，键的长度 $L=100$ mm。A 型普通平键的型号“A”可省略不注，B 型和 C 型普通平键要在尺寸前加注“B”或“C”。

键槽的画法和尺寸标注如图 2-2-10 所示，图中 t_1 和 t_2 可从附表 A-14 中查得。

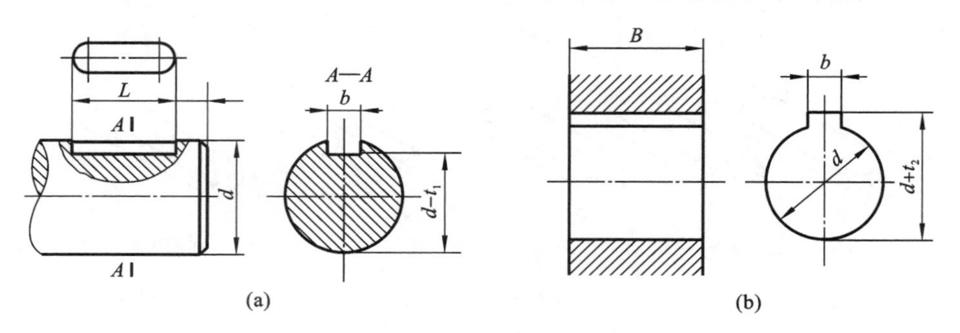

图 2-2-10 键槽的画法及尺寸标注

图 2-2-11 所示为普通平键连接图，主视图是通过轴的轴线和键的纵向对称平面剖切后画出的，键和轴均按不剖绘制。为了表示键在轴上的装配情况，采用了局部剖视。左视图为 C—C 全剖视图，键的侧面和下底面分别与轮毂上的键槽两侧面、轴上的键槽两侧面和底面相接触，应画一条线；而键的顶面与轮毂上的键槽底面之间留有空隙，应画两条线。

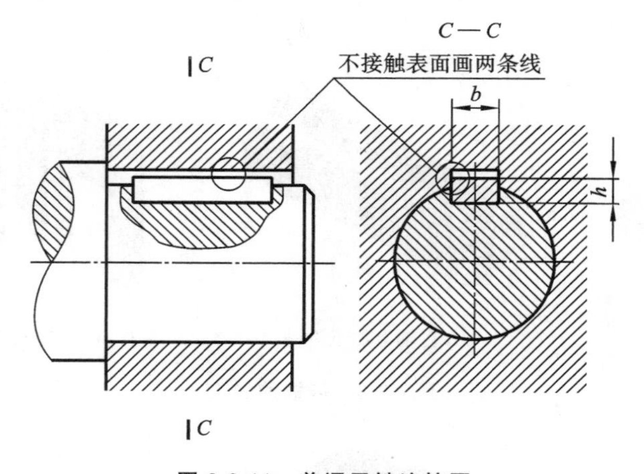

图 2-2-11 普通平键连接图

二、销连接

销也是标准件，其标准见附表 A-15、附表 A-16。销主要用于零件间的定位。例如，铣刀头左侧端部的挡圈和轴就是用销定位、螺钉连接的。

常用的销有圆柱销、圆锥销和开口销等。其主要尺寸、标记及连接图见表 2-2-1。

表 2-2-1 销的种类、主要尺寸、标记和连接图

名　　称	主要尺寸及标记	销连接图
圆柱销	销 GB/T 119.1 d公差带代号×l	
圆锥销	1∶50 销 GB/T 117 d×l	
开口销	销 GB/T 91 d×l	

开口销常与带孔螺栓和槽形螺母配合使用，将开口销插入槽形螺母的槽口并穿过带孔螺栓的孔，并将销的尾部叉开，以防止槽形螺母与带孔螺栓松脱。

若两个零件用销来定位，则在装配时应先将两被连接件的装配位置摆好，然后一起加工出销孔，最后将销装入。例如，铣刀头中的轴左端面上尺寸为$\frac{\phi 3\text{H7}}{\downarrow 8\ \text{配作}}$的销孔就是在装配时和挡圈上的销孔一起加工的，这称为配作。

三、滚动轴承

滚动轴承是支承轴的标准组件。铣刀头中的轴就是用两个滚动轴承支承的。滚动轴承由于可以大大地减小轴与孔相对旋转时的摩擦力，且具有机械效率高、结构紧凑等优点，因此应用很广泛。

1. 滚动轴承的结构及分类

滚动轴承(GB/T 4459.7—2017)的种类很多，但结构大体相同，一般由外圈、内圈、滚动体和保持架组成，如图 2-2-12 所示。外圈装在轴承座内，一般固定不动；滚动体安装在内、外圈之间的滚道中，内圈转动时，它们在滚道内滚动；保持架用来隔离滚动体。

滚动轴承按其受力方向可分为三类：

(1) 向心轴承：主要承受径向载荷，如深沟球轴承。

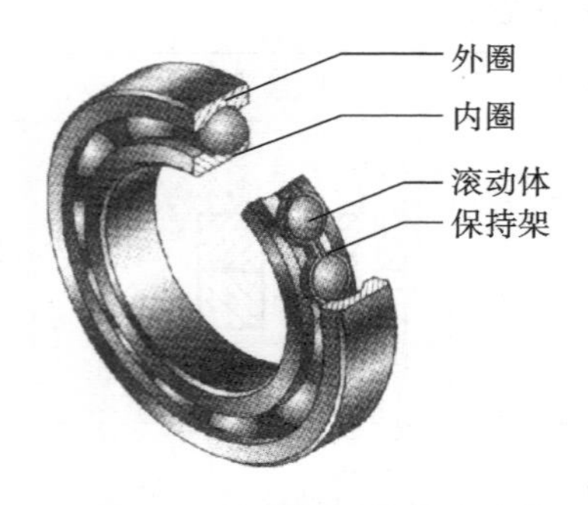

图 2-2-12 滚动轴承的基本结构

(2) 推力轴承:只承受轴向载荷,如推力球轴承。

(3) 向心推力轴承:同时承受径向和轴向载荷,如圆锥滚子轴承。

2. 滚动轴承的标记和代号

查阅附表 A-17 可知,滚动轴承的标记由名称、代号、标准编号三部分组成。例如:“滚动轴承 6210 GB/T 276—2013”。

滚动轴承的代号由基本代号和补充代号构成,多数情况下只有基本代号。滚动轴承的基本代号如图 2-2-13 所示。

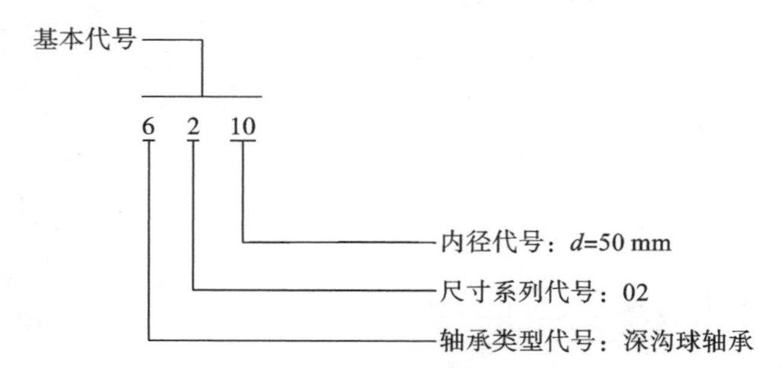

图 2-2-13 滚动轴承的基本代号

基本代号由轴承类型代号、尺寸系列代号和内径代号组成。

轴承类型代号用数字或字母表示,如表 2-2-2 所示。例如,6210 轴承的第一位数字为 6,故该轴承类型为深沟球轴承。

表 2-2-2 滚动轴承类型代号(摘自 GB/T 272—2017)

代号	轴承类型	代号	轴承类型
0	双列角接触球轴承	7	角接触球轴承
1	调心球轴承	8	推力圆柱滚子轴承
2	调心滚子轴承和推力调心滚子轴承	N	圆柱滚子轴承 (双列或多列用字母 NN 表示)
3	圆锥滚子轴承		
4	双列深沟球轴承	U	外球面球轴承
5	推力球轴承	QJ	四点接触球轴承
6	深沟球轴承	C	长弧面滚子轴承(圆环轴承)

尺寸系列代号由轴承的宽(高)度系列代号和直径系列代号组成,用一位或两位阿拉伯数字表示。它的主要作用是区别内径相同而宽度和外径不同的轴承。例如:6210 轴承的第二位数字为 2,故为 02 系列;6310 轴承为 03 系列(参见附表 A-17)。

内径代号表示轴承的公称内径,用两位数字表示。代号数字为 00、01、02、03 时,分别表示轴承内径 d 为 10 mm、12 mm、15 mm、17 mm;代号数字为 04～99 时,代号数字乘 5 即为轴承内径。例如,6210 轴承的第三、四位数字为 10,故该轴承内径为 50 mm。

当轴承的形状结构、尺寸、公差、技术要求等有改变时，可在基本代号中增加补充代号，在基本代号前添加的代号称为前置代号，在基本代号后添加的代号为后置代号。前置代号和后置代号的有关规定可查阅有关手册。

3．滚动轴承的画法

滚动轴承是标准组件，不必画出各组成部分的零件图。

在装配图中，可根据轴承的基本代号，从滚动轴承的国家标准中查出几个主要尺寸，如外径 D、内径 d、宽度 B 等，然后按表 2-2-3 中的画法进行绘制。注意，三种画法的适用场合是不同的。

表 2-2-3　常用滚动轴承的画法

轴承类型及标准代号	规定画法	特征画法	通用画法
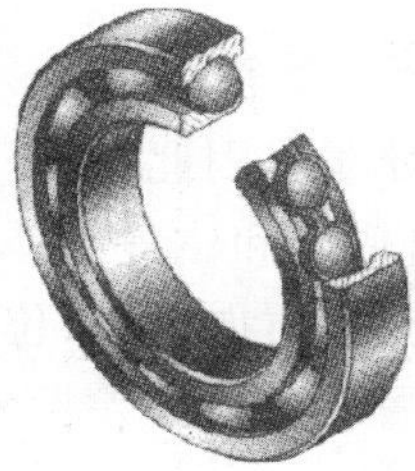 深沟球轴承 60000 型 GB/T 276—2013	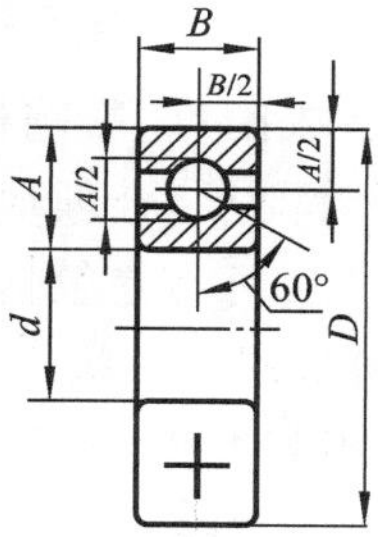 B B/2 A A/2 A/2 60° d D	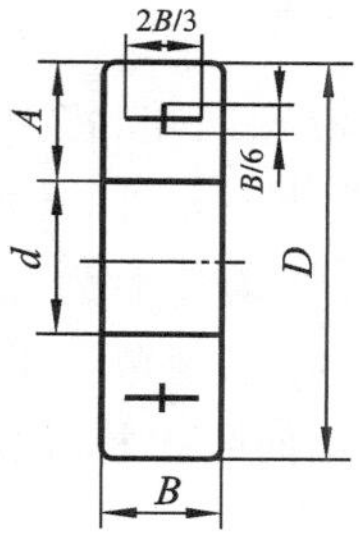 2B/3 A B/6 d D B	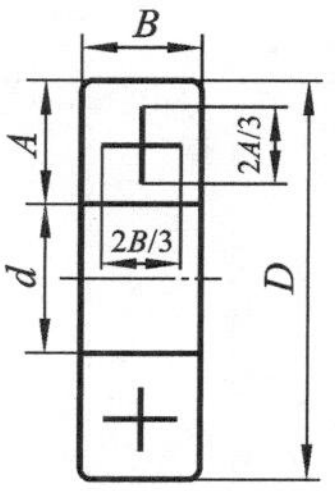
 圆锥滚子轴承 30000 型 GB/T 297—2015	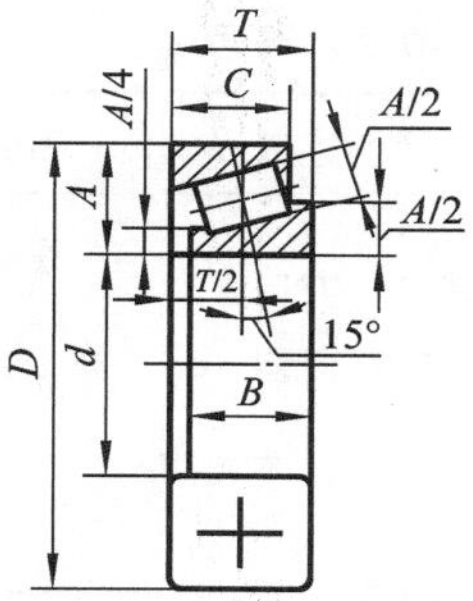 T C A/4 A/2 A A/2 T/2 15° D d B	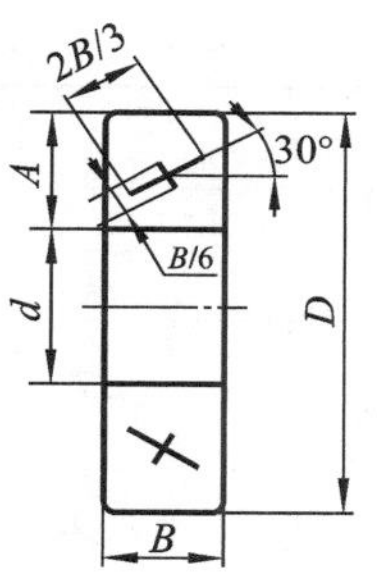 2B/3 30° A B/6 d D B	B A 2A/3 2B/3 d D
 推力球轴承 50000 型 GB/T 28697—2012	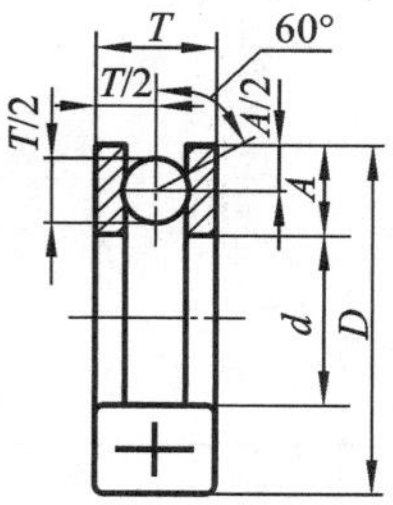 T 60° T/2 T/2 A/2 A d D	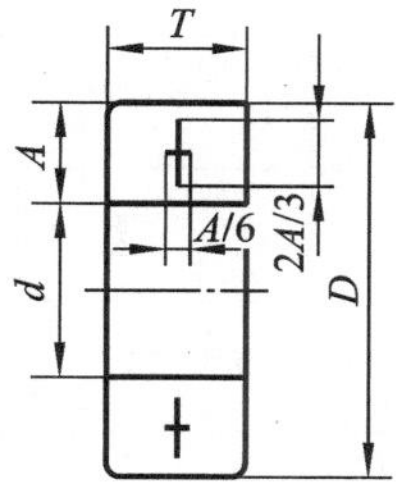 T A A/6 2A/3 d D	
三种画法的适用场合	滚动轴承的产品图样、产品样本、产品标准和产品使用说明书中采用	当需要较形象地表示滚动轴承的结构特征时采用	当不需要确切表示滚动轴承的外形轮廓、结构特性和承载特征时采用

四、几何公差

1. 几何公差的概念

在生产实践中，经过加工的零件，不但会产生尺寸误差，而且会产生形状和位置误差。图2-2-14(a)所示为一理想形状的销轴，图2-2-14(b)所示为加工后的实际形状，轴线变弯了，因而产生了直线度误差。图2-2-15(a)所示为一要求严格的四棱柱，图2-2-15(b)所示为加工后的实际位置，上表面倾斜了，因而产生了平行度误差。

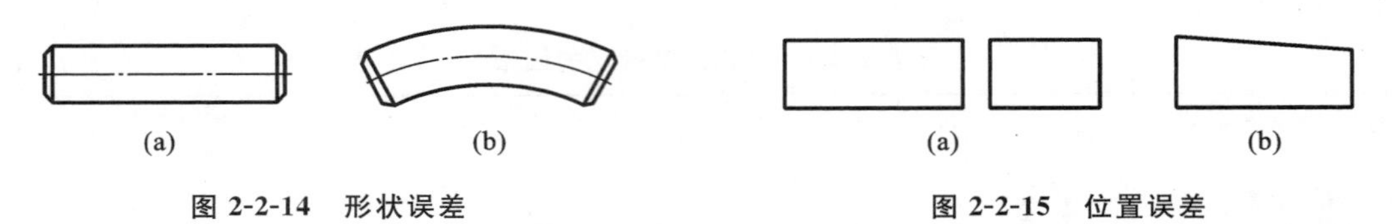

图 2-2-14　形状误差

图 2-2-15　位置误差

零件存在严重的形状和位置误差，将对其装配造成困难，影响机器的质量。因此，对于精度要求较高的零件，除给出尺寸公差外，还应根据设计要求，合理地确定出形状和位置误差的允许变动量，这个规定的允许变动量称为几何公差。几何公差包括形状公差、方向公差、位置公差和跳动公差。《产品几何技术规范(GPS)　几何公差　形状、方向、位置和跳动公差标注》(GB/T 1182—2018)规定了几何公差标注的基本要求和方法。

2. 几何公差的项目及符号

国家标准中规定的几何公差项目及符号见表2-2-4。

表 2-2-4　几何公差项目及符号

分　类	名　称	符　号	分　类	名　称	符　号
形状公差	直线度	⏤	形状、方向、位置公差	线轮廓度	⌒
	平面度	▱		面轮廓度	⌓
	圆度	○	跳动公差	圆跳动	↗
	圆柱度	⌭		全跳动	⌰
方向公差	平行度	//	位置公差	位置度	⌖
	垂直度	⊥		同轴度	◎
	倾斜度	∠		对称度	⌯

3. 几何公差的标注

1）几何公差代号

在机械图样中，几何公差是以代号的形式进行标注的。几何公差代号包括几何公差项目符号、框格及指引线、几何公差数值和基准要素符号等，如图2-2-16所示。在图2-2-16中，h 为字体高度。

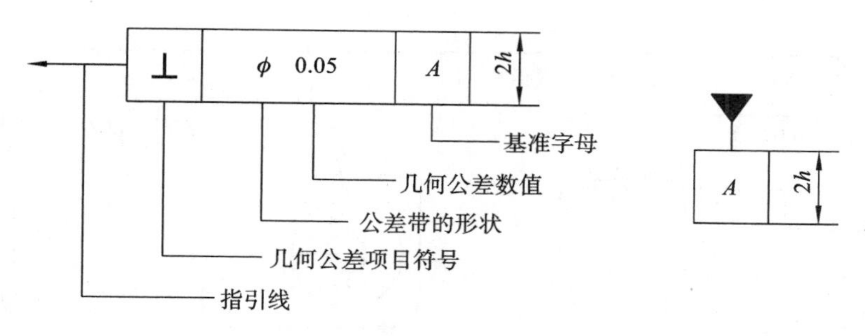

图 2-2-16 几何公差代号及基准要素符号

2）几何公差标注方法

几何公差在图样上的标注方法见表 2-2-5。

表 2-2-5 几何公差在图样上的标注方法

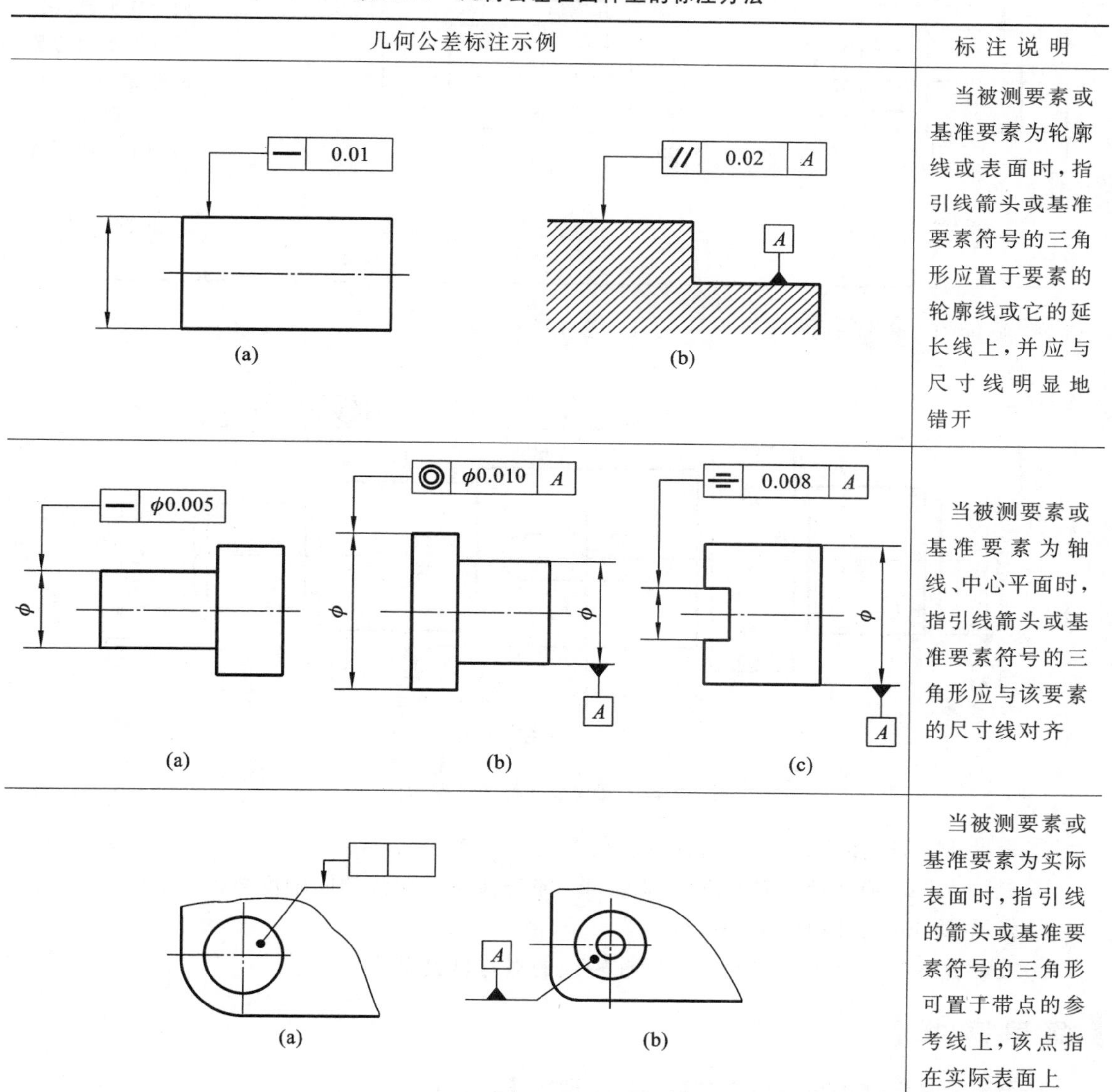

几何公差标注示例	标 注 说 明
(a) (b)	当被测要素或基准要素为轮廓线或表面时，指引线箭头或基准要素符号的三角形应置于要素的轮廓线或它的延长线上，并应与尺寸线明显地错开
(a) (b) (c)	当被测要素或基准要素为轴线、中心平面时，指引线箭头或基准要素符号的三角形应与该要素的尺寸线对齐
(a) (b)	当被测要素或基准要素为实际表面时，指引线的箭头或基准要素符号的三角形可置于带点的参考线上，该点指在实际表面上

续表

几何公差标注示例	标注说明
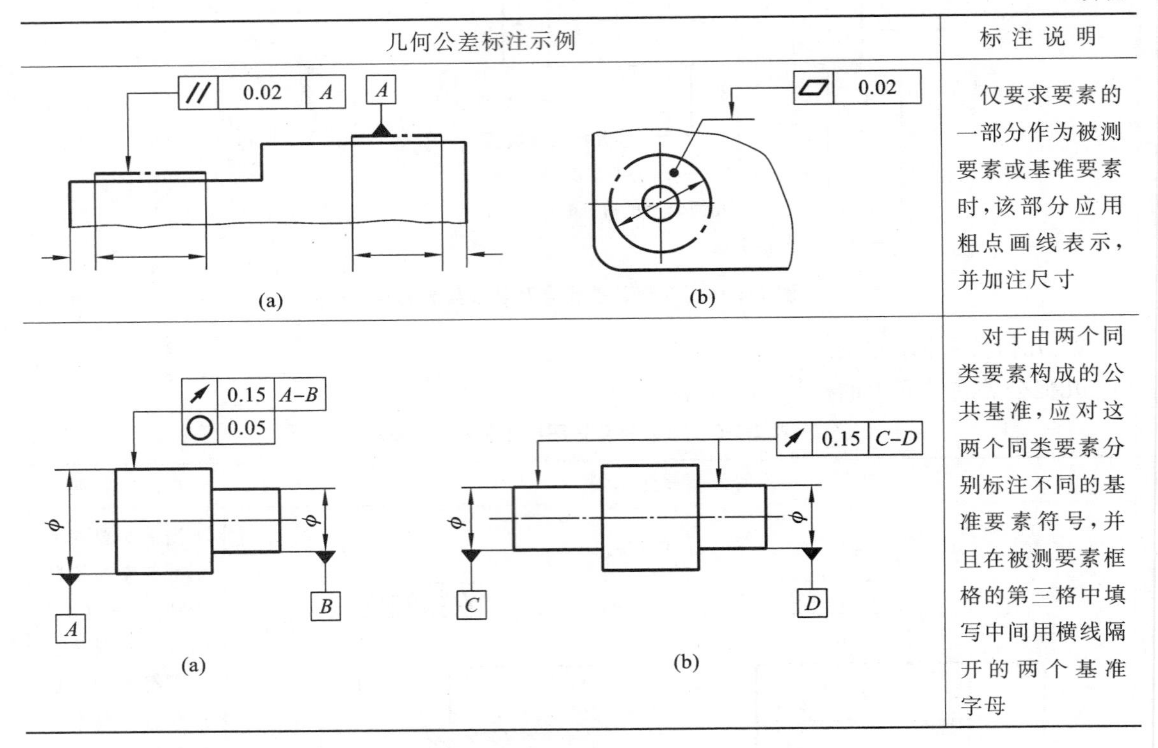	仅要求要素的一部分作为被测要素或基准要素时，该部分应用粗点画线表示，并加注尺寸
	对于由两个同类要素构成的公共基准，应对这两个同类要素分别标注不同的基准要素符号，并且在被测要素框格的第三格中填写中间用横线隔开的两个基准字母

例：解释图 2-2-17 所示轴上标注的几何公差的含义。

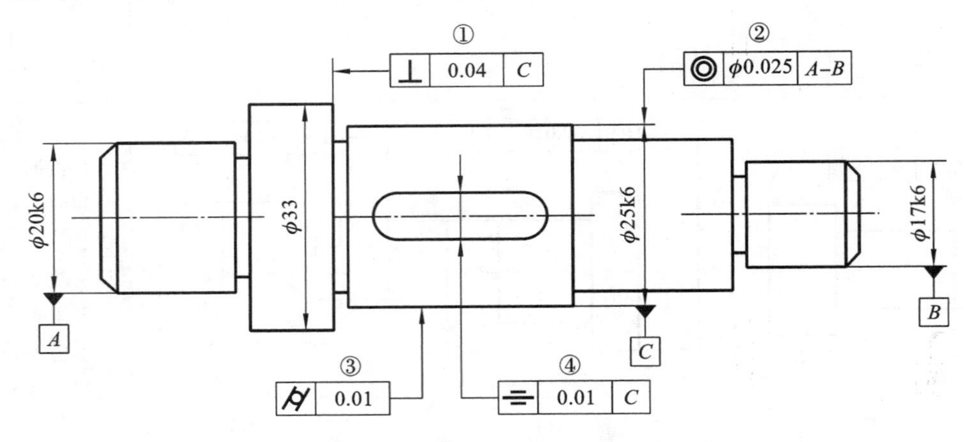

图 2-2-17　几何公差标注读图示例

①表示 ϕ33 右端面对 ϕ25k6 圆柱轴线的垂直度公差为 0.04。

②表示 ϕ25k6 圆柱轴线对 ϕ20k6 和 ϕ17k6 的公共基准轴线的同轴度公差为 ϕ0.025。

③表示 ϕ25k6 圆柱面的圆柱度公差为 0.01。

④表示键槽的中心平面对 ϕ25k6 圆柱轴线的对称度公差为 0.01。

【项目实施】

铣刀头机械图样的识读可以分解为以下两个子项目：

(1) 铣刀头零件图的识读;
(2) 铣刀头装配图的识读。

子项目1 铣刀头零件图的识读

图 2-2-3～图 2-2-6 所示为铣刀头的零件图。由铣刀头的装配轴测图(见图 2-2-1)和轴测分解图(见图 2-2-2)得知,它由 16 种零件装配而成。其中有 6 种非标准件,它们是轴、V 带轮、座体、调整环、端盖、毡圈。由于毡圈无须进行机械加工,不用出图,因此共有 5 张零件图,如图2-2-3～图 2-2-6 所示。

轴、V 带轮、座体是铣刀头的主要零件。

一、轴

1. 概括了解

由图 2-2-3 中的标题栏可知,轴的材料为 45 钢。"45"为牌号数字,表示钢中平均含碳量的万分数,即平均含碳量为 0.45%,数字越大,钢的抗拉强度和硬度越高,塑性越低。

2. 视图表达与结构形状分析

如图 2-2-3 所示,轴由主视图和若干辅助视图表达,轴的两端用局部剖视表示键槽、螺孔和销孔。中间轴段采用断开画法。用两个断面图分别表示键槽的宽度和深度。用局部视图表达键槽的形状。用局部放大图表达砂轮越程槽的结构。

对照图 2-2-1 所示的铣刀头的装配轴测图可以看出,轴的左端通过普通平键与 V 带轮连接,右端通过两个普通平键与铣刀盘连接,并用挡圈和螺栓固定在轴上。轴上有两个安装端盖的轴段和两个安装滚动轴承的轴段,通过滚动轴承把轴安装在座体上,再通过端盖和螺钉实现轴的轴向固定。

3. 分析尺寸

对于回转类零件,如轴、套、盘、盖零件,由于大部分工序是在车床或磨床上加工的,为了便于加工和测量,径向尺寸基准为轴线,轴向尺寸基准常选择某一端面或轴肩面。

如图 2-2-3 所示,水平轴线为径向尺寸基准,注出了有配合要求的轴段尺寸,如 ϕ28k7、ϕ35k6、ϕ25h6 等。以中间轴段 ϕ44 的左、右端面为轴向主要尺寸基准,注出 23、$194_{-0.046}^{0}$和 95。以轴的左、右端面为辅助基准,注出 $32_{-0.021}^{0}$、4、55。尺寸 400 是轴向主要尺寸基准与辅助基准之间的联系尺寸。

轴上与标准件连接的结构,如键槽、销孔、螺孔的尺寸,必须查标准,并标注标准数值。

4. 分析技术要求

与其他零件有配合要求且注有公差带代号及偏差的轴段,表面结构要求较高。例如,ϕ28k7、ϕ25h6、ϕ35k6 的轴段,Ra 的上限值为 1.6 μm 或 0.8 μm。

安装铣刀头的轴段 ϕ25h6 标注出了几何公差代号,表示 ϕ25h6 轴线对公共基准轴线 A-B 的同轴度误差不大于 ϕ0.06。

轴应经调质处理(220～250 HBW),以提高材料的韧性和强度。

二、V带轮

1. 概括了解

由图 2-2-4 中的标题栏可知，V 带轮的材料为 HT150。

2. 视图表达与结构形状分析

如图 2-2-4 所示，V 带轮按加工位置轴线水平放置，主体结构为带轴孔的同轴回转体。主视图采用全剖视图，轴孔键槽的宽度和深度用局部视图表示。

V 带轮是传递旋转运动和动力的零件，在 V 带轮的轮毂上有轴孔和键槽；在 V 带轮的轮缘上有三个 V 形轮槽，轮毂与轮缘用辐板连接。

3. 分析尺寸和技术要求

V 带轮轴孔的轴线为径向尺寸基准，注出所有直径尺寸，如 ϕ56、ϕ110 等。轮缘右端面为轴向主要尺寸基准，注出 50、10。轮槽和轴孔键槽为标准结构要素，必须按标准查表，标注标准数值。外圆 ϕ147 表面及轮缘两端面相对于孔 ϕ28H8 的轴线的圆跳动公差为 0.03。

三、座体

1. 概括了解

由图 2-2-5 中的标题栏可知，座体的材料为 HT200。

2. 视图表达与结构形状分析

如图 2-2-5 所示，座体的主视图按工作位置放置，采用全剖视图，主要表达座体内部空腔。左视图采用局部剖视图，表达底板和肋板厚度及底板上沉孔的形状。座体前后对称，故俯视图采用了 A 向局部视图，表达底板的圆角和安装孔。

座体上部为圆筒状，两端的轴孔支承轴承，中间孔的直径大于两端孔的直径，可直接铸出。下部为带圆角的方形底板，通过四个安装孔将铣刀头安装在铣床上。底板下面做成通槽，以减少加工面。座体的上下两部分用三块肋板连接(参阅图 2-2-2 中的座体 8)。

3. 分析尺寸和技术要求

座体底面为高度方向的主要尺寸基准，左右任一端面为长度方向的主要尺寸基准，前后对称面为宽度方向的主要尺寸基准。

主视图中的 115 是确定圆筒轴线的定位尺寸，ϕ80K7 是与轴承的配合尺寸，40 是两端轴孔长度方向的定位尺寸。考虑到工艺要求，注出了倒角、圆角等工艺结构尺寸。

对于其余尺寸及有关技术要求，读者可按照以上方法自行分析。

子项目 2　铣刀头装配图的识读

铣刀头装配示意图如图 2-2-18 所示，装配图如图 2-2-19 所示。

一、概括了解

由图 2-2-19 所示的铣刀头装配图中的明细栏可知，该部件由 16 种零件组成，其中有 10 种

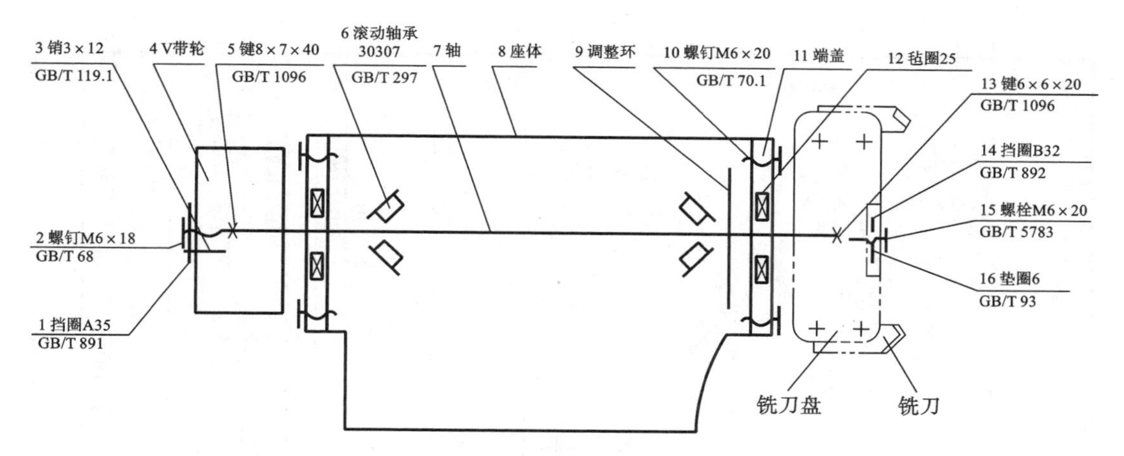

图 2-2-18 铣刀头装配示意图

标准件、6 种专用件。轴两端通过 2 个圆锥滚子轴承支承，2 个圆锥滚子轴承安装在座体内；座体的两端安装有 2 个端盖，2 个端盖分别通过 6 个螺钉安装在座体的两端；轴的左端安装有 V 带轮，右端安装有铣刀盘，可完成对侧平面的铣削。

二、分析表达方案

在铣刀头装配图中，主视图选择部件的工作位置，将铣刀头座体水平放置。主视图采用通过轴线的全剖视图，使主视图较好地表达出部件的工作原理和主要零件间的装配关系。为了表达轴两端的键连接、螺钉连接和销连接等，分别采用了局部剖视图。

在装配图中，相同的零件组可采用简化画法。例如左右端盖处的螺钉连接，详细地画出一处，其余用细点画线表示其位置即可。

当薄片厚度或间隙较小（≤2 mm）时，可采用夸大画法。例如左右端盖内孔和轴之间的间隙，可不按原比例绘制，而是夸大画出。

当需要表示某些零件的位置或运动范围和极限位置时，可采用假想画法，用细双点画线画出该零件的轮廓线。例如，铣刀盘不属于本部件，为表示铣刀盘的装配关系，就采用了假想画法表示。

针对主视图中尚未表达清楚的内容，增加了左视图，以表达座体及其底板上安装孔的位置。为了突出座体的主要形状特征，左视图采用了拆卸画法，将 V 带轮等零件拆掉后画出。

三、分析尺寸标注

在装配图中主要标注以下几种尺寸：

1. 规格（性能）尺寸

规格（性能）尺寸是指表示装配件规格、性能和特征的尺寸，如右端安装铣刀盘的直径尺寸 $\phi120$。

2. 装配尺寸

装配尺寸是指表示装配件之间配合的尺寸，如 V 带轮与轴的配合尺寸 $\phi28H8/k7$、轴承与座体配合尺寸 $\phi80K7/f8$ 等。

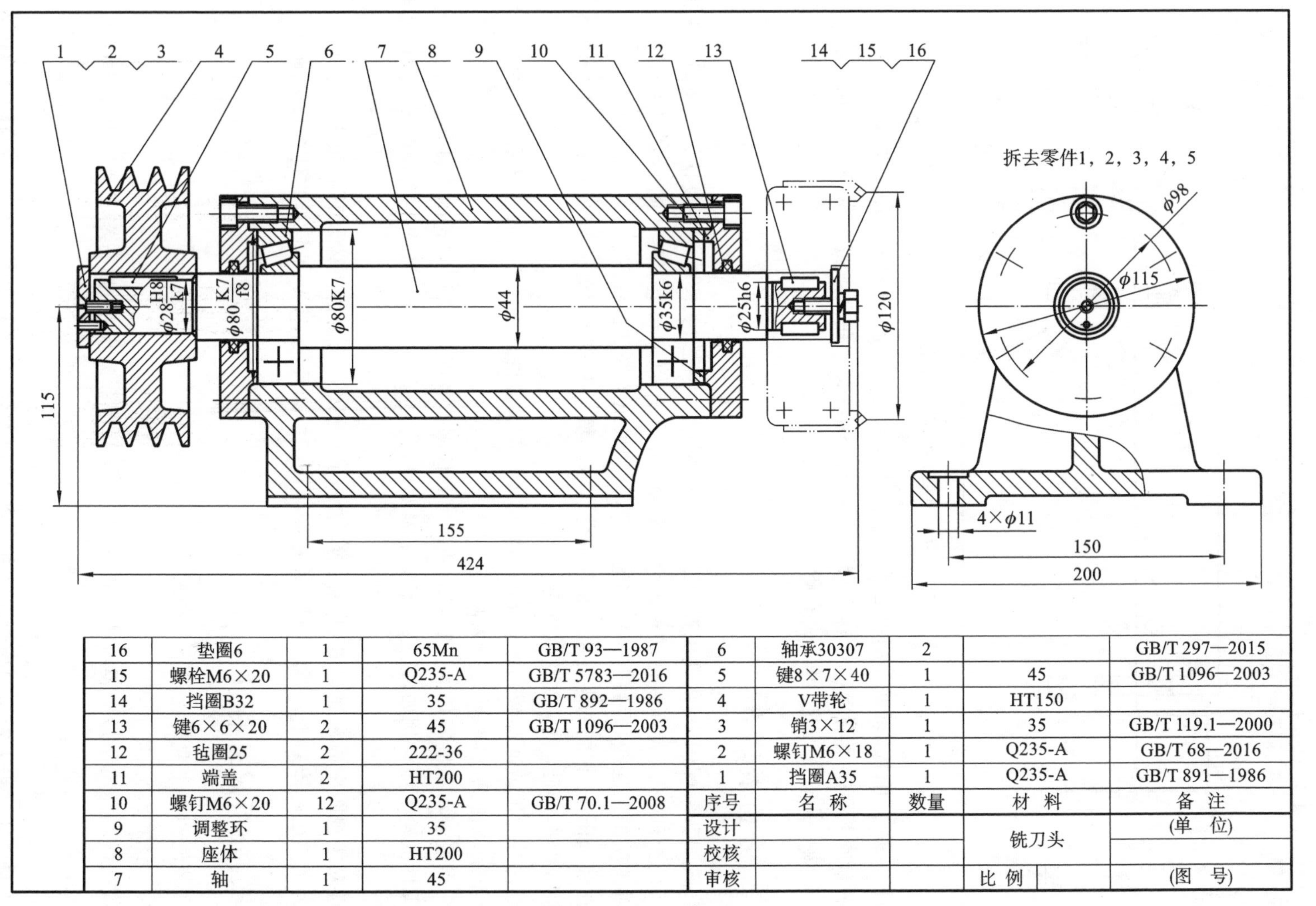

图 2-2-19　铣刀头装配图

3. 安装尺寸

安装尺寸是指表示部件安装到机器上或将整机安装到基座上所需的尺寸，如座体底板上四个沉孔的定位尺寸 155、150、安装孔 4×ϕ11 等。

4. 外形尺寸

外形尺寸表示装配件外形轮廓的大小，为包装、运输、安装所需的空间大小提供依据，如总长 424、总宽 200、总高 115+147/2。

5. 其他重要尺寸

其他重要尺寸是指装配件其他必须保证的尺寸，如左端安装 V 带轮的轴线高度尺寸 115。

【项目总结】

识读铣刀头零件图，难度较大的是座体，它属于非回转类零件。这类零件的形状往往比较复杂。读图时，要善于进行形体分析，通过形体分析，可以把复杂的零件“分解”成若干个简单几何体，问题就变得简单了。

识读铣刀头装配图时，要注意结合零件图，读懂每个零件在装配图中与其他零件的连接关系及所起的作用，在读懂装配关系和结构的基础上，分析技术要求和尺寸标注，这样才能全面了解铣刀头部件。

【知识拓展】

弹簧的用途很广。它主要用于减振、夹紧、储存能量和测力等方面。弹簧的特点是：去除外力后，弹簧能立即恢复原状。常用的弹簧如图 2-2-20 所示。这里只介绍普通圆柱螺旋压缩弹簧的画法和尺寸计算。

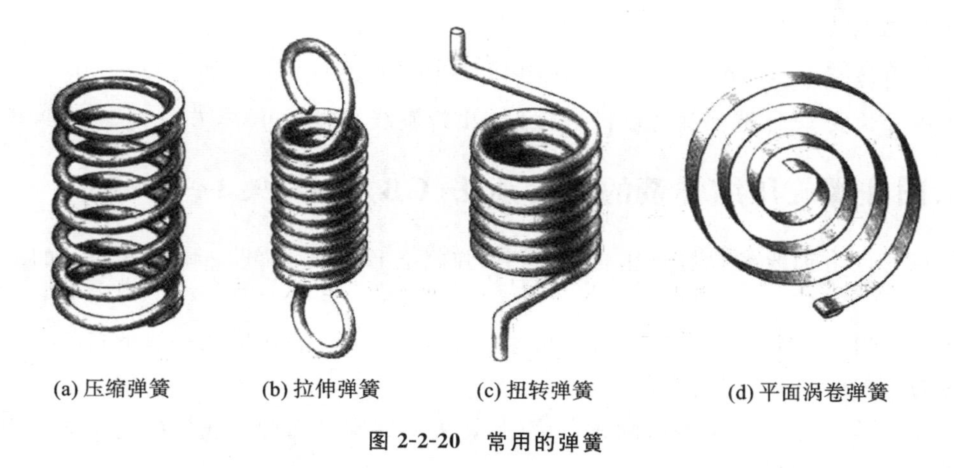

(a) 压缩弹簧　(b) 拉伸弹簧　(c) 扭转弹簧　(d) 平面涡卷弹簧

图 2-2-20　常用的弹簧

一、圆柱螺旋压缩弹簧各部分的名称及尺寸关系

圆柱螺旋压缩弹簧（见图 2-2-21）的术语、代号以及有关尺寸计算如下：

(1) 簧丝直径 d：弹簧钢丝的直径。

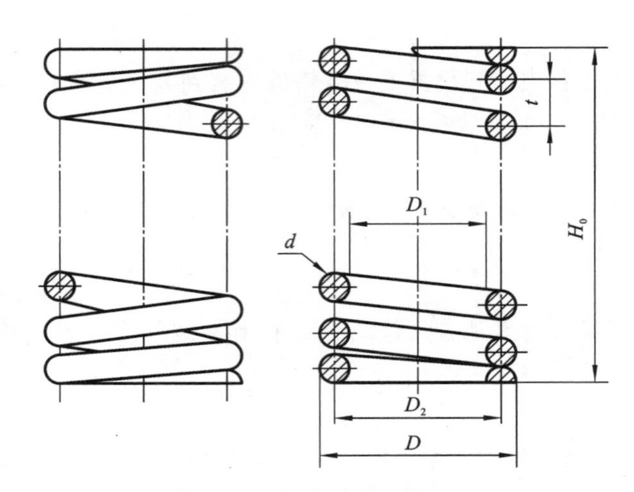

图 2-2-21　圆柱螺旋压缩弹簧

(2) 弹簧外径 D:弹簧的最大直径。

弹簧内径 D_1:弹簧的最小直径,$D_1=D-2d$。

弹簧中径 D_2:弹簧的内径和外径的平均值,$D_2=\frac{D+D_1}{2}=D_1+d=D-d$。

(3) 节距 t:除支承圈外,相邻两圈的轴向距离。

(4) 有效圈数 n、支承圈数 n_2 和总圈数 n_1:为了使圆柱螺旋压缩弹簧工作时受力均匀,增加弹簧的平稳性,弹簧的两端并紧、磨平。并紧、磨平的各圈仅起支承作用,称为支承圈。图2-2-21所示的弹簧,两端各有 $1\frac{1}{4}$ 圈为支承圈,即 $n_2=2.5$。保持相等节距的圈数,称为有效圈数。有效圈数与支承圈数之和,称为总圈数,即 $n_1=n+n_2$。

(5) 自由高度 H_0:弹簧在不受外力作用时的高度(长度),$H_0=nt+(n_2-0.5)d$。

(6) 展开长度 L:制造弹簧时坯料的长度。由螺旋线的展开可知,$L\approx n_1\sqrt{(\pi D_2)^2+t^2}$。

二、圆柱螺旋压缩弹簧的规定画法(GB/T 4459.4—2003)

(1) 在平行于轴线的投影面上的视图中,弹簧各圈的轮廓线应画成直线,如图 2-2-21 所示。

(2) 有效圈数在四圈以上的弹簧,中间各圈可省略不画。在中间部分省略后,可适当缩短图形的长度,如图 2-2-21 所示。

(3) 在图样上,螺旋弹簧均可画成右旋(弹簧旋向的定义和螺旋线旋向的定义相同)。左旋螺旋弹簧要加注“左”字。

两端并紧、磨平的圆柱螺旋压缩弹簧剖视图的作图步骤如图 2-2-22 所示,视图的画法可参照剖视图的画法及图 2-2-21。

三、圆柱螺旋压缩弹簧在装配图中的画法

如图 2-2-23(a)所示,在装配图中,弹簧被挡住的结构一般不画出。如图 2-2-23(b)所示,

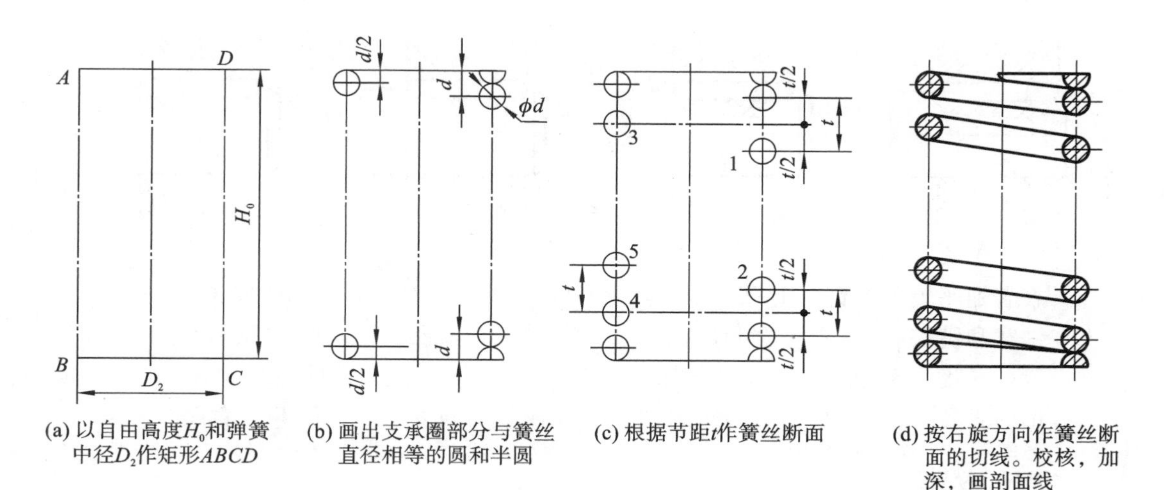

(a) 以自由高度H_0和弹簧中径D_2作矩形ABCD　(b) 画出支承圈部分与簧丝直径相等的圆和半圆　(c) 根据节距t作簧丝断面　(d) 按右旋方向作簧丝断面的切线。校核，加深，画剖面线

图 2-2-22　圆柱螺旋压缩弹簧剖视图的画图步骤

当弹簧被剖切，且弹簧钢丝（簧丝）剖面的直径在图形上等于或小于 2 mm 时，剖面可以涂黑表示。如图 2-2-23(c)所示，在某些场合也可用示意画法。

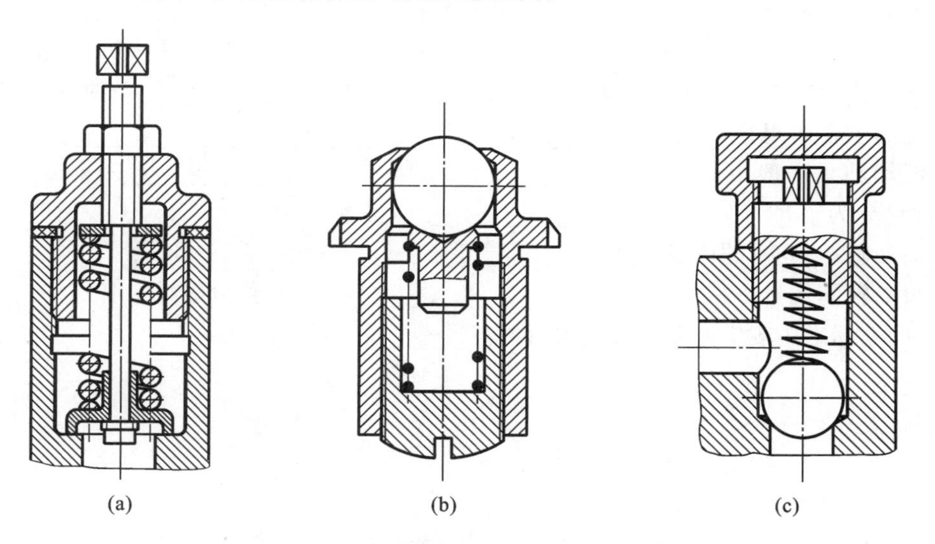

(a)　(b)　(c)

图 2-2-23　圆柱螺旋压缩弹簧在装配图中的画法

【课堂练习】

一、单选题

1. 普通平键连接采用双键时，两键应(　　)布置。

A. 在周向相隔 90°　B. 在周向相隔 120°　C. 在周向相隔 180°　D. 在轴向沿同一直线

2. 普通平键的工作面是(　　)。

A. 顶面　B. 底面　C. 两个侧面　D. 以上都是

3. 正确的普通平键连接画法是(　　)。

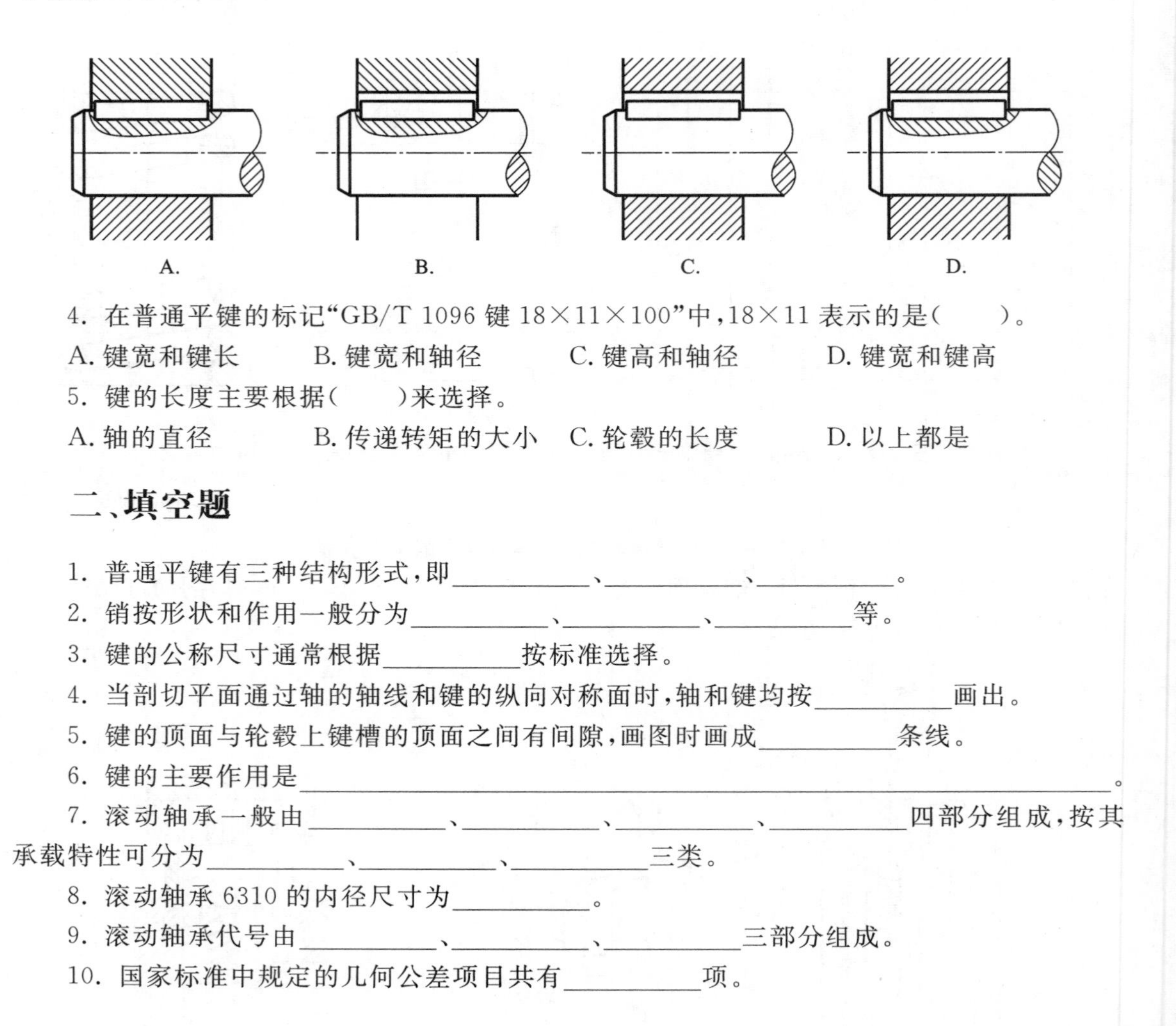

4. 在普通平键的标记“GB/T 1096 键 18×11×100”中，18×11 表示的是(　　)。

A. 键宽和键长　　B. 键宽和轴径　　C. 键高和轴径　　D. 键宽和键高

5. 键的长度主要根据(　　)来选择。

A. 轴的直径　　B. 传递转矩的大小　　C. 轮毂的长度　　D. 以上都是

二、填空题

1. 普通平键有三种结构形式，即__________、__________、__________。

2. 销按形状和作用一般分为__________、__________、__________等。

3. 键的公称尺寸通常根据__________按标准选择。

4. 当剖切平面通过轴的轴线和键的纵向对称面时，轴和键均按__________画出。

5. 键的顶面与轮毂上键槽的顶面之间有间隙，画图时画成__________条线。

6. 键的主要作用是____。

7. 滚动轴承一般由__________、__________、__________、__________四部分组成，按其承载特性可分为__________、__________、__________三类。

8. 滚动轴承 6310 的内径尺寸为__________。

9. 滚动轴承代号由__________、__________、__________三部分组成。

10. 国家标准中规定的几何公差项目共有__________项。

项目 3

齿轮油泵装配图的识读

不同工作岗位的技术人员，读装配图有不同的目的。有时仅需了解机器部件的工作原理和用途，以便选用；有时为了维修而必须了解部件中各零件间的装配关系、连接关系、装拆顺序；有时出于设备修复、技术改造需要拆画部件中的某个零件，需要进一步分析并看懂该零件的结构形状及有关技术要求等。

【项目介绍】

齿轮油泵是机器中用来输送润滑油的一个部件。齿轮油泵装配图（见图 2-3-1）的识读要求是：

（1）了解齿轮油泵部件的工作原理和使用性能。

（2）弄清各零件在部件中的功能、零件间的装配关系和连接方式。

（3）读懂部件中主要零件的结构形状。

（4）了解装配图中标注的尺寸及技术要求。

要识读齿轮油泵装配图，还需要学习齿轮方面的知识。

【相关知识】

齿轮是广泛用于机器中的传动零件，用来传递动力、改变转速和回转方向。齿轮的轮齿部分已标准化。图 2-3-2 所示为齿轮传动的常见类型。

圆柱齿轮用于两平行轴之间的传动，如图 2-3-2(a)所示。圆柱齿轮按轮齿方向的不同又分为直齿、斜齿和人字齿，如图 2-3-3 所示。

锥齿轮用于两相交轴之间的传动，如图 2-3-2(b)所示。

蜗轮蜗杆用于两垂直交叉轴之间的传动，如图 2-3-2(c)所示。

一、直齿圆柱齿轮的几何要素名称及其代号

直齿圆柱齿轮的几何要素名称及其代号如图 2-3-4 所示，直齿圆柱齿轮的几何要素名称、代号及计算公式见表 2-3-1。

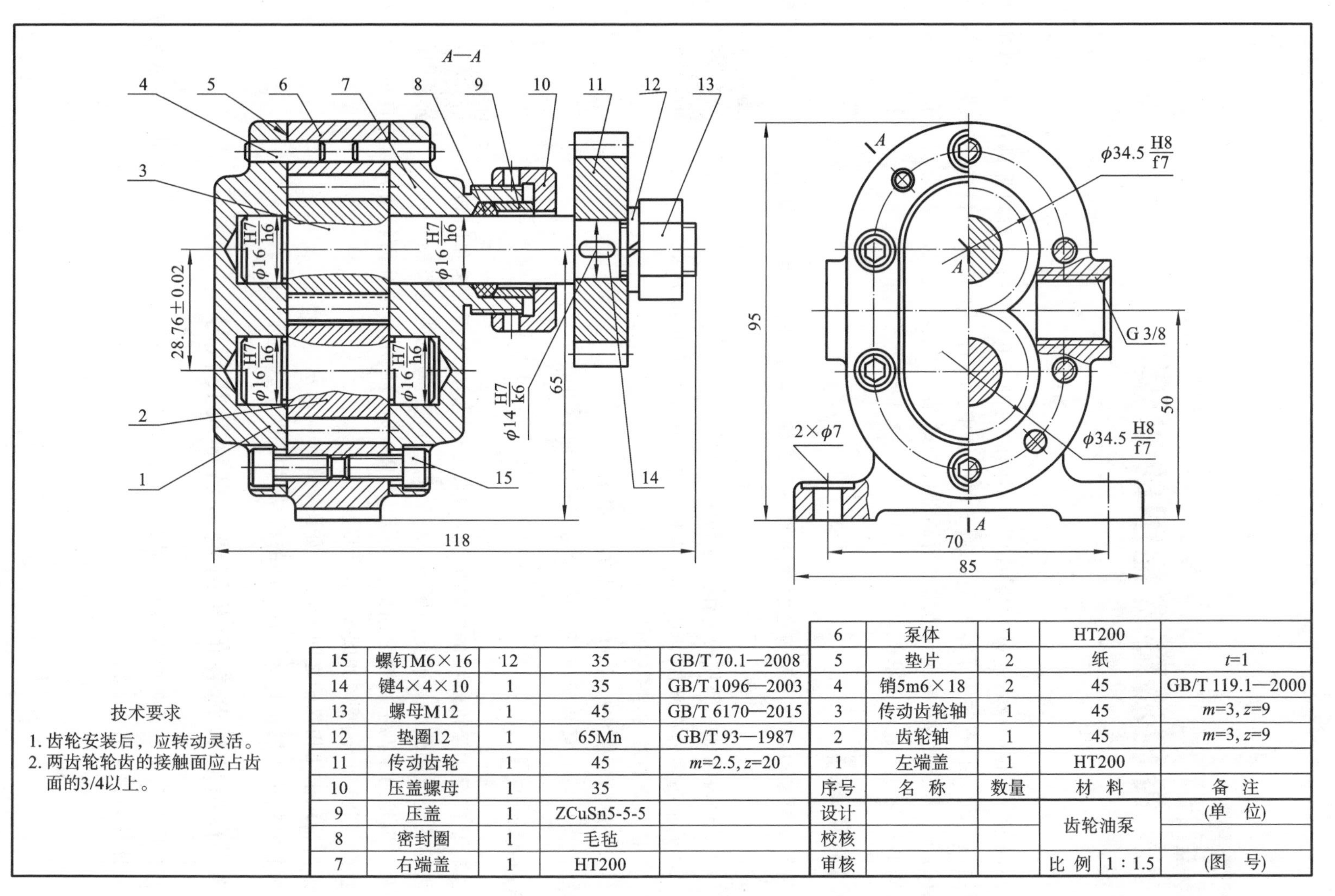

图 2-3-1 齿轮油泵装配图

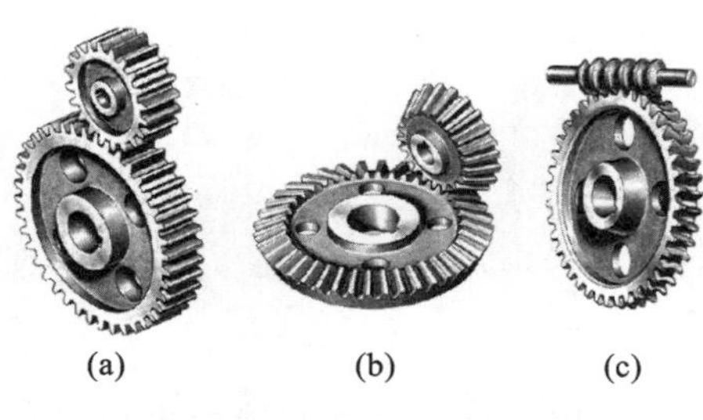

(a) (b) (c)

图 2-3-2 齿轮传动的常见类型

(a) (b) (c)

图 2-3-3 圆柱齿轮

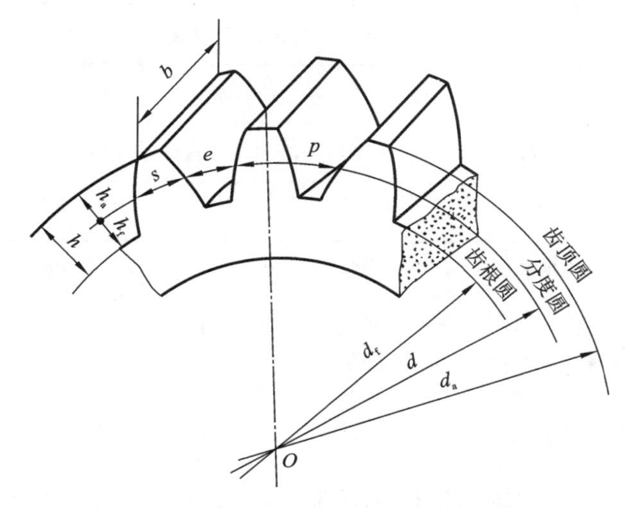

图 2-3-4 直齿圆柱齿轮的几何要素及其代号

表 2-3-1 直齿圆柱齿轮的几何要素名称、代号及计算公式

序号	名 称	说 明	代号	计算公式
1	分度圆	分度圆是齿轮上的一个假想圆，在该圆上，齿厚 s 与齿槽宽 e 的弧长相等。它是设计、制造齿轮时计算各部分尺寸的基准圆	d	$d=mz$
2	齿顶圆	通过轮齿顶部的圆	d_a	$d_a=m(z+2)$
3	齿根圆	通过轮齿根部的圆	d_f	$d_f=m(z-2.5)$
4	齿距	分度圆上相邻两齿廓对应点之间的弧长	p	$p=m\pi$
5	齿高	齿顶圆与齿根圆之间的径向距离	h	$h=2.25m$
6	齿顶高	齿顶圆与分度圆之间的径向距离	h_a	$h_a=m$
7	齿根高	齿根圆与分度圆之间的径向距离	h_f	$h_f=1.25m$
8	中心距	两啮合齿轮轴线之间的距离	a	$a=m(z_1+z_2)/2$

二、直齿圆柱齿轮的基本参数

（1）齿数 z：齿轮上轮齿的个数。

（2）模数 m：齿轮的分度圆周长 $\pi d=zp$，则 $d=\frac{p}{\pi}z$。令 $\frac{p}{\pi}=m$，则 $d=mz$。所以，模数是齿距 p 与圆周率 π 的比值，单位为 mm。

模数是设计、制造齿轮的重要参数。模数大，轮齿就大，因而齿轮的承载能力也较强。为了便于设计和制造，模数已经标准化。直齿和斜齿渐开线圆柱齿轮的法向模数见表 2-3-2。

表 2-3-2　直齿和斜齿渐开线圆柱齿轮的法向模数(GB/T 1357—2008)　　单位：mm

系　　列	数　　值
第Ⅰ系列	1,1.25,1.5,2,2.5,3,4,5,6,8,10,12,16,20,25,32,40,50
第Ⅱ系列	1.125,1.375,1.75,2.25,2.75,3.5,4.5,5.5,(6.5),7,9,11,14,18,22,28,36,45

注：优先选用第Ⅰ系列，其次选用第Ⅱ系列，括号内的模数尽可能不用。本表未摘录小于 1 的模数。

两标准直齿圆柱齿轮正确啮合时，它们的模数是相同的。设计齿轮时，先确定模数和齿数，其他各部分尺寸均可根据模数和齿数计算求出。

三、圆柱齿轮的画法

齿轮上轮齿是多次重复出现的结构，GB/T 4459.2 对齿轮的画法做了规定，圆柱齿轮的画法见表 2-3-3。

表 2-3-3　圆柱齿轮的画法

类型	画法及说明
单个齿轮的画法	(a)　(b)　(c)　(d) 齿顶圆和齿顶线用粗实线表示，分度圆和分度线用细点画线表示，齿根圆和齿根线用细实线表示(也可省略不画)，如图(a)所示。 在剖视图中，齿根线用粗实线表示，轮齿部分不画剖面线，如图(b)所示。 对于斜齿或人字齿的圆柱齿轮，可用三条与齿线方向一致的细实线表示，如图(c)所示

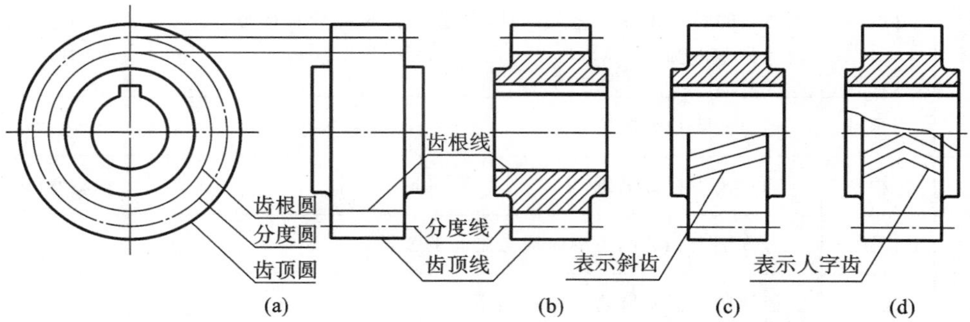

续表

<table>
<tr><th>类型</th><th>画法及说明</th></tr>
<tr><td>齿轮啮合的画法</td><td>
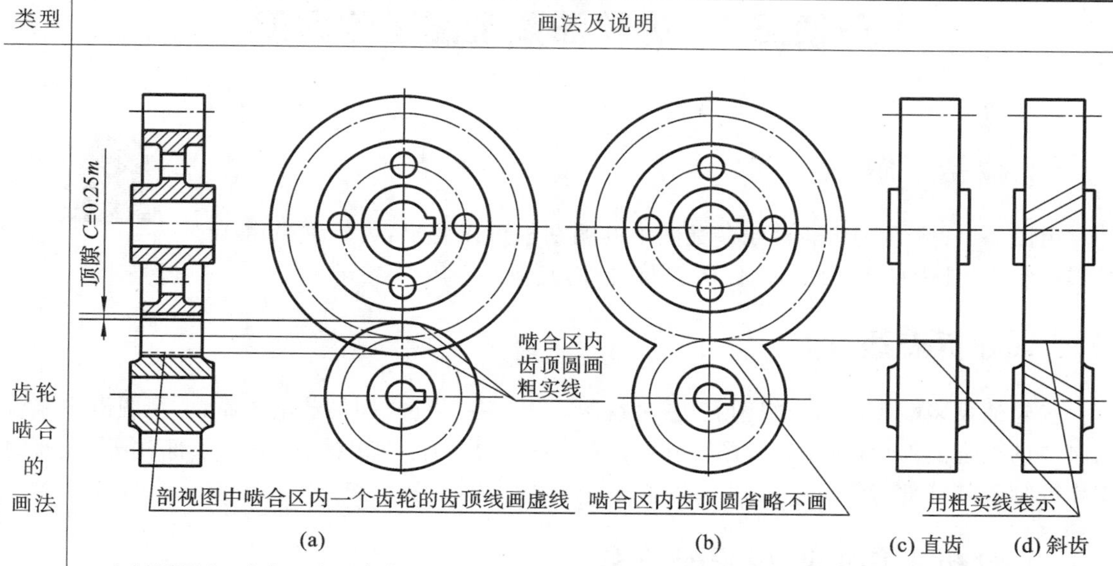

在剖视图中，啮合区内两齿轮节线重合，画细点画线，齿根线画粗实线。齿顶线的画法是将一个齿轮的轮齿用粗实线绘制，另一个齿轮的轮齿被遮挡的部分用虚线绘制(也可省略不画)，如图(a)中的主视图所示。
在投影为圆的视图中，两齿轮的分度圆相切。啮合区内齿顶圆均用粗实线绘制，如图(a)中的左视图，也可省略不画，如图(b)所示。
在投影为非圆的视图中，啮合区的齿顶线和齿根线不必画出，分度线画成粗实线，如图(c)、(d)所示</td></tr>
</table>

如图 2-3-5 所示，在啮合区的剖视图中，由于齿根高与齿顶高相差 $0.25m$，因此，一个齿轮的齿顶线与另一个齿轮的齿根线之间应有 $0.25m$ 的间隙。

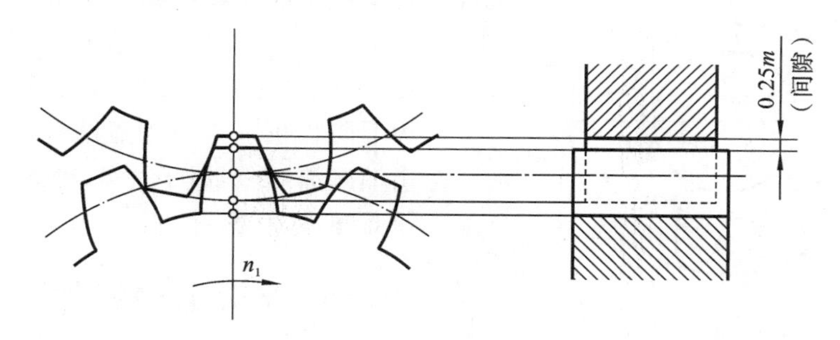

图 2-3-5 啮合齿轮的间隙

【项目实施】

识读齿轮油泵装配图可以分解为以下两个子项目：

(1) 齿轮油泵装配图的识读；

(2) 齿轮油泵泵体零件图的拆画。

子项目1 齿轮油泵装配图的识读

一、概括了解

由图 2-3-1 所示的齿轮油泵装配图中的明细栏可以看出，齿轮油泵由 15 种零件组成，其中件 4、12、13、14、15 是标准件，其他是专用件。

二、分析表达方案

齿轮油泵装配图用两个视图表达：主视图表达了各零件之间的装配关系；左视图沿左端盖与泵体的结合面剖切（属于装配图特殊画法的一种），并局部剖出油孔，表示了部件吸、压油的工作原理及其外部特征。

三、分析工作原理和装配关系

左视图反映了部件的工作原理。如图 2-3-6 所示，当主动轮逆时针转动时，带动从动轮顺时针转动，两轮啮合区内右边的油被齿轮带走，压力降低，形成负压，油池内的油在大气压力的作用下进入油泵低压区内的吸油口。随着齿轮的转动，齿槽中的油不断沿箭头方向被带至左边的压油口并把油压出，送至机器中需要润滑的部位。

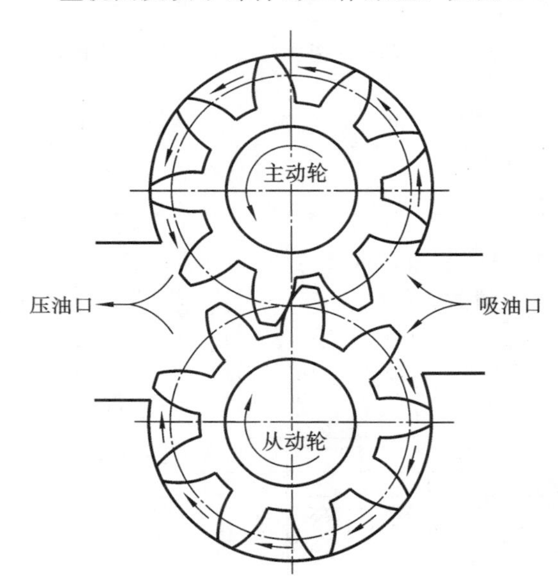

图 2-3-6 齿轮油泵的工作原理

泵体的内腔容纳一对齿轮。将齿轮轴 2、传动齿轮轴 3 装入泵体后，由左端盖 1 与右端盖 7 支承这一对齿轮轴的旋转运动。销 4 将左、右端盖与泵体定位后，再用螺钉 15 连接。为了防止在泵体与端盖结合面处及齿轮轴伸出端漏油，分别用垫片 5、密封圈 8、压盖 9 及压盖螺母 10 密封。

四、分析主要零件

为了深入了解部件，还应进一步分析主要零件的结构形状和用途。分析零件的关键是将零件从装配图中分离出来，根据同一零件的剖面线在各个视图中方向相同、间隔一致的特点，将零件在各个视图上的投影范围及轮廓搞清楚，进而综合起来想象零件的形状。

图 2-3-7 所示是从装配图主视图及左视图中分离出来的左端盖的投影轮廓，将不完整的主视图中的缺线补齐，再根据零件的基本对称性（销孔根据装配图左视图判断有两个，且呈中心对称分布），不难想象出它的形状：左侧有一腰圆形凸台的腰圆形板，右侧中部有两个大孔，

四周有六个沉孔及两个销孔。

当某些零件的结构形状在装配图上表达不够完整时，可先分析相邻零件的结构形状，根据它和周围零件的关系及其作用来确定该零件的结构形状，这样就比较容易了。根据剖面线方向特征，可从装配图主视图中将齿轮油泵中右端盖的投影轮廓分离出来，如图 2-3-8 所示。由于装配图左视图中无对应投影(全部被遮挡)，因此只能根据它与相连接的零件及其在装配图中的作用来推断它的形状：外轮廓与左端盖基本相同(从装配图主视图中可以看出)，只是在右侧多了一段空心圆柱，在外圆柱表面上有螺纹。

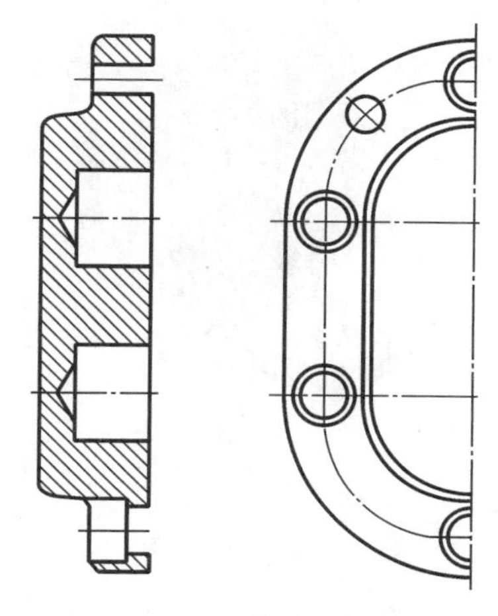

图 2-3-7 分离出来的左端盖的投影轮廓

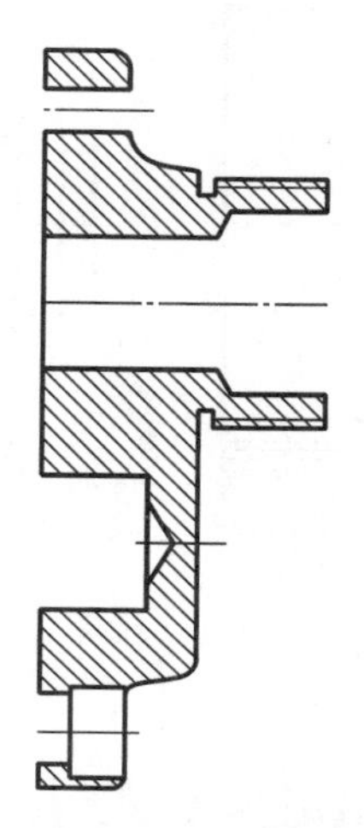

图 2-3-8 分离出来的右端盖的投影轮廓

五、分析尺寸和技术要求

啮合齿轮的齿顶圆与泵体空腔内壁的配合尺寸为 $\phi34.5H8/f7$，齿轮轴和传动齿轮轴与左、右端盖的配合尺寸均为 $\phi16H7/h6$，传动齿轮与传动齿轮轴的配合尺寸为 $\phi14H7/k6$；啮合齿轮的中心距为 28.76 ± 0.02，油孔中心高为 50，传动齿轮轴中心高为 65(均属相对位置尺寸)；进、出油口的管螺纹尺寸为 G 3/8(属规格性能尺寸)。

齿轮油泵装配图中的技术要求详见图 2-3-1。

子项目 2 齿轮油泵泵体零件图的拆画

设计新产品时，通常根据使用要求先画出装配图，确定实现其工作性能的主要结构，然后根据装配图画零件图。由装配图拆画零件图，也是继续设计零件的过程。

由装配图拆画零件图简称拆图，应在读懂装配图的基础上进行。通过对装配图中各零件在不同视图中的对应投影进行分析，已基本明确了一些主要零件的结构形状，然后利用前面所学过的机件的表达方法将其合理表达，标注尺寸，填写技术要求和标题栏，即完成零件图的拆画。

下面以齿轮油泵中的泵体为例，来学习如何由装配图拆画零件图。

一、分离视图

根据方向、间隔相同的剖面线将泵体从装配图中分离出来，如图 2-3-9(a)所示。由于在装配图中泵体的可见轮廓线可能被其他零件遮挡，因此分离出来的图形可能是不完整的，必须补全。将主、左视图对照分析，想象出泵体的整体形状，如图 2-3-9(b)所示。

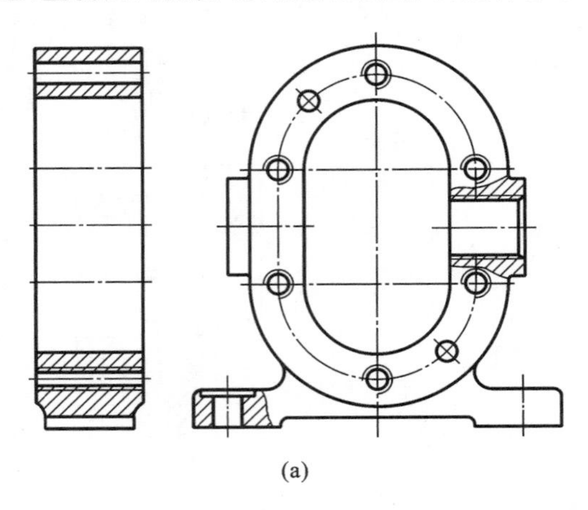
(a)

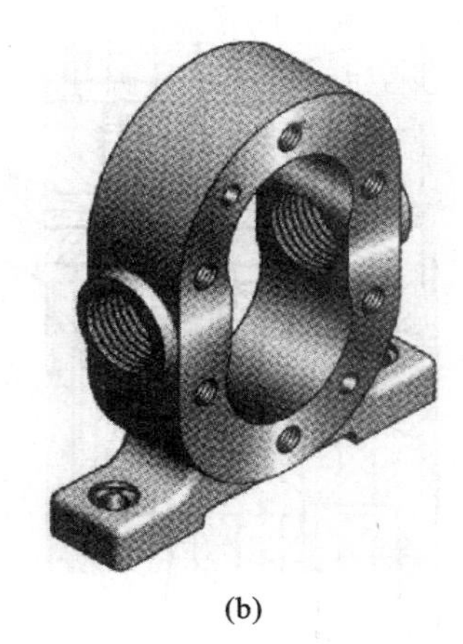
(b)

图 2-3-9　拆画泵体

二、确定零件的表达方案

零件的视图表达应根据零件的结构形状确定，而不是从装配图中照抄。

1. 主视图的选择

零件主视图的选择一般应符合以下两个原则：

(1) 零件的安放状态应符合零件的加工位置或工作位置。

轴、套、轮、盘等回转类零件，加工时大部分工序是在车床或磨床上进行的，因此，这类零件的主视图应将其轴线水平放置，也就是符合零件的加工位置，以便于加工时看图，如项目 1 中的螺杆、旋转杆、顶盖，项目 2 中的轴、V 带轮。

各类箱体、叉架等非回转类零件一般形状比较复杂，需要在不同的机床上加工，加工位置不固定，主视图安放状态应尽可能符合工作位置，如项目 2 中的座体。

(2) 零件的主视方向应是最能反映零件特征的方向。

根据以上两条原则，在图 2-3-9(a)中，由于泵体的左视图反映了容纳一对齿轮的腰圆形空腔及与空腔相通的进、出油孔，同时也反映了销孔与螺孔的分布以及底座上沉孔的形状，因此，画零件图时将其作为主视图比较合适，如图 2-3-10 所示。

2. 其他视图的选择

主视图确定之后，凡是未能表达清楚的零件结构要通过其他视图来表达。在确定零件的表达方案时，应尽量减少视图数量，并且力求画图、读图方便。

为了表达泵体的厚度、泵体四周销孔和螺孔的深度以及底板的厚度，泵体零件主视图确定之后，还应增加左视图。左视图应采用剖视图并用两个相交的剖切平面剖切，如图 2-3-10 所示。

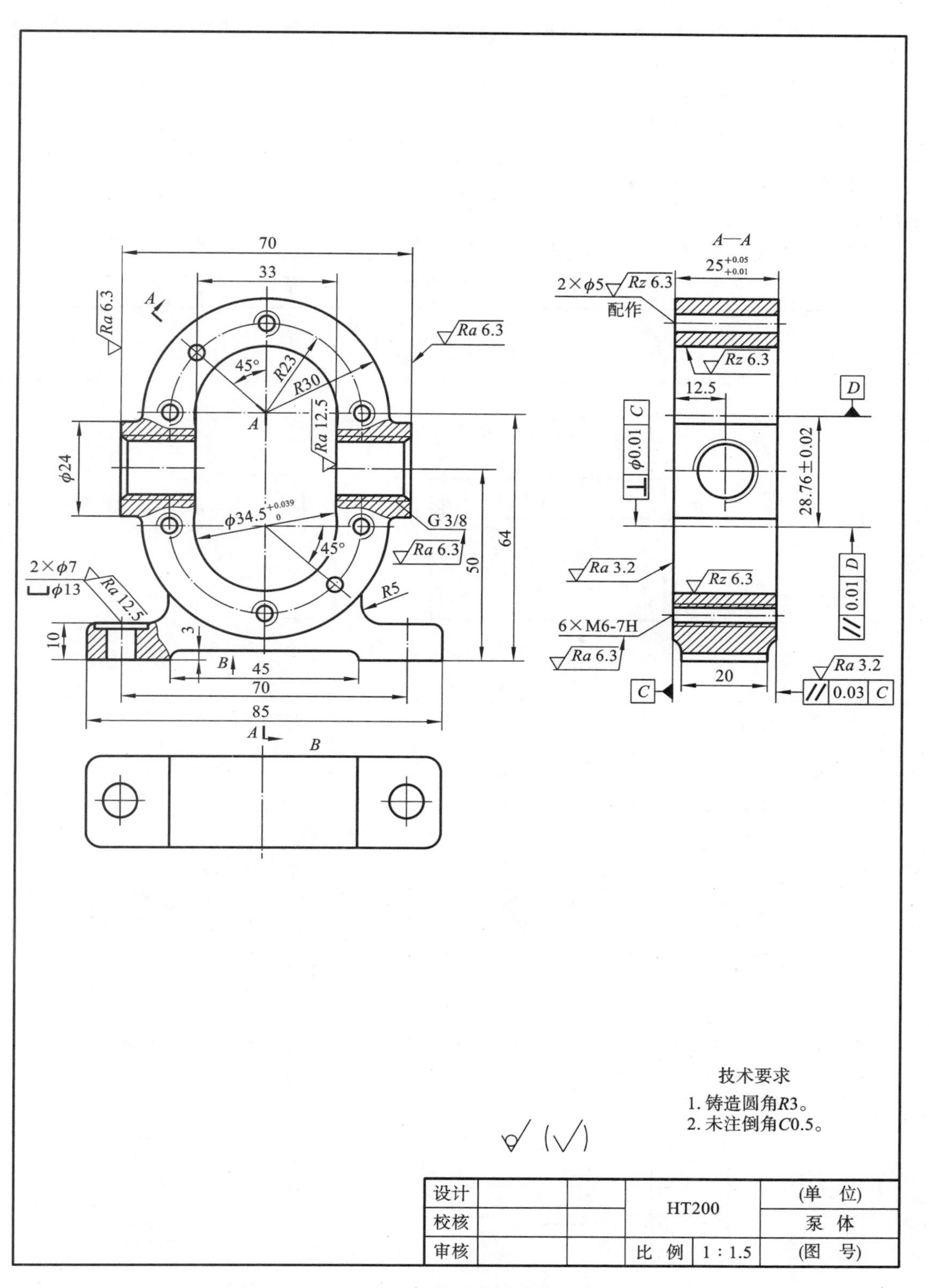
70
33
A
Ra 6.3
Ra 6.3
45°
R23
R30
A
Ra 12.5
φ24
φ34.5
G 3/8
45°
Ra 6.3
64
50
2×φ7
φ13
Ra 12.5
R5
10
3
B
45
70
85
A
B
A—A
2×φ5
Rz 6.3
配作
Rz 6.3
12.5
D
C
φ0.01
C
28.76±0.02
Ra 3.2
Rz 6.3
D
0.01
6×M6-7H
Ra 6.3
C
20
Ra 3.2
0.03
C
技术要求
1. 铸造圆角R3。
2. 未注倒角C0.5。
设计
校核
审核
HT200
比 例
1 : 1.5
(单 位)
泵 体
(图 号)

图 2-3-10 泵体零件图

至此，底板的形状和其上孔的位置还不是很清楚，故需要再增加一处局部视图，如图 2-3-10 所示。

三、补全工艺结构

在零件制造过程中，为了便于加工和退刀、减小加工面、防止产生裂纹等而设计出来的零件上的一些较小结构称为工艺结构。

零件上常见的工艺结构及其尺寸标注见表 2-3-4。

表 2-3-4　零件上常见的工艺结构及其尺寸标注

种类	画法、标注及说明
起模斜度	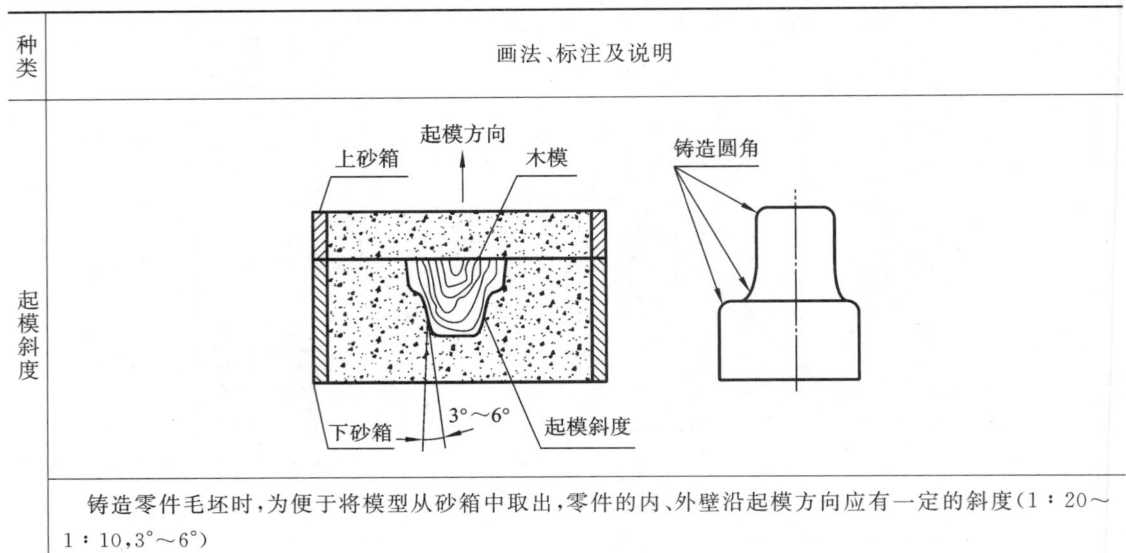
	铸造零件毛坯时，为便于将模型从砂箱中取出，零件的内、外壁沿起模方向应有一定的斜度（1∶20～1∶10，3°～6°）
铸造圆角	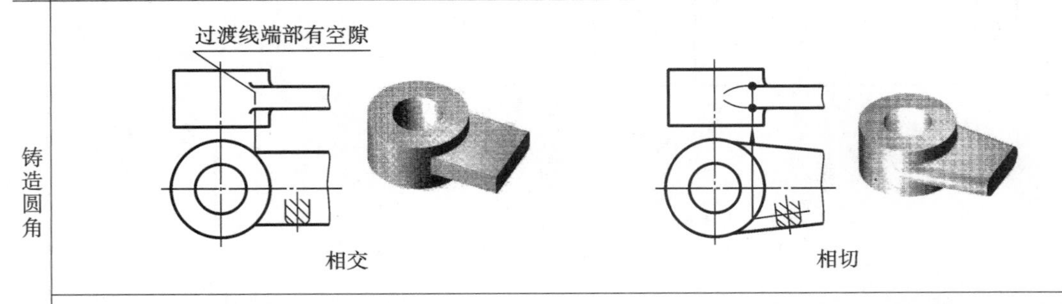
	为防止型砂在尖角处脱落和避免铸件冷却收缩时在尖角处产生裂纹，铸件各表面相交处应为圆角。这样表面的交线就不明显，为区分不同的表面，用细实线画出，称为过渡线
倒角和圆角	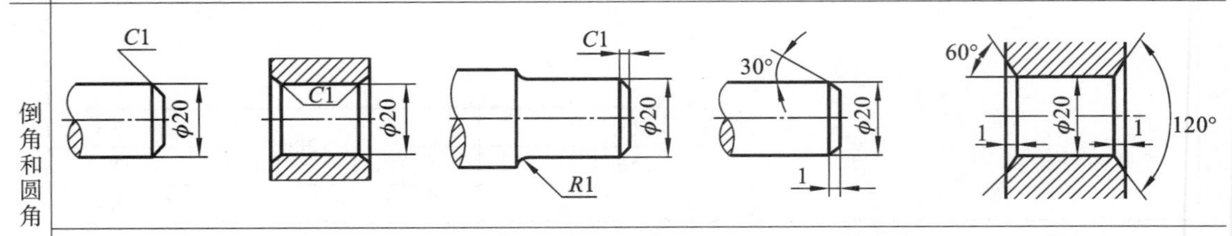
	为便于装配和安全操作，轴或孔的端部应加工成倒角；为避免应力集中而产生裂纹，轴肩处应以圆角过渡

续表

种类	画法、标注及说明
退刀槽和砂轮越程槽	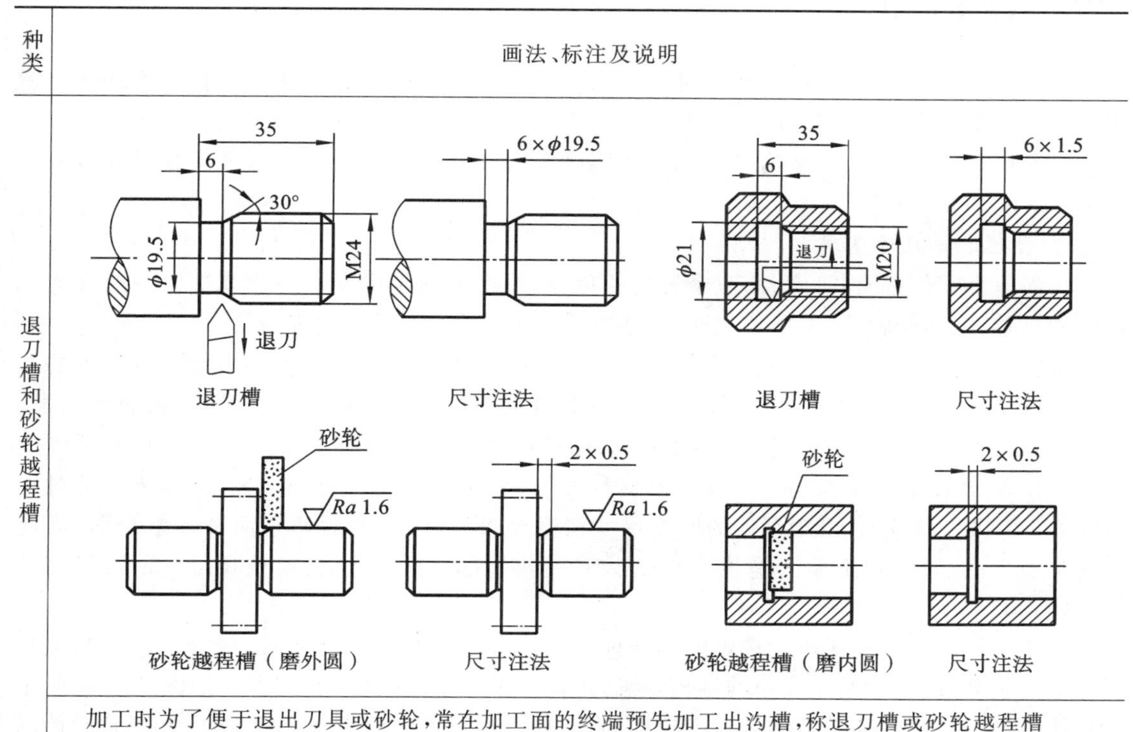 加工时为了便于退出刀具或砂轮，常在加工面的终端预先加工出沟槽，称退刀槽或砂轮越程槽
减小加工面	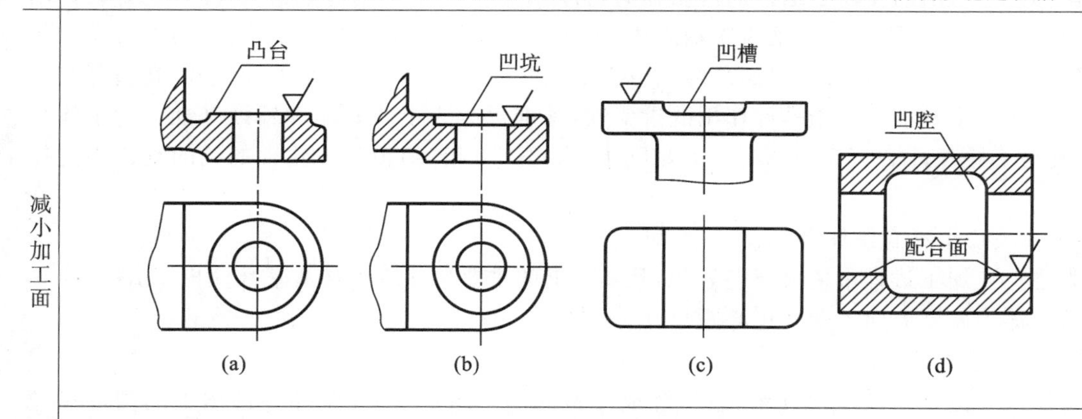 两零件的接触面都需要加工，为了减小加工面，并保证两零件的接触面接触良好，常将两零件的接触面做成凸台、凹坑、凹槽或凹腔等结构

画装配图时，为了画图方便，零件上的工艺结构允许省略不画。因此，在由装配图拆画零件图时，凡在装配图中省略了的工艺结构应查阅相关国家标准（见附表 A-19～附表 A-21）按标准结构要素补全。

泵体是铸件，其上有铸造圆角，主视图中的铸造圆角可从装配图中直接抄画，B 向局部视图中底板的圆角需要补画，如图 2-3-10 所示。

零件上的锐边一般都需要倒钝，由于倒角较小，在零件图上不用画出，可在技术要求中统一说明，如图 2-3-10 所示。

四、标注尺寸

零件图中的尺寸标注，除了要满足“正确、齐全、清晰”之外，还要考虑合理性。合理性是指所注尺寸既要满足设计使用要求，又要符合工艺要求，便于零件的加工和检验。

要使尺寸标注合理，需要有一定的生产实践经验和有关专业知识。这里仅介绍一些基本知识。

1. 合理选择尺寸基准

任何一个零件都有长、宽、高三个方向的尺寸，每个方向至少要有一个基准。一般常选择零件的对称面、回转轴线、主要加工面、重要支承面或结合面作为尺寸基准。

基准可分为两类，即设计基准和工艺基准。根据设计要求，用以确定零件结构的位置的基准称为设计基准。如图 2-3-10 所示的泵体，应选择底面为高度方向的设计基准，由底面出发，注出进油孔和出油孔的中心高 50、容纳件 3(传动齿轮轴)的孔的高度定位尺寸 64、底板厚度 10。为使泵体左右对称，应选择泵体左右对称面为长度方向的设计基准，注出长度方向的对称尺寸 85、70、45、33、70。由于泵体的厚度尺寸精度要求较高，且前后两个面都是结合面，因此可选其中之一，如后侧平面为宽度方向的设计基准，注出进、出油孔定位尺寸 12.5、泵体厚度 $25^{+0.05}_{+0.01}$。

为便于零件加工和测量所选定的基准称为工艺基准。在标注尺寸时，最好使设计基准与工艺基准重合，以减少尺寸误差的累积，既满足设计要求，又保证工艺要求。如图 2-3-10 所示的泵体，对于进、出油孔及容纳传动齿轮轴的孔，加工时是以底面为基准的，故底面既是设计基准，又是工艺基准。而对于容纳齿轮轴的孔，为保证两齿轮装配后能正确啮合，加工时应以传动齿轮轴的孔的轴线为基准，以满足两孔中心距尺寸 28.76±0.02 的要求。这样，在高度方向上存在不止一个基准。根据基准作用的重要性，基准可分为主要基准和辅助基准。对泵体来说，两孔中心距尺寸 28.76±0.02 为重要尺寸，因此，上面容纳传动齿轮轴的孔的轴线为主要基准。

2. 主要尺寸应直接注出

为避免在加工过程中造成误差累积，凡零件上的主要尺寸应直接从基准注出，如图 2-3-10 所示的泵体中高度方向上两孔中心距尺寸 28.76±0.02。

3. 要避免出现封闭尺寸链

封闭尺寸链是指尺寸线首尾相接，绕成一整圈的一组尺寸，如泵体零件图中的高度尺寸 64 和 50 注出后，它们之间的差值尺寸 14 不宜注出，若注出则形成封闭尺寸链。这时，由于尺寸 50 和 14 在加工时都会产生误差，这些误差累积到尺寸 64 上，可能导致尺寸 64 超差。所以，在由几个尺寸构成的尺寸链中，应选一个不重要的尺寸空出不注尺寸，以便使所有的尺寸误差都累积到这一段，从而保证重要尺寸的精度要求。

4. 要符合加工顺序和便于测量

按零件的加工顺序标注尺寸，便于看图和测量，有利于保证加工精度。例如，泵体零件图中高度尺寸 64 和 28.76±0.02 的注法，反映了先加工上面的孔再加工下面的孔的顺序。

此外，还应说明的是，装配图中已经注出的尺寸，应在相关零件图上直接注出，如啮合齿轮的齿顶圆与泵体空腔内壁的配合尺寸 ϕ34.5H8/f7，啮合齿轮的中心距 28.76±0.02，进、出油口的管螺纹尺寸 G 3/8，油孔中心高 50 等，可直接抄注在零件图上。配合尺寸应标注公差带代号或查表注出上、下极限偏差数值。装配图中未注的尺寸，可按比例从装配图中量取并加以圆整。某些标准结构，如键槽、倒角、退刀槽等，应查阅有关标准注出。

零件上各种孔的尺寸注法可参考表 2-3-5。

表 2-3-5 零件上各种孔的尺寸注法

孔的类型		简化注法	一般注法	说明
光孔	一般孔	4×ϕ5↧10；4×ϕ5↧10	4×ϕ5；10	↧为深度符号。 4×ϕ5 表示直径为 5 mm 均布的四个光孔，孔深可与孔径连注，也可分别注出
	精加工孔	4×$\phi5^{+0.012}_{0}$↧10 孔↧12；4×$\phi5^{+0.012}_{0}$↧10 孔↧12	4×$\phi5^{+0.012}_{0}$；10；12	光孔深为 12 mm，钻孔后需精加工至 $\phi5^{+0.012}_{0}$ mm，深度为 10 mm
	锥孔	锥销孔ϕ5 配作；锥销孔ϕ5 配作	锥销孔ϕ5 配作	ϕ5 mm 为与锥销孔相配的圆锥销小头直径（公称直径）。锥销孔通常是两零件装在一起后加工的
沉孔	锥形沉孔	4×ϕ7 ⌵ϕ13×90°；4×ϕ7 ⌵ϕ13×90°	90°；ϕ13；4×ϕ7	⌵为埋头孔符号。 4×ϕ7 表示直径为 7 mm 均匀分布的四个孔。锥形沉孔可以旁注，也可直接注出
	柱形沉孔	4×ϕ7 ⌴ϕ13↧3；4×ϕ7 ⌴ϕ13↧3	ϕ13；3；4×ϕ7	⌴为沉孔及锪平孔符号。 柱形沉孔的直径为 ϕ13 mm，深度为 3 mm，均需标注
	锪平沉孔	4×ϕ7 ⌴ϕ13；4×ϕ7 ⌴ϕ13	ϕ13；锪平；4×ϕ7	锪平面 ϕ13 mm 的深度不必标注，一般锪到不出现毛面为止

续表

孔的类型		简化注法	一般注法	说明
螺孔	通孔	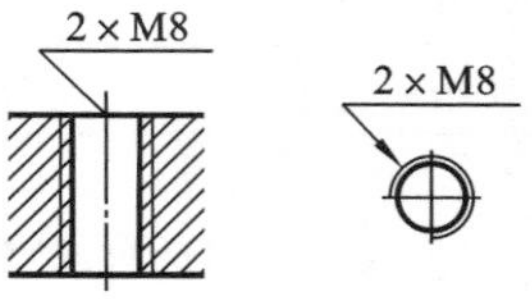 2×M8 2×M8	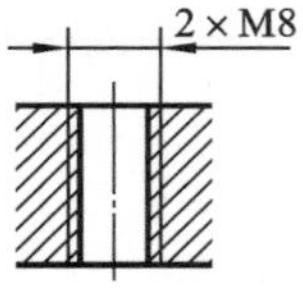 2×M8	2×M8 表示公称直径为 8 mm 的两螺孔，可以旁注，也可直接注出
	不通孔	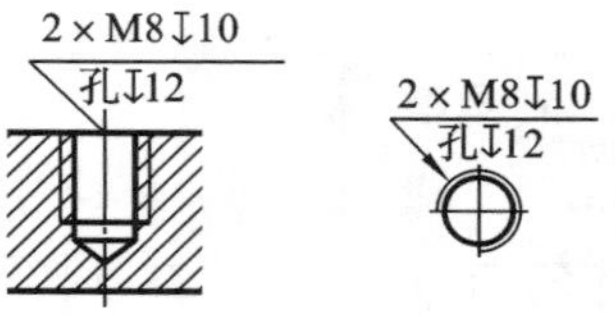 2×M8↧10 孔↧12 2×M8↧10 孔↧12	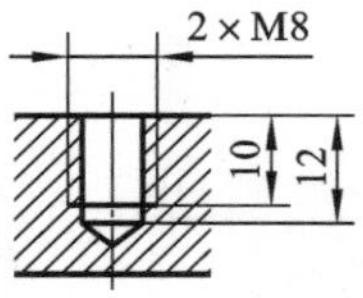 2×M8 10 12	一般应分别注出螺纹和钻孔的深度尺寸

五、注写技术要求

零件的表面结构、几何公差、材料及热处理方式等技术要求，应根据该零件在装配体中的功能以及与其他零件的关系来确定。零件的其他技术要求可用文字注写在标题栏附近，如图 2-3-10 所示。

【项目总结】

识读齿轮油泵装配图时，应根据明细栏与零件序号，在装配图中逐一对照各零件的投影轮廓进行分析，通过分离各个零件的相应视图，进而想象各个零件的结构形状，其中标准件和常用件都有规定画法。垫片、密封圈、压盖和压紧螺母等零件形状比较简单，不难看懂，因此，重点应对左、右端盖和泵体三个较为复杂的零件的视图进行分离并想象其结构形状。

由装配图拆画零件图，应在了解装配体的工作原理、读懂装配图的基础上进行。装配图表达装配体的工作原理、各零件间的装配关系，而零件图应全面表达零件的结构形状、尺寸标注、技术要求等信息。因此，零件图的表达方案应根据零件的结构特点重新选择，切不可从装配图中照搬。

【知识拓展】

一、齿轮与齿条啮合的画法

齿轮与齿条啮合的画法与两圆柱齿轮啮合的画法基本相同，如图 2-3-11 所示。在主视图中，齿轮的节圆与齿条节线应相切。在全剖的左视图中，应将啮合区内齿顶线之一画成粗实线，将另一轮齿被遮部分画成虚线或省略不画。

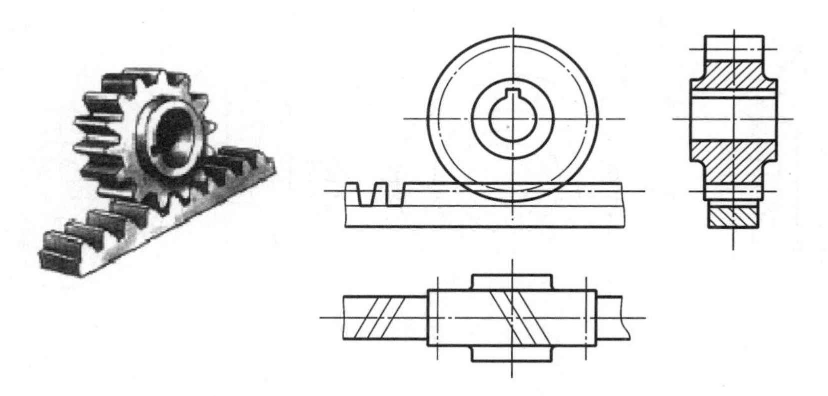

图 2-3-11　齿轮与齿条啮合的画法

二、锥齿轮的画法

1. 锥齿轮各部分的名称和符号

锥齿轮的轮齿分布在圆锥面上，齿厚是逐渐变化的，直径和模数也随着齿厚的变化而变化。为了计算和制造方便，规定锥齿轮大端的模数为标准模数，根据大端端面模数来计算其他各部分的尺寸，因此锥齿轮上其他尺寸也都是指大端的尺寸。与分度圆锥相垂直的一个圆锥称为背锥，齿顶高和齿根高是从背锥上量取的。

锥齿轮各部分的名称和符号如图 2-3-12 所示，各部分的尺寸计算可参阅有关书籍。

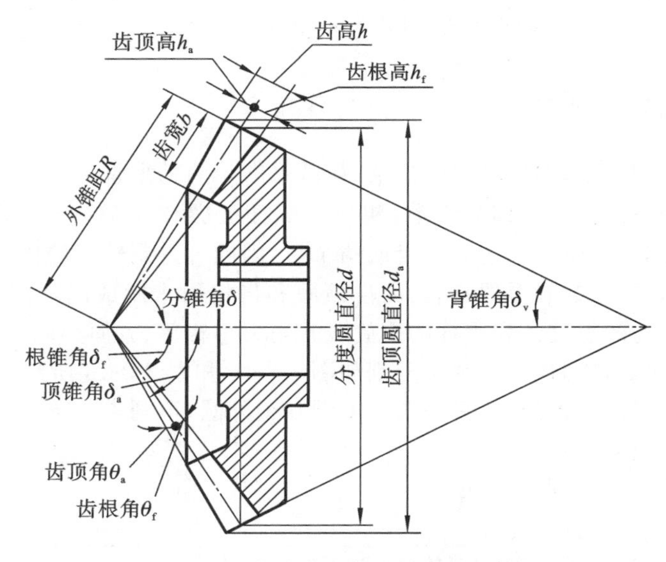

图 2-3-12　锥齿轮各部分的名称和符号

2. 锥齿轮的画法

1）单个锥齿轮的画法

单个锥齿轮的画法如图 2-3-13 所示。单个锥齿轮一般用主、左两个视图表示。主视图画成剖视图，轮齿仍按不剖画。左视图表示外形，用粗实线画出大端和小端的齿顶圆，用细点画线画出大端的分度圆。大、小端的齿根圆和小端的分度圆都不画，其他部分按投影画出。

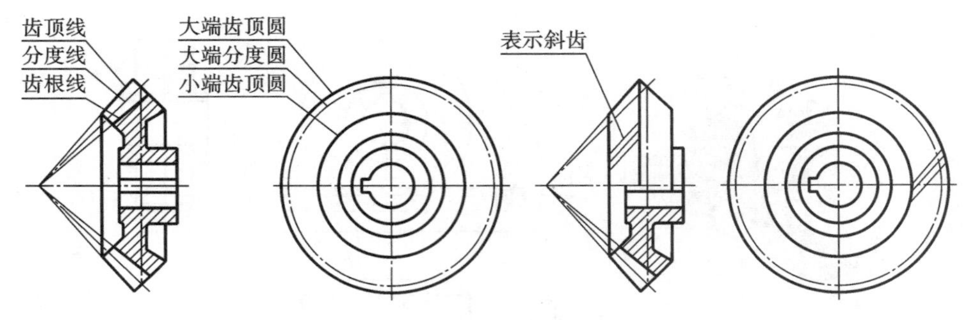

图 2-3-13 单个锥齿轮的画法

2）直齿锥齿轮的啮合画法

图 2-3-14 所示为直齿锥齿轮啮合的画图步骤，啮合区的画法与圆柱齿轮相同。

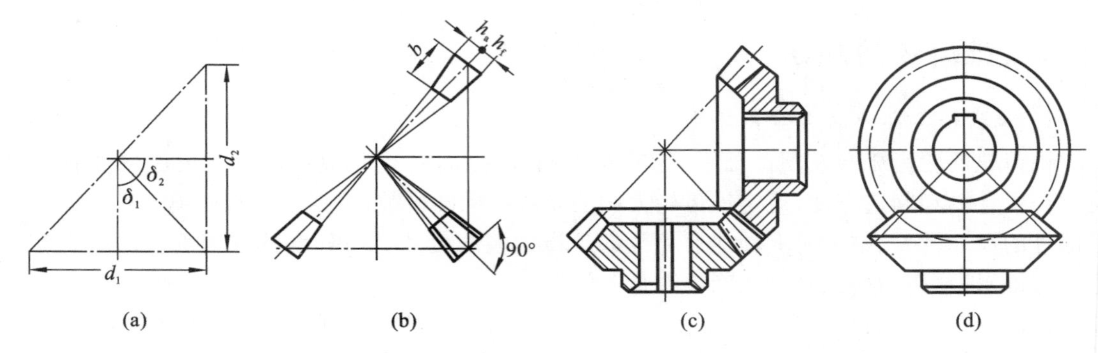

图 2-3-14 直齿锥齿轮啮合的画图步骤

三、蜗轮蜗杆的画法

蜗轮蜗杆用于空间交叉两轴之间的传动，最常见的是两轴垂直交叉。通常蜗杆是主动件，蜗轮是从动件。蜗杆的齿数 z_1 称为头数，相当于螺杆上螺纹的线数，蜗杆常用单头或双头。传动时，蜗杆旋转一圈，蜗轮只转过一个齿或两个齿，因此可得到较大的传动比。

蜗轮和蜗杆的轮齿是螺旋形的，蜗轮的齿顶面和齿根面常制成圆环面。啮合的蜗轮和蜗杆的模数相同，且蜗轮的螺旋角和蜗杆的螺旋线升角大小相等、方向相同。

蜗杆和蜗轮几何要素的代号和画法分别如图 2-3-15 和图 2-3-16 所示，与圆柱齿轮基本相同，只是在蜗轮投影为圆的视图中，只画出分度圆和最外圆，不画齿顶圆与齿根圆。

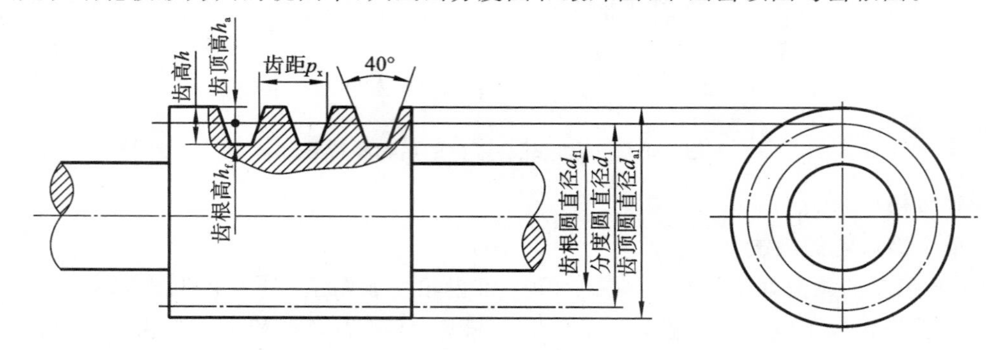

图 2-3-15 蜗杆几何要素的代号和画法

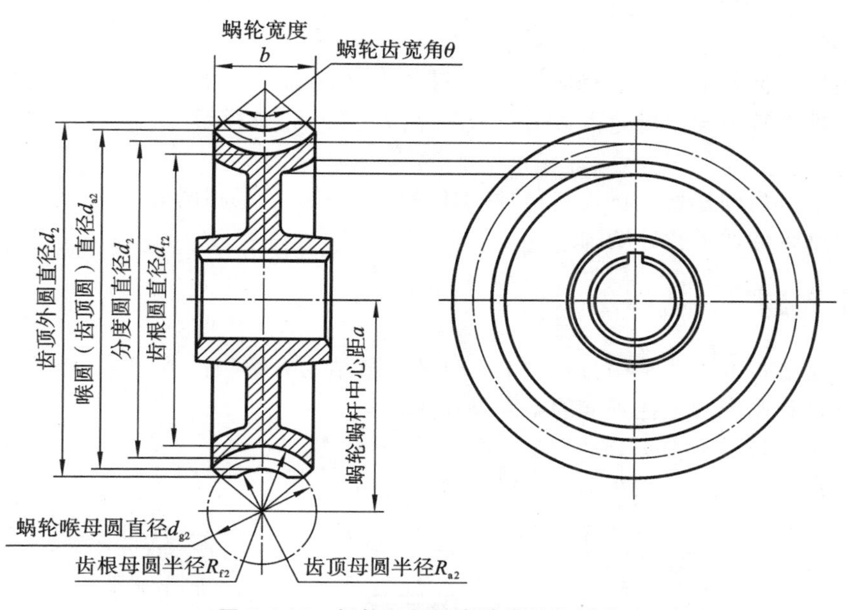

图 2-3-16　蜗轮几何要素的代号和画法

蜗杆和蜗轮的啮合画法如图 2-3-17 所示。在蜗杆投影为圆的视图中，蜗轮被蜗杆遮住的部分不必画出；在蜗轮投影为圆的视图中，蜗轮的分度圆和蜗杆的分度线相切。

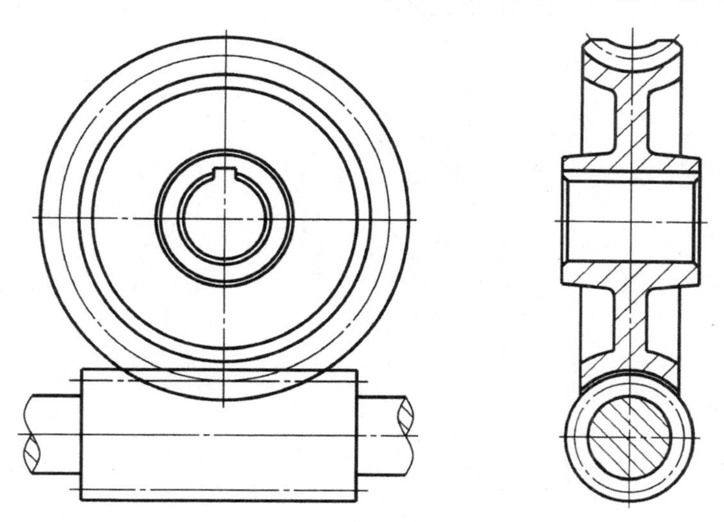
图 2-3-17　蜗轮和蜗杆的啮合画法

【课堂练习】

一、填空题

1. 齿轮传动用于传递__________，改变轴的__________和__________。
2. 齿轮轮齿部分的规定画法是：齿顶圆（齿顶线）用__________绘制，分度圆（分度线）用

__________绘制，齿根圆（齿根线）用__________绘制，也可省略不画。在剖视图中，齿根线用__________绘制。

3．分度圆是齿轮上的一个假想圆，在分度圆上，__________和__________的弧长相等。

4．已知标准直齿圆柱齿轮齿数 $z=30$，齿高 $h=22.5$，则模数 $m=$__________，分度圆直径 $d=$__________。

5．两标准直齿圆柱齿轮正确啮合时，它们的__________是相同的。

6．相互啮合的两齿轮分度圆__________。

二、简答题

1．什么是零件的工艺结构？零件上常见的工艺结构有哪些？

2．简述设计基准和工艺基准的不同及作用。

3．说明配合代号 $\phi34.5\mathrm{H8/f7}$ 的含义。

4．解释图 2-3-18 中标注的含义。

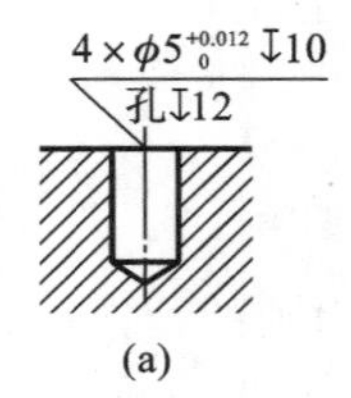

(a)

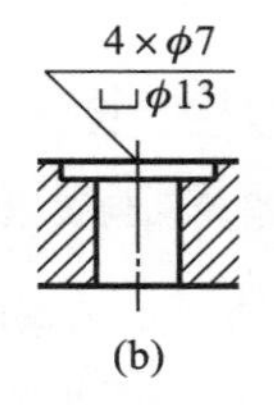

(b)

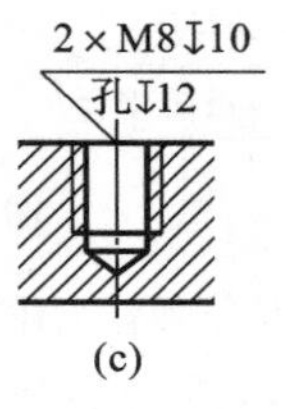

(c)

图 2-3-18　孔的标注

附录 A

常用机械制图标准

附表 A-1　普通螺纹直径、螺距与公差带(摘自 GB/T 193—2003、GB/T 197—2018)

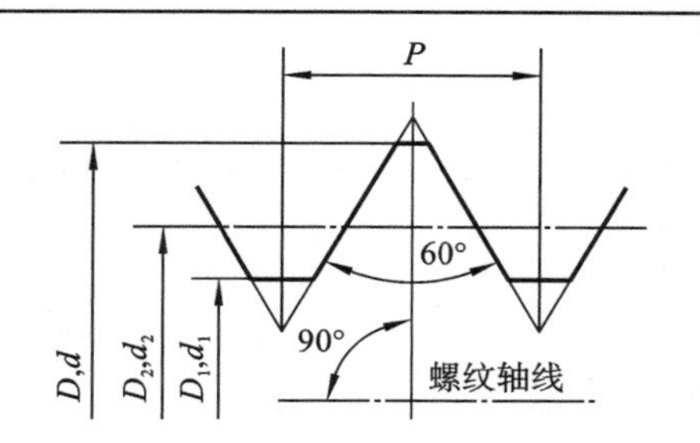

D——内螺纹大径(公称直径)
d——外螺纹大径(公称直径)
D_2——内螺纹中径
d_2——外螺纹中径
D_1——内螺纹小径
d_1——外螺纹小径
P——螺距

标记示例:

M16-6e(粗牙普通外螺纹,公称直径为 16 mm,螺距为 2 mm,中径及大径公差带代号均为 6e,中等旋合长度,右旋)

M20×2-6G-LH(细牙普通内螺纹,公称直径为 20 mm,螺距为 2 mm,中径及小径公差带代号均为 6G,中等旋合长度,左旋)

单位:mm

公称直径(D、d)			螺距(P)	
第 1 系列	第 2 系列	第 3 系列	粗牙	细牙
4	—	—	0.7	0.5
5	—	—	0.8	
6	—	—	1	0.75
—	7	—		
8	—	—	1.25	1、0.75
10	—	—	1.5	1.25、1、0.75
12	—	—	1.75	1.25、1
—	14	—	2	1.5、1.25、1
—	—	15	—	1.5、1
16	—	—	2	
—	18	—	2.5	2、1.5、1
20	—	—		
—	22	—		

续表

公称直径(D、d)			螺距(P)	
第1系列	第2系列	第3系列	粗牙	细牙
24	—	—	3	2、1.5、1
—	—	25	—	
—	27	—	3	
30	—	—	3.5	(3)、2、1.5、1
—	33	—		(3)、2、1.5
—	—	35	—	1.5
36	—	—	4	3、2、1.5
—	39	—		

螺纹种类	精度	外螺纹的推荐公差带			内螺纹的推荐公差带		
		S	N	L	S	N	L
普通螺纹	精密	(3h4h)	(4g) * 4h	(5g4g) (5h4h)	4H	5H	6H
	中等	(5g6g) (5h6h)	* 6e * 6f * 6g 6h	(7e6e) (7g6g) (7h6h)	(5G) * 5H	* 6G * 6H	(7G) * 7H

注:1. 优先选用第1系列直径,其次选用第2系列直径,最后选用第3系列直径。尽可能避免选用括号内的螺距。

2. 公差带优先选用顺序为:带 * 的公差带、一般字体公差带、括号内公差带。紧固件螺纹采用方框内的公差带。

3. 精度选用原则:精密——用于精密螺纹,中等——用于一般用途螺纹。

附表 A-2 管螺纹

55°非密封管螺纹:摘自 GB/T 7307—2001。

55°密封管螺纹:第1部分:圆柱内螺纹与圆锥外螺纹(摘自 GB/T 7306.1—2000)

第2部分:圆锥内螺纹与圆锥外螺纹(摘自 GB/T 7306.2—2000)

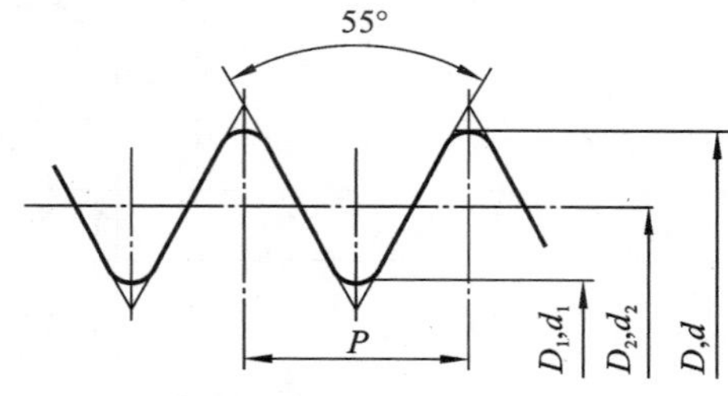

55°非密封管螺纹(GB/T 7307—2001)标记示例:

1. 尺寸代号2,右旋,圆柱内螺纹,标记为:G 2
2. 尺寸代号3,A级,右旋,圆柱外螺纹,标记为:G 3 A
3. 尺寸代号2,左旋,圆柱内螺纹,标记为:G 2 LH
4. 尺寸代号4,B级,左旋,圆柱外螺纹,标记为:G 4 B-LH

续表

55°密封管螺纹(GB/T 7306.1—2000)标记示例:
1. 尺寸代号 3/4,右旋,圆柱内螺纹,标记为:Rp 3/4
2. 尺寸代号 3,右旋,圆锥外螺纹,标记为:R_1 3
3. 尺寸代号 3/4,左旋,圆柱内螺纹,标记为:Rp 3/4 LH

55°密封管螺纹(GB/T 7306.2—2000)标记示例:
1. 尺寸代号 3/4,右旋,圆锥内螺纹,标记为:Rc 3/4
2. 尺寸代号 3,右旋,圆锥外螺纹,标记为:R_2 3
3. 尺寸代号 3/4,左旋,圆锥内螺纹,标记为:Rc 3/4 LH

单位:mm

尺寸代号	每 25.4 mm 内所含的牙数 n	螺距 P	牙高 h	基本直径		
				大径 $d=D$	中径 $d_2=D_2$	小径 $d_1=D_1$
1/4	19	1.337	0.856	13.157	12.301	11.445
1/2	14	1.814	1.162	20.955	19.793	18.631
3/4	14	1.814	1.162	26.441	25.279	24.117
1	11	2.309	1.479	33.249	31.770	30.291
1 1/4	11	2.309	1.479	41.910	40.431	38.952
1 1/2	11	2.309	1.479	47.803	46.324	44.845
2	11	2.309	1.479	59.614	58.135	56.656
2 1/4	11	2.309	1.479	65.710	64.231	62.752
2 1/2	11	2.309	1.479	75.184	73.705	72.226
3	11	2.309	1.479	87.884	86.405	84.926

附表 A-3 梯形螺纹直径与螺距系列、基本尺寸

(GB/T 5796.2—2022、GB/T 5796.3—2022、GB/T 5796.4—2022)

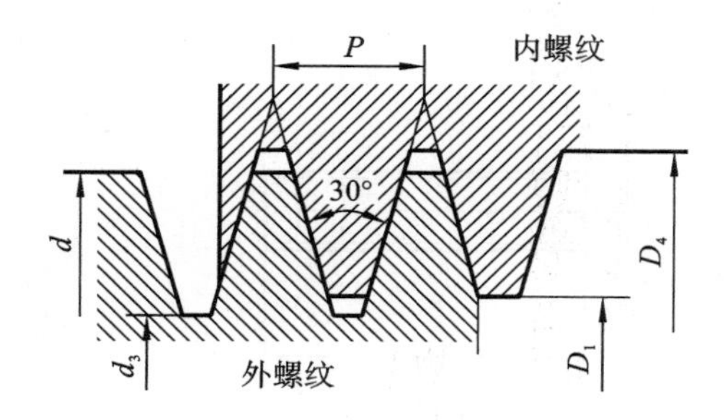

标记示例:

公称直径为 28 mm、螺距为 5 mm、中径公差带代号为 7H 的单线右旋梯形内螺纹,标记为:Tr 28×5-7H

公称直径为 28 mm、导程为 10 mm、螺距为 5 mm、中径公差带代号为 8e 的双线左旋梯形外螺纹,标记为:Tr 28×10P5LH-8e

续表

内外螺纹旋合所组成的螺纹副的标记为：Tr 28×8-7H/8e

单位：mm

公称直径 d		螺距	大径	小径		公称直径 d		螺距	大径	小径	
第1系列	第2系列	P	D_4	d_3	D_1	第1系列	第2系列	P	D_4	d_3	D_1
16		2	16.500	13.500	14.000	24		3	24.500	20.500	21.000
		4		11.500	12.000			5		18.500	19.000
	18	2	18.500	15.500	16.000			8	25.000	15.000	16.000
		4		13.500	14.000		26	3	26.500	22.500	23.000
20		2	20.500	17.500	18.000			5		20.500	21.000
		4		15.500	16.000			8	27.000	17.000	18.000
	22	3	22.500	18.500	19.000	28		3	28.500	24.500	25.000
		5		16.500	17.000			5		22.500	23.000
		8	23.000	13.000	14.000			8	29.000	19.000	20.000

注：对于螺纹公差带代号，外螺纹有 9c、8c、8e、7e，内螺纹有 9H、8H、7H。

附表 A-4　螺钉

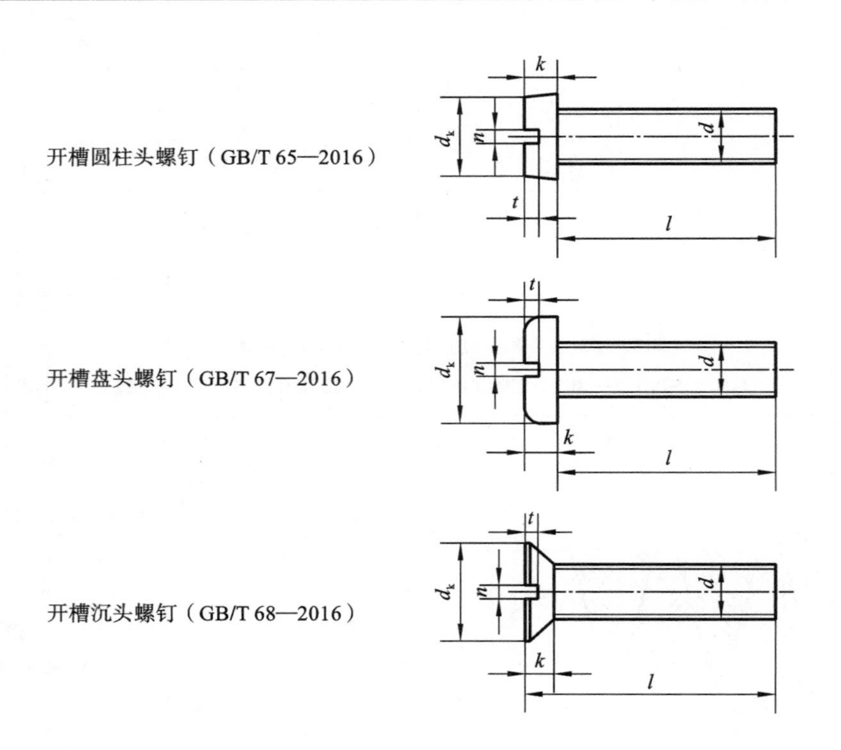

续表

标记示例：

螺钉 GB/T 65 M5×20(螺纹规格为M5、公称长度 l=20 mm、性能等级为4.8级、表面不经处理的A级开槽圆柱头螺钉)

单位：mm

螺纹规格 d		M1.6	M2	M2.5	M3	(M3.5)	M4	M5	M6	M8	M10
$n_{公称}$		0.4	0.5	0.6	0.8	1	1.2	1.2	1.6	2	2.5
GB/T 65	d_{kmax}	3	3.8	4.5	5.5	6	7	8.5	10	13	16
	k_{max}	1.1	1.4	1.8	2	2.4	2.6	3.3	3.9	5	6
	t_{min}	0.45	0.6	0.7	0.85	1	1.1	1.3	1.6	2	2.4
	$l_{范围}$	2～16	3～20	3～25	4～30	5～35	5～40	6～50	8～60	10～80	12～80
GB/T 67	d_{kmax}	3.2	4	5	5.6	7	8	9.5	12	16	20
	k_{max}	1	1.3	1.5	1.8	2.1	2.4	3	3.6	4.8	6
	t_{min}	0.35	0.5	0.6	0.7	0.8	1	1.2	1.4	1.9	2.4
	$l_{范围}$	2～16	2.5～20	3～25	4～30	5～35	5～40	6～50	8～60	10～80	12～80
GB/T 68	d_{kmax}	3	3.8	4.7	5.5	7.3	8.4	9.3	11.3	15.8	18.3
	k_{max}	1	1.2	1.5	1.65	2.35	2.7	2.7	3.3	4.65	5
	t_{min}	0.32	0.4	0.5	0.6	0.9	1	1.1	1.2	1.8	2
	$l_{范围}$	2.5～16	3～20	4～25	5～30	6～35	6～40	8～50	8～60	10～80	12～80
$l_{系列}$		2、2.5、3、4、5、6、8、10、12、(14)、16、20、25、30、35、40、45、50、(55)、60、(65)、70、(75)、80									

注：1. 尽可能不采用括号内的规格。

2. 商品规格为M1.6～M10。

附表 A-5 内六角圆柱头螺钉(GB/T 70.1—2008)

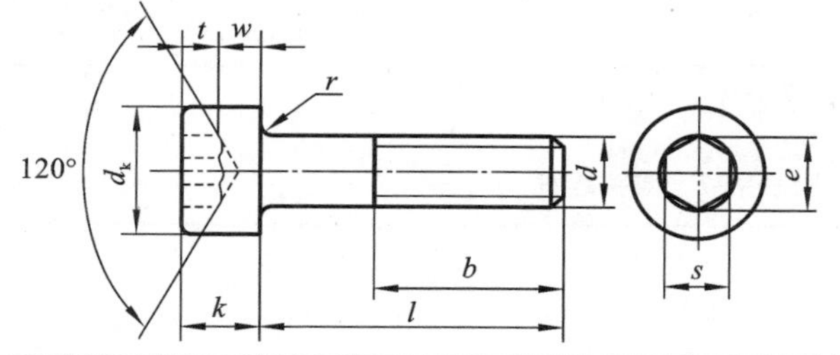

标记示例：

螺纹规格 d=M5、公称长度 l=20 mm、性能等级为8.8级、表面氧化的A型内六角圆柱头螺钉，标记为

螺钉 GB/T 70.1 M5×20

单位：mm

螺纹规格 d	M3	M4	M5	M6	M8	M10	M12	M16	M20	M24	M30	M36
d_{kmax}	5.5	7	8.5	10	13	16	18	24	30	36	45	54
k_{max}	3	4	5	6	8	10	12	16	20	24	30	36
t_{min}	1.3	2	2.5	3	4	5	6	8	10	12	15.5	19
s	2.5	3	4	5	6	8	10	14	17	19	22	27
e	2.873	3.443	4.583	5.723	6.683	9.149	11.429	15.996	19.437	21.734	25.154	30.854
b	18	20	22	24	28	32	36	44	52	60	72	84
l	5～30	6～40	8～50	10～60	12～80	16～100	20～120	25～160	30～200	40～200	45～200	55～200

注：1. 标准规定螺钉规格 d=M1.6～M64。

2. 公称长度 l(系列)：2.5，3，4，5，6～12(2进位)，16，20～65(5进位)，70～160(10进位)，180～300(20进位)。

3. 材料为钢的螺钉性能等级有8.8级、10.9级、12.9级，8.8级较常用。

附表 A-6　紧定螺钉

开槽锥端紧定螺钉
(摘自GB/T 71—2018)

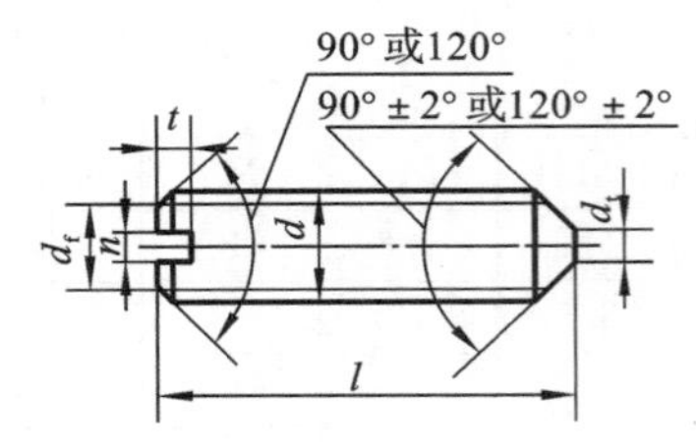

开槽平端紧定螺钉
(摘自GB/T 73—2017)

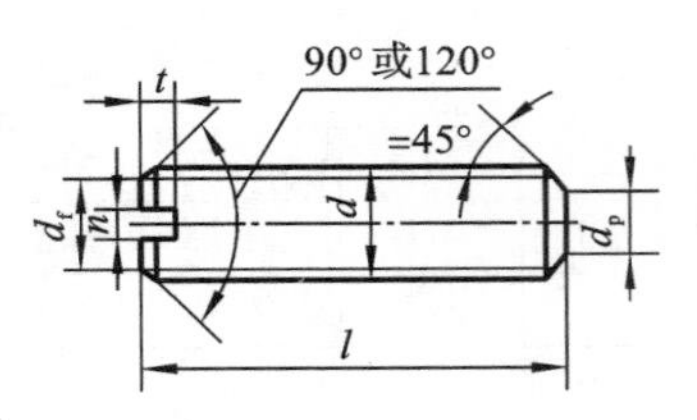

开槽长圆柱端紧定螺钉
(摘自GB/T 75—2018)

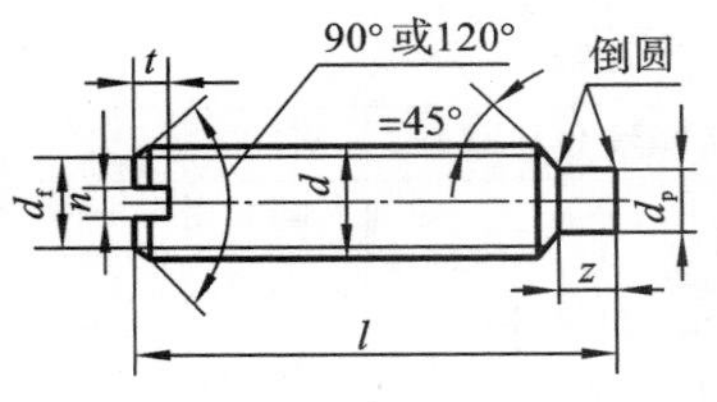

标记示例：

螺钉　GB/T 71　M5×20(螺纹规格 d=M5、公称长度 l=20、性能等级为 14H 级、表面氧化的开槽锥端紧定螺钉)

单位：mm

螺纹规格 d	P	d_f	d_{tmax}	d_{pmax}	$n_{公称}$	t_{max}	z_{max}	$l_{范围}$		
								GB/T 71	GB/T 73	GB/T 75
M2	0.4	螺纹小径	0.2	1	0.25	0.84	1.25	3～10	2～10	3～10
M3	0.5		0.3	2	0.4	1.05	1.75	4～16	3～16	5～16
M4	0.7		0.4	2.5	0.6	1.42	2.25	6～20	4～20	6～20
M5	0.8		0.5	3.5	0.8	1.63	2.75	8～25	5～25	8～25
M6	1		1.5	4	1	2	3.25	8～30	6～30	8～30
M8	1.25		2	5.5	1.2	2.5	4.3	10～40	8～40	10～40
M10	1.5		2.5	7	1.6	3	5.3	12～50	10～50	12～50
M12	1.75		3	8.5	2	3.6	6.3	14～60	12～60	14～60
$l_{系列}$	2、2.5、3、4、5、6、8、10、12、(14)、16、20、25、30、35、40、45、50、(55)、60									

注：螺纹公差为 6g，机械性能等级为 14H、22H，产品等级为 A 级。

附表 A-7　双头螺柱

GB/T 897—1988(b_m=d)

GB/T 898—1988(b_m=1.25d)

GB/T 899—1988(b_m=1.5d)

GB/T 900—1988(b_m=2d)

A型

B型(辗制)

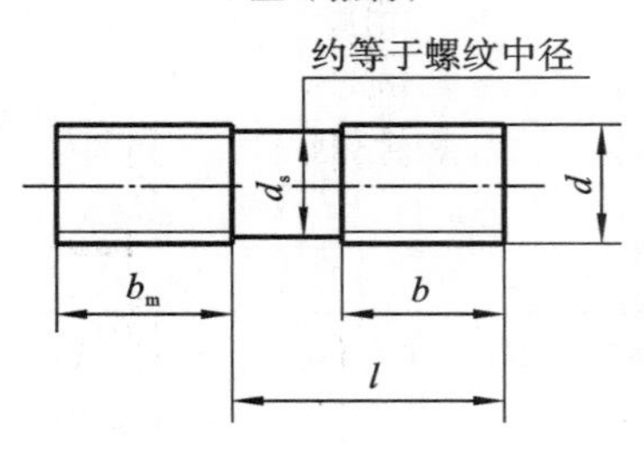

续表

标记示例：

两端均为粗牙普通螺纹，d=10 mm、l=50 mm、性能等级为4.8级、不经表面处理、B型、$b_m=d$的双头螺柱，标记为：螺柱 GB/T 897 M10×50

若为A型，则标记为：螺柱 GB/T 897 AM10×50

单位：mm

螺纹规格 d		M3	M4	M5	M6	M8
b_m 公称	GB/T 897—1988			5	6	8
	GB/T 898—1988			6	8	10
	GB/T 899—1988	4.5	6	8	10	12
	GB/T 900—1988	6	8	10	12	16
螺纹规格 d		M10	M12	M16	M20	M24
b_m 公称	GB/T 897—1988	10	12	16	20	24
	GB/T 898—1988	12	15	20	25	30
	GB/T 899—1988	15	18	24	30	36
	GB/T 900—1988	20	24	32	40	48

注：1. GB/T 897—1988和GB/T 898—1988规定螺柱的螺纹规格d=M5～M48，公称长度l=16～300 mm；GB/T 899—1988和GB/T 900—1988规定螺柱的螺纹规格d=M2～M48，公称长度l=12～300 mm。

2. 螺柱公称长度l(系列)为12,(14),16,(18),20,(22),25,(28),30,(32),35,(38),40,45,50,(55),60,(65),70,(75),80,(85),90,(95),100～260(10进位),280,300,尽可能不采用括号内的数值。

3. 材料为钢的螺柱性能等级有4.8级、5.8级、6.8级、8.8级、10.9级、12.9级，其中1.8级为常用等级。

附表A-8 垫圈

小垫圈 A级(摘自GB/T 848—2002)

平垫圈 A级(摘自GB/T 97.1—2002)

平垫圈 倒角型 A级(摘自GB/T 97.2—2002)

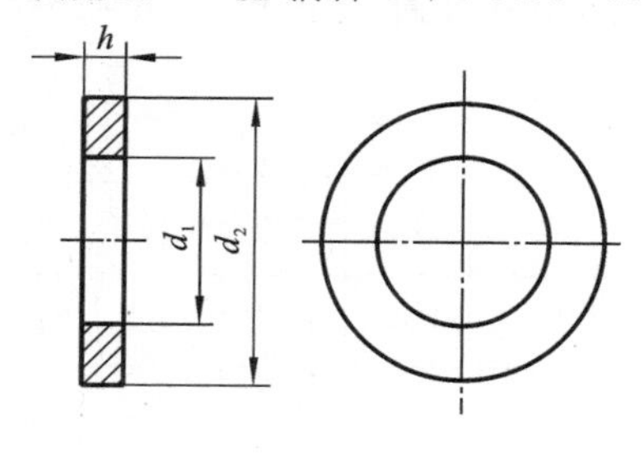

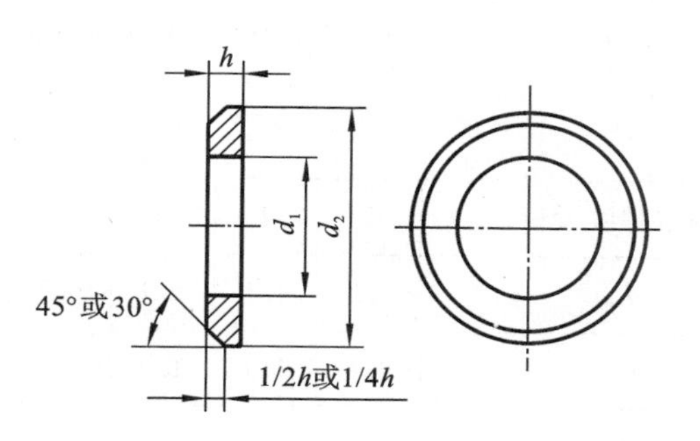

标记示例：

1. 标准系列、公称规格为8 mm、由钢制造的硬度等级为200 HV级、不经表面处理、产品等级为A级的平垫圈的标记为：垫圈 GB/T 97.1 8。

续表

2. 小系列、公称规格为 8 mm、由钢制造的硬度等级为 200 HV 级、不经表面处理、产品等级为 A 级的平垫圈的标记为：垫圈　GB/T 848　8。

单位：mm

公称规格(螺纹大径)d		4	5	6	8	10	12	16	20	24	30	36
d_1	GB/T 848—2002	4.3	5.3	6.4	8.4	10.5	13	17	21	25	31	37
	GB/T 97.1—2002	4.3	5.3	6.4	8.4	10.5	13	17	21	25	31	37
	GB/T 97.2—2002	—	5.3	6.4	8.4	10.5	13	17	21	25	31	37
d_2	GB/T 848—2002	8	9	11	15	18	20	28	34	39	50	60
	GB/T 97.1—2002	9	10	12	16	20	24	30	37	44	56	66
	GB/T 97.2—2002	—	10	12	16	20	24	30	37	44	56	66
h	GB/T 848—2002	0.5	1	1.6	1.6	1.6	2	2.5	3	4	4	5
	GB/T 97.1—2002	0.8	1	1.6	1.6	2	2.5	3	3	4	4	5
	GB/T 97.2—2002	—	1	1.6	1.6	2	2.5	3	3	4	4	5

附表 A-9　弹簧垫圈(摘自 GB/T 93—1987)

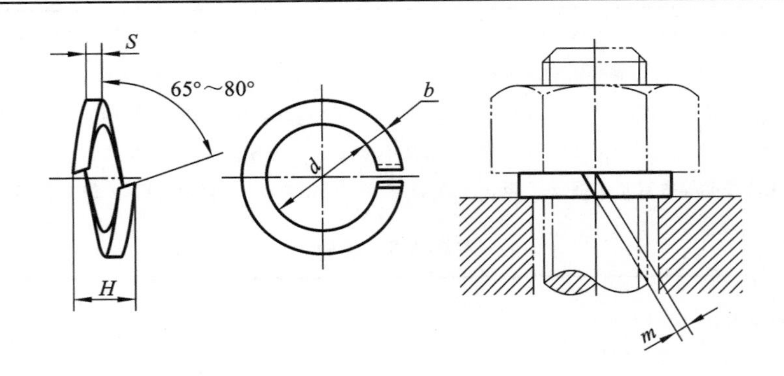

标记示例：

规格为 16 mm、材料为 65Mn、表面氧化的标准型弹簧垫圈的标记为：垫圈　GB/T 93—1987　16。

单位：mm

规格(螺纹大径)	3	4	5	6	8	10	12	16	20	24	30
d_{min}	3.1	4.1	5.1	6.1	8.1	10.2	12.2	16.2	20.2	24.5	30.5
$S(b)$	0.8	1.1	1.3	1.6	2.1	2.6	3.1	4.1	5	6	7.5
H_{min}	1.6	2.2	2.6	3.2	4.2	5.2	6.2	8.2	10	12	15
m_{max}	0.4	0.55	0.65	0.8	1.05	1.3	1.55	2.05	2.5	3	3.75

附表 A-10　1 型六角螺母

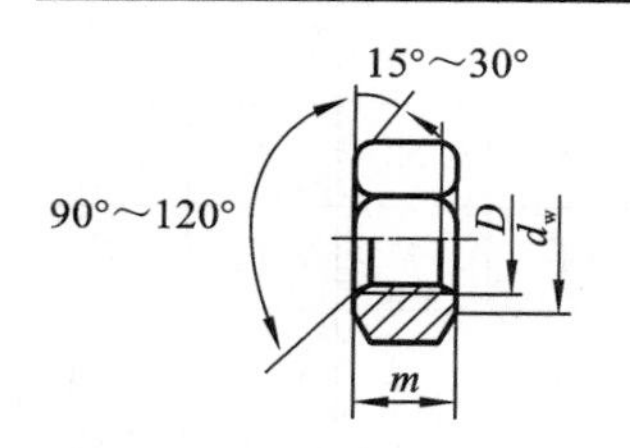

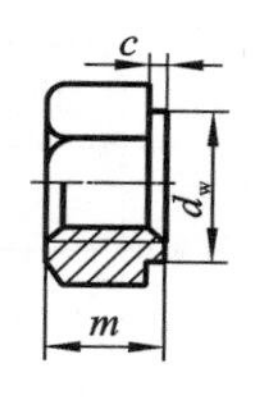

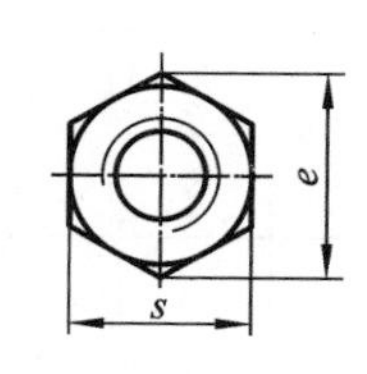

标记示例：

螺纹规格为 M12、性能等级为 8 级、表面不经处理、产品等级为 A 级的 1 型六角螺母，标记为

螺母　GB/T 6170　M12

单位：mm

螺纹规格 D		M3	M4	M5	M6	M8	M10	M12	M16	M20	M24	M30	M36	M42
e_{min}	GB/T 41—2016	—	—	8.63	10.89	14.20	17.59	19.85	26.17	32.95	39.55	50.85	60.79	71.30
	GB/T 6170—2015	6.01	7.66	8.79	11.05	14.38	17.77	20.03	26.75	32.95	39.55	50.85	60.79	71.3
s_{max}	GB/T 41—2016	—	—	8	10	13	16	18	24	30	36	46	55	65
	GB/T 6170—2015	5.5	7	8	10	13	16	18	24	30	36	46	55	65
m_{max}	GB/T 41—2016	—	—	5.6	6.4	7.9	9.5	12.2	15.9	19	22.3	26.4	31.9	34.9
	GB/T 6170—2015	2.4	3.2	4.7	5.2	6.8	8.4	10.8	14.8	18	21.5	25.6	31	34

附表 A-11　六角头螺栓

六角头螺栓　C级（摘自GB/T 5780—2016）

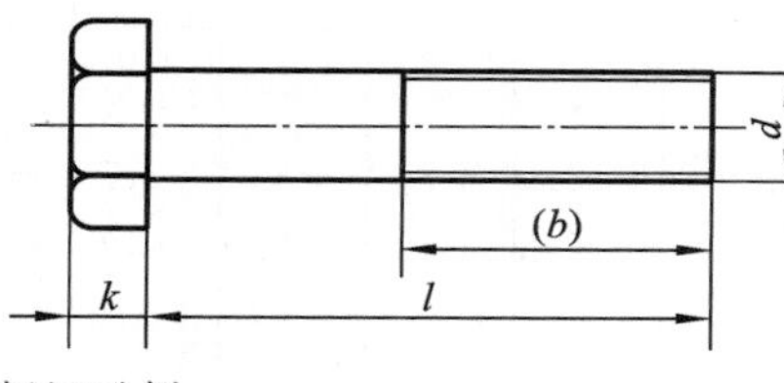

六角头螺栓　全螺纹　C级（摘自GB/T 5781—2016）

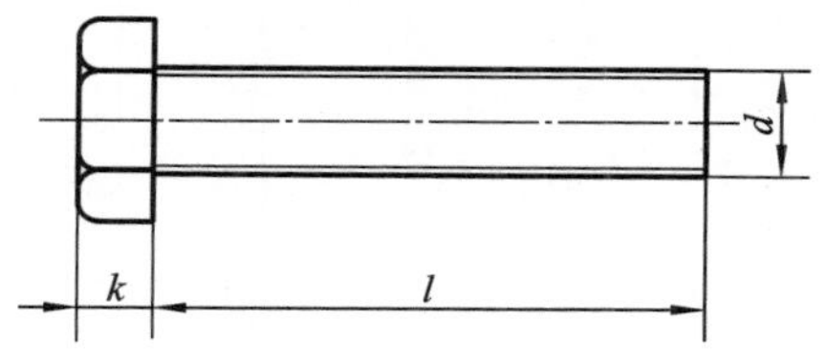

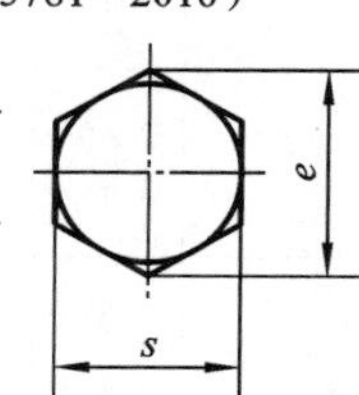

标记示例：

螺栓　GB/T 5780　M20×100（螺纹规格为 M20、公称长度 l=100 mm，性能等级为 4.8 级、表面不经处理、产品等级为 C 级的六角头螺栓）

单位：mm

螺纹规格 d		M5	M6	M8	M10	M12	M16	M20	M24	M30	M36	M42
$b_{参考}$	$l_{公称}$≤125	16	18	22	26	30	38	46	54	66	—	—
	125<$l_{公称}$≤200	22	24	28	32	36	44	52	60	72	84	96
	$l_{公称}$>200	35	37	41	45	49	57	65	73	85	97	109
$k_{公称}$		3.5	4.0	5.3	6.4	7.5	10	12.5	15	18.7	22.5	26
s_{max}		8	10	13	16	18	24	30	36	46	55	65
e_{min}		8.63	10.89	14.2	17.59	19.85	26.17	32.95	39.55	50.85	60.79	71.3
$l_{范围}$	GB/T 5780	25～50	30～60	40～80	45～100	55～120	65～160	80～200	100～240	120～300	140～360	180～420
	GB/T 5781	10～50	12～60	16～80	20～100	25～120	30～160	40～200	50～240	60～300	70～360	80～420
$l_{公称}$		10、12、16、20～65(5 进位)、70～160(10 进位)、180、200、220～420(20 进位)										

附表 A-12　优先配合中孔的极限偏差(摘自 GB/T 1800.2—2020)　　偏差单位:μm

公称尺寸/mm		公差带												
		C	D	F	G	H				JS	K	N	P	S
大于	至	11	9	8	7	7	8	9	11	7	7	7	7	7
—	3	+120 +60	+45 +20	+20 +6	+12 +2	+10 0	+14 0	+25 0	+60 0	+5 −5	0 −10	−4 −14	−6 −16	−14 −24
3	6	+145 +70	+60 +30	+28 +10	+16 +4	+12 0	+18 0	+30 0	+75 0	+6 −6	+3 −9	−4 −16	−8 −20	−15 −27
6	10	+170 +80	+76 +40	+35 +13	+20 +5	+15 0	+22 0	+36 0	+90 0	+7.5 −7.5	+5 −10	−4 −19	−9 −24	−17 −32
10	14	+205 +95	+93 +50	+43 +16	+24 +6	+18 0	+27 0	+43 0	+110 0	+9 −9	+6 −12	−5 −23	−11 −29	−21 −39
14	18													
18	24	+240 +110	+117 +65	+53 +20	+28 +7	+21 0	+33 0	+52 0	+130 0	+10.5 −10.5	+6 −15	−7 −28	−14 −35	−27 −48
24	30													
30	40	+280 +120	+142 +80	+64 +25	+34 +9	+25 0	+39 0	+62 0	+160 0	+12.5 −12.5	+7 −18	−8 −33	−17 −42	−34 −59
40	50	+290 +130												
50	65	+330 +140	+174 +100	+76 +30	+40 +10	+30 0	+46 0	+74 0	+190 0	+15 −15	+9 −21	−9 −39	−21 −51	−42 −72
65	80	+340 +150												−48 −78
80	100	+390 +170	+207 +120	+90 +36	+47 +12	+35 0	+54 0	+87 0	+220 0	+17.5 −17.5	+10 −25	−10 −45	−24 −59	−58 −93
100	120	+400 +180												−66 −101
120	140	+450 +200	+245 +145	+106 +43	+54 +14	+40 0	+63 0	+100 0	+250 0	+20 −20	+12 −28	−12 −52	−28 −68	−77 −117
140	160	+460 +210												−85 −125
160	180	+480 +230												−93 −133

续表

公称尺寸/mm		公差带												
		C	D	F	G	H				JS	K	N	P	S
大于	至	11	9	8	7	7	8	9	11	7	7	7	7	7
180	200	+530 +240	+285 +170	+122 +50	+61 +15	+46 0	+72 0	+115 0	+290 0	+23 −23	+13 −33	−14 −60	−33 −79	−105 −151
200	225	+550 +260												−113 −159
225	250	+570 +280												−123 −169
250	280	+620 +300	+320 +190	+137 +56	+69 +17	+52 0	+81 0	+130 0	+320 0	+26 −26	+16 −36	−14 −66	−36 −88	−138 −190
280	315	+650 +330												−150 −202
315	355	+720 +360	+350 +210	+151 +62	+75 +18	+57 0	+89 0	+140 0	+360 0	+28.5 −28.5	+17 −40	−16 −73	−41 −98	−169 −226
355	400	+760 +400												−187 −244
400	450	+840 +440	+385 +230	+165 +68	+83 +20	+63 0	+97 0	+155 0	+400 0	+31.5 −31.5	+18 −45	−17 −80	−45 −108	−209 −272
450	500	+880 +480												−229 −292

附表 A-13 优先配合中轴的极限偏差(GB/T 1800.2—2020) 偏差单位:μm

公称尺寸/mm		公差带												
		c	d	f	g	h				js	k	n	p	s
大于	至	11	9	7	6	6	7	9	11	7	6	6	6	6
—	3	−60 −120	−20 −45	−6 −16	−2 −8	0 −6	0 −10	0 −25	0 −60	+5 −5	+6 0	+10 +4	+12 +6	+20 +14
3	6	−70 −145	−30 −60	−10 −22	−4 −12	0 −8	0 −12	0 −30	0 −75	+6 −6	+9 +1	+16 +8	+20 +12	+27 +19
6	10	−80 −170	−40 −76	−13 −28	−5 −14	0 −9	0 −15	0 −36	0 −90	+7.5 −7.5	+10 +1	+19 +10	+24 +15	+32 +23

续表

公称尺寸/mm		公差带												
		c	d	f	g	h				js	k	n	p	s
大于	至	11	9	7	6	6	7	9	11	7	6	6	6	6
10	14	-95 -205	-50 -93	-16 -34	-6 -17	0 -11	0 -18	0 -43	0 -110	+9 -9	+12 +1	+23 +12	+29 +18	+39 +28
14	18													
18	24	-110 -240	-65 -117	-20 -41	-7 -20	0 -13	0 -21	0 -52	0 -130	+10.5 -10.5	+15 +2	+28 +15	+35 +22	+48 +35
24	30													
30	40	-120 -280	-80 -142	-25 -50	-9 -25	0 -16	0 -25	0 -62	0 -160	+12.5 -12.5	+18 +2	+33 +17	+42 +26	+59 +43
40	50	-130 -290												
50	65	-140 -330	-100 -174	-30 -60	-10 -29	0 -19	0 -30	0 -74	0 -190	+15 -15	+21 +2	+39 +20	+51 +32	+72 +53
65	80	-150 -340												+78 +59
80	100	-170 -390	-120 -207	-36 -71	-12 -34	0 -22	0 -35	0 -87	0 -220	+17.5 -17.5	+25 +3	+45 +23	+59 +37	+93 +71
100	120	-180 -400												+101 +79
120	140	-200 -450	-145 -245	-43 -83	-14 -39	0 -25	0 -40	0 -100	0 -250	+20 -20	+28 +3	+52 +27	+68 +43	+117 +92
140	160	-210 -460												+125 +100
160	180	-230 -480												+133 +108
180	200	-240 -530	-170 -285	-50 -96	-15 -44	0 -29	0 -46	0 -115	0 -290	+23 -23	+33 +4	+60 +31	+79 +50	+151 +122
200	225	-260 -550												+159 +130
225	250	-280 -570												+169 +140
250	280	-300 -620	-190 -320	-56 -108	-17 -49	0 -32	0 -52	0 -130	0 -320	+26 -26	+36 +4	+66 +34	+88 +56	+190 +158
280	315	-330 -650												+202 +170

续表

公称尺寸/mm		公差带												
		c	d	f	g	h				js	k	n	p	s
大于	至	11	9	7	6	6	7	9	11	7	6	6	6	6
315	355	−360 −720	−210 −350	−62 −119	−18 −54	0 −36	0 −57	0 −140	0 −360	+28.5 −28.5	+40 +4	+73 +37	+98 +62	+226 +190
355	400	−400 −760												+244 +208
400	450	−440 −840	−230 −385	−68 −131	−20 −60	0 −40	0 −63	0 −155	0 −400	+31.5 −31.5	+45 +5	+80 +40	+108 +68	+272 +232
450	500	−480 −880												+292 +252

附表 A-14 键及键槽

普通平键型式尺寸 GB/T 1096—2003 平键键槽的断面尺寸 GB/T 1095—2003

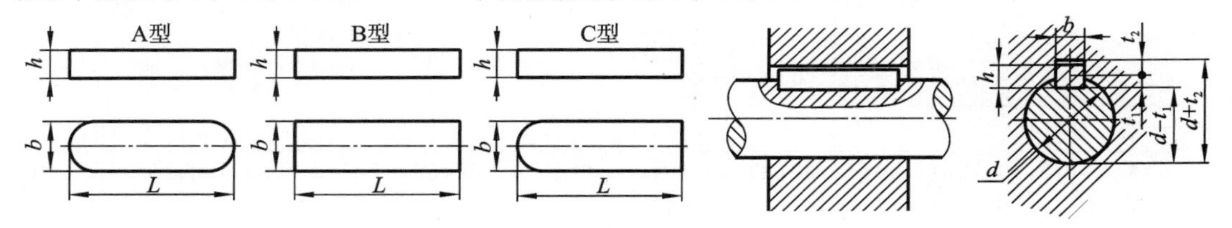

标记示例：

圆头普通平键(A 型)、$b=18$ mm、$h=11$ mm、$L=100$ mm,标记为:GB/T 1096 键 18×11×100

方头普通平键(B 型)、$b=18$ mm、$h=11$ mm、$L=100$ mm,标记为:GB/T 1096 键 B 18×11×100

单圆头普通平键(C 型)、$b=18$ mm、$h=11$ mm、$L=100$ mm,标记为:GB/T 1096 键 C 18×11×100

单位:mm

轴	键		键槽									
			宽度 b						深度			
				偏差								
公称直径 d	$b\times h$	$L_{范围}$	公称尺寸 b	较松键连接		一般键连接		较紧键连接	轴 t_1		毂 t_2	
				轴 H9	毂 D10	轴 N9	毂 JS9	轴和毂 P9	公称	偏差	公称	偏差
>6～8	2×2	6～20	2	+0.025 0	+0.060 +0.020	−0.004 −0.029	±0.0125	−0.006 −0.031	1.2	+0.1 0	1.0	+0.1 0
>8～10	3×3	6～36	3						1.8		1.4	
>10～12	4×4	8～45	4	+0.030 0	+0.078 +0.030	0 −0.030	±0.015	−0.012 −0.042	2.5		1.8	
>12～17	5×5	10～56	5						3.0		2.3	
>17～22	6×6	14～70	6						3.5		2.8	

续表

轴	键		键槽									
			宽度 b						深度			
				偏差								
公称直径 d	$b \times h$	$L_{范围}$	公称尺寸 b	较松键连接		一般键连接		较紧键连接	轴 t_1		毂 t_2	
				轴 H9	毂 D10	轴 N9	毂 JS9	轴和毂 P9	公称	偏差	公称	偏差
>22～30	8×7	18～90	8	+0.036 0	+0.098 +0.040	0 −0.036	±0.018	−0.015 −0.051	4.0	+0.2 0	3.3	+0.2 0
>30～38	10×8	22～110	10						5.0		3.3	
>38～44	12×8	28～140	12	+0.043 0	+0.120 +0.050	0 −0.043	±0.0215	−0.018 −0.061	5.0		3.3	
>44～50	14×9	36～160	14						5.5		3.8	
>50～58	16×10	45～180	16						6.0		4.3	
>58～65	18×11	50～200	18						7.0		4.4	
>65～75	20×12	56～220	20	+0.052 0	+0.149 +0.065	0 −0.052	±0.026	−0.022 −0.074	7.5		4.9	
>75～85	22×14	63～250	22						9.0		5.4	
>85～95	25×14	70～280	25						9.0		5.4	
>95～110	28×16	80～320	28						10.0		6.4	
L 的系列：6，8，10，12，14，16，18，20，22，25，28，32，36，40，45，50，56，63，70，80，90，100，110，125，140，160，180，200，220，250，280，320，360，400，450，500												

注：1. 标准规定键宽 b=2～50 mm，公称长度 L=6～500 mm。

2. 在零件图中轴槽深用 $d-t_1$ 标注，轮毂槽深用 $d+t_2$ 标注；键槽的极限偏差按 t_1（轴）和 t_2（毂）的极限偏差选取，但轴槽深（$d-t_1$）的极限偏差值应取负号。

3. 键的材料常用 45 钢。

附表 A-15　圆柱销（摘自 GB/T 119.1—2000）

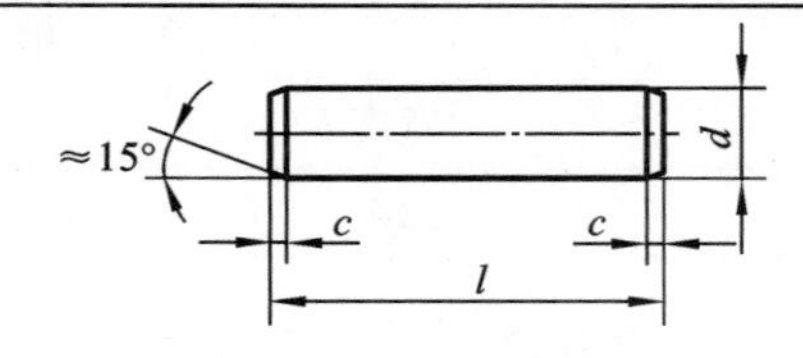

标记示例：

公称直径 d=6 mm、公差为 m6、长度 l=30 mm、材料为钢、不经淬火、不经表面处理的圆柱销的标记为：销　GB/T 119.1　6 m6×30

单位：mm

公称直径 d	3	4	5	6	8	10	12	16	20	25	30	40	50
c≈	0.5	0.63	0.8	1.2	1.6	2.0	2.5	3.0	3.5	4.0	5.0	6.3	8.0
公称长度 l	8～30	8～40	10～50	12～60	14～80	18～95	22～140	26～180	35～200	50～200	60～200	80～200	95～200
l 系列	8，10，12，14，16，18，20，22，24，26，28，30，32，35，40，45，50，55，60，65，70，75，80，85，90，95，100，120，140，160，180，200												

附表 A-16 圆锥销(摘自 GB/T 117—2000)

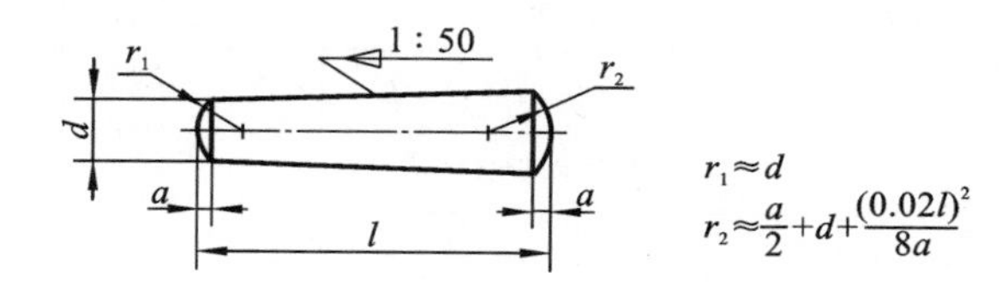

$r_1 \approx d$

$r_2 \approx \frac{a}{2}+d+\frac{(0.02l)^2}{8a}$

标记示例：

公称直径 d=10 mm，公称长度 l=60 mm，材料为 35 钢、热处理硬度为 28～38 HRC，表面氧化处理的 A 型圆锥销的标记为：销 GB/T 117 10×60

单位：mm

公称直径 d	4	5	6	8	10	12	16	20	25	30
$a\approx$	0.5	0.63	0.8	1	1.2	1.6	2	2.5	3	4
公称长度 l	14～55	18～60	22～90	22～120	26～160	32～180	40～200	45～200	50～200	55～200
l 系列	2,3,4,5,6,8,10,12,14,16,18,20,22,24,26,28,30,32,35,40,45,50,55,60,65,70,75,80,85,90,95,100,120,140,160,180,200									

附表 A-17 滚动轴承

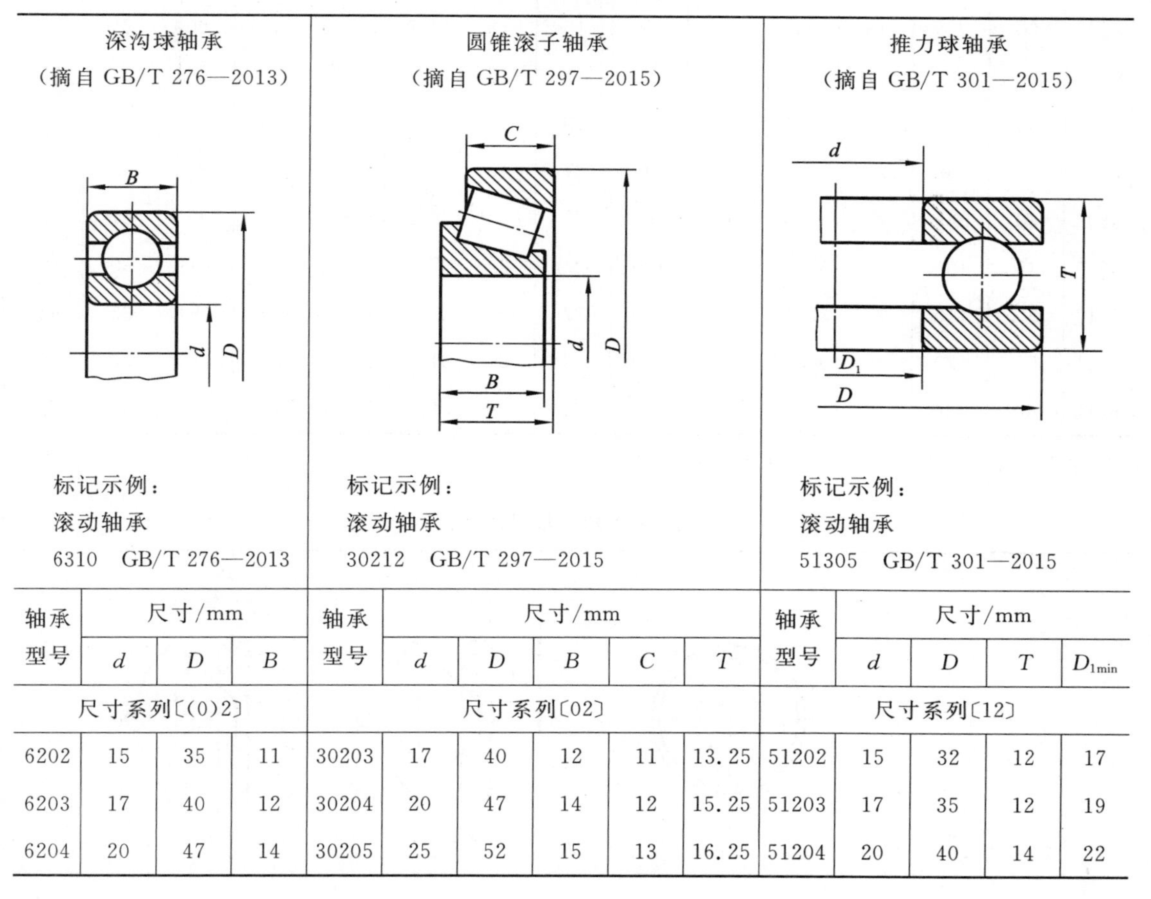

深沟球轴承（摘自 GB/T 276—2013）

标记示例：

滚动轴承 6310 GB/T 276—2013

圆锥滚子轴承（摘自 GB/T 297—2015）

标记示例：

滚动轴承 30212 GB/T 297—2015

推力球轴承（摘自 GB/T 301—2015）

标记示例：

滚动轴承 51305 GB/T 301—2015

轴承型号	尺寸/mm			轴承型号	尺寸/mm					轴承型号	尺寸/mm			
	d	D	B		d	D	B	C	T		d	D	T	D_{1min}
尺寸系列〔(0)2〕				尺寸系列〔02〕						尺寸系列〔12〕				
6202	15	35	11	30203	17	40	12	11	13.25	51202	15	32	12	17
6203	17	40	12	30204	20	47	14	12	15.25	51203	17	35	12	19
6204	20	47	14	30205	25	52	15	13	16.25	51204	20	40	14	22

续表

轴承型号	尺寸/mm			轴承型号	尺寸/mm					轴承型号	尺寸/mm			
	d	D	B		d	D	B	C	T		d	D	T	$D_{1\min}$
尺寸系列〔(0)2〕				尺寸系列〔02〕						尺寸系列〔12〕				
6205	25	52	15	30206	30	62	16	14	17.25	51205	25	47	15	27
6206	30	62	16	30207	35	72	17	15	18.25	51206	30	52	16	32
6207	35	72	17	30208	40	80	18	16	19.75	51207	35	62	18	37
6208	40	80	18	30209	45	85	19	16	20.75	51208	40	68	19	42
6209	45	85	19	30210	50	90	20	17	21.75	51209	45	73	20	47
6210	50	90	20	30211	55	100	21	18	22.75	51210	50	78	22	52
6211	55	100	21	30212	60	110	22	19	23.75	51211	55	90	25	57
6212	60	110	22	30213	65	120	23	20	24.75	51212	60	95	26	62
尺寸系列〔(0)3〕				尺寸系列〔03〕						尺寸系列〔13〕				
6302	15	42	13	30302	15	42	13	11	14.25	51304	20	47	18	22
6303	17	47	14	30303	17	47	14	12	15.25	51305	25	52	18	27
6304	20	52	15	30304	20	52	15	13	16.25	51306	30	60	21	32
6305	25	62	17	30305	25	62	17	15	18.25	51307	35	68	24	37
6306	30	72	19	30306	30	72	19	16	20.75	51308	40	78	26	42
6307	35	80	21	30307	35	80	21	18	22.75	51309	45	85	28	47
6308	40	90	23	30308	40	90	23	20	25.25	51310	50	95	31	52
6309	45	100	25	30309	45	100	25	22	27.25	51311	55	105	35	57
6310	50	110	27	30310	50	110	27	23	29.25	51312	60	110	35	62
6311	55	120	29	30311	55	120	29	25	31.50	51313	65	115	36	67
6312	60	130	31	30312	60	130	31	26	33.50	51314	70	125	40	72

注：圆括号中的尺寸系列代号在轴承代号中省略。

附表 A-18　轴端挡圈

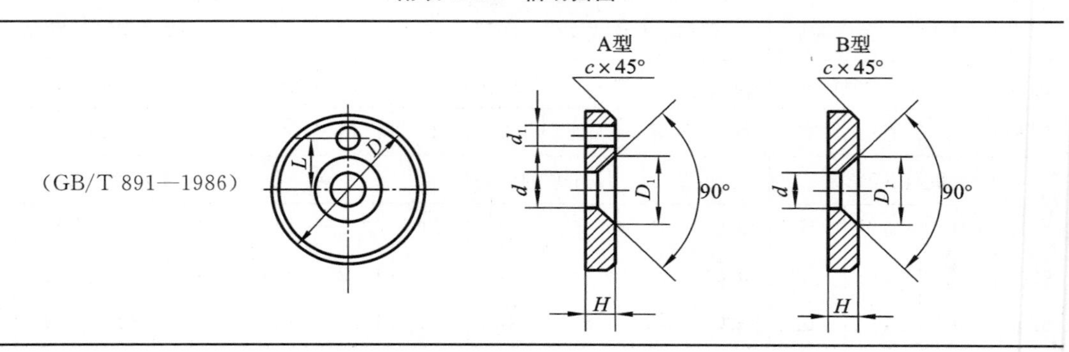

续表

标记示例：

公称直径 D=45 mm、材料为 Q215、不经表面处理的 A 型螺钉紧固轴端挡圈，标记为：挡圈 GB/T 891—1986—45

按 B 型制造时，应加标记 B，即标记为：挡圈 GB/T 891—1986—B45

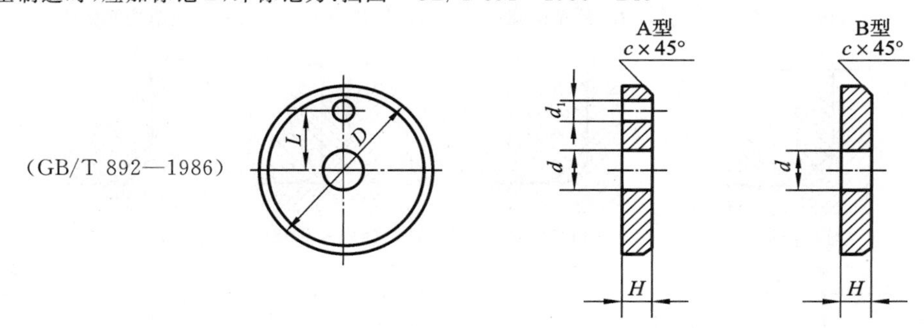

单位：mm

<table>
<tr><th rowspan="2">轴径
≤</th><th rowspan="2">公称
直径
D</th><th>H</th><th>L</th><th rowspan="2">d</th><th rowspan="2">d_1</th><th rowspan="2">c</th><th colspan="3">GB/T 891</th><th colspan="3">GB/T 892</th></tr>
<tr><th>公称
尺寸</th><th>公称
尺寸</th><th>D_1</th><th>螺钉
GB/T 819.1
(推荐)</th><th>圆柱销
GB/T 119
(推荐)</th><th>螺栓
GB/T 5783
(推荐)</th><th>圆柱销
GB/T 119
(推荐)</th><th>垫圈
GB/T 93
(推荐)</th></tr>
<tr><td>14</td><td>20</td><td>4</td><td>—</td><td rowspan="5">5.5</td><td rowspan="5">2.1</td><td rowspan="5">0.5</td><td rowspan="5">11</td><td rowspan="5">M5×12</td><td rowspan="5">A2×10</td><td rowspan="5">M5×16</td><td rowspan="5">A2×10</td><td rowspan="5">5</td></tr>
<tr><td>16</td><td>22</td><td>4</td><td>—</td></tr>
<tr><td>18</td><td>25</td><td>4</td><td>—</td></tr>
<tr><td>20</td><td>28</td><td>4</td><td>7.5</td></tr>
<tr><td>22</td><td>30</td><td>4</td><td>7.5</td></tr>
<tr><td>25</td><td>32</td><td>5</td><td>10</td><td rowspan="6">6.6</td><td rowspan="6">3.2</td><td rowspan="6">1</td><td rowspan="6">13</td><td rowspan="6">M6×16</td><td rowspan="6">A3×12</td><td rowspan="6">M6×20</td><td rowspan="6">A3×12</td><td rowspan="6">6</td></tr>
<tr><td>28</td><td>35</td><td>5</td><td>10</td></tr>
<tr><td>30</td><td>38</td><td>5</td><td>10</td></tr>
<tr><td>32</td><td>40</td><td>5</td><td>12</td></tr>
<tr><td>35</td><td>45</td><td>5</td><td>12</td></tr>
<tr><td>40</td><td>50</td><td>5</td><td>12</td></tr>
<tr><td>45</td><td>55</td><td>6</td><td>16</td><td rowspan="6">9</td><td rowspan="6">4.2</td><td rowspan="6">1.5</td><td rowspan="6">17</td><td rowspan="6">M8×20</td><td rowspan="6">A4×14</td><td rowspan="6">M8×25</td><td rowspan="6">A4×14</td><td rowspan="6">8</td></tr>
<tr><td>50</td><td>60</td><td>6</td><td>16</td></tr>
<tr><td>55</td><td>65</td><td>6</td><td>16</td></tr>
<tr><td>60</td><td>70</td><td>6</td><td>20</td></tr>
<tr><td>65</td><td>75</td><td>6</td><td>20</td></tr>
<tr><td>70</td><td>80</td><td>6</td><td>20</td></tr>
<tr><td>75</td><td>90</td><td>8</td><td>25</td><td rowspan="2">13</td><td rowspan="2">5.2</td><td rowspan="2">2</td><td rowspan="2">25</td><td rowspan="2">M12×25</td><td rowspan="2">A5×16</td><td rowspan="2">M12×30</td><td rowspan="2">A5×16</td><td rowspan="2">12</td></tr>
<tr><td>85</td><td>100</td><td>8</td><td>25</td></tr>
</table>

附表 A-19 倒角和圆角(摘自 GB/T 6403.4—2008)

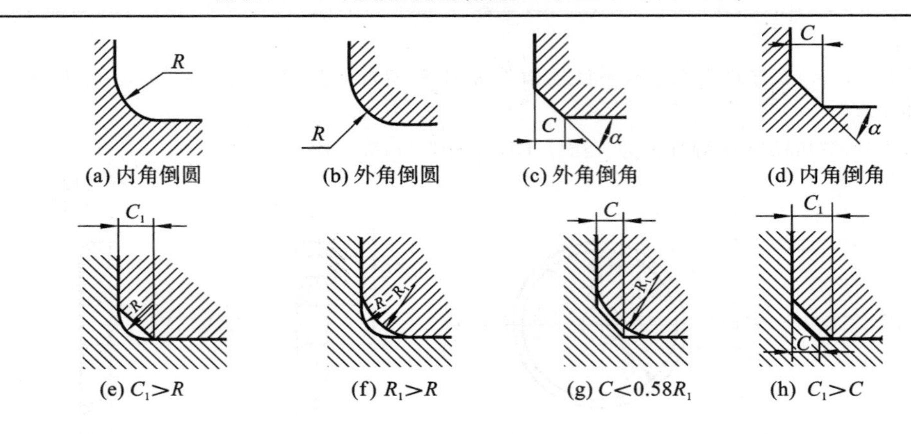

(a) 内角倒圆　(b) 外角倒圆　(c) 外角倒角　(d) 内角倒角

(e) $C_1>R$　(f) $R_1>R$　(g) $C<0.58R_1$　(h) $C_1>C$

单位:mm

直径 D		~3		>3~6		>6~10		>10~18	>18~30	>30~50		>50~80
C、R	R_1	0.1	0.2	0.3	0.4	0.5	0.6	0.8	1.0	1.2	1.6	2.0
C_{max}($C<0.58R_1$)		—	0.1	0.1	0.2	0.2	0.3	0.4	0.5	0.6	0.8	1.0
直径 D		>80~120	>120~180	>180~250	>250~320	>320~400	>400~500	>500~630	>630~800	>800~1000	>1000~1250	>1250~1600
C、R	R_1	2.5	3.0	4.0	5.0	6.0	8.0	10	12	16	20	25
C_{max}($C<0.58R_1$)		1.2	1.6	2.0	2.5	3.0	4.0	5.0	6.0	8.0	10	12

注:α 一般采用 45°,也可采用 30°或 60°。

附表 A-20 砂轮越程槽(摘自 GB/T 6403.5—2008)

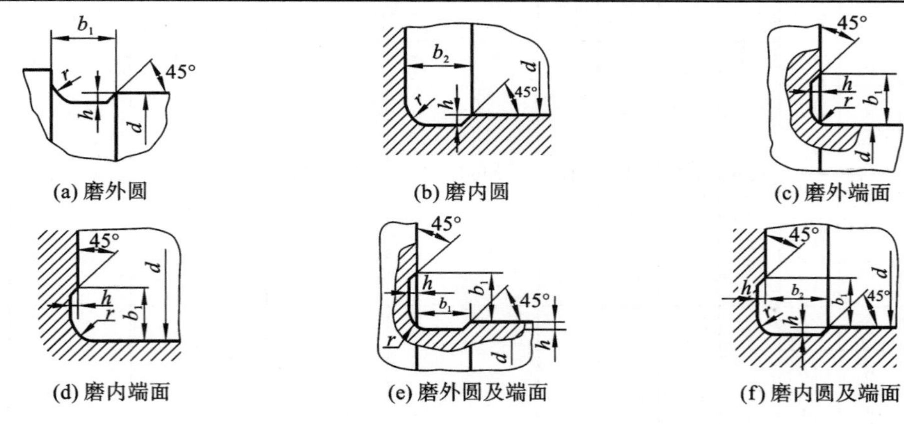

(a) 磨外圆　(b) 磨内圆　(c) 磨外端面

(d) 磨内端面　(e) 磨外圆及端面　(f) 磨内圆及端面

单位:mm

d	~10			>10~50		>50~100		>100	
b_1	0.6	1.0	1.6	2.0	3.0	4.0	5.0	8.0	10
b_2	2.0	3.0		4.0		5.0			
h	0.1	0.2		0.3	0.4		0.6	0.8	1.2
r	0.2	0.5		0.8	1.0		1.6	2.0	3.0

附表 A-21 普通螺纹退刀槽和倒角(摘自 GB/T 3—1997)

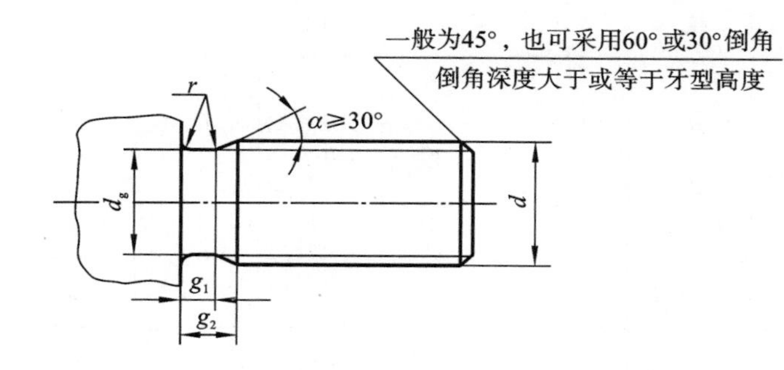

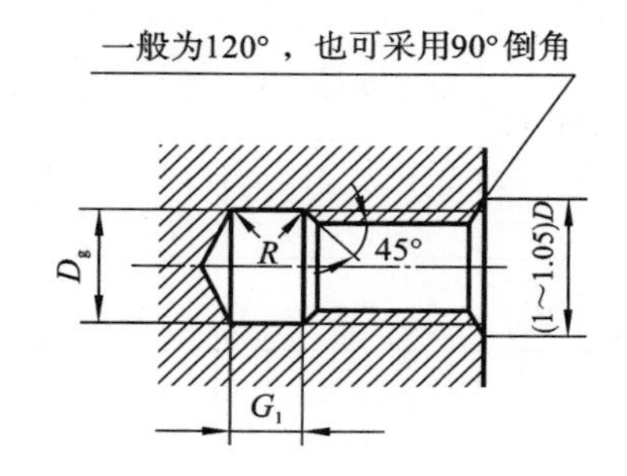

单位：mm

螺距 P	粗牙螺纹大径 d、D	外螺纹				内螺纹			
		g_{2max}	g_{1min}	d_g	$r\approx$	G_1 一般	G_1 短的	D_g	$R\approx$
0.5	3	1.5	0.8	$d-0.8$	0.2	2	1	$D+0.3$	0.2
0.6	3.5	1.8	0.9	$d-1$	0.4	2.4	1.2		0.3
0.7	4	2.1	1.1	$d-1.1$		2.8	1.4		0.4
0.75	4.5	2.25	1.2	$d-1.2$		3	1.5		
0.8	5	2.4	1.3	$d-1.3$		3.2	1.6		
1	6、7	3	1.6	$d-1.6$	0.6	4	2	$D+0.5$	0.5
1.25	8、9	3.75	2	$d-2$		5	2.5		0.6
1.5	10、11	4.5	2.5	$d-2.3$	0.8	6	3		0.8
1.75	12	5.25	3	$d-2.6$	1	7	3.5		0.9
2	14、16	6	3.4	$d-3$		8	4		1
2.5	18、20	7.5	4.4	$d-3.6$	1.2	10	5		1.2
3	24、27	9	5.2	$d-4.4$	1.6	12	6		1.5
3.5	30、33	10.5	6.2	$d-5$		14	7		1.8
4	36、39	12	7	$d-5.7$	2	16	8		2
4.5	42、45	13.5	8	$d-6.4$	2.5	18	9		2.2
5	48、52	15	9	$d-7$		20	10		2.5

续表

螺距 P	粗牙螺纹大径 d、D	外螺纹				内螺纹			
		$g_{2\max}$	$g_{1\min}$	d_g	$r\approx$	G_1		D_g	$R\approx$
						一般	短的		
5.5	56、60	17.5	11	$d-7.7$	3.2	22	11	$D+0.5$	2.8
6	64、68	18	11	$d-8.3$		24	12		3
参考值	—	$\approx 3P$	—	—	—	$\approx 4P$	$\approx 2P$	—	$\approx 0.5P$

注:1. d、D 为螺纹公称直径代号;“短”退刀槽仅在结构受限制时采用。

2. d_g 公差如下:$d>3$ mm 时,为 h13;$d\leqslant 3$ mm 时,为 h12。D_g 公差为 H13。

参考文献 CANKAOWENXIAN

[1] 王槐德.机械制图新旧标准代换教程[M].3版.北京:中国标准出版社,2017.
[2] 钱可强.机械制图[M].5版.北京:高等教育出版社,2018.
[3] 金大鹰.机械制图[M].5版.北京:机械工业出版社,2019.
[4] 胡建生.机械制图(多学时)[M].4版.北京:机械工业出版社,2020.
[5] 欧阳波仪.机械制图与识图[M].青岛:中国石油大学出版社,2017.